JN180787

奄美群島の自然史学

亜熱帯島嶼の生物多様性

奄美群島の自然史学

亜熱帯島嶼の生物多様性

水田 拓 編著

東海大学出版部

Natural History Studies in Amami — Biodiversity in Subtropical Islands

Edited by Taku MIZUTA
Tokai University Press, 2016
ISBN978-4-486-02088-2

目次

第1章

奄美
その自然の概要

水田　拓

奄美は九州から台湾にかけて約1200 km に渡り連なる琉球列島の一部である．同じ琉球列島にある沖縄の島々に比べると知名度は格段に低く，奄美は日本における辺境の一つであると言っても過言ではないだろう．この辺境の地奄美において，近年多くの研究者が活発に生物の野外研究を行っている．本書はその野外研究の最新の成果を紹介する書籍であるが，本文に入る前に，まずは奄美とはどのような地域なのか，奄美の自然にはどのような特徴があるのか，その概要を紹介する．

1．はじめに

奄美は日本の辺境である．そう表現しても，あながち言い過ぎではないだろう．日本地図を開けば，奄美は沖縄とともに別枠に入れられて左上や右下の隅に表示されることが多いし，全国ニュースの天気予報などでは，その別枠に入っているのは沖縄のみで奄美はすっぽりと抜け落ちている，といった場合も見られる．日本の本土から見た南の島への関心は奄美を飛び越えてもっぱら沖縄に向いており，奄美は本土と沖縄の間にある「谷間」のようだとよく言い表される．確かに，沖縄へ向けられる熱い視線に比べると，本土の人々の奄美への関心は，谷底とまでは言わないまでも際立って低いように感じられる．関心の低さゆえに，奄美を沖縄の一部であると考えている人も少なくない．日本の隅っこのほうにあり，人口も少なく，観光地としてもさほど有名ではない奄美は，地理的にも，人の心の中でも，辺境に位置していると言えるかもしれない．

そして，それは生物学の分野でも当てはまる．奄美における生物の野外研究は，日本の他の地域はもちろん，沖縄の島々と比べてみても相対的に遅れている感がある．生物学においても奄美は「谷間」に落ち込んでいると言えるが，これには，奄美群島内に大学や自然史系の博物館がないこと，それらが存在するもっとも近い場所，つまり鹿児島県本土や沖縄島から海で隔てられていることなどが強く影響しているのだろう．島外からの航空運賃が高いことや，毒ヘビのハブ *Protobothrops flavoviridis* が生息していることも，この地域で野外研究が活発に行われていない遠因かもしれない．理由はいろいろと考えられるが，ともかく奄美は生物学の分野でも辺境であると言ってよいだろう．

しかし，このことを前向きにとらえてみよう．辺境にあって研究が遅れているということは，逆に言えばそこにはまだまだ未知の生物が存在し，その知られざる生態があり，そしてそこから驚くような発見が得られる可能性が残されているということでもある．「辺境」という語を和英辞典で引くと Frontier（フロンティア）とある．この単語には「辺境」という意味に加えて，「最前線」という意味も含まれる．なるほど，地理的に，人の心の中で，学問の進展において，奄美は辺境かもしれない．だが辺境であるがゆえに，こと生物学の分野においては，奄美は最前線に位置しているとも言えるのではないだろうか．

本書は，この辺境であり最前線でもある奄美において，近年活発に生物の野外調査を行っている研究者たちに，自身の研究の成果とその魅力を存分に語ってもらうために企画された．目次を見てもらえばわかると思うが，各研究者の対象生物はみごとなまでにばらばらである．大きな哺乳類からごく小さな昆虫まで，崖の上に咲く花から海の底に棲む貝まで，人気の高い生物から多くの人が敬遠する生物まで，身近に見られる生物から絶滅してしまった生物まで，奄美にしかいない希少な生物から厄介者の外来生物まで，果ては生物に含まれる微量元素まで．さまざまな生物を対象とする著者らの共通点（唯一の共通点と言ってよいだろう）は，視点を奄美に置き，軸足を奄美に据えて野外研究を行っているということだ．その内容は，一地方における単なる自然史の記載にとどまらない．これらの研究の中には，世界に大きな影響を与えているものや，生物多様性保全に大きく貢献するものも含まれている．

辺境の地，奄美から最前線の自然史研究の成果を発信する．ひとことで言えば本書はそんな内容の書籍である．

2. 奄美とは

ところで，本書で用いる“奄美”という語が具体的にどこを指しているのか，最初に定義しておく必要があるだろう．本書で書かれる“奄美”とは“奄美群島”のことを指す．そんな当たり前のことをいちいち断るのにはもちろん理由がある．それは，奄美群島でもっとも大きな島である奄美大島にいると，この島のことを指してつい“奄美”と表現してしまうことが少なくないからだ．確かに奄美大島は群島内でもっとも多くの人口を有し，行政上も経済的にも群島の中核をなす島ではあるが，生物地理学的に見るとそこは群島に含まれる島の一つであり，学問的には群島内に中心や周辺といった概念は存在しない．にもかかわらず，奄美大島を奄美群島の代表のように見なして“奄美”と書いてしまうのは，他の島に対する配慮をやや欠いた行為であるようにも感じられる．また，奄美大島を指して“奄美”と書くことを許容してしまうと，その語がどこを示すのか判断しにくく，結果的に混乱や誤解を招くおそれもあるため，本書では奄美大島を指す場合には“奄美”とは書かず，かならず“大島”までつけて記すようにする．単に“奄美”と書くときは，それは奄美大島のことではなく奄美群島全体，もしくは群島内の複数の島々を指すこととする．

本書では“琉球列島”という語も使われるが，これは九州と台湾の間，約1200 km に渡って連なる弧状の島々を総称する地名である．琉球列島には，大隅諸島・トカラ列島・奄美群島・沖縄諸島・宮古諸島・八重山諸島が含まれる．大隅諸島と悪石島以北のトカラ列島は“北琉球”，小宝島以南のトカラ列島と奄美群島，沖縄諸島は“中琉球”，宮古諸島と八重山諸島は“南琉球”と呼ばれる．さらに，この琉球列島と，過去に大陸と地続きになったことのない海洋島である大東諸島，および東シナ海の大陸棚にある尖閣諸島と合わせた島嶼群のことを“南西諸島”と呼ぶことにする．

さて，その奄美，奄美群島は，鹿児島県の南にある島嶼域で，大隅諸島とトカラ列島のさらに南に位置している（図 1.1）．北緯 28 度 32 分 44 秒から北緯 27 度 01 分 07 秒まで，約 200 km の範囲に点在する島々のことである．200 km といえば，東京から北に進むと会津若松市に至り，西に進むと中央アルプスを越えて岐阜県に達するほどの距離である．鹿児島県という一つの県に属している奄美群島が，いかに広い範囲に渡っているかおわかりいただけるだろうか．この中に，奄美大島，喜界島，加計呂麻島，請島，与路島，徳之島，沖永良部島，与論島の 8 つの有人島があり，行政的には，奄美市・龍郷町・大和村・宇検村・瀬戸内町（以上奄美大島，ただし瀬戸内町には加計呂麻島，請島，与路島の 3 つの島も含まれる），喜界町（喜界島），天城町・徳之島町・伊仙町（徳之島），和泊町・知名町（沖永良部島），与論町（与論島）の一市九町二村がある．群島の人口は平成 26 年度の統計で 11 万 7280 人，この半数以上の 6 万 3443 人が奄美大島に住んでいる（鹿児島県大島支庁，2015）．主要な産業は農

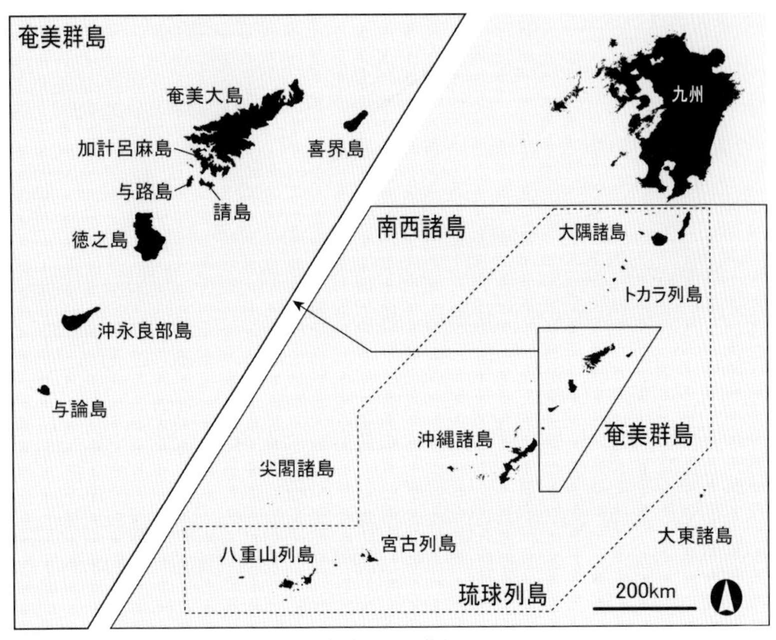

図 1.1　南西諸島，琉球列島および奄美群島の位置図.

業，漁業，畜産など第一次産業で，林業もかつては奄美大島や徳之島で大々的に行われていた．奄美大島における林業生産高は1972年をピークにして下降に転じているが，往時に比べると規模は小さいながら現在でも伐採は続けられている．1950年代以降に国からの補助金を受けて行われた広範囲に渡る皆伐や林道の敷設は，奄美大島に生息，生育する多くの陸生野生動植物を大幅に減少させたと考えられている（Sugimura, 1988）.

3. 気候と地形

「亜熱帯」と称される奄美群島は，一年を通して温暖で多雨な地域である．奄美大島にある奄美市名瀬で観測された気象記録を，東京と札幌の記録と比較してみよう（図 1.2）．平均気温を東京と比べると，夏場はそれほど大きく違わないが，冬は10℃近くも上回っていることがわかる．名瀬でもっとも寒い時期の平均気温は，札幌の5月や10月と同程度である．奄美大島の冬は，当然のことながら東京や札幌に比べてずいぶんと暖かいのだ．降水量の違いも歴然としている．奄美群島では，梅雨は例年5月前半に始まる．ゴールデンウィー

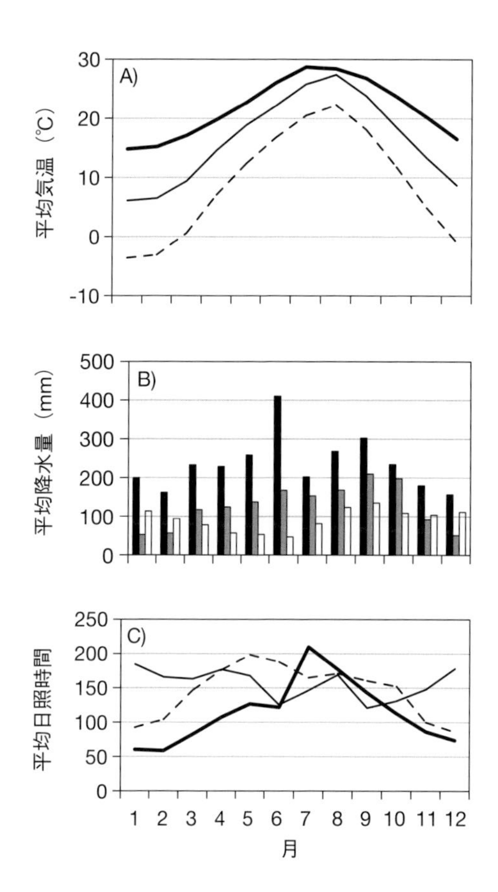

図 1.2　気温と降水量の比較．A）月平均気温（太線：奄美市名瀬，実線：東京，破線：札幌）．B）月平均降水量（黒：奄美市名瀬，グレー：東京，白：札幌）．C）月平均日照時間（太線：奄美市名瀬，実線：東京，破線：札幌）．気象庁ウェブサイト，「過去の気象データ検索」により作成．

クが終わればすぐに梅雨入り，という印象で，雨の季節は 6 月いっぱいまで続く．この時期の名瀬の降水量は東京の 2 倍以上であり，梅雨のない札幌と比べると 5 倍から 9 倍近くにもなる．また，奄美群島は台風の通り道のような地域でもあるため，8 月から 10 月にかけても降水量は多くなり，しばしば大きな被害がもたらされる（皮肉なことにこのときは全国ニュースの天気予報でも大きく取り上げられる）．このように雨が多いこともあり，意外なことに奄美は全国でもっとも日照時間の短い地域の一つとなっている．名瀬の年間の平均日照時間は 1359.9 時間と，東京の 1876.7 時間，札幌の 1740.4 時間を下回っているし，月ごとの値を見ても，名瀬の平均照時間が東京より長くなるのは 7 月から 9 月の 3 か月間のみ，札幌より長くなるのは 7 月と 8 月のみである．奄美大島と聞けば，南の島の青い空に太陽がさんさんと輝いている，といった明るいイメージが浮かぶかもしれないが，イメージ通りなのは夏場だけで，それ以外の季節はけっして青空は多くない地域なのである．とくに冬の間は北風の強いどんよりとした天候で，「明るい南の島」のイメージを裏切るような陰鬱な日々が続く．

奄美群島のうち，奄美大島，加計呂麻島，請島，与路島，徳之島は，急峻な山稜が連なる比較的標高の高い島々である（図 1.3）．それぞれの島の最高峰の標高は，奄美大島が 694.4 m（湯湾岳），加計呂麻島が 326.0 m（加崎岳），徳之島が 644.8 m（井之川岳），面積が 10 km^2 前後とけっして大きくない請島と与路島でも，それぞれ 398.4 m（大山）と 297.0 m（大勝山）となっている．これらの島には平地が少なく，陸域の大部分は森林で被われている．優占する樹種はスダジイ *Castanopsis sieboldii* やイスノキ *Distylium racemosum*，イジュ *Schima wallichii*，オキナワウラジロガシ *Quercus miyagii*，アマミアラカシ *Q. glauca* var. *amamiana* などの常緑広葉樹である．山がちであるということは谷も多く，これらの島には水量の豊富な沢や小河川が多く見られる．少し話がそれるが，奄美群島が含まれる北緯 27，28 度付近を世界地図や地球儀でぐるっと見回してみよう．そこには，たとえばパキスタン，サウジアラビア，エジプト，モロッコ，メキシコなどといった国々が位置している．国名を聞いてまず思い浮かぶのは砂漠や乾燥地帯の風景だ．この緯度にあって，奄美ほど降水量が多く豊かな森林が発達している地域はあまりない．「水の豊富な亜熱帯の常緑広葉樹林」は，じつは世界的に見るととてもめずらしいのである．

一方，喜界島，沖永良部島，与論島は低くて平らな島で，サンゴ礁起源の琉球石灰岩からなっている（図 1.3）．喜界島は 1000 年で 1.5 m という他の地域ではあまり例のない速い速度で現在も隆起し続けている．喜界島のもっとも高い場所（百之台，標高 203.5 m）にある土壌は，12 万 5000 年前に隆起したサンゴ礁から生成されたものと考えられている（前島・永塚，2011）．沖永良部島の最高峰は 240.1 m（大山），与論島にいたっては山と呼べるような地形はなく，もっとも高い場所でも標高 97.1 m にすぎない．喜界島の百之台の周囲や沖永良部島の大山付近の高台には，標高の高い他の島々と同じようにまとまった常緑広葉樹林が見られるが，それ以外の場所は平地が広がり，サトウキビ畑をはじめとする耕作地として利用されている．沖永良部島や与論島の地下には鍾乳洞がたくさんあり，近年，鍾乳洞探検（ケイビング）が新たな観光資源として注目されている．このように，奄美群島は島ごとに大きく異なる多様な景

図 1.3 奄美群島の 8 つの有人島．①喜界島．琉球石灰岩が隆起してできた百之台から海岸部を望む．②奄美大島．常緑広葉樹で覆われた山並みが連なる．③加計呂麻島．複雑な入り江に広がる干潟には多様な貝類が生息する（第 6 章参照）．④請島．最高峰である大山に自生するウケユリ（第 12 章参照）の名称は島の名前に由来する．⑤与路島．サンゴでつくられた石垣にハブを退治するための棒（用心棒）が置かれる．⑥徳之島．高い山の麓に広がる平野部は農耕地として利用されている．⑦沖永良部島．琉球石灰岩でできた海岸部は雄大な景観を望むことができる．⑧与論島．白く美しい砂浜が島の至るところに見られる．（写真提供：高美喜男氏，環境省奄美自然保護官事務所）

観を有し，そこには固有の生物が多数存在している．

4. 地史と固有の動植物

では，奄美の島々とそこに棲む固有の生物は，いつ頃，どのようにして生まれたのだろうか．それを知るためには，この地域の地史を確認する必要がある．

奄美群島を含む琉球列島は，ユーラシアプレートの下にフィリピン海プレートが沈み込む位置にある大陸島である．大陸島とは，大陸の近くにあってその大陸と地続きの時代があったが現在は海で隔てられている島のことで，琉球列島はかつてユーラシア大陸の辺縁部にあった．それが，後期中新世（約 1500 万年前）以降に沖縄トラフ（現在の東シナ海に存在する細長い海底盆地）の形成に伴って大陸から分離を始める．その後，鮮新世（530 万～260 万年前）を通して，この地域一帯の沈降あるいは汎世界的な海水準の上昇により，島尻層群と呼ばれる砂岩と泥岩を主体とした層が海に堆積し，そこに陸域が分布する状態が続いた．鮮新世の後期から更新世（260 万～1 万年前）に入ると，おそらく黒潮が東シナ海を流れ始めたこともあって，島々の周囲や浅海部にはサンゴ礁が広く形成された．その結果，この地域を特徴づける琉球石灰岩が堆積し，その後の陸化により現在のような島々が形づくられたのである（井龍・松田，2010）．この間，大陸と接続していた時期が数回あり，そのときに多くの生物がこの地域に分布を広げたことも推定されている．奄美群島と沖縄諸島を含む中琉球は，遅くとも前期更新世（約 170 万年前）までに島嶼化しており，そこに分布していた生物は以後大陸の個体群から隔離された．これらの生物の中には，大陸の個体群がなんらかの理由で絶滅しこの地域だけに生き残ったり，隔離された後にさらに複数の種に分化したりするものがいた．このようにして誕生した生物が，現在琉球列島にしかいない「固有種」である．なお，大陸では絶滅しこの地域だけに生き残った種は「遺存固有種」と呼ばれ，この地域に隔離された後にさらに分化した種は「新固有種」と呼ばれる．アマミノクロウサギ *Pentalagus furnessi* やルリカケス *Garrulus lidthi*，イシカワガエル種群（ニオイガエル属 *Odorrana*）などは近隣の地域に類縁関係の近い種を持たない遺存固有種であり，ガラスヒバァ種群（ヒバカリ属 *Hebius*，第 2 章参照）やハナサキガエル種群（ニオイガエル属），キノボリトカゲ *Japalura polygonata* の亜種群などは大陸と琉球列島内に複数の種が見られる新固有種である．

ところで，奄美にはどのくらいの固有種が存在するのだろう．これはなかなか答えるのが難しい問題である．すべての分類群について述べることは到底できないので，ごく一部のみを紹介しよう．植物に目を向けると，奄美群島に自生する被子植物は1087種で，このうち固有種，固有変種は80ほどあるとされている（鹿児島県環境生活部環境保護課，2003；宮本，2010も参照）．植物では近年，隠蔽種（同一種とされていたが実際は別種であることが判明した生物のこと）もいくつか発見されている．たとえば，南インドから八重山諸島にかけて広く分布するクサミズキ *Nothapodytes nimmonianus* は奄美大島にも自生することが知られていたが，詳細な検討の結果，奄美大島のものはクサミズキとは別種であることがわかり，*N. amamianus* として記載された．和名は奄美大島出身の歌手，元ちとせさんのヒット曲にちなんで「ワダツミノキ」と命名されている（Nagamasu and Kato, 2004）．また，沖縄島と奄美大島に分布するとされていたリュウキュウアセビ *Pieris koidzumiana* も，両島の個体群で葉や花の形態に違いがあることがわかったため，奄美大島のものがアマミアセビ *P. amamioshimensis* として新たに記載されている（Setoguchi and Maeda, 2010）．なお，アマミアセビは美しい花を咲かせるため採集する人が多く，今では野外でほとんど見られなくなってしまっている．

両生類は12種が生息し，このうち4種と1亜種が奄美群島固有である．オットンガエル *Babina subaspera* は奄美大島と加計呂麻島のみに分布し，国内のアカガエル科の在来種の中では最大となる，たいへん貫禄のあるカエルである（第11章参照）．アマミアカガエル *Rana kobai*，アマミハナサキガエル *Odorrana amamiensis*，アマミイシカワガエル *O. splendida* の3種は，比較的最近になって沖縄島にいる近縁の種から分けられたため，それぞれ和名に「アマミ」がついている．アマミアオガエル *Rhacophorus viridis amamiensis* も「アマミ」がつくが，これは奄美群島固有の亜種で，同種のオキナワアオガエル *Rhacophorus v. viridis* が沖縄島とその周辺の島嶼に生息している．奄美群島に生息するカエル12種のうち，外来種2種と広域に分布する1種を除く9種は琉球列島の固有種でもある（前之園・戸田，2007）．種数こそ多くないものの，自ら海を渡ることのできない両生類では固有種の割合が高い．

鳥類は奄美群島で約340種が確認されているが，自由に空を移動できるこの分類群でも，奄美群島のみで繁殖するものが2種と6亜種存在している（NPO法人奄美野鳥の会，2009）．なお，日本全国では約600種の鳥類が確認されているが，日本固有種とされるのはこのうちの11種（ヤマドリ *Syrmaticus soemmerringii*，ヤンバルクイナ *Gallirallus okinawae*，アマミヤマシギ *Scolopax mira*，アオゲラ *Picus awokera*，ノグチゲラ *Sapheopipo noguchii*，ルリカケス，メグロ *Apalopteron familiare*，アカコッコ *Turdus celaenops*，アカヒゲ *Luscinia komadori*，カヤクグリ *Prunella rubida*，セグロセキレイ *Motacilla grandis*）である．アマミヤマシギとルリカケスが奄美固有種（ただしアマミヤマシギは冬に沖縄島とその周辺島嶼でも見られる），ヤンバルクイナとノグチゲラは沖縄島の固有種，アカヒゲは琉球列島と男女群島の固有種，アカコッコは伊豆諸島と琉球列島の北部にあるトカラ列島の固有種なので，日本の固有鳥類 11 種のうち 6 種は琉球列島に生息していることになる．琉球列島の面積が日本全体の 1.2％程度にすぎないことを考えれば，この固有性の高さは注目に値する．

昆虫は奄美群島で約 3400 種が記録されており，固有種，固有亜種は 500 以上確認されているが，未記載の種もまだまだ存在する．地元の専門家を含む多くの研究者が精力的な調査を行っており，ぞくぞくと新種の記載がなされている（たとえば Akita and Masumoto, 2013；佐藤・鮫島，2013 など）．

ここにあげた分類群だけではない．奄美群島を含む琉球列島の生物はおしなべて固有種の割合が高く，そしてその固有性の高さと分布域の狭さゆえに，多くの種が絶滅の危機に瀕している．

5. 野生生物への人間活動の影響

奄美に生息，生育する野生生物の多くが絶滅の危機に瀕している現状は，先に述べた大規模な森林伐採や愛好家による採集，第 15 章，第 16 章，第 17 章で述べられる外来生物の導入など，おもに人間活動の影響によるところが大きい．ある場所で人間が生きていくということは，その場所の自然環境になんらかの影響を与え続けることを意味している．ここでは，奄美群島を含む琉球列島における野生生物への人間活動の影響を，先史時代から概観してみよう．

琉球列島に現生人類が到達したのは後期更新世であると考えられている．たとえば，化石人骨が発見されている沖縄県那覇市の山下町第一洞穴遺跡は今から 3 万 6600 年前のものと推定され（Kaifu and Fujita, 2012），石器が出土している奄美大島の土浜ヤーヤ遺跡や喜子川遺跡は 2 万～ 2 万 5000 年前，徳之島の天城遺跡は 2 万 8000 年前のものと推定されている（堂込，2007）．世界中を見渡してみると，通常，島という特殊な環境に人類が住むようになるのは更新世の後の完新世以降のことであり，琉球列島のように古い時代に現生人類が住んでいた島というのは世界的に見てもめずらしい（Takamiya, 2006；高宮，2014）．それ以降ずっと琉球列島に人が住み続けていたのか，それとも再び無人となった時期があるのかは議論のあるところだが，今から5000年前には人々は琉球列島のいくつかの島に定着していたらしい．

一般的に，生活空間や資源の限られた環境である島に人が永続的に定着するためには，農耕という生業を携えていることが重要であると考えられる．しかし，琉球列島に定着した人々は農耕の技術を持っておらず，定着後数千年もの間，農耕に頼らない狩猟採集の暮らしを続けていた．世界中を見渡せば，狩猟採集民が定着できた島は琉球列島以外にも存在する．しかし，それらは比較的面積が大きかったり，大陸や他の大きな島に近かったり，食料となる海獣類のような海洋資源が豊富であるといった条件のいずれか，あるいは複数を備えた島である．琉球列島のように大陸から離れた面積の小さな（しかも海獣類の多くない）島に狩猟採集民が定着することができたのは，非常に希有な例だと考えられる（Takamiya, 2006；高宮，2014）．琉球列島の人々は，サンゴ礁の魚貝類を捕ったり，木の実を採集したり，リュウキュウイノシシ *Sus scrofa riukiuanus* を狩ったりといった暮らしを，西暦1100年～1400年頃まで続けていたのだ．

島という閉じられた空間に人が長く住むようになれば，資源の過剰な収奪によって環境は悪化するのが普通である．実際，琉球列島でも，自然環境に対する人為的な影響は古くからあったと考えられる．たとえば沖縄島では，リュウキュウヤマガメ *Geoemyda japonica*，リュウキュウイノシシ，ケナガネズミ *Diplothrix legata* といった動物は，かつては島の全域に生息していたが，おそらく農耕を始めた人間が木を切り土地を開墾していった結果，現在では島の北部，やんばると呼ばれる森林地域のみに分布が限られるようになった（高宮，2014）．また，リュウキュウアカガエル *Rana ulma*，オキナワイシカワガエル *Odorrana ishikawae*，ハナサキガエル *O. narina*，ホルストガエル *Babina holsti*，ナミエガエル *Limnonectes namiyei* といったカエル類も現在はやんばるだけに生息するが，後期更新世には沖縄島南部にも分布していたことが化石の発見により明らかになっている（Nakamura and Ota, 2015）．これらのカエルは森林内の渓流に依存して生活することから，この時期には島の南部にも今日のやんばると同じような森林環境が存在していたと推測される．確たる証拠はないものの，この森林環境も中期完新世までに狩猟採集民によって切られたり焼かれたりして消失してしまった可能性がある（Nakamura and Ota, 2015）．このような人為的な影響による野生動物の分布の縮小は，沖縄島だけでなくおそらく琉球列島の他の島でもあったことだろう．しかし，その一方で，琉球列島では意外にも現生人類の本格的な定着から近世に至るまでの間に，明らかに人間活動の影響によって絶滅したと考えられる陸生の野生動物は確認されていない（高宮，2014）．これほど長い間，野生動物を絶滅させることなく，また，生活が立ちゆかなくなるほどの資源の枯渇や環境の劣悪化を招くことなく人々が住み続けてきたのは，じつに驚くべきことである．琉球列島の狩猟採集民およびその後の農耕民は，“自然環境と調和”（高宮，2014）し，今日でいうところの持続可能な生活を続けてきたとも言える．自然環境の側から見れば，“強力な人為的活動の影響を受け続けながらも，なんとか折り合いをつけつつ存続してきた”（宮本，2010）ということになるだろう．もちろん，それは結果としてそのように見えるだけかもしれない．調和せざるを得なかった，あるいは折り合いをつけることを可能にした生態的要因があるかもしれないということは，今後考察していく必要がある．

ところで，先ほど「琉球列島では明らかに人間活動の影響で絶滅したと考えられる陸生の野生動物は確認されていない」という記述をしたが，後期更新世以降，なんらかの理由により絶滅した動物自体はたくさんいることにはふれておくべきだろう．そして，これらの絶滅に人間が関与していたかどうかは，じつは議論の分かれるところである．たとえば徳之島や沖縄諸島，石垣島，与那国島に生息していたリュウキュウジカ *Cervus astylodon*（大塚，1990）や，徳之島から与那国島の間の島々に分布していたイシガメ科 Geoemydidae の 4 種およびリクガメ科 Testudinidae の 1 種（Takahashi et al., 2008）などは，現生人類が琉球列島に到達して以降に絶滅している．Takahashi et al.（2008）は，この時代の陸生脊椎動物の大量絶滅は，人間活動か，気候変動か，あるいはその両方の影響によって起こったのだろうと考察している．一方で藤田（2014）は，人間による捕食圧がシカ類やカメ類の絶滅要因であるという考えに“賛同したい”としながらも，その明確な証拠はまだないと論じている．後期更新世以降の陸生動物の絶滅要因については今後も検討していく必要があるだろうが，ともあれ，奄美を含む琉球列島の自然は，人間活動の影響を長きに渡って受けながらも，決定的な損傷は被らずに存在し続けてきたのである．

ところが，その綿々と続いてきた自然環境も，長い人類の歴史から見ればほんのつい最近のことと言ってよいここ数十年の間に，不可逆的に破壊されつつある．第19章で紹介されるように，与論島に生息していたいくつかの動物は，近世以降の人間活動の影響を受けて絶滅ないし島から消滅してしまったし，絶滅には至っていないものの，現在奄美の生物の多くが絶滅の危機に瀕しているのは先に述べた通りである．水生昆虫の中には，もはや危機的状況にあるものもいる（第14章参照）．私たち現代人は，過去数千年に渡ってこの地域に住み続けてきた人類の中で，突出して自然環境に負荷をかけている存在なのだ．

6. 奄美の自然を守るために

自然環境に大きな負荷をかけていることを自覚し，私たちの代で絶滅してしまう生物を出さないよう対策を考えることは，次世代に対する私たちの責務であると言ってよい．最後に，奄美の野生生物を保全するための取り組みをいくつか紹介しよう．

とくに絶滅の危険が高いとされるアマミノクロウサギ，アマミヤマシギ，オオトラツグミ *Zoothera dauma major* の3種については，「絶滅のおそれのある野生動植物の種の保存に関する法律（種の保存法）」に基づいて，環境省により保護増殖事業が実施されている（第9章参照）．この事業では，これらの種の生息環境の把握や減少要因の解明，個体群のモニタリング，個体数の推定などが行われ，それらの知見に基づき保全策が進められている．

また，地元の自治体による希少野生動植物保護の取り組みも行われている．鹿児島県や奄美大島の五市町村，徳之島の三町などは「希少野生動植物の保護に関する条例」をそれぞれ制定することにより，希少な動植物を保護の対象種として指定することで，愛好家などによる採集から守るようにしている．実際に，徳之島では希少植物を採集した人が条例に違反したとして逮捕された例もある．

奄美大島では外来生物フイリマングース *Herpestes auropunctatus* の防除事業も環境省によって進められている（第16章，第17章参照）．フイリマングースは在来生物に非常に強い悪影響をおよぼす動物で，「特定外来生物による生態系等に係る被害の防止に関する法律（外来生物法）」では「特定外来生物」に指定されており，また国際自然保護連合（IUCN）の「外来侵入種ワースト100」の一つにも選ばれている（ただし，「外来侵入種ワースト100」にはフイリマングースが独立種と見なされる前の名称である“ジャワマングース *H.*

javanicus”で掲載されている）．1979年に奄美大島に導入されて以来，フイリマングースはこの島の生態系を大きく破壊してきた．これを駆除することは，奄美大島に本来いた動物を守ることに直結する．

フイリマングースと同じく在来生物に大きな影響を与えるイエネコ *Felis silvestris catus* の対策も始まっている．人に捨てられるなどして野外で自活するようになったイエネコのことを“ノネコ”と呼ぶが，ノネコは現在，奄美大島や徳之島に生息する野生動物への大きな脅威となっている（第15章参照）．そこで，奄美大島五市町村と徳之島三町では「飼い猫の適正な飼養及び管理に関する条例」を制定することにより，ペットとしてのネコをきちんと飼い，これを野外に逸脱させることのないよう啓発に努めている．また，ノネコの供給源となり得るノラネコ（特定の飼い主はいないが人間社会に依存して生活しているネコ）を増やさないための対策として，TNRと呼ばれる活動も行われている．TNRとは，ノラネコを捕獲し（Trap），避妊・去勢手術を施した上で（Neuter），もといた場所に戻す（Return）活動のことで，ある地域に生息するノラネコを増やさないための手段として全世界で実施されている．奄美のTNRも，献身的な獣医師が中心となり，自治体や自然保護団体，研究者らが協力して進められている．

これらの対策は奄美の自然を守る上で非常に重要である．ただし，希少種を守り，外来生物を駆除すればそれで対策は十分かと言えば，当然そんなことはない．大切なのは，在来生物が生息，生育する生態系そのものを保全することである．このため現在，環境省によって奄美群島を国立公園に指定することが検討されている．貴重な動植物が生息，生育する地域が国立公園に指定されれば，その地域が将来に渡り開発行為などから法的に守られることになる．そうして重要な地域の保護を担保した上で，今度は国と地元の自治体が協力し，奄美大島と徳之島，および沖縄島北部（やんばる地域）と西表島の四島を，「奄美・琉球」という名称でユネスコの世界自然遺産に登録することを目指している．現在準備が着々と進められており，数年のうちには世界自然遺産登録の可否が決定される．

希少種の保護や外来生物の防除，あるいは国立公園の指定，世界自然遺産への登録は，固有種や絶滅危惧種を含む奄美の生物を保全するために有効な手段である．とくに世界自然遺産への登録は，世界中の注目を奄美に集め，野生生物保護の気運を高める契機となり得る方策だ．しかし根本的にもっとも重要なのは，奄美群島の人々が，自分たちの住む地域の自然のすばらしさを認識し，守っていこうと自ら決意することだろう．解決すべき問題は山積している．希少動植物の盗採は後を絶たないし，マングース対策もこれからが正念場だ．奄美大島や徳之島の山中で今まさに希少動物を捕食しているノネコをどうするかを考えることはとくに喫緊の課題で，これをなんとかしないことには世界自然遺産の登録自体が危ぶまれるかもしれない．これら多くの問題を解決するために，さまざまな立場の人々がそれぞれのできることを考え，実行していく必要がある．上に述べた通り，行政は（ときに批判にさらされながらも）対策を着実に進めている．また奄美群島のすばらしいところは，多くの自然保護団体や個人が，自然観察会や講演会，市民参加型の野生生物調査などを通じて，自然保護，環境保全に関する普及啓発活動をさまざまなレベルで進めている点である．官と民によるこのような活動は，今後，奄美の自然を守っていくのに大きく役立つだろう．

それでは，奄美の生物を研究している研究者が自然を守るためにできること，やるべきことはなんだろうか．その一つは，奄美にどのような自然があり，そこにどのような生物が存在し，それらがどのような生活をしているのかを多くの人に伝えることであろう．研究者にとって今は，研究の成果を学会や学術論文で発表してそれで終わり，ではすまされない時代である．得られた成果を正確に，わかりやすく多くの人に伝える努力をすることは，研究者の重要な使命だと考えられる．本書は，まさにそのような研究者による広報努力の産物である．本書が多くの人にとって奄美の自然のすばらしさを認識するきっかけになれば，それは著者らが行った研究の大きな功績の一つであると言えるだろう．

前置きが長くなったが，では，これから奄美の多様な生物の世界に入っていこう．

引用文献

Akita K, Masumoto K (2013) New or little-known Tenebrionid species (Coleoptera) from Japan (14) six new species and three new subspecies from various areas in Japan. Elytra, 3: 237-254（日本のゴミムシダマシ科（コウチュウ目）の新種およびほとんど知られていない種（14）日本各地で採集された6新種と3新亜種）.

堂込秀人（2007）琉球列島の旧石器時代遺跡．考古学ジャーナル，564: 6-10.

藤田祐樹（2014）更新世の琉球列島における動物とヒトのかかわり．（高宮広土・新里貴之編）琉球列島先史・原史時代における環境と文化の変遷に関する実証的研究【第2集】琉球列島先史・原史時代の環境と文化の変遷．六一書房，東京．
井龍康文，松田博貴（2010）新第三系・第四系．（日本地質学会編）日本列島地質誌8，九州・沖縄地方，149-154．朝倉書店，東京．
鹿児島県環境生活部環境保護課（2003）鹿児島県の絶滅のおそれのある野生動植物　植物編―鹿児島県レッドデータブック―．財団法人鹿児島県環境技術協会，鹿児島．
鹿児島県大島支庁（2015）平成26年度奄美群島の概況．鹿児島県大島支庁，奄美．
Kaifu Y, Fujita M (2012) Fossil record of early modern humans in East Asia. Quaternary International, 248: 2-11（東アジアにおける初期の現生人類の化石記録）．
前島勇治，永塚鎭男（2011）南西諸島に分布するサンゴ石灰岩上の土壌の年齢．地球環境，16: 169-177.
前之園唯史，戸田守（2007）琉球列島における両生類および陸生爬虫類の分布．Akamata, 18: 28-46.
宮本旬子（2010）奄美群島の植物．（鹿児島大学鹿児島環境学研究会編）鹿児島環境学Ⅱ，65-83，南方新社，鹿児島．
Nagamasu H, Kato M (2004) *Nothapodytes amamianus* (Icacinaceae), a new species from the Ryukyu Islands. Acta Phytotaxonomica et Geobotanica, 55: 75-78（琉球列島で発見された新種，*Nothapodytes amamianus*（クロタキカズラ科））．
Nakamura Y, Ota H (2015) Late Pleistocene-Holocene amphibians from Okinawajima Island in the Ryukyu Archipelago, Japan: Reconfirmed faunal endemicity and the Holocene range collapse of forest-dwelling species. Palaeontologia Electronica, 18.1.1A: 1-26（沖縄島（琉球列島）の上部更新統および完新統出土の両生類が示す，その固有性の高さと森林生種の完新世における分布域縮小の証拠）．
NPO法人奄美野鳥の会（2009）奄美の野鳥図鑑．文一総合出版，東京．
大塚裕之（1990）徳之島の更新世鹿化石．国立科学博物館専報，23: 185-195，Plate 3.
佐藤力夫，鮫島真一（2013）奄美大島産*Amblychia*属（シャクガ科エダシャク亜科）の1新種．蛾類通信，268: 441-445.
Setoguchi H, Maeda Y (2010) A new species of *Pieris* (Ericaceae) from Amamioshima, Ryukyu Islands, Japan. Acta Phytotaxonomica et Geobotanica, 60: 159-162（琉球列島奄美大島で発見されたアセビ属（ツツジ科）の新種）．
Sugimura K (1988) The role of government subsidies in the population decline of some unique wildlife species on Amami Oshima, Japan. Environmental Conservation, 15: 49-57（政府補助金が奄美大島固有の野生動植物の個体数減少に果たした役割）．
Takahashi A, Otsuka H, Ota H (2008) Systematic review of Late Pleistocene turtles (Reptilia: Chelonii) from the Ryukyu Archipelago, Japan, with special reference to paleogeographical implications. Pacific Science, 62: 395-402（琉球列島における後期更新世のカメ類（爬虫綱カメ目）の系統学的レビュー，とくに古地理との関わりについて）．
Takamiya H (2006) An unusual case? Hunter-gatherer adaptations to an island environment: a case study from Okinawa, Japan. The Journal of Island and Coastal Archaeology, 1: 49-66（まれな事例か？島嶼環境への狩猟採集民の適応：沖縄における事例研究）．
高宮広土（2014）琉球列島の環境と先史・原史文化．（青山和夫，米延仁志，坂井正人，高

宮広土）マヤ・アンデス・琉球　環境考古学で読み解く「敗者の文明」, 177-239, 朝日新聞出版, 東京.

第2章

中琉球の動物はいつどこから どのようにしてやってきたのか?

ヒバァ類を例として

皆藤琢磨

かつて，中琉球の動物たちの多くは，琉球列島全体が陸化したときに台湾方面から渡来したと言われてきたが，近年では，琉球列島がまだ大陸の辺縁部だった時代からの直接の生き残りであるとする説が有力である．本章では，この分野の最先端の研究を交えながら，ヒバァ類と呼ばれるヘビの仲間が，どのようにして今日の分布を成立させたのかについて紹介する．ヒバァ類を含む，さまざまな両生類・爬虫類種の分化パターンを比較した結果，お互いによく似ている奄美群島・沖縄諸島の動物相は，これらの地域が海によって分断される以前からすでに分化をし始めていたことが示唆された．

1. 琉球列島の動物の起源

その昔，琉球国王が薩摩藩主へハブを献上しようとした際，壺に入ったハブを積んだ船が枝手久島に難破してしまい，逃げ出したハブが隣の奄美大島に居ついてしまった，という伝説が存在する．DNA 情報を使った解析から，このハブ外来種伝説はどうやら正しくなさそうだということがわかっているものの，私たちの身近にいる生き物がいつどこで生まれ，どのようにしてやってきたのかという素朴な疑問が，誰の心の中にも秘められていることを感じさせる逸話である．とはいえ，このような疑問を解明するのはけっして容易なことではない．手始めに，奄美大島のハブがどこの島のハブと一番近縁なのかを調べるにしても，琉球列島には島がたくさんあるし，そのうちのどれがハブのいる島で，どれがいない島なのかを一つずつ確かめるなんて気の遠くなるような話だ．

ハブ *Protobothrops flavoviridis* については，やはり人々に害をなすせいか，他のヘビ類よりもいち早くその分布が注目されてきた．戦前からすでに国内外の研究者によって分布や分類に関する断片的な情報が蓄積されてきていたし，その分布に関して興味深い科学的考察もなされていた（半沢，1935 など）．へビ類全般について初めて包括的な分布情報をまとめ上げたのは，かつて琉球大学の学長を務めた高良鉄夫であった．高良（1962）は，大きな島から小さな島，無人島に至るまで，ほぼすべての島を網羅的に調査し，琉球に分布するすべてのヘビ類の詳細な分布を明らかにした．沖縄の本土復帰前の段階で，すでにこれほど詳細な分布情報が明らかとなった琉球列島産の動物はあまりないのではないだろうか．分布だけでなく，高良は琉球列島のヘビ類に関する包括的な分類学的再検討も行っており，種を定義しなおしたり，新種のヘビを発見したりと，琉球列島におけるヘビ学の礎を築いた人物である．その後，のちの研究者によって両生類・爬虫類の分布情報が少しずつ蓄積されてきており，現在ではかなり詳細な分布情報が明らかとなっている．

種ごとの分布がわかってくると，動物相全体としてのパターンが見えてくる．たとえば，中琉球（子宝島以南のトカラ列島・奄美群島・沖縄諸島）に分布する動物には固有種が非常に多い．日本本土と違っているのはもちろんだが，石垣島・西表島の位置する南琉球ともまた違うのだ．たとえば，中琉球の島々の多くに分布するハブは日本本土にはおらず，南琉球に行くと，ハブに近縁だが別種であるサキシマハブ *Protobothrops elegans* という種になる．なぜハブは中琉球にしかいないのだろうか．グーグルマップなどで海底地形を見てみると，奄美大島の北東と，沖縄島の西にそれぞれ1000 m 級の深い海溝があるのがわかる．それぞれトカラ海峡，ケラマ海峡と呼ばれている．この深い海峡があったせいで，何十万年という地質学的スケールの歴史の中において，海水面が多少上下したところで，中琉球は他の地域とは陸続きにならなかったため，分布する動物も違うのだと考えることができる．沖縄と奄美の動物相がそれほど違わないのも，お互いがそんなに深い海峡で隔てられていないからだろう，と説明することができそうだ．もう一つの重要な点は，中琉球の動物が日本本土のそれとはまったく似ていないものの，台湾や中国大陸とは少し似ていることだ．つまり，中琉球にいる動物は，日本本土よりは中国・台湾に近縁であると言うことができる．上述したストーリーに沿って考えると，中琉球と日本本土を隔てるトカラ海峡よりも，中琉球と南琉球を隔てるケラマ海峡のほうがより最近になってから生じたとすれば，これを矛盾なく説明できそうだ．日本本土から隔離されたあとも，中琉球はしばらく大陸と陸続きだったため，大陸により近縁な動物種が残っているのだろうと考えることができる．

こうした現生生物の分布様式と動物化石の情報に基づき，地質学者・化石学者であった木崎・大城（1977，1980）は，およそ150万年前に中国大陸から台湾，南琉球を通って中琉球まで繋がる細長い半島状の陸橋が存在したとする仮説を提唱した（図2.1下段）．この細長い陸域は，更新世陸橋と呼ばれている．橋と言っても人工物の橋と異なり，何十万年という地質学的時間スケールの中で，海底が地殻変動や海水面の低下によって陸化し，島と島の間を動物が移動できるようになる，そういうれっきとした陸地である．陸橋は通り過ぎるだけのものではなく，実際には動物にとって良好な生息環境が広がっており，橋の上で生まれ，子孫を残し，死んでいくという世代交代を何度も繰り返しながら，少しずつ種の分布が広がっていったのだろう．木崎・大城（1977，1980）は，更新世（258万～1万年前）の地層から産出する動物化石が，それより古い時代の地層のものと比較して大きく異なることをおもな根拠として，更新世の地層から出土する動物は，更新世になって初めて大陸からやってきたものと考えた．そうした化石種が琉球に辿り着くための進入経路として，陸橋の存在を仮定した訳である．同様の仮説は他の地質学者・化石学者からも独立に提唱されており（氏家，1990；木村，2003），前期更新世だけでなく，後期更新世における最終氷期（およそ2万年前）にも，大陸から中琉球までを繋ぐ陸橋が存在したとする仮説が提唱されている．ここでは，前期更新世の陸橋のみに焦点を当て，これらの仮説をまとめて更新世陸橋仮説と呼ぶことにする．

一方で，図2.1における800万年前から200万年前までの間に存在していた，中琉球陸塊，南琉球陸塊および古台湾は，化石情報ではなく，島尻層と呼ばれる地層の分布が根拠となっている．島尻層群は中新世の終わり頃（およそ800万年前）から鮮新世（500万～258万年前），前期更新世にかけての間，浅海で堆積したとされる地層である．これが中琉球においてほとんど見られないということは，その当時中琉球は陸域であったと解釈することができる．つまり，かつて奄美群島と沖縄諸島は一つの島だったということである．奄美群島・沖縄諸島間の分断が最初に起きたのは，更新世陸橋が崩壊したタイミング（およそ100万年前）であると考えられている．

ただし，図2.1中段における琉球地域の初期の島嶼化は，起きた年代や当時の陸域の分布に関して，研究者の間でディテールが異なっている（たとえば，氏家，1990；木村，2003）．しかし，これらの研究者は皆，島尻層群の分布が琉球列島の古地理を描く上で大事な要素だと捉えていたし，沖縄トラフの拡張運動が最初に起こったのは後期中新世から鮮新世にかけてだろうという共通し

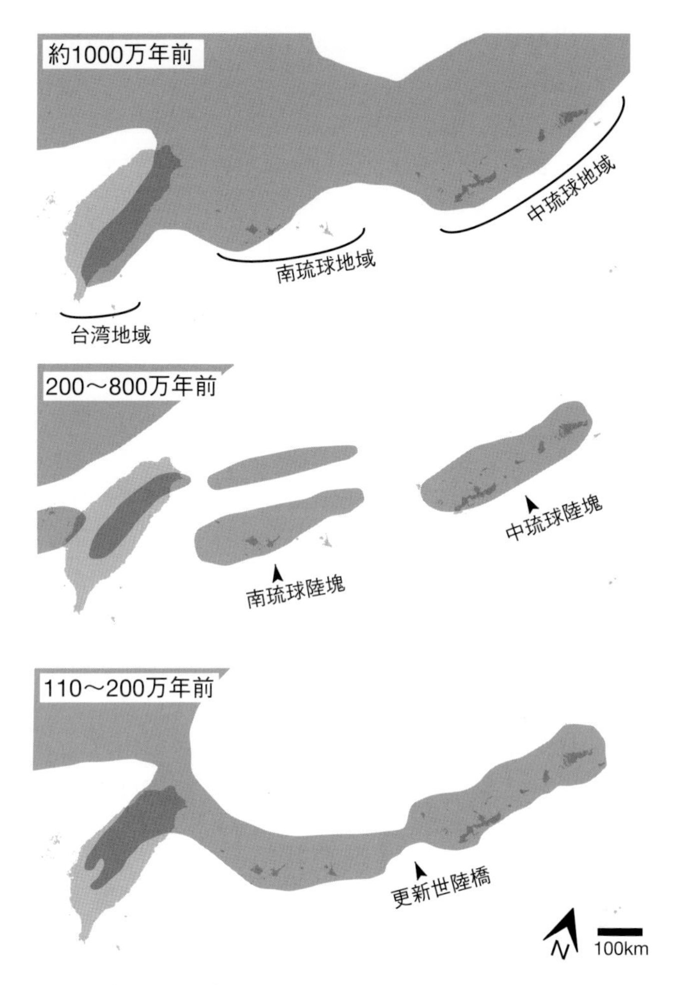

図 2.1　木崎・大城（1977，1980）に基づく琉球列島の古地理仮説．白い領域は当時の海域，濃い灰色の領域はかつての陸域，薄い灰色の領域は現在の陸域を示している．ただし，濃い灰色と薄い灰色が重複している部分もまた，現在の陸域を示している．この仮説によれば，琉球地域は後期中新世までは大陸の辺縁部だったらしい（図上段）．その後，この地域は中琉球陸塊，南琉球陸塊，古台湾の３つの島に分断されたようだ（図中段）．この３つの陸塊は，前期から中期更新世にかけて，再び大陸と接続されたとされる（図下段）．

た見解を持っていた点で，それぞれの研究の仮説は大局的に見ればお互いに一致しうるものである．

これに対し，分類学者である Ota (1998) は，両生類・爬虫類種の分布パターンと系統関係を詳細に分析し，中琉球に分布する種の多くは遺存的な状態にあることを指摘した．遺存的な状態とは，かつては繁栄し広大な分布域を誇っていたが，その後衰退し，現在では限られた場所にしか分布しないような種の状態を指している．たとえば，クロイワトカゲモドキ *Goniurosaurus kuroiwae* やヒメハブ *Ovophis okinavensis*，リュウキュウヤマガメ *Geoemyda japonica*，ナミエガエル *Limnonectes namiyei* などは，中琉球には分布するが，本州・四国・九州はもちろん南琉球にさえ分布せず，もっとも近縁な種が台湾や大陸に飛び地的に分布している．更新世陸橋仮説に基づけば，大陸から中琉球までが陸続きだったはずなのに，南琉球にだけぽっかり分布の穴がある種がこれほど多いのはおかしい，という訳である．Ota (1998) は，遺存種が多く見られることは，中琉球が他の地域からより長い期間隔絶されてきたことを示しているとし，更新世陸橋は南琉球と中琉球を接続しなかったとする仮説を提唱した（ここではこれを太田仮説と呼ぶことにする）．

太田仮説が登場した当時は，両生類・爬虫類についての分類学的研究や分布に関する研究がかなり蓄積されてきており，主要な島嶼については，どの島にどんな種が分布するのかがかなり詳細にわかってきた時代であった．Ota (1998) は，そうしたデータを詳細に分析し，中琉球の系統的固有性を検出した初めての研究であった．しかしながら，当時すでにタンパク質や DNA を用いた系統解析が急速に普及し始め，ある 2 つの生物同士が近縁か否かを判断するのに，その 2 つが同じ属や種に属しているか否か，つまり形態的に似ているかどうかだけを目安とする時代は終わりを迎えていた．また，更新世陸橋仮説も太田仮説も，根拠として生物学的情報を数多く含んでいる以上，その根拠が覆されることがないかどうか，最新の手法を用いてしっかり再確認する必要があった．Toda et al. (1999) は，ハブ類のアロザイム分析から推定される系統樹を用いて，いち早く更新世陸橋仮説および太田仮説の検証を試みた．その結果，八重山諸島のサキシマハブと台湾のタイワンハブ *Protobothrops mucrosquamatus* の間の遺伝的距離よりも，これらと中琉球のハブの間の遺伝距離のほうが約 2.6 倍大きく，Ota (1998) が主張する中琉球孤立説を強く支持した．ただ，この研究では，ハブに一番近縁な種は南琉球・台湾集団であるという暗黙の前提を置いていたため，ハブに一番近縁な種が何か，という重要な問題をクリアしていなかった．実際に，のちに行われたいくつかの大陸種を含む分子系統学的研究では，統計的支持率は弱いものの，ハブの近縁種は八重山諸島・台湾集団ではなく，中国大陸に分布するまったく別の種であることが示唆された（Tu et al., 2000）．一連のこれらの研究は，“中琉球の動物は南琉球の動物に一番近縁だろう”という，多くの研究者が漠然と持っていた認識に対して警笛を鳴らす結果となった．もし中琉球の動物と南琉球の動物がじつはまったく別物であるとしたら，この間にわざわざ陸橋の存在を仮定する意味なんかなくなってしまう．むしろ，中琉球と南琉球は今まで一度として繋がったことはなかったのだとする太田仮説のほうがやはりずっと合理的だ．ハブに基づく古地理についての議論は，琉球列島産ハブと大陸種の系統関係がはっきりするまで先送りとなってしまったものの，ハブに関する一連の研究は，更新世陸橋仮説の内包する危うさを多くの研究者に認識させた．

その後，カナヘビ類やハナサキガエル種群についての詳細な分子系統解析が行われたが，その分化史は一見して複雑で，島が分かれたから別種になった，という単純な話ではなさそうである．カエルやヘビといった小さな動物たちでも，潜在的には海を渡りうるのだ．実際に，最新の研究では，カエルやトカゲがトカラ海峡を渡ったとしか考えられないような事例が見つかりつつある（Kurita and Hikida, 2014；Tominaga et al., 2015）．ただ，だからといってなんでもかんでも海を渡ってやってきたのだと考えるのは早計である．動物の海上分散の方向は海流の影響を大きく受けるし（Hedges et al., 1992），種によって海水に対する耐性の強さが異なるのは想像に難くない．さらに，仮に海を渡れたとしても，新しい土地に安定した個体群を築けるのかと言えば，それはまた別の話だ．海底火山が噴火してできたまったく新しい島と，すでに競争相手が分布している島とでは，それは全然違うだろう．では，どのように分散と分断を区別すればいいのだろうか．たとえば，DNA 分析を使って，奄美大島と沖縄島の集団が分化した年代が 100 万年前と推定されたら，これは奄美大島と沖縄島が分断された時期とよく一致するので，海上分散を仮定するよりも，素直に分断によって分化したのだと考えるほうが自然だ．一見磐石に見える太田仮説だが，このような考え方に基づいた再検討はいまだ十分行われていない．より広いサンプリングに基づく，より解像度の高い系統関係を用いて，古地理仮説との整合性を詳細に検討する必要があった．奄美群島の動物の起源に関しても，こうした研究を進めていけばおのずと明らかになるだろう．

2. ガラスヒバァというヘビ

筆者が研究材料として選んだのは，ガラスヒバァ *Hebius pryeri* というヘビである．黒地に黄白色の横縞が入るという特徴の体色を持つ，全長が 1 m 弱くらいのヘビである．このヘビは中琉球の数多くの島に分布しており，とくに珍しいということもなく，水辺や渓流で普通に見られるヘビである．ただ，ハブやアオダイショウ（奄美・沖縄ではリュウキュウアオヘビ *Cyclophiops semicarinatus* のことを指してこう呼ぶ）を知らない人はいないが，ガラスヒバァとなると，夜行性な上に益害がこれといってないせいか，現地の人々でも知っている人はあまり多くない．分類学的にはヤマカガシ *Rhabdophis tigrinus* と同じユウダ亜科に分類され，一応毒を持っているらしいが，マムシ *Gloydius blomhoffii* やハブのような注射針状の前牙はなく，噛まれたからといってどうということはない．腕がパンパンに腫れることもないし，ヤマカガシのようにしばらく流血が止まらなくなるということもない．しかし，やたらと噛みついてくるし，お尻から強烈な臭気を放つので，楽しいスキンシップはあまり期待できないヘビである．こんなかわいげのない動物だが，研究材料として選んだのにはきちんとしたワケがある．琉球列島には，このガラスヒバァに近縁な種があと 2 種分布している．宮古諸島に分布するミヤコヒバァ *H. concelarus* と石垣島・西表島に分布するヤエヤマヒバァ *H. ishigakiensis* だ．これらに加え，琉球列島産ヒバァ類に近縁であるとされる未記載種が近年台湾から発見された（向ほか，2009）．これら 4 種のヘビ類は，奄美大島から台湾までの主要な島々に欠けることなく連続して分布するため，上述の更新世陸橋問題を再検討するための理想的な材料なのだ．ヒバカリ属 *Hebius* 自体は合計 44 種から構成され，数こそ多いものの，大陸産の 23 種の遺伝子情報がすでに公開されており，前述のハブの研究のように，じつは近縁種が南琉球ではなく大陸にいた，なんて問題に陥る危険も比較的少ない．また，近年，分岐年代を推定する手法が発展したことで，より現実的な検証が可能になってきた．これまでは，ミトコンドリア DNA 遺伝子の突然変異率 2 % を 100 万年で換算するといった，シンプルな推定手法が使われていたが，現在は，研究対象とする分類群により近い種の化石記録を用いて分子時計を較正したり，系統間の分子進化速度の違いを補正することができるようになっている．筆者はヒバァ類と新しい手法を組み合わせて，琉球列島に残されているこれらの問題を改めて検討したいと考えた．

3. ヘビ採りの難しさ

ガラスヒバァを選んだ別の理由として，他のヘビと比べて採集が比較的容易である点があげられる．山奥から民家にまで現れるハブと違い，このヘビはもっぱらカエルを食べて生きているので，水の溜っている道路脇の側溝や集水桝を探せば容易に見つかるのだ．ところが，実際やってみるとなかなかたいへんだった．やんばるの森のような，水の豊かな場所では発見は容易なのだが，小さな島や標高の低い島では，水場が非常に限られていた．また，確かに水場に行けばヒバァはいるのだが，彼らは決して無限に湧いてくる訳ではなく，島へ渡ったその日が一番の採れ高で，次の日以降ほとんど見つからないなんてことがよくある．島嶼間の遺伝的変異を見る分には，一つの島から1匹ずつ採れさえすればあまり問題ないのだが，島の中で川や山などを境にしていくつかの集団に分かれている可能性もあるので，できるだけたくさんの地点から複数の標本を採るほうが望ましい．また，一つの島から複数の標本が採れれば，その島嶼集団がどれだけ遺伝的に多様なのかを明らかにすることもできる．

当時お金があまりなかった筆者は，たいていの島には原付バイクにテントを背負って行き，原付バイクに乗って夜間調査を行った．車に比べて原付バイクは見通しもいいし，気軽に乗り降りできるので，路上調査にはうってつけだ．しかし，島へ行くときはそれなりに手間である．たとえば，筆者が住んでいる沖縄島から奄美大島に行くときは，那覇港から朝5時に出港する船に原付とともに乗り込み，夜8時半頃に名瀬港に着く．名瀬の市街地から原付で宿泊予定地のキャンプ場まで2時間近くかけて行き，テントを張ってようやく一息，といった具合である．テントや調査道具などの重い荷物を背負っている上に，自動車に比べてスピードも出ないので，運転にはそれなりに体力が必要だ．また，奄美大島のような大きな島の場合，原付でいろいろな場所を回っているとすぐに燃料がなくなってしまうので，ガス欠には細心の注意が必要だ．

それでも，奄美大島は筆者のもっとも好きな島である．奄美大島は空気がとてもきれいで，どこにいても森林のよい匂いがするのだ．たかが匂いで，と思うかもしれないが，24時間野外で暮らすキャンプ生活をしていると，これはとても重要な要素なのである．とある島では，島中がほのかな家畜のにおいに満たされていて，気が滅入りそうになったことがある．

奄美大島のもう一つのすばらしい点は，コンビニである．キャンプ生活では食事を手早くすませることが難しい上に，毎日同じメニューに偏りがちである．小さな商店しかない島では，米とレトルト食品を持っていって自炊するのだが，それだけでは飽きてくるし，1週間もそうしていると肌はガサガサ，指はささくれてきて痛い．奄美大島のコンビニは深夜でも開いているし，なんと店内に調理室があり，お弁当はできたてで，それを店内の食事スペースで食べることができる．高温・高湿度になる夏場の夜間調査は体力的にも精神的にも辛いが，いつでも開いている涼しいコンビニがあるというだけで，調査にだいぶゆとりが生まれるのだ．深夜にどろどろの格好で一人空しくコンビニ弁当を食べている若者を自分以外知らないが，筆者のような人間にとっては，まさに理想的な島なのである．

夜中森の中をうろうろしているものだから，当然ハブにも出くわす．この調査を始めたばかりの頃は，それはそれは怖かった．ハブは木にも登ると教えられていたので，足元だけでなく，自分の直径1 m 以内に対して常に気を配らなければならなかった．初めはとても神経をすり減らしたが，今ではだいぶなれてきて，自然に森の中を歩けるようになった．また，調査を繰り返しているうちにわかったのだが，ハブは探しても意外に見つからないものなのだ．沖縄島に比べて，奄美大島や徳之島ではハブとの遭遇率自体は高いが，それでも1週間の調査で3匹も見ることができたらラッキー（アンラッキー？）なほうである．一度，調査中にとても眠くなってしまい，ふらふらと森の中を歩いていたら，危うく林道の真ん中でとぐろを巻いているハブに突進しそうになったことがある．幸いなことに，そのときはすんでのところで気が付くことができた．ハブは他のヘビに比べて色彩が明るく，けっこう目立つので，発見は比較的容易だ．むしろ気を付けなければいけないのはヒメハブである．ヒメハブはカエルを好んで捕食するため，ガラスヒバァと同様に，水場に非常に多く現れる．このため，筆者がヒメハブに遭遇する頻度はかなり高い．梅雨の時期などは，一晩で十数匹ほど見ることも珍しくない．その上，彼らの体色は非常に隠蔽的で，かなり注意深く観察しなければ発見することができない．何度か危険な場面に遭遇したことはあるものの，幸いなことにハブやヒメハブの毒牙はいまだ経験していない．

ひとたび泥臭いフィールドワークを終えて研究室に戻ると，今度は打って変わって小奇麗な格好になり，ひたすらDNA分析とパソコンでデータ解析を行うこととなる．DNA 分析，と言うと何やら難しい印象を受けるかもしれないが，恩師の言葉を借りるならば，それは“ラーメンをつくるようなもの”である．うまくつくるコツのようなものはあるものの，基本的に手先の器用さや高い集中力を求められる訳ではなく，ただ黙々とレシピ通りに手を動かすのみである．たいへんなのはむしろ，データ解析と得られた結果の解釈である．

4. 奄美群島はいつ沖縄諸島と分断されたのか?

遺伝学的手法が導入されて以降に知られるようになった問題の一つに，奄美群島と沖縄諸島の動物相は非常に似ているにもかかわらず，これらの集団間の遺伝距離が予想外に大きいことがあげられる．更新世陸橋仮説では，これら 2 つの諸島間が分断されたもっとも古い時期について，更新世陸橋の崩壊した中期更新世におけるおよそ 100 万年前としている．陸橋は中琉球と南琉球を接続しなかったと主張する Ota（1998）も，年代そのものについては修正を加えていない．上述した通り，この年代は，中琉球に島尻層群がほとんど見られないことが根拠となっている．つまり，おもに鮮新世の浅海で堆積するはずの島尻層群が，中琉球においてほとんど見られないということは，その地域は当時陸域であったと解釈され，奄美群島・沖縄諸島の分断は古くとも更新世陸橋の崩壊後であると考えられている．しかしながら，その後行われてきたアロザイム分析による系統推定の結果では，奄美群島・沖縄諸島間の分化時期が鮮新世にまでさかのぼる分類群が多く，また遺伝距離もバラバラの値をとるため（西田, 1990），これらの分化が単純に島と島に分かれたことに起因するとは考えにくい．筆者はアロザイムではなく，より高い解像度の系統シグナルを持つミトコンドリア DNA から推定される分岐年代をヒバァ類について計算してやり，それを他の分類群の値と重ね合わせ，一致性が見られるかどうかで分断分化を検証した．

ヒバァ類における分子系統解析・分岐年代推定の結果が図 2.2 である．ガラスヒバァの奄美群島・沖縄諸島間の分岐年代はおよそ 810 万～447 万年前と推定された（図 2.2 の徳之島と伊平屋島の間に当たる分岐）．これは，古地理仮説で想定されている分断の年代（ここでは古地理研究者それぞれが提唱する年代の違いを考慮し，110 万～40 万年前としている）よりもはるかに古い結果である．奄美群島と沖縄諸島がまだ一つの陸塊として存在していた時期に，これら 2 系統はすでに分化していたことになる．これはガラスヒバァだけに特異的

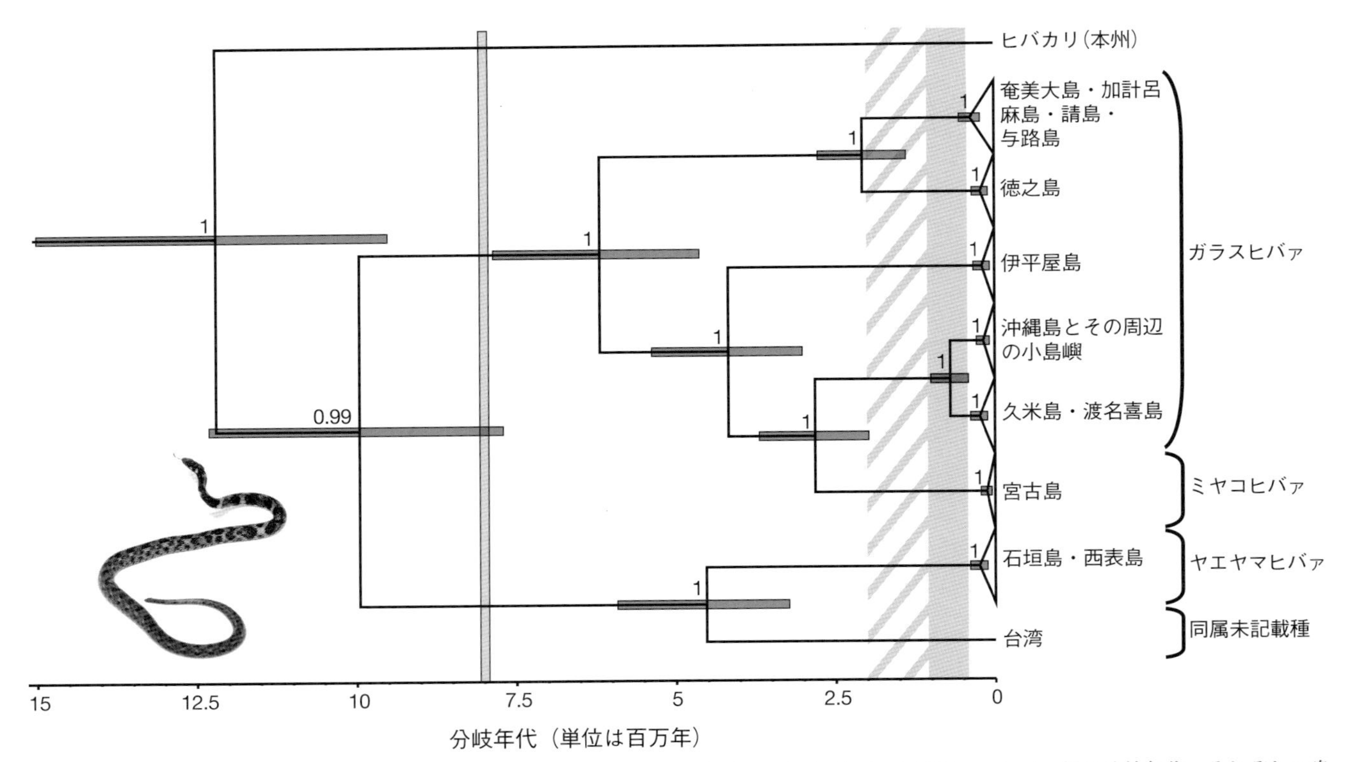

図 2.2　ミトコンドリア DNA の 2 つの遺伝子の塩基配列を用いて，strict clock モデルに基づいて推定したヒバァ類の分岐年代．それぞれの島嶼集団の近縁関係が樹形で示されている（隣り合う集団同士がお互いに一番近縁という訳ではない）．横長のグレーのバーは分岐年代の 95% 信頼区間を示す．バーの上に表記されている数字は，1 に近いほど分化が統計的に支持されていることを示す．縦長の黒枠付きのグレーのバーは琉球地域が大陸から切り離された年代，縦長の斜線が入ったバーは更新世陸橋が成立した年代，縦長のグレーのバーは更新世陸橋が崩壊したと考えられる年代である．

な現象なのだろうか．この値を，奄美群島と沖縄諸島に分かれて分布する他の動物の近縁種間（もしくは亜種間，個体群間）の分岐年代と比較した結果が図2.3である（それぞれの分類群の分岐年代の引用元はKaito and Toda（in press）を参照）．それぞれの分類群の分岐年代はどれも総じて古く，これらのデータは，更新世陸橋の崩壊によって数多くの動物が島嶼に固有な分化を果たした，という更新世陸橋仮説のシナリオを否定するものだ．多くの分類群が，更新世陸橋の崩壊よりはるかに前からすでに集団分化を始めていたというこの結果に基づいて考えると，Ota（1998）が指摘する通り，奄美群島・沖縄諸島の両生類・爬虫類は，琉球が大陸の辺縁部から切り離されたとき以来の生き残りであると言ってよさそうである．では，今日奄美群島・沖縄諸島に見られる2系統は，いつどのようにして分化したのだろうか．図2.3を見るとわかる通り，それぞれの分類群の分岐年代が，その大きな誤差範囲を考慮したとしても共通の値を取らない以上，分断事象のような単一の共通要因をもってしてこれらの集団分化を説明するのは難しそうだ．おそらくこの2つの系統は，更新世陸橋が崩壊して奄美群島・諸島間が分断されるはるか以前，鮮新世に奄美群島と沖縄諸島が単一の島を形成していた時期に，それぞれの分類群が個別の要因によって分化したのではないだろうか．ヒバァ類に関しては，鮮新世由来の系統がもう一つ伊平屋島・伊是名島に存在しており，中琉球に存在していた大きな島で頻繁に集団分化が起こっていたことを示唆している．筆者が現在研究を進めている他の琉球列島産ヘビ類でも，同じようなデータが得られつつあり，今後はより具体的で検証可能な対立仮説を構築したいと考えている．

しかしながら，島と島に分かれたことによる分化でないとしたら，彼らはどのようにして集団分化してきたのだろうか．これが非常に頭の痛い問題で，いまだ具体的な仮説が立てられないでいる．西田（1990）が指摘するように，山地や陸水への依存度が高い種ほど集団分化が著しい，といった共通の生態的要因が複数の種でパターンとして見えてくれば，この現象を説明できるかもしれない．たとえば，石垣島と西表島に分布するオオハナサキカエル *Odorrana supranarina* の両島間の分化は，同じくこの2つの島に分布するコガタハナサキガエル *Odorrana utsunomiyaorum* の分化に比べて，かなり最近になって起こったらしいことが明らかとなっているが，太田（2012）はこれを2つの種の渓流環境への依存度の違いでうまく説明している．渓流環境への依存度がより高いコガタハナサキガエルほど，生息域が渓流の周辺に限定されるため，さま

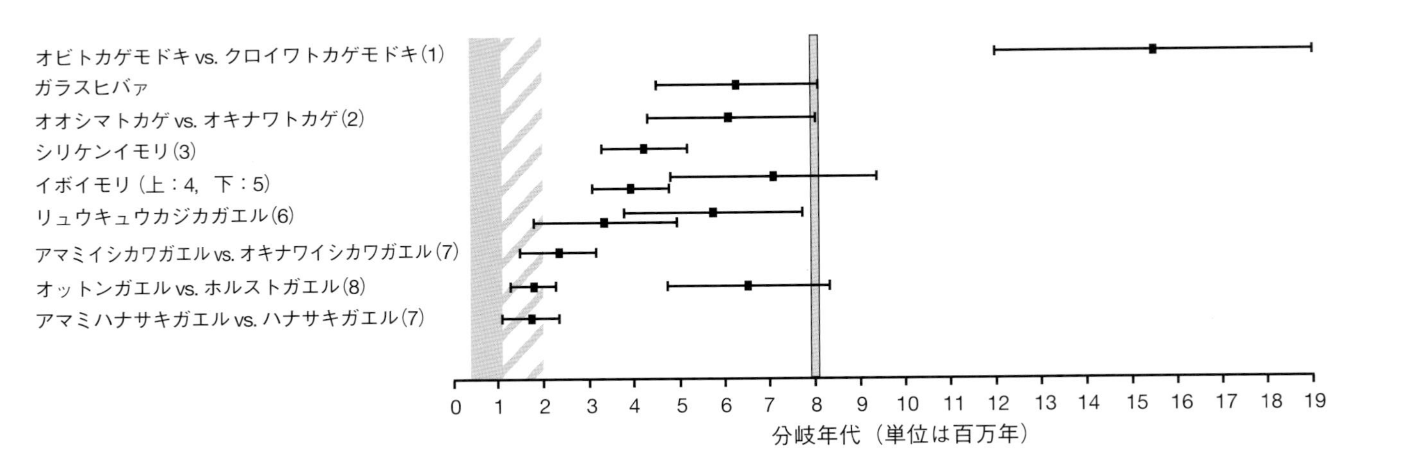

図 2.3 両生類・爬虫類における，現在までに公表されている奄美群島・沖縄諸島集団間の分岐年代推定の値．横長のバーの中央に配置されている四角は分岐年代の平均値，バーの幅は分岐年代の最大・最小値あるいは95%信頼区間を示している．縦長のバーは図 2.2 と同様に，更新世陸橋の成立・崩壊および琉球地域の初期の島嶼化の年代を示している．いくつかの分類群では，複数の異なる解析が行われているため，分岐年代が 2 つあるものがある．横軸の目盛りが図 2.2 とは逆方向になっていることに注意．ヒバァ類の値は，2 つの異なる分子時計モデルに基づく 2 つの独立した解析結果の誤差を含んでいるため，図 2.2 よりも誤差範囲がやや広くなっている．和名の後ろの数字は Kaito and Toda（in press）を参照．

ざまな環境に生息しているオオハナサキガエルに比べて，異なる渓流に生息する集団同士は，たとえ陸続きであったとしても遺伝的な交流を持つ機会が少なかっただろう，という解釈である．すべての脊椎動物に共通したパターンを見出すのはたいへんでも，カエルならカエル，ヘビならばヘビの生態的要因を探っていくのがもっとも現実的な方法だろう．そのためには，さまざまなヘビ種に関する分子系統地理学的研究の蓄積が必要なのは言うまでもないが，残念ながら，現状では何かを議論できるほど情報が多くない．今後いろいろな種に関する研究が盛んになることを期待したい．

5. 中琉球まで伸びる更新世陸橋は存在したのか?

複数の分類群の分岐年代推定を比較した結果，中琉球に分布する種の集団分化の歴史はどれも予想外に古いことがわかった．やはり，更新世陸橋は存在しなかったのだろうか．筆者は，中琉球と八重山諸島の間に位置する宮古島の動物相に着目した．宮古島は，奄美大島の1/4ほどの面積の平らな島で，森林面積が少ないせいか生き物を見かける機会も少なく，一見あまり面白みのない島である．ところが，この宮古島の動物相については，現生種・化石種問わず特異である点が以前から指摘されており，宮古島には固有種や系統的位置付けが曖昧な種が数多く分布している．たとえば，繁殖期になるとどこからともなく島中にわらわら現れるミヤコヒキガエル *Bufo gargarizans miyakonis* である．このヒキガエルは宮古諸島に固有の亜種で，他の亜種は台湾や中国大陸に分布しているが，他の琉球列島の島々には分布していない．また，ミヤコトカゲ *Emoia atrocostata* は台湾やフィリピンなどに分布しているが，琉球列島ではなぜか宮古諸島にしか分布していない．化石種では，ミヤコノロジカ *Capreolus miyakoensis* という北方系の大きな鹿やハタネズミ類が宮古島から見つかっているが，他の琉球列島の島からは見つかっていない（大城，2003）．どれも腑に落ちない分布をしているのである．ヒバァ類においては，宮古諸島集団が独立種ミヤコヒバァとして記載されており，おそらく琉球に分布する他のヒバァ類ではなく，大陸産ヒバァ類と近縁ではないかと考えられていた．さらに不可解なことに，宮古島は琉球石灰岩からなる島なのだ．琉球石灰岩とは，大雑把に言えばサンゴが降り積もって固まった岩である．今日琉球石灰岩の堆積が見られる陸地は，更新世の時代には美しいサンゴ礁の発達していた浅海だった場所と解釈できるのだ．したがって，上述した中琉球のように，大陸から切り離されて以来の生き残りであるという解釈は，ここ宮古島に至っては成立しない．比較的最近できた島なのに，どうしてこれだけ動物相が奇妙なのか．“更新世陸橋は中琉球・南琉球間を接続していたか”という重要な問題を議論する上で，中間に位置する宮古島についてのこの生物地理学的問題を避けて通ることはできない．

ヒバァ類についての分子系統解析の結果，なんとミヤコヒバァは大陸種ではなく，沖縄諸島のガラスヒバァ集団に近縁だった（図 2.2）．つまり，大陸からの生き残りではなく，沖縄諸島のガラスヒバァから最近になって二次的に派生した種，ということになる．では，いつごろ種分化が起こったのだろうか．分岐年代推定の結果，分岐年代は前期更新世から中期鮮新世（371 万～182 万年前）と推定された．この推定幅は，更新世陸橋が成立した時代（200 万～110 万年前）とわずかながら重複する．ミヤコヒバァは，更新世陸橋を渡って沖縄地域から宮古地域へ侵入したのではないだろうか．宮古島と沖縄諸島の近縁性を示唆する分類群はヒバァ類だけではない．たとえば，宮古島に固有のミヤコサワガニ *Geothelphusa miyakoensis* は，渡嘉敷島に分布するサワガニの 1 種に近縁であることが明らかになっている（瀬川，2000）．琉球列島に広く分布するヒメアマガエル *Microhyla okinavensis* においては，宮古島集団と沖縄諸島集団の近縁性が認められた（Matsui et al., 2005）．注目すべきは，どの種も宮古島集団が沖縄諸島集団の部分集合になっている点である．ミヤコヒバァ以外の例では分岐年代までは推定されていないが，こうした状況証拠は，実際に更新世陸橋は存在し，複数の動物種が中琉球から南琉球への方向への移動をしたことを示している．もし，宮古諸島と沖縄諸島が更新世陸橋で接続されていたことを仮定せず，中琉球が成立以来他の地域と隔離されてきたとする太田仮説に基づくと，これらの分類群が皆，黒潮の方向に逆らって海上分散したと仮定しなければならない．現在までに得られている情報を総合して考えれば，更新世陸橋は存在したと考えるほうが自然だ．ミヤコノロジカやハタネズミが宮古島からしか見つかっていない点が疑問として残るが，この問題は更新世陸橋仮説・太田仮説のどちらに基づいても説明が困難であるので，これらの化石種を根拠にしてどちらの仮説がより妥当であるか結論づけることはできない．ただ，宮古島からは中琉球に固有の現生種ケナガネズミ *Diplothrix legata* の化石も発見されており（長谷川ほか，1973），これは化石動物相から更新世陸橋仮説を支持する材料の一つと言えるだろう．

6. 新しい対立仮説

筆者の一連の解析で，中琉球集団が大陸から直接もたらされた生き残りであることが支持された一方で，更新世陸橋が中琉球と南琉球を接続していたこともまた支持された．これら2つの結果は，一見お互いに相いれないように見える．中琉球集団がずっと孤立していたという事実は陸橋の存在を否定するのに対し，宮古島集団の成立を陸橋接続なしに論じるのはあまり自然でない．この2つの結果は，琉球の歴史生物地理学上どのように両立しうるだろうか．筆者が注目したのは，動物の移動の方向である．上述の通り，いくつかの研究から，宮古島集団が中琉球から派生したものであることが明らかになっている．このことは，中琉球から宮古地域への方向の動物の移動が生じていたことを示唆している．一方で，分子系統学的証拠は少ないものの，八重山諸島には台湾からの動物の移入が起きていたと考えられる．八重山諸島には遺存的な種がほとんど存在せず，また動物相は台湾と非常に似ており，属レベルで比較すると台湾の動物相の部分集合とみなすことができる．黒潮の流れる方向も，台湾から南琉球への動物の洋上分散を妨げるものではない．南琉球地域の動物相は，南琉球が島嶼化した以降に，より動物相の多様度の高い中琉球と台湾の両方から動物の移入を受けて成立したのではないだろうか．現状では想像の域を出ないが，陸橋分散・洋上分散にかかわらず，こうした動物の移入は南琉球の空きニッチが豊富だったと仮定することで説明することができる．近年 Kurita and Hikida (2014) は，北琉球に位置する海底火山由来の海洋島に分布するトカゲ類が，より距離的に近いはずの中琉球ではなく，より遠くの八重山諸島から直接もたらされたことを明らかにした．この事実は，豊富な空きニッチを有するできたての海洋島には動物が容易に侵入できるのに対し，すでに競争相手が分布していた中琉球には侵入可能な空きニッチがなかったことを示唆している．

筆者が仮説の拠り所としている分岐年代の値が大きく間違っている可能性や，今後強力な地質学的証拠に支持されたまったく新しい古地理仮説が登場し，上述の議論が根底からひっくり返ってしまう可能性はあるものの，最新の知見から分断分化が否定される以上，現段階で琉球列島の動物相の歴史的成り立ちを考える上において，分散の概念を取り入れていくことは非常に重要である．一方向性の分散は，例外的な分化を説明するための一度きりの分散仮説と異なり，複数の分類群を比較すれば検証が可能である．今後，こうした点が着目されて，さまざまな分類群で活発な議論が行われることを期待したい.

引用文献

半沢正四郎（1935）琉球諸島に於けるハブの奇異なる分布と同諸島地史との関係．日本生物地理学会会報，5: 137-198.

長谷川善和，大塚祐之，野原朝秀（1973）宮古島の古脊椎動物について：琉球諸島の古脊椎動物相―そのI．国立科学博物館専報，6: 39-52 pls. 6-7.

Hedges SB, Hass CA, Maxson LR (1992) Caribbean biogeography: molecular evidence for dispersal in West Indian terrestrial vertebrates. Proceedings of the Natural Academy of Sciences of the United State of America, 89: 1909-1913（カリブ海の生物地理学：西インド諸島の陸生脊椎動物における海上分散の分子系統学的証拠）.

Kaito T, Toda M (in press) The biogeographical history of Asian keelback snakes genus *Hebius* (Squamata: Colubridae: Natricinae) in the Ryukyu Archipelago, Japan. Biological Journal of the Linnean Society（琉球列島におけるヒバァ類の歴史生物地理）.

木村政昭（2003）琉球弧の古環境と古地理．（西田睦，鹿谷法一，諸喜田茂充 編）琉球列島の陸水生物，17-24．東海大学出版会，東京.

木崎甲子郎，大城逸郎（1977）琉球列島の古地理．月刊海洋，9: 38-45.

木崎甲子郎，大城逸郎（1980）琉球列島のおいたち．（木崎甲子郎 編）琉球の自然史，8-37．築地書館，東京.

Kurita K, Hikida T (2014) Divergence and long-distance overseas dispersals of island populations of the Ryukyu five-lined skink, *Plestiodon marginatus* (Scincidae: Squamata), in the Ryukyu Archipelago, Japan, as revealed by mitochondrial DNA phylogeography. Zoological Science, 31: 187-194（ミトコンドリアDNAを用いた系統地理解析から支持される琉球列島のトカゲ類の分化と海上分散）.

Matsui M, Ito H, Shimada T, Ota H, Saidapur SK, Khonsue W, Tanaka-Ueno T, Wu GF (2005) Taxonomic relationships within the Pan-Oriental narrow-mouth toad *Microhyla ornata* as revealed by mtDNA analysis (Amphibia, Anura, Microhylidae). Zoological Science, 22: 489-495（ミトコンドリアDNA解析から支持されるヒメアマガエルの種内における分類学的関係）.

西田睦（1990）分子データから探る琉球列島の生物地理．沖縄生物学会誌，28: 25-42.

大城逸郎（2003）琉球列島の地質と古生物．（西田睦，鹿谷法一，諸喜田茂充 編）琉球列島の陸水生物，11-16．東海大学出版会，東京.

Ota H (1998) Geographic patterns of endemism and speciation in amphibians and reptiles of the Ryukyu Archipelago, Japan, with special reference to their paleogeographical implications. Researches on Population Ecology, 40: 189-204（琉球列島の両生類・爬虫類の固有性と種分化の地理的パターン：特にそこから示唆される琉球列島の古地理について）.

太田英利（2012）琉球列島を中心とした南西諸島における陸生生物の分布と古地理―これまでの流れと今後の方向性―．月刊地球，34: 427-436.

瀬川涼子（2000）琉球列島のサワガニ属の分子系統学的研究．月刊海洋，32: 241-245.

向高世，李鵬翔，楊懿如（2009）台灣兩棲爬行類圖鑑（全新美耐版）．猫頭鷹出版社股份有限公司，台北（台湾爬虫両生類図鑑）．

高良鉄夫（1962）琉球列島における陸棲蛇類の研究．琉球大学農家政工学部学術報告，9: 1-202．pls. 1-22.

Toda M, Nishida M, Tu MC, Hikida T, Ota H (1999) Genetic variation, phylogeny and biogeography of the pitvipers of the genus *Trimeresurus* sensu lato (Reptilia: Viperidae) in the subtropical East Asian island. In: Ota H (Ed), Tropical island herpetofauna: origin, current diversity, and conservation, 249-270. Elsevier, Amsterdam（東アジアの亜熱帯島嶼域におけるハブ属ヘビ類の遺伝的変異と系統，生物地理．太田英利（編）熱帯島嶼域の爬虫両生類相：起源，多様性，保全）．

Tominaga A, Matsui M, Eto K, Ota H (2015) Phylogeny and differentiation of wide-ranging Ryukyu Kajika Frog *Buergeria japonica* (Amphibia: Rhacophoridae): geographic genetic pattern not simply explained by vicariance through strait formation. Zoological Science, 32: 240-247（リュウキュウカジカガエルの系統と分化：海峡の成立による分断では説明できない分子系統地理的パターン）．

Tu MC, Wang HY, Tsai MP, Toda M, Lee WJ, Zhang FJ, Ota H (2000) Phylogeny, taxonomy, and biogeography of the Oriental pitvipers of the genus *Trimeresurus* (Reptilia: Crotalinae): A molecular perspective. Zoological Science, 17: 1147-1157（分子情報から示唆されるハブ属の系統・分類・生物地理）．

氏家宏（1990）沖縄の自然―地形と地質．ひるぎ社，那覇．

第3章

奄美群島固有のクワガタムシ類の自然史

荒谷邦雄・細谷忠嗣

奄美群島からは現在11種12亜種のクワガタムシが記録されているが，このうち４種は奄美群島の固有種で，亜種はすべてが奄美群島固有である．本章では，これまで私たちが行ってきた奄美群島を含む琉球列島産のクワガタムシに関する系統生物地理学的研究の結果に基づいて，これら奄美群島固有タクサの分布形成史や種分化について論じる．

1. はじめに

奄美群島を含む琉球列島が位置する北緯 24〜30 度付近は亜熱帯気候に区分される地域であり，モンスーンの影響を受ける東アジアでは「照葉樹林」が発達している．しかし，世界的に見ればこれはむしろ例外的で，降水量が多い東アジアと北米のフロリダ半島を除けば，世界の亜熱帯地域のほとんどは砂漠や乾燥した草原となっている．また東アジアの大陸部では有史以前からの開発によって大部分の照葉樹林はすでに失われてしまっている．こうした現状にあって，奄美群島をはじめとする琉球列島に残された照葉樹林生態系は世界的に見ても非常に貴重な存在と言える（第 1 章参照）．

加えて，琉球列島は，新生代新第三紀中新世にユーラシア大陸から分離して以来，地殻変動や氷河の消長に伴う海水面の変動がもたらした島嶼化と陸橋化の繰り返しという複雑な歴史を経てきた（木村，2002；Osozawa et al., 2011）．そのため，奄美群島の生物は，島嶼化に伴う分断による遺伝的分化と，陸橋化に伴う大陸からの分散による移入を繰り返すことにより，多くの固有タクサ（や亜種）を含む多様な生物相を形成してきた（第 2 章参照）．

この貴重な照葉樹林生態系に育まれた琉球列島の生物多様性の形成過程とその固有性を把握するための系統生物地理は，おもに脊椎動物において盛んに研究され，分子時計から推定された分岐年代と地史情報との擦り合わせも行われている（疋田，2003；松井，2005；太田，2005 など）が，昆虫類，とくに甲虫類に関する研究例は多くない．そこで本稿では，奄美群島の照葉樹林生態系を代表する森林性昆虫であるクワガタムシ科甲虫を取り上げ，系統生物地理学的研究の結果に基づいて，その分布形成史や種分化について論じてみたい．

2. 奄美群島固有のクワガタムシ

奄美群島からは現在11種12亜種のクワガタムシが記録されている（表3.1）．このうち4種は奄美群島の固有種で，亜種はすべてが奄美群島固有である（藤岡，2001；藤田，2010；岡島・荒谷，2012）．

以下，奄美群島の固有タクサについて簡単に紹介しよう．

表3.1　奄美群島に生息するクワガタムシ科甲虫．（分布は奄美群島内のみを表記）

ミヤマクワガタ属 *Lucanus*

1）アマミミヤマクワガタ *Lucanus ferriei*（奄美大島固有種）

分布（固有種）：奄美大島．

準絶滅危惧（鹿児島県RDB）．

マルバネクワガタ属 *Neolucanus*

2）アマミマルバネクワガタ *Neolucanus protogenetivus*（奄美群島固有種）

2-1）アマミマルバネクワガタ *Neolucanus protogenetivus protogenetivus*

分布（固有亜種）：奄美大島，徳之島．

絶滅危惧II類（環境省，鹿児島県RDB），希少野生動植物（奄美大島5市町村，徳之島3町）

2-2）ウケジママルバネクワガタ *Neolucanus protogenetivus hamaii*

分布（固有亜種）：請島

絶滅危惧IB類（環境省RDB），絶滅危惧I類（鹿児島県RDB），希少野生動植物（鹿児島県），

天然記念物（瀬戸内町）

チビクワガタ属 *Figulus*

3）マメクワガタ *Figulus punctatus*

分布：奄美大島，与路島，徳之島．

ツノヒョウタンクワガタ属 *Nigidius*

4）ルイスツノヒョウタンクワガタ *Nigidius lewisi*

分布：奄美大島，加計呂麻島，請島，徳之島．

ノコギリクワガタ属 *Prosopocoilus*

5）アマミノコギリクワガタ *Prosopocoilus dissimilis*

5-1）アマミノコギリクワガタ *Prosopocoilus dissimilis dissimilis*

分布（固有亜種）：奄美大島，加計呂麻島，請島，与路島．

分布特性上重要（鹿児島県RDB）

5-2）トクノシマノコギリクワガタ *Prosopocoilus dissimilis makinoi*

分布（固有亜種）：徳之島．

分布特性上重要（鹿児島県RDB）

5-3）オキノエラブノコギリクワガタ ***Prosopocoilus dissimilis okinoerabuanus***
分布（固有亜種）：沖永良部島
分布特性上重要（鹿児島県 RDB）希少野生動植物（沖永良部島 2 町）

シカクワガタ属 ***Rhaetulus***
6）アマミシカクワガタ ***Rhaetulus recticornis***（奄美群島固有種）
分布（固有種）：奄美大島，加計呂麻島，請島，徳之島．
絶滅危惧 II 類（鹿児島県 RDB）．希少野生動植物（奄美大島 5 市町村，徳之島 3 町）

オオクワガタ属 ***Dorcus***
7）アマミコクワガタ ***Dorcus amamianus***
7-1）アマミコクワガタ ***Dorcus amamianus amamianus***
分布（固有亜種）：奄美大島，加計呂麻島，請島．
分布特性上重要（鹿児島県 RDB）．
7-2）トクノシマコクワガタ ***Dorcus amamianus kubotai***
分布（固有亜種）：徳之島．
分布特性上重要（鹿児島県 RDB）．

8）スジブトヒラタクワガタ ***Dorcus metacostatus***（奄美群島固有種）
分布（固有種）：奄美大島，加計呂麻島，請島，与路島，徳之島．
準絶滅危惧（鹿児島県 RDB）．

9）ヒラタクワガタ ***Dorcus titanus***
9-1）アマミヒラタクワガタ ***Dorcus titanus elegans***
分布（固有亜種）：奄美大島，喜界島．
分布特性上重要（鹿児島県 RDB）．
9-2）トクノシマヒラタクワガタ ***Dorcus titanus tokunoshimaensis***
分布（固有亜種）：徳之島，加計呂麻島，与路島，請島．
分布特性上重要（鹿児島県 RDB）．
9-3）オキノエラブヒラタクワガタ ***Dorcus titanus okinoerabuensis***
分布（固有亜種）：沖永良部島．
分布特性上重要（鹿児島県 RDB）．希少野生動植物（沖永良部島 2 町）

10）ヤマトサビクワガタ ***Dorcus japonicus***
分布：徳之島．
絶滅危惧 II 類（鹿児島県 RDB），希少野生動植物（徳之島 3 町）

ネブトクワガタ属 ***Aegus***
11）ネブトクワガタ ***Aegus laebicollis***
11-1）アマミネブトクワガタ ***Aegus laebicollis taurulus***
分布（固有亜種）：奄美大島，加計呂麻島，請島，与路島，徳之島．
分布特性上重要（鹿児島県 RDB）．
11-2）オキノエラブネブトクワガタ ***Aegus laebicollis tamanukii***
分布（固有亜種）：沖永良部島
分布特性上重要（鹿児島県 RDB）．希少野生動植物（沖永良部島 2 町）．

アマミミヤマクワガタ *Lucanus ferriei*

奄美大島のみに分布する固有種．本土のミヤマクワガタ *Lucanus maculifemoratus* と比べると小型で，オスの大アゴは短く直線的に伸びる．本種はスダジイ *Castanopsis sieboldii* が繁茂する標高200 m以上の山地に生息し，成虫は7月下旬から8月下旬に発生し，夜間に高木の枝先や林道沿いの電柱の高所にオスが留まっている姿が観察される．幼虫は広葉樹の立ち枯れの根部に見られる．標高の高い山地が連なり，奄美大島と同じような森林環境が広がる徳之島からはなぜか今のところ見つかっていない．

本種はミトコンドリアDNAに基づく系統解析の結果から台湾に生息するタイワンミヤマクワガタ *L. formosanus* と近縁であることが明らかにされている（岡島・荒谷，2012）．

アマミマルバネクワガタ *Neolucanus protogenetivus*

奄美群島の固有種で，奄美大島，請島，徳之島に分布する．大型の種で，体色は黒色，「マルバネ」の名のとおり楕円形の体型をしている．幼虫は状態のよい自然林にあるスダジイなどの大径木にできた洞の中や根際に溜った泥状の腐植質を食べて成長し，成虫になるまでに3年以上を要する．成虫は8月中旬から9月下旬にかけて発生し，発生初期は夜間に発生木にオスが集まり，発生後期には林床や路上を歩行する．

琉球列島には本種のほかに，オキナワマルバネクワガタ *N. okinawanus*，ヤエヤママルバネクワガタ *N. insulicola*，チャイロマルバネクワガタ *N. insularis* の合計4種のマルバネクワガタ類が生息しているが，これらの中で石垣島と西表島に分布するチャイロマルバネクワガタは，小型で体色も明るい褐色をしており昼行性であるなど形態や生態がほかの3種とは大きく異なっている．一方，アマミマルバネクワガタとオキナワマルバネクワガタ，ヤエヤママルバネクワガタの3種は，たがいによく似ており，いずれも発見当初，インドに分布するタテヅノマルバネクワガタ *N. saundersi* と同種とされていたが，その後独立種とされた．現在ではアマミ，オキナワ，ヤエヤマの3種は大陸や台湾に分布するマキシムスマルバネクワガタ *N. maximus* と同じ種群に位置づけられている．奄美群島でも独自の形態を示す請島の個体群は，亜種ウケジママルバネクワガタ *N. p. hamaii* として区別されている．また，徳之島の個体群も奄美大島や請島の個体群とは少し異なった形態的特徴があるため，独自の「型」とみなす見解もある（定木ほか，2014）．

アマミシカクワガタ *Rhaetulus recticornis*

奄美群島の固有種で，奄美大島，加計呂麻島，請島，徳之島から記録されている．大型のオスでは大アゴが名前のとおり鹿の角のように立体的に湾曲する．山地性で，主に標高200 m以上の照葉樹林に生息する．成虫は，5月頃から出現し，10月旬頃まで見られる．夜行性で，アカメガシワ *Mallotus japonicus* やスダジイなどの細枝から出る樹液によく集まる．灯火にも飛来する．幼虫は沢沿いなど湿った環境にある白色腐朽材の倒木から見つかる．

本種は台湾のシカクワガタ *R. crenatus* の亜種として記載されたが，後に独立種とされた（藤田，2010）．

スジブトヒラタクワガタ *Dorcus metacostatus*

奄美群島の固有種で，奄美大島，加計呂麻島，請島，与路島，徳之島に分布する．その名のとおり，雌雄とも鞘翅上に明確な縦条がある．同所的に生息するヒラタクワガタと比べると本種のほうがより標高の高い山地に多い傾向がある．成虫は，4月頃より出現し，10月頃まで野外活動する個体が見られる．夜行性で，スダジイ，カシ類，アカメガシワなどの樹液に集まる．灯火にも飛来する．幼虫は広葉樹の倒木の接地部や立枯れの根部に見られる．

本種はその特異な外見から，長らく類縁関係が不明だったが，分子系統解析の結果，台湾に分布するミヤマヒラタクワガタ *Dorcus kyanrauensis* に近縁であることが判明した（細谷・荒谷，2010；岡島・荒谷，2012）．

名義タイプ亜種アマミノコギリクワガタ *Prosopocoilus dissimilis dissimilis*

奄美大島，加計呂麻島，請島，与路島．

亜種トクノシマノコギリクワガタ *Prosopocoilus dissimilis makinoi*

徳之島．

亜種オキノエラブノコギリクワガタ *Prosopocoilus dissimilis okinoerabuanus*

沖永良部島．

いずれもトカラ列島から沖縄諸島に広く分布するアマミノコギリクワガタ

Prosopocoilus dissimilis の亜種．アマミノコギリクワガタ名義タイプ亜種は，メス成虫の鞘翅上に不明瞭ながら縦条がある．与路島の個体群はアマミノコギリクワガタ名義タイプ亜種とされているが，亜種トクノシマノコギリクワガタとの中間的特徴を示す．奄美群島では各島の低地から山地にかけての照葉樹林に生息するが，より平地に多い．成虫は，6～10 月に発生し，梅雨明け直後から 7 月下旬までが発生のピークとなる．夜間灯火に飛来するほかに，スダジイやタブノキ *Machilus thunbergii* などの樹液に集まる．幼虫は立枯れの根部に見つかる．

名義タイプ亜種アマミコクワガタ *Dorcus amamianus amamianus*

奄美大島，加計呂麻島，請島．

亜種トクノシマコクワガタ *Dorcus amamianus kubotai*

徳之島．

いずれも奄美群島～八重山諸島に分布するアマミコクワガタ *Dorcus amamianus* の亜種．アマミコクワガタには奄美群島の 2 亜種の他に沖縄島の亜種リュウキュウコクワガタ *D. a. nomurai* と西表島の亜種ヤエヤマコクワガタ *D. a. yaeyamaensis* の 2 亜種の合計 4 亜種が認識されている．奄美群島では照葉樹の状態のよい森林に生息するが，やや高標高地を好む．成虫は，5～10 月に見られ，8 月頃に個体数を増す．夜行性で林道沿いや明るい環境に生えたスダジイ，アカメガシワ，クサギ *Clerodendrum trichotomum* などの樹液に集まるほか，灯火にも飛来する．幼虫は，比較的腐朽の初期の段階にある白色腐朽材の倒木に見られる．

アマミコクワガタは，もともとはメス成虫に基づいて本土のコクワガタ *D. rectus* の亜種として記載されたが，後にオス成虫の特異な形態から独立種とされた．アマミコクワガタやコクワガタはかつて *Macrodorcas* 属として大陸産の種とともにまとめられていたことがあるが，土屋（2006）は，外部形態から見て海外の種を含めこの *Macrodorcas* 属の中にアマミコクワガタの近縁種が見当たらないことを示唆している．実際，これまでの私たちの DNA 分析からも少なくともコクワガタがアマミコクワガタの最近縁種ではないことも明らかになっている（細谷・荒谷，2007）．

亜種アマミヒラタクワガタ *Dorcus titanus elegans*

奄美大島，喜界島.

亜種トクノシマヒラタクワガタ *Dorcus titanus tokunoshimaensis*

徳之島，加計呂麻島，与路島，請島.

亜種オキノエラブヒラタクワガタ *Dorcus titanus okinoerabuensis*

沖永良部島.

いずれも日本本土を含む東アジア～東南アジアに広域分布するヒラタクワガタ *Dorcus titanus* の亜種．亜種アマミヒラタクワガタではとくに小型のオスとメスの上翅に明瞭な5本の縦隆条があるが，亜種トクノシマヒラタクワガタでは不明瞭．地理的には奄美大島に近い加計呂麻島や請島，与路島の個体群は亜種トクノシマヒラタクワガタとされる．亜種オキノエラブヒラタクワガタはオスの大アゴの裏側に金色の微毛を密生するという独自の特徴を備える.

奄美群島の各島の低地から山地にかけての森林に生息するが，より平地で個体数が多い．成虫は4月頃より出現し，10月頃まで野外活動する個体が見られる．夜行性で，スダジイ，カシ類，アカメガシワなどの樹液に集まる．灯火にも飛来する．幼虫は広葉樹の倒木の接地部や立枯れの根部に見られる.

亜種アマミネブトクワガタ *Aegus laevicollis taurulus*

奄美大島，加計呂麻島（未発表），請島，与路島，徳之島.

亜種オキノエラブネブトクワガタ *Aegus laevicollis tamanukii*

沖永良部島.

奄美群島を含む日本産のネブトクワガタ類は一般にいずれも中国に生息するラエビコリスネブトクワガタ *Aegus laevicollis* の亜種とされている（藤岡，2001；岡島・荒谷，2012)．黒色で小型のクワガタムシで雌雄とも鞘翅には明瞭な縦条がある．奄美群島では各島の低地から山地にかけての照葉樹林に見られるが，リュウキュウマツ *Pinus luchuensis* の林でも発生する．成虫は，5月下旬～9月中旬にかけて昼夜を問わず活動し，クヌギやカシ類，ソウシジュ *Acacia confusa* などの樹液に集まる．幼虫は，各種広葉樹やリュウキュウマツのよく朽ちた褐色腐朽材や樹洞内や根元に堆積した泥状の腐植質のほか，シロアリの廃巣，倒木下の地面，林床の土中などから見つかる．

藤田（2010）は，日本産ネブトクワガタをラエビコリスネブトクワガタとは異なる3種の独立種，ネブトクワガタ *A. subnitidus*，オキナワネブトクワガタ *A. nakanei*，ヤエヤマネブトクワガタ *A. ishigakiensis* として扱い，奄美群島の個体群はいずれも本土産の種 *A. subnitidus* の亜種としてアマミネブトクワガタ *A. s. taurulus*，オキノエラブネブトクワガタ *A. s. tamanukii* と位置づけている．

ヤマトサビクワガタ *Dorcus japonicus*

正確には奄美群島の固有タクサではないが，徳之島以外では九州南端の大隅半島からわずかな記録があるのみ．小型の種で，体色は黒色，全体に微毛がある．通常は，体表面が泥状の付着物で覆われるため茶色く見える．低地の二次林に生息し，成虫は，5～10月頃まで活動し樹液に集まる．地上歩行性が強いが，夜間，灯火にも飛来する．

分子系統解析からは，台湾に分布するカリヌラートゥスサビクワガタ *D. carinulatus*，および韓国に分布するチョウセンサビクワガタ *D. koreanus* と近縁であることが明らかになっている（Araya and Hosoya, 2005；岡島・荒谷，2012）．

3. 奄美群島産クワガタムシの分布パターン

上で紹介した固有タクサを含む奄美群島産クワガタムシに関して，近縁タクサとの関係に注目すると，奄美群島に生息するこれらのクワガタムシの分布パターンは，次の3つに大別できる．

まず1つ目は，奄美群島のクワガタムシと同種または近縁種が「台湾や大陸（どちらか一方も含む）」と「日本本土」の両方に分布しているパターンで，種または種群レベルで比較的広域分布するものが多く，ヒラタクワガタやアマミノコギリクワガタ，ヤマトサビクワガタ（ただし本土の記録は九州南端の大隅半島のみ），ネブトクワガタ類，マメクワガタ *Figulus punctatus*，ルイスツノヒョウタンクワガタ *Nigidius lewisi* がこれに該当する．

これらのうちヒラタクワガタとアマミノコギリクワガタ，ヤマトサビクワガタ，ネブトクワガタ類は，基本的に琉球列島が台湾・大陸や日本本土と陸続きの時代に，南側の大陸，または北側の日本本土から陸伝いに移動・分散し，琉球列島に広がったものと考えられる．これらの種の中でヒラタクワガタとアマミノコギリクワガタ，ネブトクワガタ類では奄美群島をはじめ，琉球列島各地域での固有亜種化（いわゆる新固有）が見られる．

一方，マメクワガタとルイスツノヒョウタンクワガタについては，日本本土の分布が日本海流や対馬海流の影響を受ける沿岸部のみに限定されることに加え，同属の近縁種が大東諸島や小笠原諸島，硫黄島などの海洋島にも分布していること，広域分布にも関わらず，形態的な変異が見られないことなどから，海流による漂流分散がその分布に強い影響を与えていることが示唆される．これらのクワガタムシは，成虫も朽木穿孔性が強い上に，いずれも亜社会性で，成虫が幼虫の世話をするために比較的腐朽の初期にある堅い朽木にも穿孔できるので，朽木ごと漂流することで海流による分散が生じやすいものと考えられる．

2つ目のパターンは，同種または近縁種が「台湾・大陸（またはどちらか一方)」には分布するが，「日本本土」には分布しないパターンで，アマミマルバネクワガタとアマミミヤマクワガタ，アマミシカクワガタ，スジブトヒラタクワガタが該当する．これらの種は，奄美群島が世界的に見ても近縁種群の分布の北限（または東端）となっている南方系のグループであり，琉球列島が大陸の辺縁部であった時代（または大陸の半島部であった時代）に，大陸南部から琉球列島にかけて広く分布していたものが，琉球列島の島嶼化に伴って，分布の北端部に取り残されたものと考えられる．中でもアマミミヤマクワガタやアマミシカクワガタ，スジブトヒラタクワガタは奄美群島の固有種である上に，近縁種が台湾に分布する一方で，琉球列島の他地域には分布しておらず，奄美群島以外ではすでに絶滅してしまった「遺存固有種」とみなされる点が大きな特徴である（荒谷，2004)．

3つ目は，「台湾・大陸」や「日本本土」をはじめとする琉球列島の近隣地域に近縁種が見当たらないパターンであり，アマミコクワガタがこれに当たる．

4．奄美群島のクワガタムシの分子系統解析

上述の奄美群島に産するクワガタムシの分布形成史に関する仮説を検証するために，私たちはこれまで，奄美群島の固有タクサを含む琉球列島産のノコギリクワガタ類（荒谷・細谷，2005)，ヒラタクワガタ類（細谷・荒谷，2010)，マルバネクワガタ類（細谷・荒谷，2006)，およびコクワガタ類（細谷・荒谷，2007）に関する分子系統解析を行ってきた．解析は，ミトコンドリアDNAの

16S rRNA 遺伝子の一部約 1000 塩基対を用いて行った．分子系統樹はベイズ法で構築し，各枝の信頼度は事後確率で評価した．解析の結果得られた分子系統樹を図 3.1～3.4 に示した．図中の枝の数字が事後確率であり，1.0 に近いほど枝の信頼度が高いことを示す．それぞれの解析結果を概観してみよう．

ノコギリクワガタ類（図 3.1）

ノコギリクワガタ類（*Psalidoremus* 亜属）は，まず，本土・伊豆諸島系統群と琉球・台湾系統群の 2 つに大きく分かれる．前者は，本土および大隅・伊豆諸島の亜種を含むノコギリクワガタと伊豆諸島のハチジョウノコギリクワガタからなり，後者は琉球列島のアマミノコギリクワガタとヤエヤマノコギリクワガタ，および台湾のタカサゴノコギリクワガタからなる．琉球・台湾系統群は，さらに大きく，アマミノコギリクワガタと，ヤエヤマノコギリクワガタ・タカサゴノコギリクワガタ種群の 2 系統に分かれており，ヤエヤマノコギリクワガタはアマミノコギリクワガタより台湾のタカサゴノコギリクワガタと近縁であることが示唆される．またアマミノコギリクワガタ種内では，トカラ列島から奄美大島・徳之島までの各亜種（トカラ・アマミ・トクノシマノコギリクワガタ）からなるグループと，沖永良部島（オキノエラブノコギリクワガタ）と沖縄諸島の各亜種（オキナワ・クメジマノコギリ）のグループに明確に分かれており，この 2 つのグループが分化してからの時間が比較的長いこともわかる．前者ではトカラ列島の固有亜種とされている亜種トカラノコギリクワガタ *P. d. elegans* は単系統群にまとまらず，一部が亜種アマミノコギリクワガタや亜種トクノシマノコギリクワガタの中に入り込む形になっている．また後者では，奄美群島に位置づけられる沖永良部島の亜種オキノエラブノコギリクワガタが沖縄諸島の亜種オキナワノコギリクワガタや亜種クメジマノコギリクワガタと単系統群をなしており興味深い．

マルバネクワガタ類（図 3.2）

マルバネクワガタ類では，琉球列島産の 4 種のうち，形態や生態が大きく異なるチャイロマルバネクワガタだけが系統的にもまったく異質で，大型種のアマミマルバネクワガタ，オキナワマルバネクワガタ，ヤエヤママルバネクワガタの 3 種は，台湾や大陸に分布し同じ種群に位置づけられているマキシムスマルバネクワガタと単系統群を形成することが裏付けられた．これら大型種 4 種

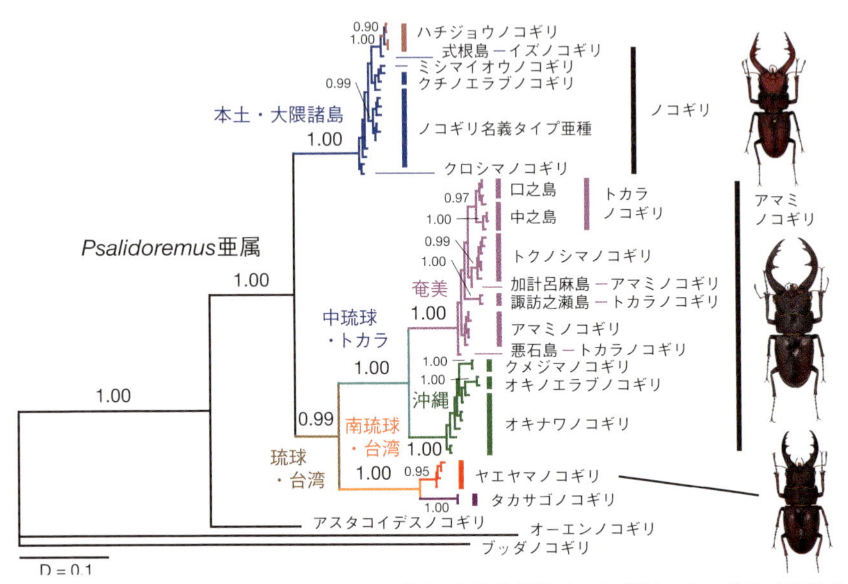

図 3.1　ノコギリクワガタ属 *Psalidoremus* 亜属の分子系統樹（ベイズ法）．枝の数値は事後確率を示す．

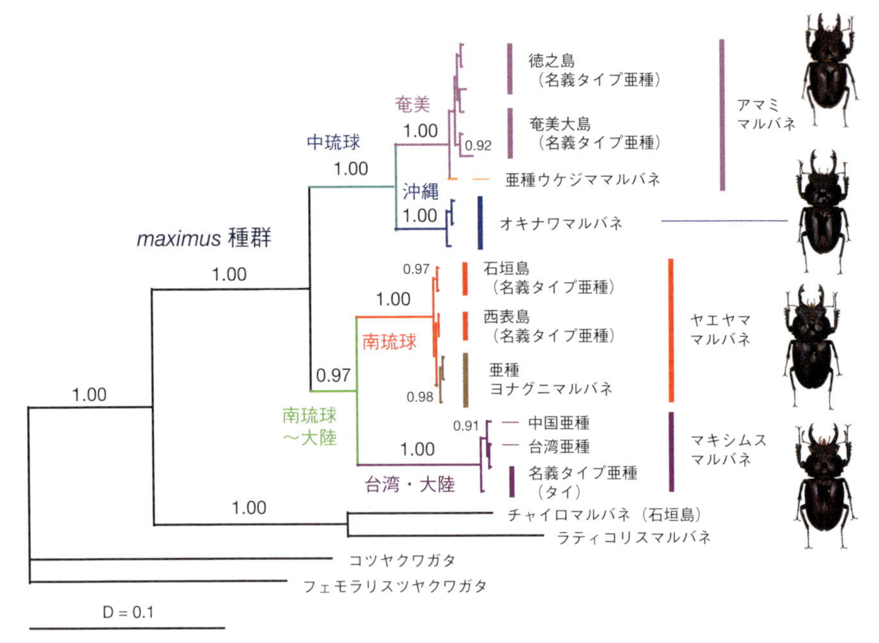

図 3.2　マルバネクワガタ属 *maximus* 種群の分子系統樹（ベイズ法）．枝の数値は事後確率を示す．

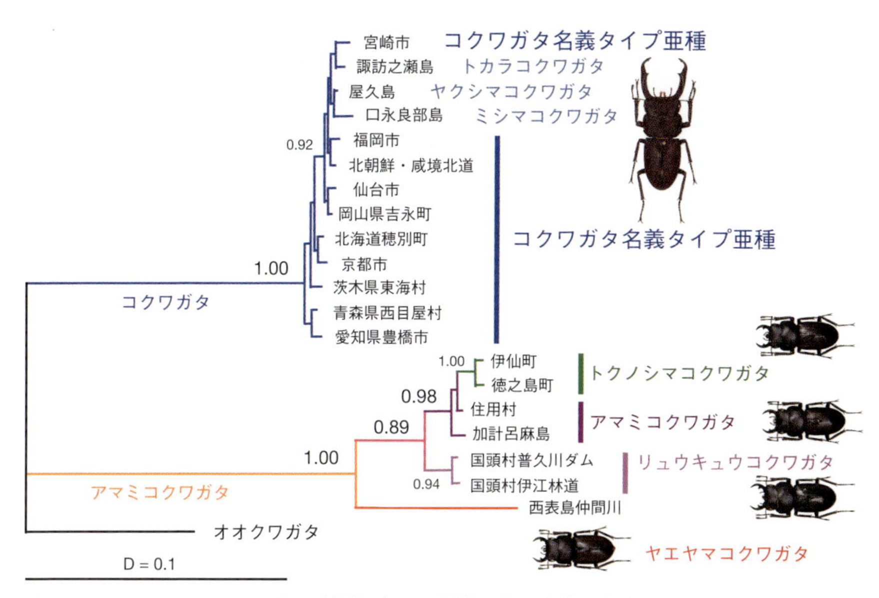

図 3.3 アマミコクワガタの分子系統樹（ベイズ法）．枝の数値は事後確率を示す．

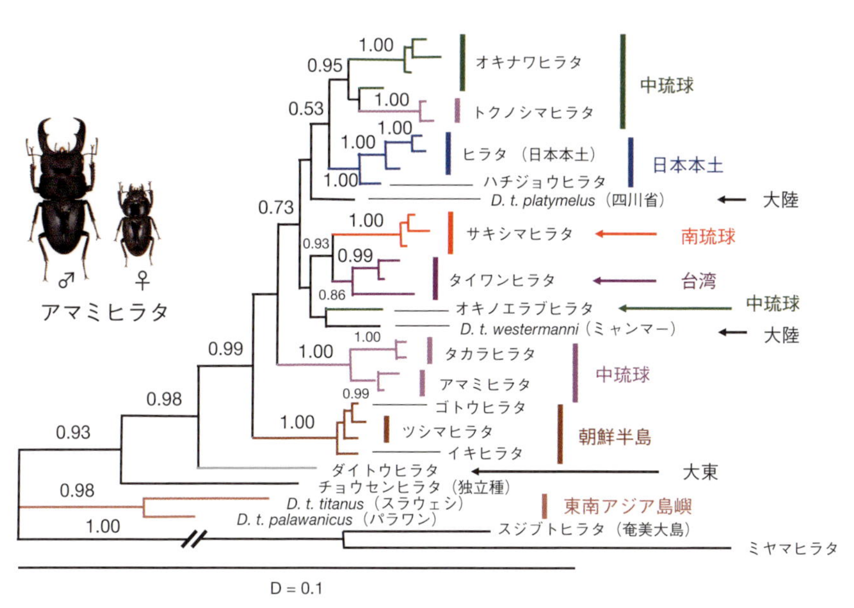

図 3.4 ヒラタクワガタの分子系統樹（ベイズ法）．枝の数値は事後確率を示す．

の系統関係を見ていくと，琉球列島の3種のうち，ヤエヤママルバネクワガタとマキシムスマルバネクワガタ，またアマミマルバネクワガタとオキナワマルバネクワガタがそれぞれ近縁であることが示され，各種は分化してからの時間が比較的長いことも示唆された．一方，アマミマルバネクワガタの請島固有亜種ウケジママルバネクワガタとヤエヤママルバネクワガタの与那国固有亜種ヨナグニマルバネクワガタに関しては，いずれもそれぞれの名義タイプ亜種との遺伝的差異は小さいことが示唆された．

ヒラタクワガタ類（図 3.3）

日本産のヒラタクワガタでは，大東諸島に分布する亜種ダイトウヒラタクワガタ *D. t. daitoensis* が最初に分岐し，それ以外の日本産ヒラタクワガタは，大きく，ツシマヒラタ系統群，アマミヒラタ系統群，その他の系統群の3群に分かれた．このうち，ツシマヒラタ系統群には，対馬と朝鮮半島，中国北部に分布する亜種ツシマヒラタクワガタ *D. t. castanicolor* と，壱岐の亜種イキヒラタクワガタ *D. t. tatsutai*，五島列島の亜種ゴトウヒラタクワガタ *D. t. karasuyamai* が含まれるが，これら3亜種間の遺伝的な差異は小さく，比較的最近に朝鮮半島から日本に侵入してきたものと推測される．次にアマミヒラタ系統群は，奄美大島の亜種アマミヒラタクワガタと，トカラ列島南部の宝島と小宝島の亜種タカラヒラタクワガタ *D. t. takaraensis* からなるが，この2亜種は，他の地域個体群が分化するよりも早い時期にこの地域に隔離されたようである．

その他の系統群には日本産の残りの7亜種が含まれるとともに，台湾，中国四川省，ミャンマーの個体も含まれた．日本産の残りの7亜種について見てみると，亜種オキナワヒラタクワガタ *D. t. okinawanus* と亜種トクノシマヒラタクワガタ，日本本土の亜種ヒラタクワガタ *D. t. pilifer* と亜種ハチジョウヒラタクワガタ *D. t. hachijoensis*，亜種サキシマヒラタクワガタ *D. t. sakishimanus* と亜種タイワンヒラタクワガタ *D. t. sika* といった地域的なまとまりが見られる．しかし，これらのまとまりの間の分岐関係ははっきりとしない．奄美群島のうち，加計呂麻島，請島，与路島の個体群は解析には入っておらず，これらの島々の個体群の亜種区分の詳細は不明である．

一方，奄美群島の固有種であるスジブトヒラタクワガタは台湾のミヤマヒラタクワガタと単系統群をなしたが，2種間の分岐は深く，分化してからかなりの年月を経ていることが示唆された．

コクワガタ類（図 3.4）

アマミコクワガタ 4 亜種のうちでは，亜種ヤエヤマコクワガタが最初に分岐し，残りのアマミ・トクノシマ・リュウキュウコクワガタの 3 亜種がまとまった．これら 3 亜種のうち，沖縄島の亜種リュウキュウコクワガタが次に分岐し，残りの奄美諸島 2 亜種（アマミコクワガタとトクノシマコクワガタ）が最近縁であるという系統関係を示した．

比較に用いた本土と周辺島嶼域のコクワガタでは，4 亜種を含む北海道から屋久島，北朝鮮まで幅広いサンプリングを行ったが，地域的な遺伝的分化がほとんど生じておらず，明確な地域によるまとまりを示さなかった．これに対して，アマミコクワガタの 4 亜種間の遺伝的分化はかなり大きく，とくに亜種ヤエヤマコクワガタが他の 3 亜種と分岐してから長い年月を経ていることが示唆された．

5. 奄美群島のクワガタムシの系統地理

それでは，上で概観したような各クワガタムシ類の分岐は，奄美群島の地史のどの時期に対応しているのであろうか？　この点が奄美群島の生物相を考えていく場合，もっとも興味深い点であるが，昆虫類は残念ながら脊椎動物とは異なり，直接的な証拠となり得る化石記録がほとんど残らない．代わりに，分子系統解析から得られた分岐パターンに，解析に用いた遺伝子領域の塩基置換速度から推定される分子時計や地史の情報を加味することで，奄美群島を含む琉球列島への侵入時期や各タクサの分化時期を推定してみよう（図 3.5）．

奄美群島を含む琉球列島は「琉球弧」とも言われる約 1200 km におよぶ弧状の列島だが，列島にほぼ直交して，北側にトカラギャップ（現在のトカラ列島の悪石島と小宝島の間のトカラ海峡に相当する），南側にケラマギャップ（現在の沖縄諸島と宮古諸島の間のケラマ海峡に相当する）と呼ばれる水深 1000 m 以上の二本の亀裂が発達している．この 2 つの亀裂は今から約 200 万年前の新第三紀鮮新世後期に琉球列島が大陸の辺縁部であった頃の，それぞれ前者が古黄河，後者が古揚子江の河口に相当するとされ（Osozawa et al., 2011），琉球列島はこの 2 つの亀裂を境にして北・中・南琉球弧の 3 つの地域に分けられる．奄美群島は，トカラ海峡以南（小宝島以南）のトカラ列島や沖縄諸島とともに中琉球に位置づけられる．

琉球列島はトカラ海峡の成立によって第四紀更新世初期（約 170 万年前）に

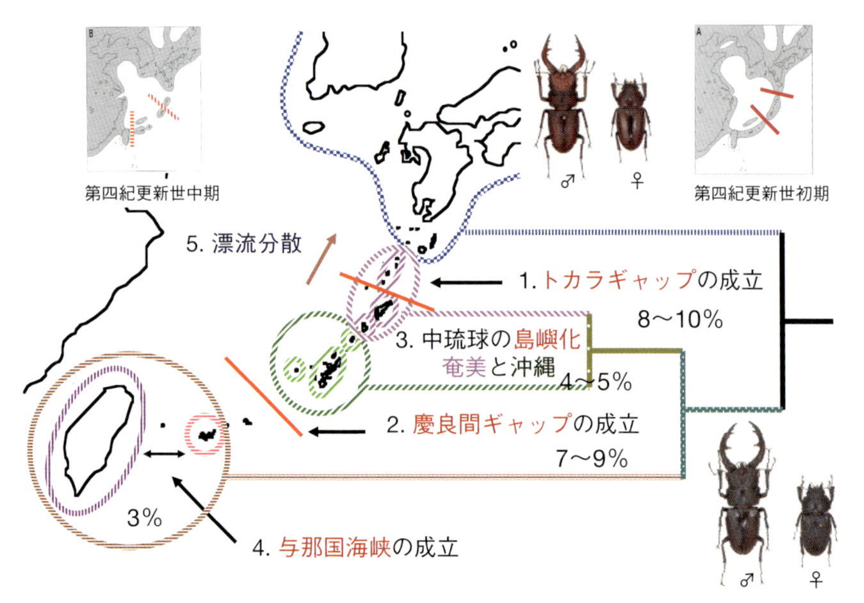

図 3.5 ノコギリクワガタ属 *Psalidoremus* 亜属の系統生物地理．数値（%）は塩基置換率を示す．

は台湾を通じた大陸の半島と化し，屋久島含む北琉球以北と分断された．ノコギリクワガタ類を大別する本土・伊豆諸島系統群と琉球・台湾系統群の分岐はこの時期に生じたと考えられる．亜種トカラノコギリクワガタは，トカラ海峡以北の北琉球に位置づけられるトカラ列島北部の島々にも分布しているが，分子系統解析の結果からは，これらの北琉球個体群は現在のトカラ列島が形成された後に，南方の奄美群島の島々から黒潮に乗って複数回漂着したものであることが示唆される．また，スジブトヒラタクワガタをはじめとする，現在奄美群島にのみ生息している遺存固有種の祖先種は，少なくともこの時代までに半島状の琉球列島に侵入し，中琉球に定着していたと考えられる．

その後，約 150 万年前から琉球列島の島嶼化が進み，ケラマ海峡の形成によって，中琉球が南琉球と分断された．ノコギリクワガタ類やマルバネクワガタ類，コクワガタ類に見られる奄美群島と沖縄諸島のタクサからなる「中琉球」単系統群はこの時期に分岐したものと考えられる．奄美群島をはじめ中琉球に遺存固有種が多いのもこの時期に分断され，他地域から長く隔離されたことが大きく関係しているものと考えられる．

一方，南琉球は与那国海峡が成立するまで，台湾（あるいは大陸）と繋がった状態が続いた．ノコギリクワガタ類のヤエヤマノコギリクワガタと台湾のタカサゴノコギリクワガタとの近縁性や，マルバネクワガタ類におけるヤエヤママルバネクワガタとマキシムスマルバネクワガタの近縁性はこの地史を反映しているものと考えられる．これらのクワガタムシ類と同様に，南琉球の分類群が，中琉球よりも台湾や南中国と近縁性を示す例は多く，脊椎動物ではサキシマハブ *Protobothrops elegans*（Tu et al., 2000）やサキシマカナヘビ *Takydromus dorsalis*（Ota et al., 2002）などが同様のパターンを示すことが知られている．

その後，与那国海峡の形成によって，ヤエヤマノコギリクワガタとタカサゴノコギリクワガタ，ヤエヤママルバネクワガタとマキシムスマルバネクワガタなど南琉球と台湾個体群間の分化が生じ，さらに，続く奄美群島と沖縄諸島の分離によって中琉球内の北部と南部での分化が順次生じたものと考えられる．

第四紀更新世後期，奄美群島を含む琉球列島は，間氷期の海水面の上昇に伴う各島の島嶼化と氷期の海水面の低下に伴う諸島ごとのブロック化を繰り返した．アマミノコギリクワガタやヒラタクワガタにおける新固有とみなされる固有亜種の分化はこの時期に生じたものと考えられるが，クワガタムシによって分化の様相には差がある．たとえば，奄美群島の沖永良部島の固有亜種では，亜種オキノエラブノコギリクワガタが沖縄諸島の個体群と近縁であるとみなされる一方で，亜種オキノエラブヒラタクワガタは，沖縄諸島を含むその他の系統群に含まれるものの，明確な近縁性は示されていない．また，多くのクワガタムシで徳之島の個体群は奄美大島の個体群にもっとも近縁であることが示唆される中にあって，ヒラタクワガタでは亜種トクノシマヒラタクワガタが亜種オキナワヒラタクワガタと単系統群をなしていることも興味深い．琉球列島のヒラタクワガタの中では，亜種アマミヒラタクワガタと，亜種タカラヒラタクワガタの２亜種は，他の地域個体群が分化するよりも早い時期に中琉球北部に隔離されたことが示唆される．一方，他の亜種に関しては，地域的なまとまりがある程度見られる一方で，これらのまとまり間の分岐関係ははっきりとしない．これはヒラタクワガタの祖先個体群が第四紀更新世後期のより新しい時期に琉球列島に侵入し，氷期にブロック化した諸島間を跨いで短期間に分布を拡大した後，間氷期に島嶼化した島々で新固有に相当する分化が急速に生じたためと考えられる．

これまでに仮定してきた分岐時期は，ノコギリクワガタ類に関しては，一般に推定されるミトコンドリア遺伝子の平均的な進化速度（DeSalle et al., 1987）に基づいて計算した分岐年代とも大きく矛盾はしない．一方で，マルバネクワガタ類では分岐年代の推定値が地史よりも少し古い傾向があった．この点に関しては，マルバネクワガタ類はノコギリクワガタに比べると良好な森林環境を好み，その分布形成には生態学的制約が大きく影響するため，各個体群の分化は，陸地の分断に先立つ森林の分断時に生じた可能性が考えられる．

アマミミヤマクワガタやアマミシカクワガタ，スジブトヒラタクワガタなどの奄美群島の遺存固有種とみなされるクワガタムシ類は，標高の高い山地の良好な森林環境を好む傾向が強い．こうした種の祖先種は中琉球に隔離された後，森林の分断や乾燥によって，標高の低い山しかない他の琉球の島々では絶滅し，琉球列島の中でもとくに標高の高い山が多い中琉球の奄美群島にのみ生き残ったものと考えられる．なお，これらの遺存固有種の祖先が中琉球に侵入・隔離された時期に関しては，今回の推定よりさらに古く，琉球列島が大陸の辺縁部であった新第三紀中新世後期（約700万年前）に侵入した後，新第三紀中新世末期の古いケラマギャップが形成され，琉球列島が九州を通じた大陸の半島と化した時期（約700～500万年前）に南琉球との間で隔離が生じた可能性も残されており，今後のさらなる研究の進展が待たれる．

奄美群島のクワガタムシたちが歩んできた道は，まさに琉球列島をはじめとする日本の地史を映し出す鏡なのである．

6. 奄美群島のクワガタムシに迫る危機

今日，こうした貴重な奄美群島のクワガタムシが置かれている状況は危機的である．林道やダム，リゾート建設等の大規模開発に伴う照葉樹林の伐採に加え，残された森林でも近年の温暖化や降雨量不足による乾燥化や荒廃が進み，生息環境の悪化が著しい．野生化したヤギ *Capra hircus* の食害による森林植生の破壊も見られる．クワガタムシなど大型の甲虫にはマニアが多く，販売目的の業者や悪質なマニアによる過剰採集や保護対象種の密猟も横行している．また，フイリマングース *Herpestes auropunctatus* などの侵略的外来種に加えて，近年ではノネコ *Felis silvestris catus* や移入されたリュウキュウイノシシ *Sus scrofa riukiuanus* などの国内外来種による捕食も深刻化している．林道拡張や交通量の増加に伴う野生動物のロードキル（交通事故）も後を絶たない．

奄美群島のクワガタムシの中でもっとも絶滅の危機に瀕しているのは亜種ウ

ケジママルバネクワガタであろう．亜種ウケジママルバネクワガタは現在，瀬戸内町天然記念物，および鹿児島県指定希少野生動植物に指定され保護されているが，生息地は請島西部の大山周辺のきわめて狭い範囲に限定されている上に，林道の舗装化に伴う林内の乾燥化やゴミの投棄によって環境が悪化している．近年移入されたというリュウキュウイノシシによる幼虫の捕食も深刻である．さらに採集禁止措置の実施以降も密猟や幼虫生息地の破壊を伴う腐植質の採取が続いており，個体数の減少には歯止めがかかっていない．亜種アマミマルバネクワガタの現状も危機的である．生息地が限定されていた徳之島では，とくに農地開拓が著しい南部の個体数の減少が著しい．また，奄美大島でも多産地だった長雲峠，金作原，湯湾岳をはじめ北部〜中部周辺では，現在，ほとんど姿が見られなくなってしまった．こうした現状を反映して，2014年に改訂された環境省のレッドデータブック（環境省自然環境局野生生物課希少種保全推進室，2014）では，亜種ウケジママルバネクワガタと亜種アマミマルバネクワガタがそれぞれ絶滅危惧IB類（EN）と絶滅危惧II類に選定されている．また，鹿児島県のレッドデータブック（鹿児島県環境生活部環境保護課，2003）では，亜種ウケジママルバネクワガタ（絶滅危惧I類）や亜種アマミマルバネクワガタ（絶滅危惧II類），アマミシカクワガタ（絶滅危惧II類），アマミミヤマクワガタ（準絶滅危惧），スジブトヒラタクワガタ（準絶滅危惧）をはじめ，海流分散による広域分布を示すマメクワガタやルイスツノヒョウタンクワガタを除く奄美群島産のクワガタムシのタクサはすべてなんらかのランクに選定されている（表3.1）．

各自治体の条例による保全対策も進められている．奄美大島5市町村では，合同で2013年10月に57種の保護動植物種が指定された（荒谷，2015）．昆虫類では，アマミマルバネクワガタ，アマミシカクワガタ，アマミミヤマクワガタをはじめとする10種が含まれている．徳之島3町では，2012年9月に「希少な野生動植物保護に関する条例」を施行し，指定26種の希少動植物保護を実施したが，上記の奄美大島の条例の制定によって同島での採集圧が高まることが懸念されたことから，アマミマルバネクワガタ，アマミシカクワガタ，ヤマトサビクワガタなどの昆虫5種を2014年1月に追加指定した．沖永良部島でも和泊町が2013年3月に，また知名町もごく最近，自然保護条例を改正し，クワガタムシを含む希少動植物種の採集禁止措置を追記した．

7. 世界自然遺産登録に向けた動き

貴重な生態系を有する奄美群島は平成25年1月，「奄美・琉球」として，ユネスコの世界遺産暫定リストに記載することが決定され，同年12月には，環境省，林野庁，鹿児島県および沖縄県が共同で設置した「奄美・琉球世界自然遺産候補地科学委員会」が，奄美大島，徳之島，沖縄島北部，西表島を具体的な登録候補地として選定するなど，登録に向けた活動が加速し始めた（荒谷，2015）．世界自然遺産に登録されるためには，自然の資質が一定の基準を満たしていることに加え，その自然の資質を損なわないよう法律・制度に基づいた保護措置がいわば担保として実施されていなければならない．「奄美・琉球」においては，上述したような危機的な状況を睨みつつ，環境省は対象となる島の内陸部を中心にした「国立公園化」を目指した準備を，林野庁は「森林生態系保護地域」の設定を積極的に進めている．すでに述べたように採集禁止を核とした自治体レベルの自然保護条例を制定する動きも盛んである．こうした措置の実施や世界遺産登録後の管理体制の確立によって，生息環境の悪化に繋がる開発などに一定の抑制がかかることを大いに期待したい．

しかし保全種や保護地区の選定は，当該地域の貴重な自然環境の保全を進める上で，非常に有効な手段の一つである一方で，選定の結果がもたらすさまざまな影響にも配慮が必要である．とくに，ファウナの解明や生態学的研究の進んでいない奄美群島ではこうした措置によって結果的に希少種保全のためのモニタリング等の調査に支障が生じる上に，地域の昆虫相解明等の自然史研究の進展を妨げる可能性も懸念される．

8. 求められる採集マナーの向上

一方で，奄美群島において，こうした採集禁止を核とした条例の制定が相次いだ背景には，採集者にも大いに反省すべき点が多々あるように思う．商業主義の悪質な業者やマニアによる過剰採集は論外として，良心的な「虫屋」や研究者であっても，殺虫剤を使った採集や，混獲によって死亡した目的以外の何百頭もの個体を回収もせずその場に廃棄するような衝突板トラップなどのトラップ採集，フルーツトラップなどの各種トラップの放置，あるいはいかに趣味の自由とはいえ，同じ採集地に毎シーズン出かけて何十頭もの同種の個体を採集し続ける状況などに対する社会の目は予想以上に厳しいものがあることを肝に銘じるべきである．とくに島の場合，日本本土から来る人間の横暴さ，島のものが勝手に持ち出され売買されていることに対する住民の方々の不信や反感は根深いことも自覚すべきである．

この機会に，虫屋個人の猛省を促すとともに，昆虫関係の学会や研究会，各地の同好会などの団体に対しても，会員の採集マナー向上のためのガイドライン等の作成（採集上限数の設定，生息環境破壊行為の厳禁，不特定多数の昆虫の混獲防止の工夫，トラップ設置時の連絡先等の記名と確実な回収など）と会員への周知徹底を大至急実施することを強く提案したい．

9．おわりに

「奄美・琉球」の世界自然遺産登録が実現したとしても，その後の実際の管理体制の確立など課題は山積みである．私たち研究者と行政，住民，虫屋を含む島外からの観光客など関係者全員が協力し，奄美群島固有の貴重な生物多様性を保全し，次世代に残せるよう真摯に取り組んでいく必要がある．本書が研究者と行政，社会が連携する一つのきっかけとなれば幸いである．

引用文献

荒谷邦雄（2004）遺存固有の系統生物地理学—クワガタムシを題材に—．昆虫と自然，39(1): 4-8.

荒谷邦雄（2015）琉球列島の自然と世界遺産．昆虫と自然，50(5): 26-30.

荒谷邦雄，細谷忠嗣（2005）島流しにあったハチジョウノコギリクワガタに一体何が起こったか？　～遺存固有か新固有か？ 分子系統生物地理学からのアプローチ～．昆虫DNA研究会ニュースレター，2: 25-30.

Araya K, Hosoya T (2005) Molecular phylogeny of *Dorcus velutinus* species group (Coleoptera: Lucanidae) inferred from the mitochondrial 16S rRNA gene sequences with the special reference to the taxonomic status of its Japanese and Taiwanese members. Elytra, 32: 523-530（ミトコンドリア16S rRNA遺伝子に基づく *Dorcus velutinus* 種群の分子系統と，日本，および台湾産の種の分類学的地位に関する検討）.

DeSalle R, Freedman T, Prager E M, Wilson A C (1987) Tempo and mode of sequence evolution in mitochondrial DNA of Hawaiian *Drosophila*. Journal of Molecular Evolution,26: 157-164（ハワイのショジョウバエのミトコンドリアDNAにおける塩基置換進化の速度と様式）.

藤岡昌介（2001）日本産コガネムシ上科総目録．コガネムシ研究会，東京.

藤田宏（2010）世界のクワガタムシ大図鑑．（1）解説編（2）図版編 むし社，東京.

疋田努（2003）東アジア島嶼域における爬虫類の生物地理．生物科学，54(4): 205-220.

細谷忠嗣，荒谷邦雄（2006）琉球列島におけるマルバネクワガタ属の分子生物地理．昆虫と自然，41(4): 5-10.
細谷忠嗣，荒谷邦雄（2007）ヤエヤマコクワガタは何者か？　～DNA からのアプローチ～．月刊むし，438: 2-7.
細谷忠嗣，荒谷邦雄（2010）ペット昆虫としてのクワガタムシ・カブトムシ類における外来種問題．（村中孝司，石濱史子，種生物学会編）種生物学研究（33）外来生物の生態学（進化する脅威とその対策），135-159．文一総合出版，東京．
鹿児島県環境生活部環境保護課（2003）鹿児島県の絶滅のおそれのある野生動植物―鹿児島県レッドデータブック（動物編）．財団法人鹿児島県環境技術協会，鹿児島．
環境省自然環境局野生生物課希少種保全推進室（2014）レッドデータブック 2014―日本の絶滅のおそれのある野生生物―５昆虫類．ぎょうせい，東京．
木村政昭（2002）琉球弧の成立と古地理（木村政昭編）琉球弧の成立と生物の渡来，19-54．沖縄タイムス社，那覇．
松井正文（2005）両生類の地理的変異．（増田隆一，阿部永編）動物地理の自然史 分布と多様性の進化学，63-77．北海道大学図書刊行会，札幌．
岡島秀治，荒谷邦雄（2012）日本産コガネムシ上科標準図鑑．学習研究社，東京．
Osozawa S, Shinjo R, Armid A, Watanabe Y, Horiguchi T, Wakabayashi J (2011) Palaeogeographic reconstruction of the 1.55 Ma synchronous isolation of the Ryukyu Islands, Japan, and Taiwan and inflow of the Kuroshio warm current. International Geology Review, 54:1369-1388（琉球列島，日本，および台湾に生じた 155 万年前の同調的な分断と黒潮暖流の流入に関する古地理学的な再構築）.
太田英利（2005）琉球列島および周辺離島における爬虫類の生物地理．（増田隆一，阿部永編）動物地理の自然史　分布と多様性の進化学，78-93．北海道大学図書刊行会，札幌．
Ota H, Honda M, Chen S-L, Hikida T, Panha S, Oh H-S, Matsui M (2002) Phylogenetic relationships, taxonomy, character evolution and biogeography of the lacertid lizards of the genus *Takydromus* (Reptilia: Squamata): a molecular perspective. Biological Journal of the Linnean Society, 76: 493-509（カナヘビ *Takydromus* 属（爬虫類：有鱗類）の系統関係，分類，形質進化，および生物地理：分子からの展望）.
定木良介，林辰彦，土屋利行（2014）日本のマルバネクワガタ．むし社，東京．
土屋利行（2006）ヤエヤマコクワガタについて ―４亜種の比較―．月刊むし，426: 53-59.
Tu M-C, Wang H-Y, Tsai M-P, Toda M, Lee W-J, Zhang F-J, Ota H (2000) Phylogeny, taxonomy, and biogeography of the oriental pitvipers of the genus *Trimeresurus* (Reptilia: Viperidae: Crotalinae): a molecular perspective. Zoological Science, 17: 1147-1157（ハブ *Trimeresurus* 属（爬虫類：クサリヘビ科：マムシ亜科）の系統，分類，および生物地理：分子からの展望）.

第4章

奄美群島における陸産貝類の多様化パターンと系統地理
沖縄との比較から

亀田勇一・平野尚浩

陸産貝類は古くから生物地理の研究に適した材料として扱われてきた．近年ではDNA解析の普及に伴い，殻形態に大きく依存した従来の分類ではわからなかった種の実体が明らかになり，多くの分類群で分類や分布の大幅な見直しが必要となってきている．また，種間関係の推定も進み，琉球列島内部での多様化パターンもより細かく明らかになりつつある．ここでは最近の知見を踏まえながら貝類相全体の概要を紹介するとともに，種分化・多様化の観点からも興味深いいくつかのグループについて解説する．

1. はじめに

陸産貝類というと，あまり馴染みのない生き物に感じるかもしれないが，カタツムリやナメクジと言えば思い当たる方も多いだろう．陸産貝類とは陸に棲む巻貝類（軟体動物門腹足綱）を指す言葉で，一つのグループではなく，水槽の苔とり用に飼われるイシマキガイやカノコガイに近い仲間，タニシに近いもの，海岸岩礁にいるタマキビの仲間，ウミウシに近縁なもの，肺を持つ有肺類（カタツムリやナメクジはここに含まれる）と呼ばれるものなど，陸に上がった時代も由来も異なる多様なグループを含んでいる．

日本列島からは800種近い陸産貝類が知られているが，奄美以南の琉球列島にはそのうちの約180種が生息するとされ，さらに奄美群島からはその半数近くが記録されている（湊，1988；肥後・後藤，1993）．そんなにたくさんの種類がいる，といわれても実感できないかもしれないが，少し山を歩いて探してみると，意外に多くの種類が目に入ることに気付くだろう（図4.1）．木に登っている大きなヤマナメクジ類似種 *Meghimatium* cf. *doederleini* や，木の上で生活するオオシマキセルモドキ *Luchuena oshimana*，オオシマケマイマイ *Aegista kiusiuensis oshimana*，ウラジロヤマタカマイマイ *Satsuma sororcula* などは見

図 4.1　奄美群島に生息する陸産貝類たち．1. オオシマキセルモドキ；2. ネニヤダマシギセル "*Phaedusa*" *neniopsis*；3. ミドリマイマイ *Aegista nitens*；4. トクノシマヤマタカマイマイ．これらは樹上棲で，夜間や雨上がりには樹幹や枝葉の上を這う姿が見られる．5. ベッコウマイマイ；6. オオシママイマイ．地上棲で，路上に這い出すことも多い．7. オオシマカサマイマイ *Videnoida oshimana*．交尾行動中で，頭の右側にある生殖口から雄生殖器が少し飛び出している；8. オオシマアズキガイ；9. ヒルグチギセル；10. ケハダシワクチマイマイ *Moellendorffia eucharistus*．これらは倒木の下に潜んでいることが多く，ときに倒木に鈴なりになるものもいる．11. オオシマムシオイ；12. ハラブトゴマガイ *Diplommatina saginata*；13. ノミガイ；14. スナガイ．これら 4 種はいずれも殻長 2〜5 mm の微小種で，目がなれないと見落としがちである．ノミガイ・スナガイは八重山から日本本土，伊豆・小笠原まで広く分布するが，それ以外は奄美群島の固有種である．

つけやすいほうで，湿度の高い日中や夜間なら比較的簡単に這う姿を目にすることができる．地面に目を向ければ，林道や遊歩道沿いにもオオシママイマイ *Satsuma oshimae* やオオヤマタニシ *Cyclophorus hirasei* の殻は転がっているし，落葉をかき分けるとベッコウマイマイ *Bekkochlamys perfragilis* やツムガタノミギセル *Heterozaptyx munus* が姿を現す．枯木の皮をめくればホソウチマキノミギセル *Stereozaptyx exulans* が，倒木を裏返せばオオシマアズキガイ *Pupinella oshimae* やヒルグチギセル *Luchuphaedusa nesiothauma*，コケハダシワクチマイマイ *Moellendorffia diminuta* が驚いて体を殻に引っ込める．少し目を凝らせばオオシマゴマガイ *Diplommatina oshimae* やオオシマムシオイ *Chamalycaeus oshimanus*，オオシマダワラ *Sinoennea* "*iwakawa*" *oshimana* など，大きさが 5 mm に満たない微小な貝が倒木の裏に付着しているのも見えてくるだろう．さらに，陸産貝類の生活場所は湿った森の中に限られる訳ではなく，街中でもキカイウスカワマイマイ *Acusta despecta kikaiensis* やナメクジ類，トカラコギセル *Proreinia eastlakeana* などを目にすることができる．乾燥した海岸近くの繁みでは，タメトモマイマイ *Bradybaena phaeogramma* が木の葉の裏で風に揺られている下で，ノミガイ *Tornatellides boeningi* やスナガイ *Gastrocopta armigerella* といった微小種が落葉や礫の間に潜んでいる．今あげたのは奄美大島北部での一例にすぎないが，種によって好む環境は微妙に異なっており，よく探せばもっと多くの種類を見つけることができる．さらに，学名や和名に地名がつく種類が多いことからもわかるように，島や狭い地域の固有種も少なくない．地域が変わればそこに棲む種類も変わってくるため，奄美群島全体ではかなりの数になる，というのが想像いただけるだろうか．

固有種が多いということは，それだけ地域で独自に多様化・種分化を遂げていることの顕れでもある．陸産貝類は一般に移動能力が低く，地域間での分化を生じやすいため，古くから種分化や生物地理の研究材料として重用されてきた．琉球列島においても，島嶼間の離合の歴史を考える上で非常に有益な情報をもたらす存在であり，近年では DNA の分析も含めて新たな情報がつぎつぎと明らかになっている．ここでは，陸産貝類相全体としての特徴と傾向を述べた後，いくつかのグループについて，最近の研究から明らかになってきた種間の系統関係や相互作用について紹介していきたい．

2. 琉球列島中部の陸産貝類相

琉球列島中～南部において記録されているおよそ180種の陸産貝類のうち，9割ほどが琉球列島に固有と考えられている．この数字だけ見ても琉球列島がいかに固有性の高い地域であるかがうかがえるが，属や科といった，より大きな括りで見ても，他地域との違いは際立っている．たとえば，カタツムリといって日本本土で多くの人がまず思い浮かべる，ヒダリマキマイマイ *Euhadra quaesita* やセトウチマイマイ *E. subnimbosa* などの大型種はマイマイ属 *Euhadra* に属するが，この仲間はトカラ列島以北にしか生息しておらず，琉球列島には現生しない．琉球列島で普通に見られるシュリマイマイ *Satsuma mercatoria* やオオシマママイマイなどの大型種は，ニッポンマイマイ属 *Satsuma* というまったく別のグループに属しており，この仲間は九州以北では殻径2 cm前後の中型種が中心の，やや目立たない存在になる．また，琉球列島は亜熱帯と温帯の境目にあたるため，中～北琉球が分布の北限となる属も多く，イトマキアツブタガイ属 *Platyrhaphe* などはその代表と言える．さすがに科や属のレベルで琉球列島に固有なものは少ないが，キセルガイ科では現在使用されている属のいくつかがそうであるし，DNAを用いた解析で中琉球地域に固有と判明したグループもある．さらに，少し範囲は広がるがリュウキュウキセルガイモドキ属 *Luchuena* のようにほぼ琉球列島と台湾に固有，といった分布パターンを示す属も存在する．これらは，琉球列島がかつて中国南部から日本本土に至る陸橋となった時代に，大陸から入ってきて九州まで到達しなかったり，琉球列島に取り残されたりして固有化したものと考えられている．一方，理由は明確でないが琉球列島にのみ分布しないグループも存在する．先述したマイマイ属の現生種はトカラ列島以北と台湾でしか記録がないし，アツブタガイ属 *Cyclotus* は奄美から宮古諸島が，アズキガイ科やシワクチマイマイ属 *Moellendorffia*，クチジロビロウドマイマイ属 *Yakuchloritis* は沖縄諸島から八重山諸島が，それぞれ分布の空白地帯となっている．

こうして列挙しただけでも琉球列島と周辺地域との違いはある程度説明することができるが，島ごとの陸産貝類相，すなわちどの島にはどの種が生息するかというデータをもとに島嶼間の類似度を計算することで，地域間の差や，分布境界がどこに存在するかをさらに明確に示すことができる．琉球列島中・北部の解析を行った研究（冨山，1983；市川ほか，2014）では，やはりトカラ列島，とりわけ悪石島と宝島の間を境に陸産貝類相が大きく変わっており，一般に動物分布の境界線として知られる渡瀬線が，陸産貝類にも当てはまることを示している．さらに，トカラ列島以南にも分布の境界がいくつかあることが指摘されており，とくに奄美群島の徳之島と沖永良部島の間には比較的大きな貝類相の隔たりが存在している（冨山，1983）．奄美と沖縄で分化の見られる動物はかなりの数が知られるが，沖永良部島や与論島が標高・面積ともに小さく，生息する種数が限られることも影響してか，特定の場所に境界線を引くことができるものは意外に少ない．動物相全体の分布境界が明確にここに引かれているのは今のところ陸貝くらいであるが，種や科のレベルではトカゲやクマバチ，コガネムシなどで分布や遺伝的分化の境界になっていることから（Kato et al., 1994；Kawazoe et al., 2008），地史的な要因による分断の可能性が高い．なお，琉球列島の南側にも分布の境界線を引くことはできるが，こちらは北側ほど明確に陸産貝類相が変わる訳ではない．久米島と宮古諸島の間（蜂須賀線）にはやや大きな変化が見られるが，ここと宮古諸島－八重山諸島の間，八重山諸島－台湾の間を境に段階的に変化していく傾向が見られ，南にいくほど台湾や中国南部との共通性を増すようである（波部・知念，1974）．

陸産貝類相全体としてはこのように地域間の差を見出すことができるが，これは全体としての傾向を表すものであり，かならずしもすべての種類の分布境界が一致する訳ではない．種ごとの分布を見ていくと，分散様式や移動能力が分布の広さに関係していることに気付くだろう．分布境界とはいうものの，トカラ列島の境界線（渡瀬線）をまたいで南北に分布するものは20種前後あり，奄美大島・徳之島と沖永良部島以南の島々との間でも共通種は十数種記録されている．貝類相の境界線をまたいで生息する種類はあらゆる科や属に満遍なく存在する訳ではなく，幾分かの偏りが見られる．陸貝は基本的に這って移動するため，自力での移動能力は非常に低い．移動能力は体サイズに依存するため，一見すると大型種のほうが広く分布するように思いがちだが，じつは実際のパターンはほぼ逆になっている．先の分布境界をまたいで生息する種のうち，殻径が1 cmを超えるものはオキナワウスカワマイマイ *Acusta despecta* やタメトモマイマイなどわずか3，4種にすぎず，大半はゴマガイ類 *Diplommatina* spp.，ノミガイ，スナガイ，ケシガイ類 *Carychium* spp. など，名前からも小さいと想像できるような5 mm以下の微小種が占めている．その原因として考えられるのは，移動手段や分散機会の差だろう．分布を拡大するためには，かならずしも自力で移動する必要はない．海を渡る一番代表的な方法は海流分散，すなわち漂流物などと一緒に海流に運ばれて他の島にたどり着くことで，貝に限らずさまざまなサイズや分類群の生物で可能な方法である（Gillespie et al., 2012）．先にあげた2つの大型種は乾燥に強く，海岸にも多数生息するなど，海流分散に適した条件を備えており，分散の機会にも恵まれていたと考えられる．一方，大型種には難しいが，微小種ならば可能な手段として，空を飛ぶという手がある．もちろん自力では飛べないが，並みの強さの台風ほどの風に巻き込まれることで，2 mm 程度の貝であれば計算上数 km は飛ぶと推定されている（Kirchner et al., 1997）．ほかにも，鳥に丸呑みされても一部は生きたまま排泄されることがノミガイでは報告されている（Wada et al., 2012）．こうした，重量や大きさの制約上，大型種では困難な受動分散の方法を採り得ることが，微小な陸貝に広域分布種が多く見られる一因であると考えられる．もちろん，生息環境の都合で分散が難しいグループも多く存在しており，そうしたものは島嶼間で長期間隔離されたり，一部でのみ遺存したりして，固有化すると考えられている．

3．中琉球地域における分布境界と陸貝の遺伝的分化

陸産貝類相を把握することが，生物地理の研究を行うために重要であるのは現在でも変わらないが，これらのデータはときとして無視できないノイズを含む．それは，ときには分類や同定のミスを含んでいたり，あるいは現在生息する種類が在来か，はたまた他の島からきた外来種か区別できないといった，保全上も大問題になりかねないものである場合もある．実際の例として，琉球列島特産種として記載されたシモチキバサナギ *Vertigo shimochii* は，じつは戦後にフロリダから持ち込まれた *Gastrocopta servilis* であることが近年になって明らかにされているし（Nekola et al., 2012），琉球列島内での人為的移動の結果，本来の生息地ではない島の固有亜種として名前が付けられてしまった陸貝もある（久保ほか，印刷中）．これらの問題は，近年盛んに行われている DNA の情報を利用した解析によってある程度カバーすることができ，限界や欠点はもちろんあるものの，グループを絞って研究を行うには非常に有用な方法である．とくに，遺伝的分化の度合から種間の類縁や分化の時期を推定したり，種内変異を利用できるというのは大きな利点であり，得られる情報も大幅に増加している．琉球列島の陸産貝類ではまだ例が少ないが，ニッポンマイマイ属やオオ

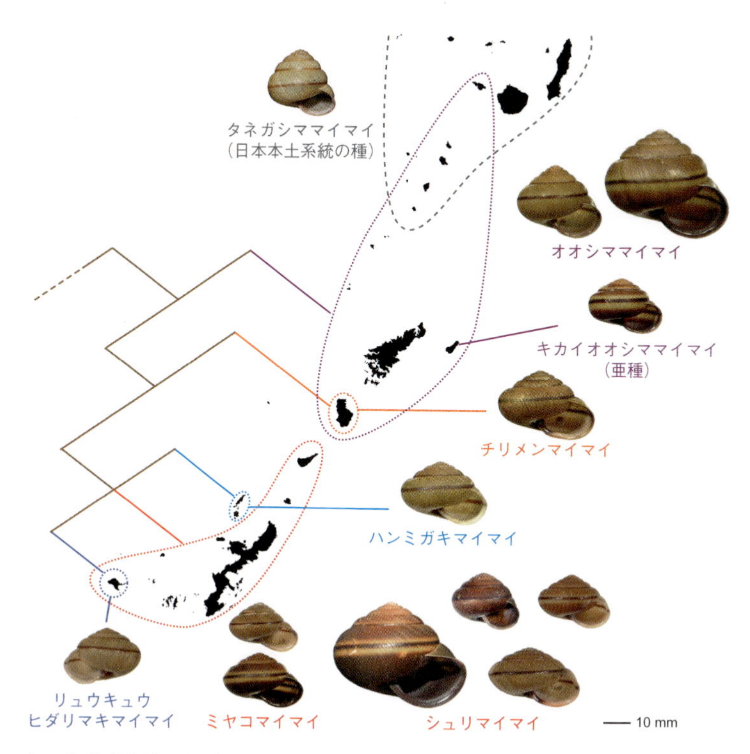

図 4.2　中〜北琉球地域におけるシュリマイマイ類の分布と系統関係．徳之島以北と沖永良部島以南で共通する種はなく，沖縄諸島では一つの系統が 4 種に多様化している．

ベソマイマイ属 *Aegista*，オナジマイマイ属 *Bradybaena* などで属レベル・種レベルの分子系統樹が描かれている（Kameda et al., 2007；Hirano et al., 2014a, b）．それらによれば，やはり陸産貝類相の解析結果と同様，基本的には渡瀬線などの分布境界が認められ，一部のグループは境界をまたいで分布するようである．オオベソマイマイ属は分布が広く種数も非常に多いために解釈が難しくなるので，ここでは比較的シンプルな残り 2 つの属を紹介したい．

オナジマイマイ属は，東南アジアから東アジアに広く分布するグループで，沖縄諸島から奄美大島にかけてはパンダナマイマイ *B. circulus* とタメトモマイマイが広く分布し，トカラ列島から大隅半島南端にかけてはチャイロマイマイ *B. submandarina* が分布するとされていた（湊，1988）．そのため，奄美と沖縄との共通性を示す例にも数えられていたが，DNA 塩基配列と解剖学的な形質に基づいた研究の結果，従来の知見では分布どころか分類すら正しく認識できていないことが明らかになった．余談になるが，最近まで陸貝の分類といえば，殻形態を重視し，軟体部（生殖器）の形態はおまけ程度の認識をされていた．しかし，この「おまけ」というのはとんでもない誤りで，場合によっては生殖器の形態こそが種を同定する決め手になるほどに重要な形質，というのが近年の正しい認識である．殻の形よりも生殖器のほうがより直接的に繁殖に関わることからも，これは当然のことだろう．従来の分類ではチャイロマイマイとタメトモマイマイは殻の形がはっきりと異なり，パンダナマイマイとタメトモマイマイは殻の形は似ているが生殖器の形態（粘液腺の数）が異なる，とされていたのであるが，各産地で雄生殖器（陰茎）内壁の形態を検討した結果，沖永良部島・与論島・沖縄島で採集した「パンダナマイマイ」と「タメトモマイマイ」はすべて同種と見なすのが妥当で，パンダナマイマイに同定されることがわかった．くわえて，タメトモマイマイは徳之島〜奄美大島の固有種ではなく，チャイロマイマイや，さらには伊豆諸島に生息するミヤケチャイロマイマイ *B. miyakejimana*・オナジマイマイモドキ *B. c. oceanica* といった種もすべてタメトモマイマイと同種とみなすべきで，非常に広い分布域を持つことが判明した．これはDNA塩基配列を用いた分子系統解析の結果からも支持され，大隅諸島から伊豆諸島の個体群では遺伝的変異がきわめて少ないことを考えれば，かなり最近になってはるか伊豆諸島まで分布を広げたらしいこともうかがえた（Hirano et al., 2014b）．したがって，この仲間は海流分散によって渡瀬線を越えた例であると同時に，高い分散能力を持つ種においても徳之島－沖永良部島間の境界線が存在することを示していると言えるだろう．

一方のニッポンマイマイ属は本州から台湾・中国南部にかけて多様化しているグループで，琉球列島産の種数も多い．この属は5つの系統に細分することができ，それぞれは地理的・生態的なまとまりを持っている．このうち，琉球列島で多様化しているのは，樹上棲の（樹木の上で一生を過ごす）オキナワヤマタカマイマイ類と地上棲の（基本的に地面の上で生活する）シュリマイマイ類の2系統であり，地域や島ごとにそれぞれ10種ほどに分化している．シュリマイマイ類では，トカラ列島〜徳之島にはオオシマママイマイが，沖永良部島〜久米島にはシュリマイマイとミヤコマイマイ *S. miyakoensis* が広く生息するが，やはり徳之島と沖永良部島の間で共通するものはなく，境界線は健在である．ただし，徳之島固有のチリメンマイマイ *S. rugosa* は，系統的にもシュリマイマイとオオシマママイマイの中間にあたる種であるため，系統樹の上では境界が目立ちにくくなっている（図 4.2）．これに対し，樹上棲のオキナワヤマタカマイマイ類では，より明確に奄美と沖縄の間で大きな遺伝的分化が生じている．従来，オキナワヤマタカマイマイ類は奄美大島，徳之島，沖永良部島，沖縄島などに固有種がいると考えられてきた．ところが形態形質とDNAの情報をもとに再検討を行ったところ，沖永良部島固有種と考えられてきたものは，沖縄島に生息する種と亜種や地域個体群程度の変異しかないことが明らかになった（Kameda et al., 2007）．この新知見をもとに系統関係と分布を描いたのが図 4.3 であり，徳之島－沖永良部島の境界を挟んで南と北でそれぞれ多様化していることが見てとれる．

シュリマイマイ類とオキナワヤマタカマイマイ類の多様化には，共通点と相違点が認められる．一目でわかる違いは，オキナワヤマタカマイマイ類のほうが種数が多い，すなわち分化の度合いが大きいという点だろう．これは種内の遺伝的分化についても同様で，オキナワヤマタカマイマイ類が沖縄島と沖永良部島で合わせて 3 種，計 14 の地理的集団に分化しているのに対し，シュリマイマイ類ではシュリマイマイとミヤコマイマイの 2 種 4 集団に分化しているにすぎず，沖永良部島や与論島の個体群も，この 4 集団のいずれかに含まれる程度の変異しか持っていない．分化を始めた時代は大きく変わらないと推定されるため，これはおそらく生態の違いに起因するものだろう．オキナワヤマタカマイマイ類は樹木の上で生活するという都合上，連続した森林がなければ分布を広げることができない．そのため，草地であっても生息や移動分散が可能なシュリマイマイ類と比べると，地理的に分断されやすく，より小さな地理的スケールで集団の分化が生じたと考えられる．

両者に共通して言えることとしては，分布境界線の存在に加え，奄美群島よりも沖縄諸島のほうが分化の度合いが大きいという点だろう．程度の差はあるものの，沖縄島においては種内にも地理的集団が認められるほど遺伝的分化が進んでいる．一つの島の中でこれだけの地理的構造を持つ生物というのは非常に珍しく，これ自体が，かつて沖縄島が複数の島に分かれていた（あるいは陸貝が渡れないほどに植生が分断されていた）可能性を示唆する重要なデータであるとともに，陸貝の地理的分化の起こしやすさ，生物地理の研究材料としての有用性を表しているとも言える．それに対し，奄美大島や徳之島では地理的分化の傾向は見られるものの，種間の分岐も比較的浅く，沖縄諸島と比べると多様化を始めたのは最近の出来事のようである．この差をうまく利用すること

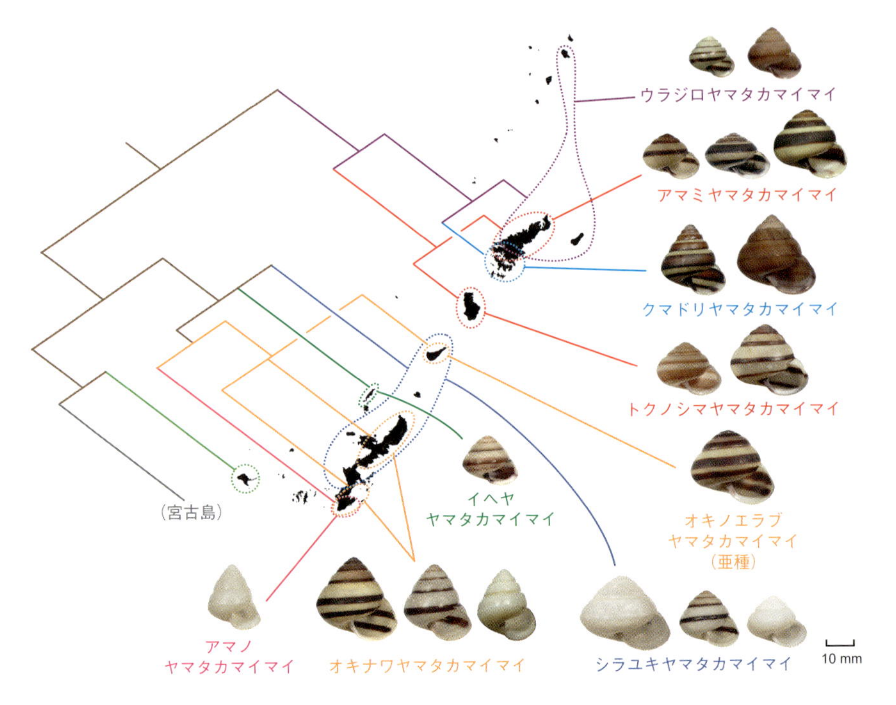

図 4.3 中琉球地域におけるオキナワヤマタカマイマイ類の分布と系統関係．奄美群島北部と沖縄諸島の間の分岐はかなり深く，それぞれの地域で多様化していることが見てとれる．

で，近縁なグループにおいて，異なる種分化段階にある組み合わせを同時に観察できるかもしれない．次節では沖縄と奄美の種類を比較しながら，姉妹種間の相互作用の相違を見ていこう．

4. オキナワヤマタカマイマイ類の遺伝的分化と生殖隔離—沖縄と奄美の比較から

先に述べた通り，オキナワヤマタカマイマイ類は琉球列島に固有なグループで，奄美から宮古島にかけて 10 種が生息している．筆者（亀田）にとっては，大学院で研究を始めた際の最初の研究材料でもあったため，付き合いの長い貝でもある．カタツムリというと茶色っぽいイメージが強いが，この仲間は白や赤，橙色などのあざやかな地色の殻を持ち，体を長く伸ばして活発に這い回る．しかし地元でもその存在はあまり知られていないようで，野外調査中に声を掛けられたりして貝を見せると，こんなにきれいなカタツムリがいるのかと感心されることも多い．この仲間は種レベルの分布にも興味深い点が多く，とくに複数の種類が生息する沖縄島や奄美大島では，地史以外にも種間相互作用の形跡が見てとれる．奄美大島にはクマドリヤマタカマイマイ *S. adelinae* とウラジロヤマタカマイマイ，アマミヤマタカマイマイ *S. shigetai* の3種類が生息していて，とくにクマドリヤマタカマイマイとウラジロヤマタカマイマイは生息域が島の南北で分かれている．一方，同様に複数種が生息する沖縄島では，近縁種が排他的に生息する訳ではなく，分布の重なる地域では同所集団も確認できる．このような分布の違いは，何を意味するのだろうか．

両者の違いの意味や，学術的な価値を考えるために，まずはデータの多い沖縄島の個体群から見ていきたい．沖縄島ではこれまで，島全体に広く分布するのはオキナワヤマタカマイマイ1種であると思われていたが，最近になってじつは2種類が混同されていることが判明し，オキナワヤマタカマイマイ *S. eucosmia* とシラユキヤマタカマイマイ *S. largillierti* の2種に分割された（Kameda and Kato, 2008）．この2種は，沖縄島中南部から北端にかけて分布を接していて，とくに国頭半島西部では2種が共存する場所も少なくない．このように近縁な種が同じ場所で共存することは，じつはそれほど容易なことではない．近縁なものほど生息環境や食物，繁殖様式が似通っている場合も多く，競争や干渉が強く働いてしまうためである．互いに近縁で，繁殖に関する形質が似ている種類が同じ場所に生息すれば，直接・間接に他種の繁殖活動に影響を与えて時間やエネルギーを無駄にしてしまうリスクが高くなる．身近な生物で言えば，セイヨウタンポポの花粉が日本在来のカンサイタンポポの結実率を低下させる例（Nishida et al., 2014）などがこれに該当する．このように繁殖に関する事柄で他種に負の影響を与えることを繁殖干渉と呼び，干渉が強ければ2種が長期間に渡ってそのまま共存することは難しくなる．その結末として一方が絶滅することもあれば，形質を分化させて共存する場合もある（Gröning and Hochkirch, 2008）．沖縄島の2種は共存していることから考えると，なんらかの繁殖形質を分化させている可能性が高い．そこで，沖縄島北部において2種の形態を詳しく調べてみたところ，共存集団においてのみ生殖器官の長さに有意な差が生じていることがわかった（図4.4；Kameda et al., 2009）．このように，2種の共存集団において，単独の集団に比べ種間の形質差がより顕著になることを形質置換と呼ぶが，形質置換が生じるということは，その形質の差が2種の干渉を和らげる効果を持っていることを示唆している．今回の例で言えば，交尾中に相手を同種か別種か判断する上で，生殖器の長さが重要な鍵になっていると考えることができる．こうした繁殖に関わる形質置換は，体の模様や鳴き声など交尾開始前の種認識に使われる形質に生じることが多く，交尾を始めて精子を交換する直前，受精前隔離の最終段階とも言える生殖器の形態で観察されることは滅多になく，世界的にも珍しい事例と言える．

沖縄島の種類においては，生殖器の長さに形質置換が見られる一方で，野外での雑種個体はまったく確認されていない．遺伝的分化の度合いもかなり大きいため，おそらく受精後隔離が成立している（受精しても発生が進まない）のだろう．形質置換によって繁殖における種間干渉も緩和されていると想像でき，これが2種の共存を可能にしている一因と考えられる．しかしながら，奄美の種類では繁殖隔離が完全ではなく，繁殖干渉も異なる影響を与えているように見える．というのも，種間の遺伝的分化が沖縄島の種類と比べてかなり小さいうえに，交雑の痕跡らしきものも確認されているためだ．先にも述べた通り，奄美群島固有の4種では遺伝的分化が沖縄諸島の種に比べてかなり小さい (Kameda et al., 2007)．この4種は2つの組に分けることができ，ウラジロヤマタカマイマイとクマドリヤマタカマイマイ，アマミヤマタカマイマイとトクノシマヤマタカマイマイがそれぞれ姉妹種の関係にある（図4.3）．姉妹種間での遺伝的変異は，ミトコンドリアCO1遺伝子の配列では最大でも7%と，沖縄島産のオキナワヤマタカマイマイやシラユキヤマタカマイマイでは種内変異の範囲に収まる値でしかない．とくにアマミヤマタカマイマイとトクノシマヤマタカマイマイに関しては，系統樹上でも2種が入り交じり，区別することができない．解析数が少ないため断定はできないが，この2種は殻形態・生殖器形態ともに類似点が多く，奄美大島と徳之島に一つの種の亜種，あるいはいくつかの地理的集団が存在すると解釈したほうが自然なように思えるほどである．遺伝的変異の量はおおむね分化してからの時間に比例する．すなわち，奄美大島・徳之島においてそれぞれの系統が2種ずつに種分化を始めたのは，沖縄島の種類よりもかなり最近になってからということになる．分化してからの時間が短いということは，繁殖隔離の発達にも沖縄島の種とはかなりの差があると予想される．形態的には，ウラジロヤマタカマイマイとクマドリヤマタカマイマイは容易に識別ができるほどに分化し，アマミヤマタカマイマイとトクノシマヤマタカマイマイでは分化が進んでいないように見えるが，繁殖隔離はどの程度発達しているのだろうか．そして，これらは本当に4種と数えられるのだろうか.

ある生物が同種か別種かを判断する基準はいくつか提唱されているが，その中でも直感的にわかりやすいのは，両者が交配したときに正常な子孫を残せるかどうか，というものだろう．これは生物学的種概念と呼ばれ，ある2集団の間で正常な子孫を残せる場合は同種，そうでない場合――交尾しない，受精しても発生が進まない，子どもの生存率や繁殖力が著しく低いなど，大きな不具合がある場合に別種と判断される．ただ，実際に飼育して交配させるのは非常に手間と時間がかかり，うまくいかないことも多いので，現実的にはDNA塩基配列や多型を調べ，形態情報との整合性や，2集団が遺伝的に混じりあっているか否かで判断することが多い．オキナワヤマタカマイマイとシラユキヤマタカマイマイについて調べたのはこちらの方法で，多数の個体のDNA塩基配列を解析し，生殖器の形が異なる集団間で交配の痕跡が見つからないことから別種と判断した．奄美群島の種類についても，同じ方法で解析ができれば他地域との比較も容易で有り難いのだが，現実はそれほど甘くはない．というのも，奄美大島や徳之島では，オキナワヤマタカマイマイ類の生息密度が沖縄島に比べ圧倒的に低いためだ．沖縄島では，目星を付けた環境を探せばかなりの確率で見つけることができたのだが，いざ奄美大島で同じように探しても，ほとんど見つからない．夜間採集などを試みたりもしたが，空振りに終わる場所も多く，成果はあまり上がらなかった．さすがにある程度の分布域くらいはわからなければ，仮説や方針の立てようがない．そこで，当時環境省奄美野生生物保護センターに在籍していた方々にも協力をお願いし，林内に落ちている死殻を集めることで，まず島全域での分布状況を把握しようと試みた．ここからはまだデータを蓄積している途中であり，今後結果が変わる可能性もあるが，現在わかっている部分を推測を交えながら紹介しよう．

採集された死殻や生貝の記録を集計してみると，ウラジロヤマタカマイマイとクマドリヤマタカマイマイはおおむね湯湾岳(ゆわんだけ)～タカバチ山付近を境として，南北で分布が分かれている様子が見えてきた（図4.5）．ただ，境界付近ではいずれの種も確認できていない場所が多く，両者が近接した生息地は案外少ない可能性もある．一方でアマミヤマタカマイマイは上記2種と分布が重なっており，笠利(かさり)半島を除く島の森林地帯に広く低密度に生息しているようだ．ときに生息地が重なることもあるが，基本的にアマミヤマタカマイマイの生貝は山の中（森林内），他の2種は林縁に近い開けた場所で見つかることが多いため，

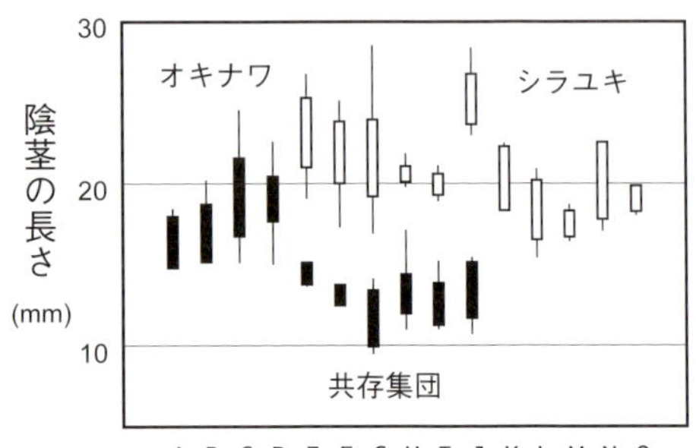

図 4.4　左：沖縄島で共存する 2 種．同所的な集団では同じ木の枝やうろで両方が見られることも少なくない．右：沖縄島北部の集団における雄生殖器（陰茎）の長さ．単独の集団では 2 種の長さはほぼ同じであるが，共存集団では顕著な分化が見られる（形質置換）．

図 4.5　拾い集めた死殻や生貝のデータから推定される，奄美大島におけるオキナワヤマタカマイマイ類 3 種の分布．★は 3 種が同所的に確認された地点を示す．ウラジロヤマタカマイマイは笠利半島や喜界島・中之島（トカラ列島），クマドリヤマタカマイマイは加計呂麻島にも生息していたが，アマミヤマタカマイマイの確実な記録は龍郷以南の奄美大島でしか確認できなかった．

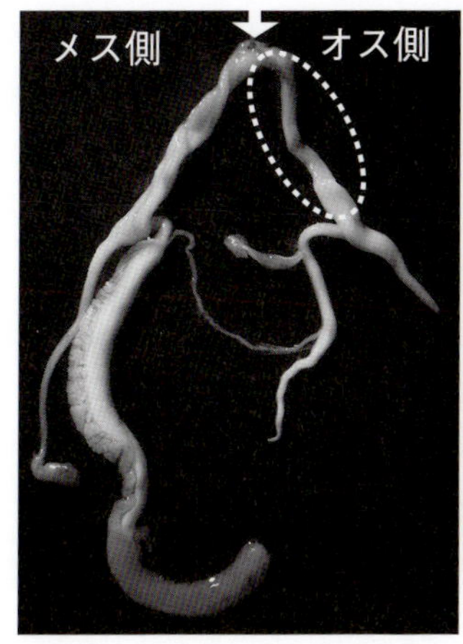

図 4.6　オキナワヤマタカマイマイ類の生殖器と交尾行動．左：ウラジロヤマタカマイマイの生殖器．矢印で示した生殖口を境に右側がオス，左側がメスの機能を持つ．普段は体内に裏返しで仕舞われており，交尾の際は靴下を裏返すように雄性部（陰茎；破線で囲われた部分）を反転させて体外に出し，相手の雌性部に挿入する．右：交尾中のシラユキヤマタカマイマイ．矢印の先が右の個体の生殖口で，破線の中が反転した陰茎の一部．

まったく同所的に見つかる場所は稀で，棲み分けがなされているようにも感じられる．

おおよその分布域が把握できたことで，姉妹種どうしの関係についても解明の糸口が見えてきた．じつは事前の解析で，ウラジロヤマタカマイマイの遺伝子型を持つクマドリヤマタカマイマイの集団の存在が確認されていた．今回作製した分布図と照らし合わせてみると，この集団はちょうど 2 種の境界付近に位置することが明らかになった（図 4.5）．さらに，この産地のすぐ近くでウラジロヤマタカマイマイの殻も見つかり，別の研究でもこの付近に 2 種が生息することが報告されていることから（竹内ほか，2001），実際に両者が生息していることは間違いなく，分布が近接した場所で起こった交雑の痕跡を残していると考えてよいだろう．このような側所的分布と境界付近での交雑というパターンは，繁殖干渉の結果としてよく見られる現象であり（Gröning and Hochkirch, 2008），両種が交雑あるいは種間交尾によって不利益を被っている間接的な証拠と見ることができる．それを踏まえれば，ウラジロヤマタカマイマイとクマドリヤマタカマイマイは DNA や形態形質の解析が示す通り，区別可能な別種と言えるだろう．

残るアマミヤマタカマイマイは，姉妹種であるトクノシマヤマタカマイマイとは生息する島が異なるため，分布から新たにわかることはない．しかしながら，幸い生きた個体が同時に数個体確保できたため，生物学的種概念の原点に立ち返り，実際に種間で交尾や交配が可能なのか否かを観察することにした．カタツムリ（有肺類）は基本的に雌雄同体であるため，交尾の際に双方がオスとメス両方の役割を果たすことができる（図 4.6）．オキナワヤマタカマイマイ類が属するナンバンマイマイ科の多くは，少しの時間相手と接触した後に交尾を開始し，しばらく互いに雄生殖器（陰茎）を挿入しあった状態を維持した後，相手に精包（精子の入ったカプセル）を送り込んで交尾を終了する．相手に陰茎を挿入してから精包の形成を始めるため，カタツムリの交尾時間は長いものが多く，オナジマイマイでは 1 時間以上，ニッポンマイマイでは 6 時間以上もかかる（江村，1933；Wiwegweaw et al., 2009）．交尾中にもなんらかの形で相手の種を識別しているようで，オナジマイマイとコハクオナジマイマイ *Bradybaena pellucida* の種間交尾では，同種間の交尾と比べ半分以下の時間でコハクオナジマイマイが陰茎を抜いてしまい，精包を相手に渡さないことが報告されている（Wiwegweaw et al., 2009）．オキナワヤマタカマイマイ類も交尾時間は非常に長く，6 時間以上，ときに半日を超えることもあり，この時間の長さが交尾の成否の目安となりそうである．個体数の確保が難しく数ペアしか観察できていないため，信頼性はまだ高くない，と前置きをしなければならないが，結果はおおむね予想通りとなった．

アマミヤマタカマイマイとトクノシマヤマタカマイマイを同じケースに入れて部屋を暗くすると，とくに躊躇う様子もなく交尾を始めてしまった．交尾時間も 6 時間以上と，同種間での交尾とあまり差が見られなかった．この 2 種は生殖器形態も一部を除き，多くの個体を見れば連続的になると予想できるほどには似通っており，交尾前・交尾中にも相手を異質な存在とは認識していないのではないだろうか．そうだとすると，両者を別種として扱う現行分類にも疑問を持たざるをえないが，分類の議論は他の機会に譲るとして，ここでは両者の間に受精前隔離は発達していないらしいという認識にとどめておきたい．

ウラジロヤマタカマイマイとクマドリヤマタカマイマイをペアにした場合でも，躊躇いなく交尾が始まるところまでは先の組み合わせと同様であった．しかし，途中で何か違和感を覚えるのか，2, 3 時間経ったあたりから身じろぎし始め，その後間もなく交尾を中断してしまった．飼育下でウラジロヤマタカマイマイどうしを交尾させた際には短くても 6 時間，長いときで 12 時間以上におよんでいたので，これは明らかに短すぎる．何回か試しても同じような結果が得られたため，おそらく交尾前には相手を別種だと判断できないが，始めてしまってから気付いて交尾を中断しているものと思われる．実際，両者の生殖器には一目見ただけでわかるほどの違いがあるため，交尾中に気付いても不思議ではない．念のため解剖して調べてみたが，どちらも精包を受け取ってはおらず，やはり交尾は中断されていたようだ．

繁殖隔離はその機能や働くタイミングによって分類することができ，交尾前隔離，交尾中隔離，交尾後受精前隔離，交配後（受精後）隔離などと分けて呼ばれる．ここまでの結果を総合的に判断すると，ウラジロヤマタカマイマイとクマドリヤマタカマイマイの間では交尾前隔離と受精後隔離は不完全で，交尾中隔離によって交雑や配偶子の無駄を避けていると推定される．アマミヤマタカマイマイとトクノシマヤマタカマイマイの間では繁殖隔離全般がかなり弱そうで，島が繋がれば混じり合ってしまうのではないかと予想される．参考までにアマミヤマタカマイマイとクマドリヤマタカマイマイ，オキナワヤマタカマイマイとシラユキヤマタカマイマイなど，より遺伝的分化の進んだ組み合わせでも試してみたが，同じ条件下では交尾を始める素振りすら見られなかった．筆者の実験の腕がわるいせいでなければ，なんらかの方法で交尾前に相手の種を認識している可能性が考えられ，これらの組み合わせが野外でも共存できていることと無関係ではないように感じられる．異種間交尾によるコストは，交雑できる場合よりも，雑種ができない（受精後隔離が完全である）場合のほうがはるかに重くなる（Gröning and Hochkirch, 2008）．ゆえに，これらのカタツムリでも遺伝的分化が大きく，雑種を形成できない組み合わせでは交尾前隔離が発達し，他種を交尾相手と認識しなくなる（＝繁殖干渉が弱まる）ことで共存も可能になっている，というのは理に適った説明のように思える．もちろん，現時点では予備的なデータに則った憶測に過ぎないため，これらの現象の因果関係や繁殖隔離機構の存在も含め検証すべきことはまだまだ多いが，カタツムリの種分化について，より深く理解する手助けになるのは間違いないだろう．

5. おわりに

奄美群島には100種近い陸産貝類が生息すると初めに述べたが，よく知られているのはその一部だけで，DNAや形態の詳しい解析まで行われているのは，さらにわずかなものに限られている．ここで紹介した貝たちは，琉球列島に棲む陸産貝類の中では比較的個体数が多く，愛好家もあえて採らないほどに身近な貝が含まれていながらも，新しい知見を次々ともたらしてくれている．こうした貝の存在は，面白い現象が身近な場所でまだまだ見つかる可能性を教えてくれると同時に，小さな島の中にも，誰にも知られていない，驚くような事象が見つかることを期待させるものと言えるだろう．

陸産貝類は身近でありながらも目立ちにくい存在であり，人知れず消えていくことも多い．カタツムリの話をするたびに，いろいろな場所で多くの人々が「そういえば昔はよくいたけど，最近見かけない」と異口同音に言うのを耳にすることからも，その深刻さがうかがい知れる．図鑑に載っている種の大半がレッドデータブックにも掲載されているという事実も，いかに危機的な状況にあるものが多いかをより直接的に表している．減少や絶滅を防ぐ手だてを考える上でも生態や多様性の研究は重要な意味を持っているが，普段から気にしてその存在を確認することも，大事な情報収集の一つに数えることができる．つねに見続けるというのは無理な話だが，ふと思い出したときだけでも，まだ身近にいるであろう陸産貝類に目を向けていただければ幸いである．カタツムリは動きが遅いとよく言われるが，じっと見ていると案外活動的で，思い掛けない動きをすることに気付くだろう．そうした観察からもまた，新たな発見が生まれるかもしれない．

引用文献

Gillespie RG, Baldwin BG, Waters JM, Fraser CI, Nikula R, Roderick GK (2012) Long-distance dispersal: a framework for hypothesis testing. Trends in Ecology and Evolution, 27: 47–56（長距離分散：仮説検証に向けての枠組み）.

Gröning J, Hochkirch A (2008) Reproductive interference between animal species. The Quarterly Review of Biology, 83: 257–282（動物の種間における繁殖干渉）.

波部忠重，知念盛俊（1974）八重山群島石垣・西表両島の陸産貝類相とその生物地理学的意義．国立科学博物館専報，(7): 121-127，図版 15–17.

肥後俊一，後藤芳央（1993）日本及び周辺地域産軟体動物総目録．エル貝類出版局，大阪．

Hirano T, Kameda Y, Kimura K, Chiba S (2014a) Substantial incongruence among the morphology, taxonomy, and molecular phylogeny of the land snails *Aegista*, *Landouria*, *Trishoplita*, and *Pseudobuliminus* (Pulmonata: Bradybaenidae) occurring in East Asia. Molecular Phylogenetics and Evolution, 70: 171–181（東アジア産オナジマイマイ科陸貝 4

属における形態・分類・分子系統の不一致).
Hirano T, Kameda Y, Chiba S (2014b) Phylogeny of the land snails *Bradybaena* and *Phaeohelix* (Pulmonata: Bradybaenidae) in Japan. Journal of Molluscan Studies, 80: 177-183（日本産オナジマイマイ属とチャイロマイマイ属の系統関係).
市川志野，中島貴幸，片野田裕亮，冨山清升（2014）トカラ列島の陸産貝類の生物地理学的研究．日本生物地理学会誌，69: 25-40.
Kameda Y, Kato M (2008) Systematic revision of the subgenus *Luchuhadra* (Pulmonata: Camaenidae: *Satsuma*) occurring in the central Ryukyu Archipelago. Venus, 66: 127-145（沖永良部島以南に分布するオキナワヤマタカマイマイ類の分類学的再検討).
Kameda Y, Kawakita A, Kato M (2007) Cryptic genetic divergence and associated morphological differentiation in the arboreal land snail *Satsuma* (*Luchuhadra*) *largillierti* (Camaenidae) endemic to the Ryukyu Archipelago, Japan. Molecular Phylogenetics and Evolution, 45: 519-533（琉球列島に固有な樹上性陸貝オキナワヤマタカマイマイの隠蔽的な遺伝的分化と形態的分化).
Kameda Y, Kawakita A, Kato M (2009) Reproductive character displacement in genital morphology in *Satsuma* land snails. American Naturalist, 173: 689-697（ニッポンマイマイ属陸貝における生殖器形態の繁殖形質置換).
Kato J, Ota H, Hikida T (1994) Biochemical systematics of the *latiscutatus* species-group of the genus *Eumeces* (Scincidae: Reptilia) from East Asian islands. Biochemical Systematics and Ecology, 22: 491-500（生化学的情報に基づく東アジア島嶼産ニホントカゲ種群の系統分類).
Kawazoe K, Kawakita K, Kameda Y, Kato M (2008) Redundant species, cryptic host-associated divergence, and secondary shift in *Sennertia* mites (Acari: Chaetodactylidae) associated with four large carpenter bees (Hymenoptera: Apidae: *Xylocopa*) in the Japanese island arc. Molecular Phylogenetics and Evolution, 49: 503-513（日本列島におけるクマバチ共生ダニの宿主に対応した遺伝的分化と二次的宿主転換).
Kirchner CH, Krätzner R, Welter-Schultes FW (1997) Flying snails – How far can *Truncatellina* (Pulmonata: Vertiginidae) be blown over the sea? Journal of Molluscan Studies, 63: 479-487（空飛ぶカタツムリ―ミジンサナギガイはどれだけ遠くまで飛ばされるのか？).
久保弘文，亀田勇一，早瀬善正（印刷中）南西諸島の多様な陸産貝類相．（沖縄生物学会 編）故池原貞雄先生記念出版物（仮題）
湊宏（1988）日本陸産貝類総目録．日本陸産貝類総目録出版会，和歌山
Nekola JC, Jones A, Martinez G, Martinez S, Mondragon K, Lebeck T, Slapcinsky J, Chiba S (2012) *Vertigo shimochii* Kuroda & Amano, 1960 synonymized with *Gastrocopta servilis* (Gould, 1843) based on conchological and DNA sequence data. Zootaxa, 3161: 48-52（シモチキバサナギ *Vertigo shimochii* は *Gastrocopta servilis* のシノニムである).
Nishida S, Kanaoka MM, Hashimoto Y, Takakura K-I, Nishida T (2014) Pollen-pistil interactions in reproductive interference: comparisons of heterospecific pollen tube growth from alien species between two native *Taraxacum* species. Functional Ecology, 28: 450-457（繁殖干渉における花粉 - めしべ間の相互作用 : 在来タンポポ2種における外来種花粉の花粉管伸長の比較).

竹内将俊，小峰幸夫，野村昌史（2001）琉球列島に固有なオキナワヤマタカマイマイ類の地理的分布と生息環境．野生生物保護，6: 91-107.

冨山清升（1983）中・北部琉球列島における陸産貝類相の数量的解析．日本生物地理学会会報，38: 11-22.

Wada S, Kawakami K, Chiba S (2012) Snails can survive passage through a bird's digestive system. Journal of Biogeography, 39: 69-73（カタツムリは鳥の消化管を通っても生き延びられる）.

Wiwegweaw A, Seki K, Mori H, Asami T (2009) Asymmetric reproductive isolation during simultaneous reciprocal mating in pulmonates. Biology Letters, 5: 240-243（有肺類における同時正逆交尾中の非対称な繁殖隔離）.

第5章

奄美大島で発見されたカンコノキとハナホソガの絶対送粉共生

川北　篤

被子植物の花の多様性は，それらの花粉を運ぶ動物との関係が多様であることの証拠である．そのような関係の中でももっとも風変わりなものの一つが，近年奄美大島で発見された．絶対送粉共生と呼ばれる驚くべき生態を進化させた植物の自然史と，その進化の謎を追いかける．

1. はじめに

本州の温帯林の植物になれ親しんだ私が，亜熱帯の照葉樹林に足を踏み入れて感じたことの一つは，花の少なさだった．亜熱帯の森が広がる奄美大島には，確かにゲットウ，コンロンカ，ノボタン，ハマボウ，サガリバナなどのように，南国を思わせる個性的な花が多い．しかし，春先にツツジ類が山肌を染め，カタクリやスミレ類などの草本が咲き乱れる光景や，秋にツリフネソウやアキチョウジ，アザミ類の花が道端を埋め尽くすようなにぎわいは，日本では温帯から冷温帯の森に特有のものである．亜熱帯の植物へのあこがれは，花が溢れる世界への期待をいやでもふくらませたが，実際の森を歩いて感じたこの違和感はどこからくるのだろうか．

亜熱帯林で花が少ないと感じる理由の一つは，常緑の森の林床には光が届きにくいため，草本植物の種数や個体数が温帯に比べて少ないことである．温帯では樹木の展葉前の，林内に光が差し込む春先にさまざまな草本植物が一斉に花を競うが，亜熱帯林の林床ではショウガ科，ラン科，サトイモ科，キツネノマゴ科などの限られた植物がひっそりと花を咲かせているだけである．もう一つの大きな理由は，温帯林におけるマルハナバチの存在だろう．マルハナバチは真社会性のハナバチで，低緯度帯にはあまり生息せず，その種数，個体数ともに北半球の冷温帯においてもっとも高い．マルハナバチは優れた色覚を持つため，マルハナバチに受粉される植物には私たちの目を楽しませるような色鮮やかな花をつけるものが多い．温帯におけるマルハナバチの豊富さは，より多くの植物がマルハナバチに受粉を託すことを可能にし，私たちが「花が多い」と感じる光景をつくり上げているのだろう．

奄美大島を含む琉球列島にはマルハナバチは生息しない．代わりに奄美大島では，アマミクマバチ，オキナワヒゲナガハナバチ，アオスジコシブトハナバチ，シロオビキホリハナバチなどの単独性のハナバチが，イジュ，ゲットウ，ノボタン，ハマボウ，サキシマフヨウなど，私たちの目にとどまりやすい花の受粉を担っている．ではその他の植物はどのような花をつけ，いかにして花粉の授受を達成しているのだろうか．意外にも，亜熱帯の森を構成する植物には，私たちが見過ごしてしまうような地味な花をつけ，そのような花に特別な昆虫を引き寄せているものが多い．たとえばカジュマルに代表されるイチジク類は，袋状になった花序の内側に花が隠されており，その花序の中で繁殖するイチジクコバチと呼ばれる2 mm程度の小さいハチに受粉されている．独特の大型の葉で亜熱帯の雰囲気を盛り上げるオオバギやクワズイモの花を受粉するのは，これらの花序を住処とするカスミカメムシやショウジョウバエだ．亜熱帯の森を代表するこれらの植物が目立たない花つけていることは，私がこの森で花が少ないと感じたことと無関係ではないだろう．そして，このような植物と昆虫の関係にひとたび目を向け始めると，花が少ないと感じた亜熱帯の森が，じつは花の多様性の宝庫であることに気付くのである．

2. カンコノキとハナホソガの絶対送粉共生

2002年，植物が発達させた受粉様式の中でももっとも風変わりなものの一つが，奄美大島で発見された．奄美大島の山地に多い樹木の一つに，ウラジロカンコノキ *Glochidion acuminatum* がある（図5.1）．ウラジロカンコノキはかならずしも珍しい植物ではないが，ほとんどの人がとくに注意を払うこともなく通り過ぎてしまうほど，花も実も地味だ．花は初夏に一斉に咲くが，雄花も雌花も3〜5 mmほどと小さく，葉や枝とあまり変わらない色をしていて，鑑賞に値するものとは言い難い（図5.1）．果実が熟すのは秋で，葉の付け根に直径1 cmほどの実がまとまってつくため，花に比べればこちらのほうがまだ目につきやすいかもしれない（図5.1）．

ウラジロカンコノキの花を受粉するのは，幼虫がこの植物の種子を食べて育つウラジロカンコハナホソガ *Epicephala anthophilia* と呼ばれるただ1種のガだ．

図 5.1 ウラジロカンコノキとその花粉を媒介するウラジロカンコハナホソガ．(1) 満開のウラジロカンコノキ．(2) 果実（12 月）．(3) 雄花．(4) 雌花．(5) 口吻についた花粉を雌花につけるウラジロカンコハナホソガのメス．(6) 雌花に産卵するウラジロカンコハナホソガ．

ウラジロカンコハナホソガのメスは，実がふくらみ始めるのに先立って花の時期に産卵に訪れるが，この段階ではどの花が秋まで残って実になるかがわからないため，手当たり次第に雌花に産卵する訳にはいかない．驚くことに，ウラジロカンコハナホソガのメスは，自分が産卵する花が確実に実になって幼虫が餌を食べられるように，口吻を使って自ら雄花で花粉を集め，雌花へと運ぶという能動的な受粉行動を進化させているのである．

初夏の蒸し暑い夜，懐中電灯でウラジロカンコノキの枝を照らすと，ウラジロカンコハナホソガの訪花を観察することができる．観察が容易なのは雌花での受粉および産卵行動だ（図5.1）．メスは枝を歩き回りながら雌花を見つけると，口吻を伸ばしたり巻き戻したりしながら，口吻につけて運んできた花粉を，突き出た3本のめしべの中央の穴に丁寧につけていく．受粉を終えるとすかさず腹部から伸びた産卵管をめしべに突き刺し，卵を1つだけ産み落とす．産卵を終えたハナホソガは別の雌花を探して，多いときには一晩で20〜30の雌花を受粉して卵を1つずつ産みつけていく．

ウラジロカンコノキの花は蜜を出さないため，ウラジロカンコハナホソガは花で蜜を吸っている訳ではなく，口吻を使った一連の行動は受粉だけが目的だとしか考えられない．実際に野外でウラジロカンコハナホソガを採集して顕微鏡下で口吻を観察すると，メスはどの個体も花粉を持っているのに対し，オスはどの個体として花粉をつけたものはいない（図5.2）．産卵に訪れるのはもちろんメスであるから，こうしたデータは受粉が能動的であることを強く裏付ける．能動的な受粉行動の進化に伴って，ウラジロカンコハナホソガには形態的にも顕著な適応が見られる．メスの口吻を顕微鏡で見ると，表面に微細な毛がたくさん生えていて，より多くの花粉を保持できるような構造になっているのだ（図5.2）．一方，オスの口吻にはこのような毛はまったく見られない．

雌花での受粉と産卵に比べ，ウラジロカンコハナホソガが雄花で花粉を集めているところに遭遇するのは難しい．一度雄花で花粉を集めれば，その後はいくつもの雌花を受粉させることができるため，確率的に雄花で見つかることが少ないのが理由だろう．興味深いのは，ウラジロカンコハナホソガは雌花を何度も訪れて花粉が枯渇してくると，再び雄花に花粉を集めにいくことだ．自分の口吻にどれだけ花粉が残っているかをどのようにして虫が知るのか，興味は尽きない．

ウラジロカンコノキの花は，10月頃にふくらみ始め，11月下旬に果実が成熟する．ウラジロカンコハナホソガの幼虫はこのふくらみつつある実の中で発達途中の種子を食べて育つ．ウラジロカンコノキの果実には6つの種子がつくられるが，幼虫は1匹あたり2つまたは3つの種子しか食べないため，残された種子を使ってウラジロカンコノキは繁殖をすることができる．あとで詳しく述べるように，ウラジロカンコハナホソガの寄主範囲は狭く，ウラジロカンコノキにごく近縁な植物からさえも一度も見つかっていない．このように，ウラジロカンコノキとウラジロカンコハナホソガは，両者が互いの存在なしには世代を繋いでいくことができないほど強く依存しあった共生関係を結んでいる．

この共生は，2002 年に京都大学の加藤真先生によって発見された（Kato et al., 2003）．私がこの共生について知ったのは大学院に入る前で，一度その話を聞くやあまりの面白さに引き込まれた．同時に，ウラジロカンコノキに近縁な別の植物はどのような受粉様式を持っているのか，ウラジロカンコハナホソガはどのように夜の闇の中であの地味な花を見つけるのか，幼虫はなぜ種子を食べ尽くしてしまわないのか，などさまざまな疑問が沸き起こった．これらの疑問に答えていくことが，その後の私の研究の目標となる．さらに後輩の岡本朋子氏（現岐阜大学）や後藤龍太郎氏（現ミシガン大学）が研究グループに加わり，共生系の大きな謎が一つずつ解き明かされていった．共生系の生態や進化史について，私たちがこれまで明らかにしてきたことを，ここでは私が代表して紹介させていただくこととしたい．

3. 共生系の種特異性

奄美大島にはウラジロカンコノキの他に，同じカンコノキ属 *Glochidion* のカンコノキ *G. obovatum*，カキバカンコノキ *G. zeylanicum*，キールンカンコノキ *G. lanceolatum* の 3 種が生育している．これらもウラジロカンコノキと同じようにハナホソガ属 *Epicephala* のガ（以下，ハナホソガと略称）に受粉されていることは，その後の観察ですぐにわかった．中でも印象に残っているのは，カキバカンコノキでの観察だ．カキバカンコノキの雌花は球状で緑色をしていて，ほとんどつぼみのようにしか見えない（図 5.3）．観察を始めた当初はつぼみがいつの間にか実になっているので，どの段階が花なのかよくわからなかったが，観察を続けてハナホソガが受粉しているのを見て，初めてどれが花なのかがわかった．まさかこれで咲いていると自分で気付くことはなかったと思うほど花らしからぬ姿である．しかし，よく見るとめしべの先端が少しだけがくの外に出ていて，その真ん中に口吻が差し込まれる穴がある．どれが花なのかを虫に教えられている気がした．

興味深いのは，カンコノキ，カキバカンコノキ，キールンカンコノキはいずれも，それぞれ異なる種のハナホソガに受粉されていることだ（以下ではカンコノキ属植物をカンコノキと略称する．種名としてのカンコノキを指す場合に

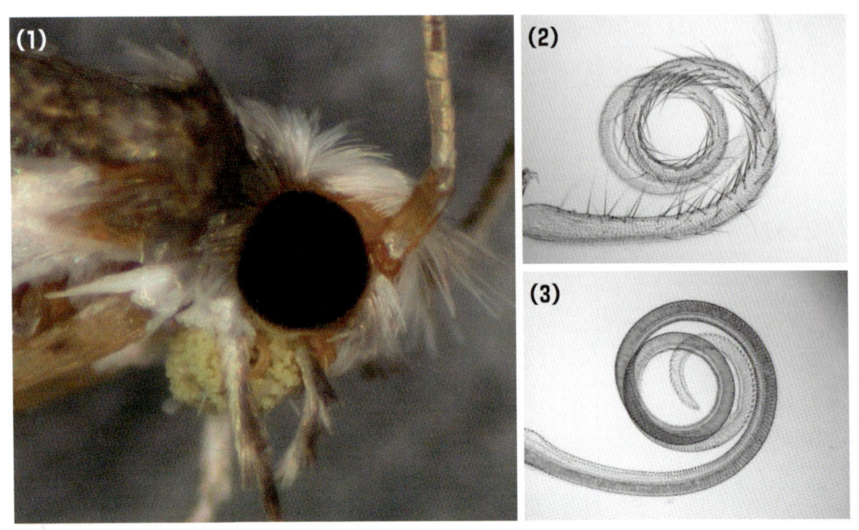

図 5.2　ウラジロカンコノキとその花粉を媒介するウラジロカンコハナホソガ．(1) 口吻に大量の花粉をつけたウラジロカンコハナホソガのメス．(2) 多数の毛が生えたハナホソガ属のメスの口吻．(3) ハナホソガ属のオスの口吻．

図 5.3　日本産カンコノキ属各種の雌花．(1) カンコノキ．(2) ヒラミカンコノキ．(3) カキバカンコノキ．(4) キールンカンコノキ．

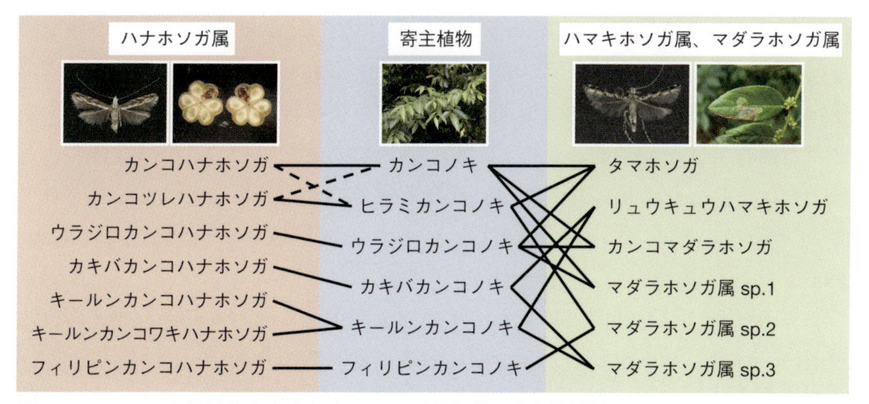

図 5.4　カンコノキ属植物を寄主とするホソガ科各種の寄主特異性．ハナホソガ属はほぼすべての種が1種のカンコノキ属植物に特異的であるが，近縁で葉食性のハマキホソガ属，マダラホソガ属は種ごとに2〜3種のカンコノキ属植物を利用する．

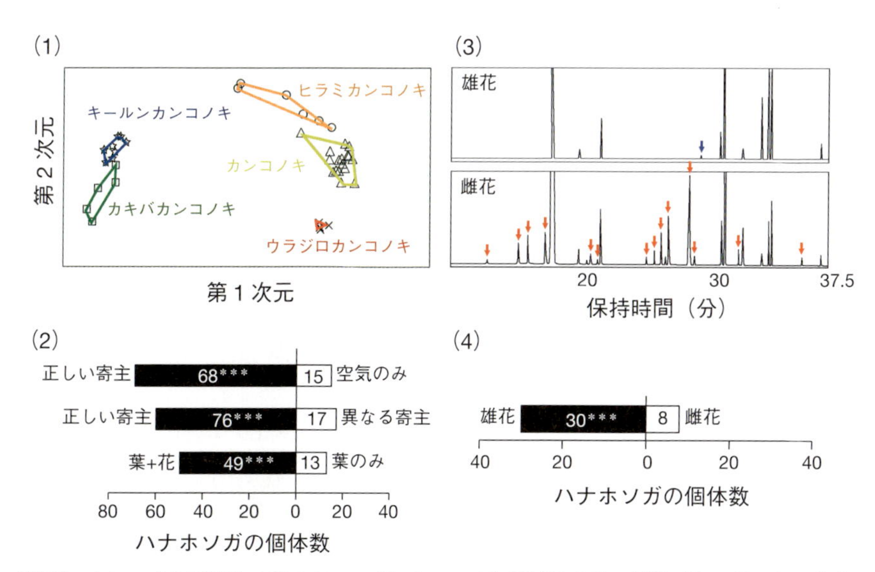

図 5.5　カンコノキ属植物の花の匂い．(1) カンコノキ属植物5種の個体ごとの花の匂いを多次元尺度構成法によって違いがわかりやすくなるように二次元に配置した図．(2) Y字管を用いた生物検定の結果．Y字管の分岐した枝の先に異なる匂い（または空気）を提示し，ハナホソガにいずれかを選ばせた．(3) カキバカンコノキの雄花と雌花の花の匂いの違い．図のそれぞれのピークはガスクロマトグラフィーによって検出された異なる物質を示し，ピークが高いほど花の匂いに多く含まれる．青および赤の矢印によって示した物質は，それぞれ雄花または雌花にのみ見られる物質である．(4) Y字管の枝の先に雄花と雌花の匂いを提示したときのカキバカンコハナホソガの反応．ハナホソガは実験室内で羽化，交尾させた個体であり，いずれも一度も花に訪れたことがない．そのためまず花粉を集めるために雄花を訪花する．

は，カンコノキ（種名）のようにその都度明記する）．日本には八重山諸島にもう1種ヒラミカンコノキ *G. rubrum* があり，これも同じようにハナホソガに受粉されている．西日本から琉球列島のさまざまな地域でカンコノキとハナホソガの種特異性を調べたところ，一部に例外はあるものの，これら5種のカンコノキはそれぞれの種に特異的な，異なる種のハナホソガによって受粉されており，両者の間には高い特異性が見られた（図5.4）（Kawakita and Kato, 2006）．

ハナホソガはなぜ特定のカンコノキのみを利用するのだろうか．考えられる理由の一つは，ハナホソガが幼虫期に植物を食べる植食性昆虫であることだ．植食性昆虫は一般に，植物が身を守るために体に蓄積させている毒を解毒しながら植物を食べなければならない．しかし，多芸は無芸とならないよう，たとえばギフチョウはカンアオイに，アオスジアゲハはクスノキにといったように，特定の植物に専門化する傾向がある．しかし，ハナホソガが特定のカンコノキのみを利用するのは，彼らが植食性昆虫であることだけが理由なのだろうか？もしそうだとすると，たとえばハナホソガ属に近縁で，同じホソガ科に含まれる別のグループでも同じように高い種特異性が見られるはずである．そこで，同じホソガ科に属し，カンコノキの実ではなく葉を食べるマダラホソガ属 *Diphtheroptila* やハマキホソガ属 *Caloptilia* に着目して種特異性を調べたところ，これらのガはいずれの種も近縁な2～3種のカンコノキを利用できることがわかった（図5.4）．いくら植食性昆虫が一般に種特異性の高い虫だとはいっても，ハナホソガの種特異性はやはり際立って高いのだ（Kawakita et al., 2010）．

奄美大島に生育する4種のカンコノキは，たとえばカンコノキ（種名）は海岸沿いに，カキバカンコノキは湿地に，ウラジロカンコノキは山地にといったように，少しずつ好みとする生育場所が異なる．しかしこうした生育環境が隣接している場合も多く，2種のカンコノキが隣り合って生え，同時に花を咲かせていることも珍しくない．夜の森にはハナホソガだけでなく，それこそ無数の虫が飛び交っているはずだが，カンコノキはいったいどのようにしてその中から特定の1種（または2種）のハナホソガだけを花に呼び寄せているのだろうか．夜の森を歩いてカンコノキに近づくと，なんとも言えずよい香りが花から漂ってくることから，花の匂いがハナホソガを呼び寄せる鍵であることは間違いない．カンコノキの花からは，特定のハナホソガだけが受容することができる何か特別な匂い物質が出ているのかもしれない．

実際に花の匂いを分析してみると，カンコノキの花からは，リナロール，リモネン，オシメン，エレメンなどのように，植物が一般に花から放出しているのとあまり変わらない物質ばかりが検出された．しかし，いずれのカンコノキの花もこれらの物質を20〜30種類放出していて，その構成比が種間で顕著に異なるのだ（Okamoto et al., 2007）（図5.5）．私は今であれば，暗闇でカンコノキの匂いだけを嗅がせてもらえば，それがどの種のカンコノキであるかを言い当てることができる．近縁な植物同士でこれほど花の匂いが違う例も珍しいが，それほどカンコノキの花の匂いは種ごとに独特であると言えるだろう．実際にメスのハナホソガを，ガラス管をY字に分岐させた実験器具に入れて暗闇で匂いを選ばせる実験をしたところ，ハナホソガは本来の寄主であるカンコノキと，同じ場所で同時期に咲く別のカンコノキを，花の匂いの違いにもとづいて区別できることがわかった（図5.5）（Okamoto et al., 2007）．カンコノキは種ごとに独特な匂いを放出し，特定の種のハナホソガを花に誘引することで，同じ森で咲く別の種のカンコノキと交雑してしまうのを防いでいるのだと考えられる．

カンコノキの花の匂いについてはもう一つ面白い話がある．植物は一般に，花粉を運ぶ虫に雄花と雌花を分け隔てなく訪れてもらわなければ受粉が達成されないため，両者の間では花弁の色や花の匂いにほとんど差が見られない．しかしカンコノキの場合，雄花ではハナホソガに花粉を集めてもらい，雌花では逆に花粉をめしべにつけてもらわなければならないので，雄花と雌花が異なる匂いを出し，それぞれの花でハナホソガに別々の行動を促している可能性がある．雄花と雌花の匂いを分けて分析したところ両者の差は明らかで，さらにハナホソガのメスはその違いをはっきりと区別できることがわかった（図5.5）．雄花と雌花を混ぜたまま匂いを捕集していたときには気付かなかったが，両者を別々のガラス容器に集めて匂いを嗅いでみると，なるほどその違いは明らかだ．クジャクの羽やカブトムシの角のように，動物ではさまざまな形質に雌雄差が見られるが，植物で雌雄の花の匂いに適応的な分化が見られる例はこれが世界初であった（Okamoto et al., 2013）．

4. 共生系の世界的多様性

日本にはカンコノキ属植物が5種生育しているが，世界的に見ると，日本は分布の北限でしかなく，その圧倒的な多様性は東南アジアの熱帯雨林にある．

図 5.6 オオシマコバンノキ．林縁や海岸沿いに多く，赤く熟す実をつける．

カンコノキ属の分布は，西はインド，南はオーストラリア，東はポリネシア諸島にまでおよび，その種数はじつに300種を超える．さまざまな地域でこれまでに約40種のカンコノキ属植物を観察してきたが，やはりそのどれもがそれぞれの種に特異的なハナホソガに受粉されていた（Kawakita et al., 2004；Hembry et al., 2013）．さらに調査を進めた結果，カンコノキ属が含まれるコミカンソウ科の中で，カンコノキ属に近縁ないくつかの属で同じようにハナホソガに受粉されているものがあることがわかった（Kawakita, 2010）．

たとえば，奄美大島にオオシマコバンノキ *Breynia vitis-idaea* という植物がある（図5.6）．背丈ほどの低木だが，鮮やかな赤い実をつけるので庭木などに用いられることも多く，カンコノキに比べるとこちらのほうが目にする機会が多いかもしれない．オオシマコバンノキ属はカンコノキ属にごく近縁で，花をよく見るとやはり緑色でまったく目立たない．オオシマコバンノキは夜になると葉が閉じて花がその中に隠れてしまうので，ハナホソガを観察するのは容易ではなかった．何度となく奄美大島に通い，やっとのことで葉の隙間から受粉をするハナホソガの姿を確認できた（Kawakita and Kato, 2004a）．

さらに調査は世界各地におよび，現在ではコミカンソウ科に含まれるおよそ500種が，それぞれに異なる種のハナホソガに受粉されていると考えられるこ

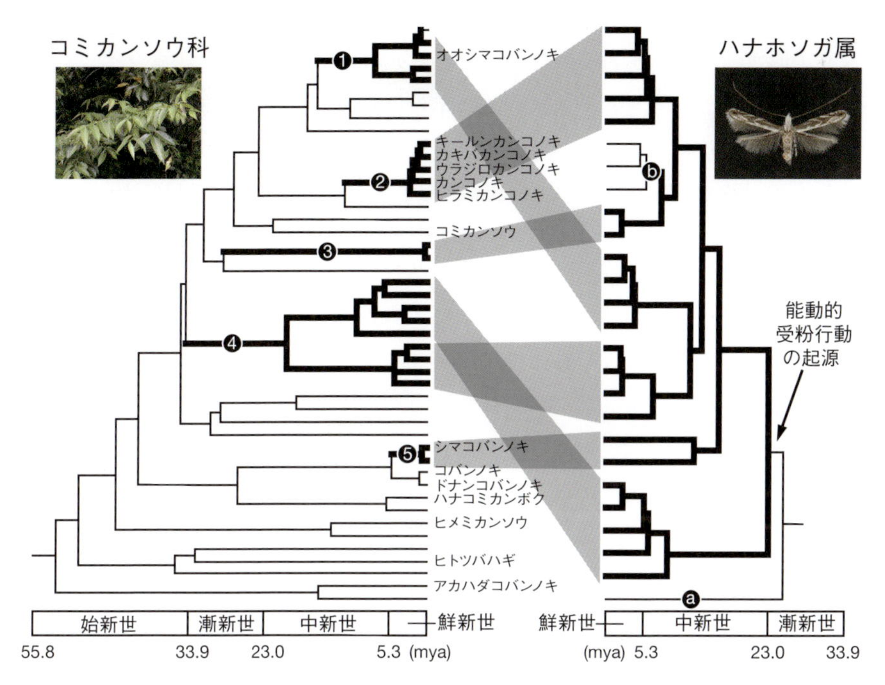

図 5.7　コミカンソウ科における絶対送粉共生の起源．コミカンソウ科（左側）およびハナホソガ属（右側）の系統樹それぞれにおいて，太線で示された系譜において絶対送粉共生が見られる．日本産のコミカンソウ科植物には種名を付してある．コミカンソウ科ではハナホソガとの共生が 5 度独立に進化している．❶オオシマコバンノキ属，❷カンコノキ属，❸コミカンソウ属マダガスカル固有種群，❹コミカンソウ属 *Gomphidium* 亜属，❺コミカンソウ属 *Anisonema* 節．ハナホソガ属における能動的受粉行動の進化は一度のみ．受粉行動を持つハナホソガ属の姉妹群はヒトツバハギの種子食者であり，受粉行動を持たない（系統樹上のⓐハナホソガ属において受粉行動は二次的に失われている（系統樹上のⓑ系統樹の横枝の長さは時間に比例し，図の下部におおよその年代を示してある（数字の単位は百万年前）．

とがわかってきた（Kawakita and Kato, 2009）．遠くはマダガスカル，ニューカレドニア，ポリネシア諸島などでもこの共生は見つかっている（Kawakita and Kato, 2004b, 2009；Hembry et al., 2012）．ポリネシア諸島の島々は，オーストラリアから数千キロの距離に位置し，島間のもっとも離れたところは 1000 km ほどの距離がある．これらの島々は過去に一度も大陸と陸続きになったことがないため，カンコノキもハナホソガも海を渡ったとしたか考えられない．もし仮にカンコノキの実が生きたハナホソガの幼虫を含んだ状態で海水に浮かんで島にたどり着いたとしても，カンコノキが花を咲かせる大きさにまで成長する前にハナホソガは食べるものがなく息絶えてしまうだろう．おそらくカンコノキとハナホソガは独立に 1000 km の海路を越え，辿り着いた先で再び共生関係を結んだのだと考えられるが，それが起こる確率を考えると，これらの島でカンコノキとハナホソガの共生が見られることが奇跡としか思えない．

コミカンソウ科の中でカンコノキに近縁な植物は，ハナホソガに受粉されているものばかりではない．たとえば西日本に分布するコバンノキ *Phyllanthus flexuosus* やヒトツバハギ *Flueggea suffruticosa* などの低木は，花に吸蜜に訪れるハナバチやハナアブなどに花粉が媒介されている．カンコノキの近縁にはコミカンソウ *Phyllanthus lepidocarpus* やヒメミカンソウ *P. ussuriensis* のように草本になったものもあり，これらの花粉を運ぶのは花で吸蜜するアリだ．これまでに得られたさまざまな種の受粉様式についての情報を統合し，コミカンソウ科植物の系統樹上でハナホソガとの共生の起源を探ったところ，興味深いことにコミカンソウ科の中では，ハナバチやハナアブなどに受粉される植物の中からハナホソガに受粉される植物が少なくとも 5 回独立に進化していることがわかった（Kawakita and Kato, 2009）（図 5.7）．ハナホソガとの共生は，種子の一部を犠牲にするという大きな代償を伴うため，ハナバチなどの虫に見向きもされなくなり，行き場を失った植物がやむなく採用した受粉様式のように思っていた．しかし，いくつかのグループで繰り返しそれが進化しているという事実は，むしろハナホソガのほうが他の虫より優れた花粉媒介者であることを物語っているのかもしれない．蜜を求めて気まぐれに花を訪れるだけのハナバチやハナアブなどに比べると，いくら幼虫が種子を食べるとはいっても，雄花から雌花へと能動的に花粉を届けてくれるハナホソガは，植物にとっては大いに魅力的なパートナーなのだろう．

5. 共生系の維持機構

世界のコミカンソウ科植物の生態が次々と明らかになっていく中で，共生系の発見当初から抱いていた一つの大きな疑問があった．なぜウラジロカンコハナホソガは，雌花を受粉したあとに卵を 1 つしか産み落とさないのだろうか？幼虫 1 匹がウラジロカンコノキの種子を食べても，実の中の 6 つの種子の半分以上は残るのだから，少なくとも 2 つずつ卵を産むことはできる．ウラジロカンコノキの種子が残るかどうかはハナホソガにとっては関係のないことだから，もし受粉した花に 2 つずつ卵を産めば，受粉にかかる労力が 2 分の 1 で済むはずである．しかし何度ウラジロカンコハナホソガの訪花を観察しても，一度産

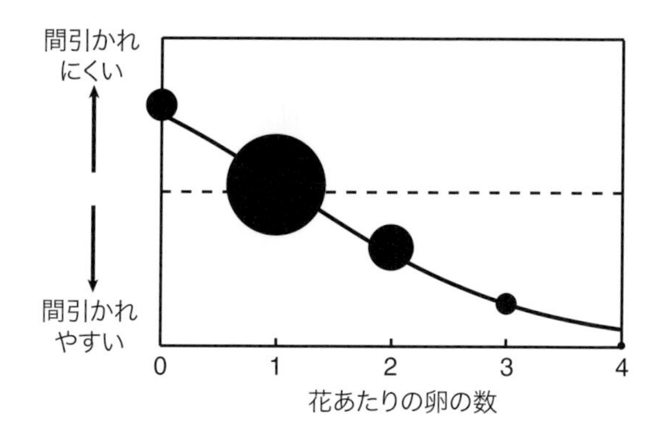

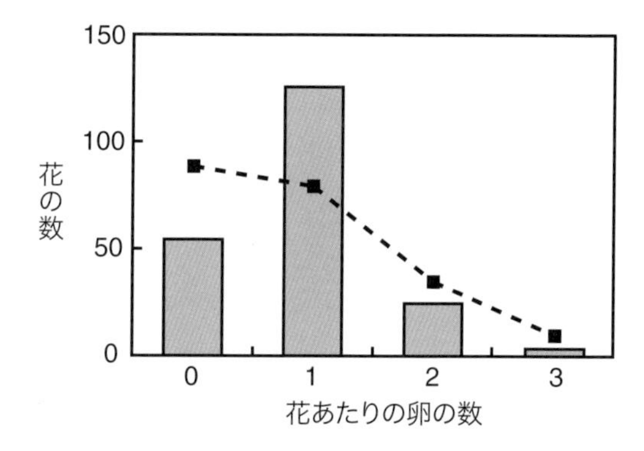

図 5.8 ウラジロカンコノキによる雌花の選択的な間引き．(1) ウラジロカンコノキはより多くの卵を産まれた花を優先的に間引く．黒丸の大きさは実際に得られた花の数を表しており，卵の数に関係なく間引きが行われていたとすると，これらの丸は点線の上に並ぶ．(2) ハナホソガが花を選り好みしないで産卵したとすると，花あたりの卵の数の頻度分布は点線のようになると理論的に予測される．しかし実際には1つしか卵が産まれていない花が顕著に多く，ハナホソガがすでに卵が産まれている花を避けていることがわかる．

卵を終えるとかならず新しい花を探しにいってしまうのだ．

ウラジロカンコノキは5月に大量の花を咲かせると，その後の約1か月の間にそのほとんどを落としてしまうことは観察から気付いていた．さらに実験的に雌花に人工授粉を施したところ，7割以上の花がその後の1か月で落下したことから，ウラジロカンコノキはもともと実にできるよりはるかに多い数の雌花を咲かせていることがわかった．もしかしたらウラジロカンコノキは，2個，3個と卵が産まれた花を選択的に落としていて，そうすることでより卵の数が少ない，より多くの種子が残ると見込まれる花に優先的に資源を振り分けているのではないだろうか．もしウラジロカンコノキがそのような振る舞いをしていれば，ハナホソガは1つの花に2個卵を産んでしまうと，その花は落とされて自分の子が育たないので，ハナホソガが卵を1つだけ産んで立ち去るという行動も説明がつく．

そこでウラジロカンコノキの根元に細かいメッシュのカゴを設置して落下した花を回収し，それぞれに何個の卵が産まれているかを調べた．さらに枝の上に残された花でも同じように卵の数を数え，両者を比較したところ，予想通り2個，3個と卵が産まれた花は落とされやすいことがわかった（Goto et al., 2010）（図5.8）．結果は予想通りだったとはいえ，植物が一つひとつの花に何個の卵が産まれているかを知っているというのはにわかに信じがたい．植物がどのように卵の数を数えているかは未解明だが，ウラジロカンコハナホソガは産卵の際に産卵管をめしべの組織に深く差し込むため，植物は花についた傷の程度を卵の数の指標としている可能性は高い．もう一つ興味深いのは，ウラジロカンコハナホソガはすでに他の個体が卵を産みつけた花を識別することができ，それらを避けて産卵していることだ．もしハナホソガが選り好みをせず，手当たり次第見つけた花に産卵した場合，卵が1つ，2つ，3つの花が最終的に何個できるかを理論的に計算することができる．その予測と，実際に得られたデータを比べると，重複して産卵された花は理論的な予測よりも少なく，卵が1つしか産まれていない花が圧倒的に多いのだ（Goto et al., 2010）（図5.8）．すでに卵が産みつけられているかどうかを，ハナホソガはどのようにして知るのだろうか．疑問は尽きることがない．

ウラジロカンコノキにおける卵の数に応じた花の中絶は，あたかも植物が重複産卵を犯したハナホソガに罰を下しているように見えることから，私たちはこれを「制裁」と呼んでいる．興味深いことに，「制裁」はカンコノキとハナホソガの共生に限って見られるのではなく，マメ科植物と根粒菌の共生や，植物と菌根菌の共生など，自然界のさまざまな共生系で見つかっている（Kiers et al., 2003, 2011）．ウラジロカンコノキは「制裁」を下すことで，ハナホソガに1つの花には1つしか卵を産ませないという，共生関係の規律のようなものをつくり出していると見ることもできる．利己的に振る舞った者だけが生き残るというのが生物の常ではあるが，自然界にこれほどさまざまな共生関係が成立し，維持されている背景には，相手の行き過ぎた振る舞いを監視し合うこうした「制裁」のような仕組みが必要なのかもしれない．

6. おわりに

カンコノキにおける絶対送粉共生の発見は，植物の受粉様式についてのここ100年で最大の発見の一つだと思う．自然史の面白さはもちろんだが，共生に関わる種数の多さや世界的分布の広さ，そして何よりこの発見を契機とした研究の地平は広大だ．生物種間の共生はどのように進化するのか，植物と昆虫の種特異性はどのように高まっていくのか，植物とその花粉を運ぶ昆虫の共生はどのように両者の多様化を促すのか．まだまだ解くべき謎は多い．本章に登場した生物は，どれ一つとして奄美群島に固有の生物ではないが，ここで紹介したさまざまな研究が奄美大島で行われ，現在も新しい研究が始まっている．今後も奄美大島のカンコノキとハナホソガに，世界の視線が注がれ続けられることは間違いない．

引用文献

Goto R, Okamoto T, Kiers ET, Kawakita A, Kato M (2010) Selective flower abortion maintains moth cooperation in a newly discovered pollination mutualism. Ecology Letters, 13: 321-329（近年発見された新しい送粉共生において，選択的な花の中絶が送粉者であるガの協力行動を維持する）.

Hembry DH, Okamoto T, Gillespie RG (2012) Repeated colonization of remote islands by specialized mutualists. Biology Letters, 8: 258-261（特殊化した共生者による隔絶された海洋島への度重なる進出）.

Hembry DH, Kawakita A, Gurr NE, Schmaedick MA, Baldwin BG, Gillespie RG (2013) Non-congruent colonizations and diversification in a coevolving pollination mutualism on oceanic islands. Proceedings of the Royal Society B, 280: 20130361（共進化した植物と送粉者による海洋島への独立な進出と多様化）.

Kato M, Takimura A, Kawakita A (2003) An obligate pollination mutualism and reciprocal diversification in the tree genus *Glochidion* (Euphorbiaceae). Proceedings of the National Academy of Sciences USA, 100: 5264-5267（トウダイグサ科カンコノキ属における絶対送粉共生と相乗多様化）.

Kawakita A (2010) Evolution of obligate pollination mutualism in the tribe Phyllantheae (Phyllanthaceae). Plant Species Biology, 25: 3-19（コミカンソウ科コミカンソウ連における絶対送粉共生の進化）.

Kawakita A, Kato M (2004a) Obligate pollination mutualism in *Breynia* (Phyllanthaceae): further documentation of pollination mutualism involving *Epicephala* moths (Gracillariidae). American Journal of Botany, 91: 1319-1325（コミカンソウ科オオシマコバンノキ属にお

ける絶対送粉共生：ホソガ科ハナホソガ属が介在した送粉共生さらなる報告).

Kawakita A, Kato M (2004b) Evolution of obligate pollination mutualism in New Caledonian *Phyllanthus* (Euphorbiaceae). American Journal of Botany, 91410-415（ニューカレドニア産コミカンソウ属（トウダイグサ科）における絶対送粉共生の進化).

Kawakita A, Kato M (2006) Assessment of the diversity and species specificity of the mutualistic association between *Epicephala* moths and *Glochidion* trees. Molecular Ecology, 15: 3567-3582（ハナホソガ属ガ類とカンコノキ属植物の共生における種多様性と種特異性).

Kawakita A, Kato M (2009) Repeated independent evolution of obligate pollination mutualism in the Phyllantheae-*Epicephala* association. Proceedings of the Royal Society B, 276: 417-426（コミカンソウ連—ハナホソガ属相互作用系における絶対送粉共生の複数回進化).

Kawakita A, Takimura A, Terachi T, Sota T, Kato M (2004) Cospeciation analysis of an obligate pollination mutualism: have *Glochidion* trees (Euphorbiaceae) and pollinating *Epicephala* moths (Gracillariidae) diversified in parallel? Evolution, 58: 2201-2214（絶対送粉共生系における共種分化解析：カンコノキ属植物（トウダイグサ科）とハナホソガ属ガ類（ホソガ科）は並行的に種分化を遂げたのか？).

Kawakita A, Okamoto T, Goto R, Kato M (2010) Mutualism favours higher host specificity than does antagonism in plant-herbivore interaction. Proceedings of the Royal Society B, 276: 417-426（植物—植食者相互作用において，共生は寄生よりも高い種特異性をもたらす).

Kiers ET, Rousseau RA, West SA, Denison RF (2003) Host sanctions and the legume-rhizobium mutualism. Nature, 425: 78-81（マメ—根粒菌共生と宿主による制裁).

Kiers ET, Duhamel M, Beesetty Y, Mensah JA, Franken O, Verbruggen E, Fellbaum CR, Kowalchuk GA, Hart MM, Bago A, Palmer TM, West SA, Vandenkoornhuyse P, Jansa J, Bücking H (2011) Reciprocal rewards stabilize cooperation in the mycorrhizal symbiosis. Science, 333: 880-882（菌根共生において双方向への報酬のやりとりが協力関係を安定化させる).

Okamoto T, Kawakita A, Kato M (2007) Interspecific variation of floral scent composition in *Glochidion* (Phyllanthaceae) and its association with host-specific pollinating seed parasite (*Epicephala*; Gracillariidae). Journal of Chemical Ecology, 33: 1065-1081（コミカンソウ科カンコノキ属における花の匂いの種間差と，種特異的な種子食性送粉者（ホソガ科ハナホソガ属）との関係).

Okamoto T, Kawakita A, Goto R, Svensson GP, Kato M (2013) Active pollination favours sexual dimorphism in floral scent. Proceedings of the Royal Society B, 280: 20132280（能動的な送粉は花のにおいの性的二型を引き起こす).

第6章

居候して暮らす
南西諸島の干潟における共生二枚貝類の多様性

後藤龍太郎

ウロコガイ上科は，他の動物に居候しながら暮らすという不思議な二枚貝類である．居候の相手は，甲殻類，棘皮動物，環形動物，刺胞動物など，きわめて多様である．奄美大島を含む南西諸島の干潟には，独特の生態や形態を持ったウロコガイ類が数多く知られている．本章では，ウロコガイ上科をはじめとしたさまざまな共生二枚貝類を取り上げることで，南西諸島の干潟の生物多様性の一端を紹介する．

1. はじめに

居候とは，他の人の家に間借りをして暮らしている人のことをいう．しかし，居候は人間の世界だけではなく，さまざまな動物や植物の世界で見られる普遍的な現象である．たとえば，アリやシロアリの巣穴の中には，ハネカクシやヒゲブトオサムシなど，いろいろな昆虫（好蟻・白蟻性昆虫）が居候することが知られているし，植物では，ヤドリギや着生ランの仲間が他の樹木の幹や枝を生息場所として利用している．このように，居候する生物とは，他の生物がつくり出した環境に新たな居場所を見つけだした生物だといえる．

陸上だけでなく，海洋でもさまざまな生物が居候しながら暮らしている．干潮時に現れる干潟は，人にとってもっとも身近な海洋環境の一つであるが，多くの居候生物が暮らしていることはあまり知られていない．干潟には，カニやアナジャコなどの甲殻類，ゴカイやユムシなどの環形動物をはじめとして，多くの動物が砂泥に巣穴を掘って暮らしている．干潟の地下には，これらの巣穴によって，大小さまざまな空間が生み出されている．そして，このような巣穴空間の中には，その持ち主だけでなく，ウロコガイ上科の二枚貝類，カクレガニ科のカニ類，テッポウエビ科のエビ類，ウロコムシ科の多毛類，ハゼ科の魚類など「共生者」と呼ばれる多種多様な居候生物が生息しているのだ（伊谷，2008）．また，居候生物の中には，巣穴に住み込む「巣穴共生者」の他，宿主の体表に付着し居候する「体表共生者」が知られている（伊谷，2008）．このような，巣穴や体表などの，すみかを仲立ちとした，宿主と居候生物の間の共生関係は「住み込み共生」と呼ばれ，干潟に普遍的な共生関係である．

南西諸島の干潟には，さまざまな住み込み共生が知られている（加藤，2002, 2006）．たとえば，ミナミアナジャコという甲殻類には，体表にシマノハテマゴコロガイ，巣穴にクシケマスオという二枚貝が共生することが知られている．また，環形動物の1種であるタテジマユムシの巣穴には，ハサミカクレガニ，ナタマメケボリ（二枚貝），ウロコムシ類の1種（多毛類），ガタチンナン（巻貝）などが共生している．これらの生物は，他の動物の巣穴や体表での居候生活に特化しており，宿主と共にしか生きられない変わった生物ばかりである．そして，他の動物に居候する共生者の中でも，もっとも種数が多いものの一つで，干潟のさまざまな住み込み共生系で登場するのが，ウロコガイ上科の共生二枚貝だ．

しかし，干潟の住み込み共生の主役ともいえるウロコガイ類の存在を知る人は少ない．その理由は多岐に渡るが，まず，体サイズが非常に小さいことがあげられる．ウロコガイ類の貝殻のサイズは大きくても2 cm程度で，ほとんどの種が1 cmにも満たない．そのため食用には向かないし，その貝の美しさに気付くのも難しい．また，生息場所が見つけにくいことも理由の一つである．前述したように，共生性ウロコガイ類の多くは，他の動物の巣穴の中など隠蔽的な環境に棲むため，人の目にふれる機会が少ない．

本章では，さまざまな動物に居候して暮らす南西諸島のウロコガイ上科二枚貝類と，その他のいくつかの共生二枚貝について紹介する．これらの二枚貝の特殊な生態を通して，南西諸島の干潟で織りなされる生物多様性の一端にふれていただければ幸いである．

2. ウロコガイ上科二枚貝類とは?

そもそも，ウロコガイ上科とはどのような素性の二枚貝なのだろうか．ウロコガイ上科は，異歯亜綱，真異歯類（Euheterodonta）のImparidentiaという二枚貝のグループに属する（Bieler et al., 2014）．Imparidentiaは多種多様な二枚貝を含むが，代表的なものとしては，ウロコガイ上科の他に，ハマグリやアサリなど食用貝を含むマルスダレガイ科，薄くて色合いのきれいな二枚貝が多いニッコウガイ科，化学合成細菌を内部共生させ円型の殻を持つ種が多いツキガイ科などがある.

ウロコガイ上科は，おもに浅海に生息する小型の二枚貝のグループで，世界中の海から知られている．現在までに約153属620種が知られているが（Huber, 2015），依然として膨大な数の未記載種が存在する．とくに，熱帯や亜熱帯の浅海において著しい多様性を誇ることが知られており，ニューカレドニアやグアムなど熱帯島嶼の浅海では，もっとも種多様性の高い二枚貝類である（Bouchet et al., 2002；Paulay, 2003）.

貝の分類には，貝殻の形態情報がとても重要である．しかし，ウロコガイ上科の殻は，小さく，単純なものが多い．そのため，信頼度の高い分類体系を構築するために必要な形態情報を十分に得ることが難しかった．Vaught（1989）による形態情報に基づく分類体系では，ウロコガイ上科は，ウロコガイ科Galeommatidae，チリハギガイ科Lasaeidae，コハクノツユ科Kelliidae，ブンブクヤドリガイ科Montacutidaeの4つの科から構成されるとされた．しかし，DNA情報に基づく分子系統解析により，これらの科それぞれが実際の系統を反映したものではないことが明らかになった（Goto et al., 2012）．それゆえ，系統関係を考慮した新たな分類体系の構築が現在進められている．

3. 居候するウロコガイ上科二枚貝類

ウロコガイ上科の際立った特徴として，他の動物の体表や巣穴に居候して暮らす習性を持つ種が多い点があげられる（Boss, 1965；Morton and Scott, 1989）．宿主の多くは，干潟に巣穴を掘って暮らす動物である．居候するウロコガイ上科の二枚貝類は，一部の例外を除けば，それぞれ決まった宿主のみを利用する．上科全体での宿主の利用範囲はきわめて広く，9動物門にもおよぶ．海洋の寄生・共生生物の中で，宿主の利用範囲がもっとも広いものの一つだ．これまでにウロコガイ上科の宿主として知られている動物の分類群は，節足動物（アナジャコ類，スナモグリ類，シャコ類，ヤドカリ類，カニ類，タナイス類など），環形動物（多毛類，ホシムシ類，ユムシ類など），刺胞動物（イソギンチャク類），棘皮動物（ナマコ類，クモヒトデ類，ブンブク類など），腕足動物（シャミセンガイ類），軟体動物（二枚貝類），脊索動物（魚類），海綿動物，コケムシ動物がある（Boss, 1965；Morton and Scott, 1989；Warén and Carrozza, 1994；Savazzi, 2001；Clark et al., 2006）.

4. 南西諸島の共生ウロコガイ類

他の動物に共生して暮らす共生性ウロコガイ類はこれまでに世界から約150種が知られている（後藤，未発表）．そのうち，南西諸島からは12属16種が報告されている（表6.1）．全体の10％程度と少なく感じるかもしれないが，同所的に15種以上もの共生性のウロコガイ類が報告されている場所は世界を見渡してもほとんどなく，むしろ多様性は高いといえるだろう．また，南西諸島の共生性ウロコガイ類は，宿主の分類群も豊富だ．これまでに南西諸島では，節足動物（アナジャコ類，スナモグリ類，アナエビ類，オサガニ類），環形動物（ホシムシ類，ユムシ類），刺胞動物（イワホリイソギンチャク類），棘皮動物（ナマコ類，イカリナマコ類）など，4つの動物門から共生性ウロコガイ類が報告されている（表6.1）．

南西諸島で見られる共生性ウロコガイ類16種のうち6種は南西諸島で記載された種だ．奄美大島から3種，沖縄島から1種，石垣島から2種が記載されている．このうち，もっとも古いものは，1942年に石垣島の名蔵湾で発見され，河原辰夫博士によって記載されたヒノマルズキンであるが，残りの5種は，1996年以降に記載された種である．B. モートン博士とP. スコット博士は，香港の干潟から，6種の共生性ウロコガイ類を記載したが（Morton and Scott, 1989），そのうちの4種は南西諸島からも記録されている．南西諸島で見られる残り6種のうち，1種は和歌山県，1種は千葉県，2種はフィリピンをタイプ産地としている．最後の2種については，種レベルの同定がまだ行われていない．ウロコガイ上科の貝は，プランクトン幼生期間に広く分散するため，ほとんどの種は，南西諸島から東南アジアまで広く分布する．しかし，ミナミアナジャコに共生するシマノハテマゴコロガイだけは，現在のところ，奄美群島からしか見つかっていない．

4-1. 甲殻類と共生するもの

南西諸島の干潟では，巣穴を掘って生活する甲殻類（アナジャコ類，スナモグリ類，アナエビ類，オサガニ類）から，5種の共生性ウロコガイ類が知られている（表6.1）．

表 6.1　南西諸島の共生性のウロコガイ上科二枚貝類

種名	学名	宿主の分類群	宿主の種名	生息場所
シマノハテマゴコロガイ	*Peregrinamor gastrochaenans* Kato & Itani, 2000	甲殻類	ミナミアナジャコ	宿主の胸部
オオツヤウロコガイ	*Ephippodonta gigas* Kubo, 1996	甲殻類	スナモグリ類の１種（*N. jousseaumei*）	宿主の巣穴内
マメアゲマキ属の１種	*Scintilla* sp.	甲殻類	スナモグリ類の１種（*N. jousseaumei*）	宿主の巣穴内
アケボノガイ	*Barrimysia cumingii* (A. Adams, 1856)	甲殻類	ヤハズアナエビ	宿主の巣穴内
オサガニヤドリガイ	*Pseudopythina macrophthalmensis* Morton & Scott, 1989	甲殻類	オサガニ類	宿主の体表・巣穴内
ヒノマルズキン	*Anisodevonia ohshimai* (Kawahara, 1942)	ナマコ類	ヒモイカリナマコ	宿主の体表
コノワタズキン	*Entovalva lessonothuriae* Kato, 1998	ナマコ類	イソナマコ	宿主の食道内
ナタマメケボリ	*Pseudopythina ochetostomae* Morton & Scott, 1989	ユムシ類	タテジマユムシ	宿主の体表・巣穴内
セワケガイ	*Byssobornia yamakawai* (Yokoyama, 1922)	ユムシ類	スジユムシ	宿主の巣穴内
ハイヌミカゼガイ	*Basterotia carinata* Goto, Hamamura & Kato, 2011	ユムシ類	スジユムシ	宿主の巣穴内
イソカゼガイ属の１種	*Basterotia* sp.	ユムシ類	スジユムシ	宿主の巣穴内
ユンタクシジミ	*Litigiella pacifica* Lutzen & Kosuge, 2006	ホシムシ類	スジホシムシ	体表・巣穴内
フィリピンハナビラガイ	*Salpocola philippinensis* (Habe & Kanazawa, 1981)	ホシムシ類	スジホシムシ	宿主の体表（後端）
-	*Pseudopythina* aff. *nodosa* Morton & Scott, 1989	ホシムシ類	スジホシムシ・スジホシムシモドキ	宿主の体表
ホシムシアケボノガイ	*Barrimysia siphonosomae* Morton & Scott, 1989	ホシムシ類	スジホシムシモドキ	宿主の体表・巣穴内
イソギンチャクヤドリガイ	*Nipponomontacuta actinariophila* Yamamoto & Habe, 1961	イソギンチャク類	イワホリイソギンチャク類	宿主の体表

・アナジャコ類の胸部で暮らすマゴコロガイ属

ウロコガイ上科は，それぞれ風変わりな生態や形態を進化させているが，中でも特殊な進化を遂げたのが東アジアにのみ分布するマゴコロガイ属の二枚貝だ．マゴコロガイ属は，本州から九州に分布するマゴコロガイ *Peregrinamor ohshimai* Shoji, 1931 と，奄美大島をタイプ産地として 2000 年に新種記載されたシマノハテマゴコロガイ *Peregrinamor gastrochaenans* Kato & Itani, 2000（図 6.1D）の 2 種を含む．シマノハテマゴコロガイは，奄美大島と加計呂麻島からしか見つかっていない奄美群島固有種である（加藤，2006）．この属の二枚貝類は，干潟に棲む甲殻類であるアナジャコ類の胸部に足糸で付着して暮らしている（図 6.2B）．「マゴコロガイ」という和名の由来は，左右の殻を閉じ背側から見たときに，ハート型に見えることに由来する．名前からは，アナジャコ類をなんらかの形で助けていそうだが，実際はアナジャコ類の成長を阻害する寄生的な貝であることがわかっている（Lützen et al., 2001）．マゴコロガイ属は，宿主が懸濁物食のために漉し集めた植物プランクトンの一部を横取りして食べているという（Kato and Itani, 1995）．アナジャコ類が脱皮する際は，一度宿主から離れ，脱皮完了後にすばやくまた胸部に付着するという二枚貝らしからぬ離れ業を見せる（Itani et al., 2002）．

奄美大島から新種として記載されたシマノハテマゴコロガイは，マゴコロガイに比べて扁平で，左右の殻が閉じたとき後部に大きな開口部ができる点で区別できる（Kato and Itani, 2000）．この開口部からは，軟体部が常時はみ出ている（図 6.1D）．マゴコロガイが，アナジャコ，ヨコヤアナジャコ，ナルトアナジャコなど複数種のアナジャコ類を宿主として利用するのに対し，シマノハテマゴコロガイは，ミナミアナジャコが唯一知られている宿主である（Kato and Itani, 2000）．

マゴコロガイ属は繁殖様式もとても変わっている．マゴコロガイ属は，アナジャコ類の胸部に大型の 1 個体が付着するのが通例だが，それはすべてメスである（Lützen et al., 2001）．オスがどこにいるのかというと，メス個体の腹側（宿主に付着する面）に付着している．マゴコロガイのメスは，殻長 1.7 cm 近くまで成長するのに対し，オスはわずか 360 μm ほどまでしか成長しない（Lützen et al., 2001）．つまり，オスの殻長はメスの 1/50 程度に過ぎないことになる．1 個体のメスに対して複数個体のオスがつくのが普通で，50 個体以上ついていたという記録もある（Lützen et al., 2001）．オスの寿命は短く初夏に

図 6.1　南西諸島に生息する共生性のウロコガイ上科二枚貝類
A. オオツヤウロコガイ，B. マメアゲマキ属の１種，C. アケボノガイ，D. シマノハテマゴコロガイ，E. ユンタクシジミ，F. フィリピンハナビラガイ，G. ヒノマルズキン（左殻側と右殻側），H. コノワタズキン（メスとオス），I. オサガニヤドリガイ，J. ナタマメケボリ，K. セワケガイ，L. *Pseudopythina* aff. *nodosa*，M. ハイヌミカゼガイ．

メスに着底し冬には死亡する．一方，メスは，1年以上生きるのが普通である（Lützen et al., 2001）．

・スナモグリ類の巣穴に棲むオオツヤウロコガイとマメアゲマキ属の1種

オオツヤウロコガイ *Ephippodonta gigas* Kubo, 1996（図6.1A）は，沖縄島において1996年に記載されたウロコガイ上科の1種であり（Kubo, 1996），最大で2 cm近くに達し，ウロコガイ上科の中では大型の部類に入る．二枚貝は，左右の殻が閉じるのが普通だが，オオツヤウロコガイの半月状の殻は，ぴったりと閉じることなく，つねにほぼ水平に開いた傘型の形態をしている（図6.1A）．さらに，外套膜は殻を覆い，表面に多くの乳頭状突起，外縁部に多くの針状触手を持つ．

オオツヤウロコガイは，タイのプーケット近郊の干潟で，アナジャコ下目の甲殻類の巣穴に共生することが報告され（Lützen and Nielsen, 2005），その後，沖縄島糸満市の干潟でも，ミナミアナジャコの巣穴に共生することが確認された（久保，2012）．一方，奄美大島のオオツヤウロコガイは，ミナミアナジャコの巣穴からは見つかっておらず，大型のスナモグリ類の1種 *Neocallichirus jousseaumei*（Nobili, 1904）（図6.4A）の巣穴から発見されている（Goto et al., 2014）．同じスナモグリの巣穴には，他にもウロコガイ上科のマメアゲマキ属の1種 *Scintilla* sp.（図6.1B，6.4B），サンゴガキ（詳しくは後述），ウロコムシ類の1種，ウミコハクガイ近似種が共生することが明らかになっている（Goto et al., 2014）．

オオツヤウロコガイの，殻が開いた傘型の形態は，干潟の転石の裏面などに暮らす自由生活性のウロコガイ類と共通する特徴である．分子系統解析の結果，オオツヤウロコガイは，そのような自由生活性のウロコガイ類から二次的に進化してきたことが示唆されている（Goto et al., 2012）．

・ヤハズアナエビの巣穴で暮らすアケボノガイ

アケボノガイ *Barrimysia cumingii*（A. Adams, 1856）は，大型のウロコガイ類の1種で，殻長は2 cmを超えることもある．ひときわ特徴的なのは，殻の色で，朝焼けの曙色の空を彷彿とさせるやや茶色がかった赤色をしており（図6.1C），これが和名の由来であると考えられている．

長い間，アケボノガイの生態は謎に包まれていたが，近年インドネシアにおいて，ヤハズアナエビ *Neaxius acanthus*（A. Milne-Edwards, 1878）という甲殻類の巣穴に共生することが明らかになった（Kneer et al., 2008）．その後，沖縄島で，アナエビ類の巣穴に共生することが報告されている（久保，2012）．さらに，奄美大島においても，アケボノガイがヤハズアナエビと共生することが確認された（後藤，未発表）．ヤハズアナエビは，干潟や藻場に深い巣穴を形成する．巣穴は，入り口から奥へと続く筒状部分と，その先にある巨大な広場からなる．ヤハズアナエビはたいてい入り口付近で，アマモ類の切れ端などの餌が流れてくるのを待っている．アマモ類の切れ端が流れてくると，器用にハサミでとらえ，巣穴の奥の広場や壁面に貯めている．貯蔵された植物片は巣穴内で発酵し，餌として利用される（Kneer et al., 2008）．巣穴は，干潟に埋まった礫の間や岩盤の下につくられることが多く，掘り出すのがもっとも難しい巣穴の一つである．

アケボノガイが棲んでいるのは，植物片を貯蔵する奥の広場の部分である（Kneer et al., 2008）．アナエビの巣穴内の環境は，他の生き物がつくる巣穴とは大きく異なる．入り口が１つしかないので，基本的に水が循環しない上に，広場では多くの植物片が発酵しているため，巣穴内は非常に嫌気的になる．このような環境は，生物にとっては，非常に棲みづらいといえる．それにもかかわらず，なぜアケボノガイはわざわざヤハズアナエビの巣穴だけをすみかとして生きているのだろうか．安定同位体解析の結果によると，アケボノガイは，体内に硫黄酸化細菌を共生させ，硫化水素をエネルギー源とするツキガイ科の二枚貝類と同じような安定同位体比を示す（Kneer et al., 2008）．もしツキガイ科と同様，アケボノガイが硫黄酸化細菌と共生関係にあるのだとすれば，植物片の発酵に伴って巣穴内に生じる硫化物を餌として利用しているのかもしれない（Kneer et al., 2008）．

ヤハズアナエビの巣穴には，アケボノガイの他にも，ユキスズメガイ *Phenacolepas crenulatus*（Broderip, 1834）という傘型をした巻貝も生息している（久保，2012）．この巻貝の仲間は，体液に赤血球を持ち，その影響で軟体が赤色を帯びている点で非常に変わっている（ヘモグロビンを持つ巻き貝は多いが，赤血球を持つものはユキスズメガイ科しか報告されていない）．このような赤血球は，酸素運搬能力が高いため，嫌気的な環境で生きていく上で適応的だと考えられている（Kano and Haga, 2011）．前述のアケボノガイも赤い軟体を持つ点でユキスズメガイに似通っている．もしかすると，ユキスズメガイと同様に，赤血球を持つことで，ヤハズアナエビがつくり出す嫌気的な環境で生きていけているのかもしれない．

・オサガニ類とともに暮らすオサガニヤドリガイ

オサガニヤドリガイ *Pseudopythina macrophthalmensis* Morton & Scott, 1989（図 6.1I）は，共生性ウロコガイ類の中でもっとも小さな種の一つだ．最大サイズでも，殻長が 3 mm を超えることはない．オサガニヤドリガイは，その名の通り，潮間帯に生息するオサガニ属を宿主として利用する．オサガニ類の体表に付着していることも多いが（図 6.2A），巣穴壁面でも観察される．多数の個体が，一個体の宿主に付着していることも普通にある．オサガニ属なら広く利用することができ，ノコハオサガニ，フタバオサガニ，ミナミメナガオサガニ，ミナミオサガニなどが宿主として知られる（小菅，2005）．

オサガニヤドリガイが，宿主としてオサガニ属だけを利用する理由として，オサガニ類が満潮時であっても巣穴に蓋をしないことが重要だと指摘されている（小菅，2005）．たとえば，シオマネキ属のカニ類では，冠水する前に巣穴の入口を泥などで塞ぐため，満潮時には孔道内に巣外の海水が流入することはない．一方，オサガニ類では，冠水時でも巣穴の入り口は開いたままであり，オサガニ類が呼吸のために起こす水流によって，巣穴内外の海水は循環する．オサガニヤドリガイは，カニが引き起こす水流を利用し，その中に含まれる懸濁物を濾過して摂食していると考えられている（小菅，2005）．

ウロコガイ類の中では珍しく，オサガニヤドリガイは，繁殖時期が 1 年を通して詳細に調べられている（小菅，2005）．石垣島の個体群では，9 月にオサガニ体表上に出現し，10 月から 2 月の秋季から冬季にかけて成長し，3 月から 5 月にかけて産卵し，その後夏季には死滅するという一年生の生活史を繰り返していると推定されている（小菅，2005）．

4-2. 棘皮動物と共生するもの

ウロコガイ上科には，ナマコ類，ブンブク類，クモヒトデ類など棘皮動物を宿主として利用するものが知られているが（Boss, 1965），現在のところ南西諸島から知られているのは，ナマコ類を利用する 2 種のみである．

図 6.2　南西諸島に生息する共生性ウロコガイ上科二枚貝類（矢印）とその宿主
A. オサガニヤドリガイ，B. ミナミアナジャコに付着するシマノハテマゴコロガイ，C. イソナマコの食道内に棲むコノワタズキン，D. ヒモイカリナマコに付着するヒノマルズキン，E, F. スジホシムシに付着するユンタクシジミとフィリピンハナビラガイ，G. スジホシムシモドキに付着する *Pseudopythina* aff. *nodosa*，H. タテジマユムシに付着するナタマメケボリ，I. スジユムシの巣穴に共生するセワケガイ，J. イワホリイソギンチャク類に付着するイソギンチャクヤドリガイ．

・ヒモイカリナマコの上で暮らすヒノマルズキン

ヒノマルズキン *Anisodevonia ohshimai*（Kawahara, 1942）（図 6.1G）は，ヒモイカリナマコ *Patinapta ooplax*（von Marenzeller, 1882）の体表に付着して生活する二枚貝だ（図 6.2D）．ヒモイカリナマコは，砂泥の中に潜って生活するミミズ状の無足目のナマコの 1 種である．ヒノマルズキンの殻は，乳白の外套膜に包まれており，左の殻の表面だけに，赤褐色の斑紋を 1 つ持つ（図 6.1G）．その外観が，日の丸の国旗を連想させることにちなんで和名がつけられた（Kawahara, 1942）．

常時，右殻を底にして宿主に付着しているため，貝殻や外套膜の形状が左右で著しく非相称になっている（図 6.1G）．宿主に付着するために，足の右面だけが吸盤状に特殊化している．

・イソナマコの中で暮らすコノワタズキン

ウロコガイ上科二枚貝は，さまざまな環境に生息するが，中でもっとも変わった場所に棲むのはコノワタズキン属（*Entovalva*）だ．驚くべきことに，コノワタズキンの生息場所はナマコ類の食道の中である（図 6.2C）．動物の体内に共生する二枚貝は他に知られておらず，二枚貝の生息場所の中でもっとも特殊な例の一つといえる．著しく退化した殻は半透明の外套膜にすっぽり覆われており（図 6.1H），大きな足を使って，食道の中を移動する（図 6.2C）．ナマコの食道の内部に棲むものの，コノワタズキン属は濾過食者で，ナマコの食道内に漂う懸濁物を漉し取って食べている．

コノワタズキン属は，タンザニアとインドネシアで報告されて以来，長い間記録がなかったが，1998 年に南西諸島の潮間帯から発見された（Kato, 1998）．この種は，潮間帯に生息するイソナマコ *Holothuria*（*Lessonothuria*）*pardalis* Selenka, 1867 に寄生しており，奄美大島の笠利湾（かさりわん）をタイプ産地として，イソナマコノワタズキン *Entovalva lessonothuriae* Kato, 1998 として新種記載された（Kato, 1998）．

コノワタズキン属は，ナマコの中で暮らすという生態だけでも，非常に変わっているが，繁殖様式も非常に変わっている．なんと，ナマコの食道の中で雌雄一対のつがいをつくって共同生活を行うのである（Kato, 1998）（図 6.2C）．二枚貝の中で，雌雄がつがいをつくって共に暮らす種は他に知られていない．イソナマコを解剖すると，大きなメスと小さいオスのつがいか，メス単独でしか見つからない（Kato, 1998）．おそらく先に入った個体がメス，後から入った個体がオスになるのだと考えられるが，なぜ3個体目の侵入が起こらず，雌雄のつがいが保たれているのかという謎はまだ解けていない．メスは，名前の由来でもある頭巾状の外套膜を保育嚢として利用し，その中でベリジャー幼生になるまで子を保育する（図6.1H）．保育されていた幼生は，やがてメスから離れ，ナマコの食道を出て，プランクトンとして海をさまよう．その後，再びナマコに飲み込まれ，食道内に着底し，つがいをつくり，繁殖するのである．

分子系統解析によって，ナマコの体表に付着するウロコガイ類（ヒノマルズキン属やヒナノズキン属）の中から，ナマコの食道内に棲むコノワタズキン属が進化してきたことが明らかになった（Goto et al., 2012）．ウロコガイ類がナマコの体表から体内の生活へと大胆に生活場所を変えてきたといえる．

4-3. 環形動物と共生するもの

干潟で見られる環形動物の中で，ユムシ類・ホシムシ類は，比較的大型の部類に属する．これらの巣穴からは，南西諸島で記録されている共生性ウロコガイ類の半数（8種）が知られている．

4-3-a ユムシ類と共生するもの

・巣穴壁面に付着して暮らすナタマメケボリとセワケガイ

ユムシ類は環形動物の1グループであるが，ソーセージ状の胴体とへら状の口吻から成る独特な形態を持つ．多くは，海底の砂や泥に巣穴をつくって暮らしている．南西諸島には，さまざまなユムシ類が生息するが，もっとも普通に見られる代表的な種は，タテジマユムシ *Listriolobus sorbillans* (Lampert, 1883) とスジユムシ *Ochetostoma erythrogrammon* Rüppell & Leuckart, 1828 だ．タテジマユムシが，泥干潟に深い巣穴を掘って暮らすのに対し，スジユムシは，礫の多いサンゴ砂干潟に浅い巣穴を掘って生活する．

タテジマユムシとスジユムシの巣穴には，巣穴の壁面に付着して暮らすウロコガイ類が共生している（Morton and Scott, 1989；Goto and Kato, 2012）．タテジマユムシの巣穴にはナタマメケボリ *Pseudopythina ochetostomae* Morton & Scott, 1989 が共生する（図6.2H）．この二枚貝は，茶色の殻皮に覆われた楕円形の扁平な殻を持つ（図6.1J）．一方，スジユムシの巣穴には，セワケガイ *Byssobornia yamakawai* (Yokoyama, 1922) が共生する（図6.2I）．奄美大島，沖縄島，石垣島においてスジユムシの巣穴を調査した結果，セワケガイの共生が確認されたのは，石垣島の名蔵湾周辺の集団に限られた（Goto and Kato, 2012）．このことは，特定の環境下にあるスジユムシの巣穴だけにセワケガイが共生することを示唆している．セワケガイも，茶色い殻皮で覆われた殻を持つが，殻の形は，ナタマメケボリに比べて丸みを帯びている（図 6.1K）．分子系統解析の結果から，ナタマメケボリとセワケガイは非常に近縁であることが明らかになっている（Goto et al., 2012）．

・巣穴壁面に埋在して暮らすイソカゼガイ属

ウロコガイ上科の共生二枚貝の多くは，その形態が，宿主との共生生活に著しく特殊化している．しかし，その特殊化ゆえ，他の宿主を利用するウロコガイ類と異なる形態進化を遂げてしまい，まったく異なるグループに分類されてしまうことがある．イソカゼガイ科イソカゼガイ属の二枚貝は，まさにそのような貝であった．

イソカゼガイ属は世界中の温帯から熱帯の浅海域に分布し，これまでに約 23 種が知られている．これらイソガゼガイ類は，近年までウロコガイ上科ではなくノミハマグリ上科（Cyamioidea）に属するとされていた．その理由として，水管構造の有無があげられる．イソカゼガイ属は，体の後部に 2 本の短い水管（出水管と入水管）を持つ．しかし，ウロコガイ上科のほとんどが，明瞭な水管構造を持たず，かわりに，体の前部に入水口，後部に出水口を持つ．このようにまったく異なる形態を持つにもかかわらず，分子系統解析の結果，イソカゼガイ属はウロコガイ上科に属することが明らかにされたのである（Goto et al., 2012）．

イソカゼガイ科の貝類は，長い間生態がよくわかっていなかった．しかし，2000 年代の半ば以降，インド洋のロドリゲス島や南米ベネズエラのユムシ類の巣穴から相次いで報告され（Oliver, 2004；Anker et al., 2005），イソカゼガイ類がユムシ類の巣穴に共生する貝類であることが示唆されていた．しかし，これらの報告はいずれも断片的で，イソカゼガイ類が本当にユムシの巣穴に棲む習性を持つ二枚貝なのかどうかは不確かであった．その後，2009 年に奄美大島の奄美市根瀬部（ねせぶ）で，スジユムシの巣穴の中からイソカゼガイ属の未記載種 *Basterotia* sp. が発見された．さらに，同じ頃，広島県の濱村陽一氏によって，瀬戸内海に棲むゴゴシマユムシの巣穴からイソカゼガイ *Basterotia gouldi*（A.

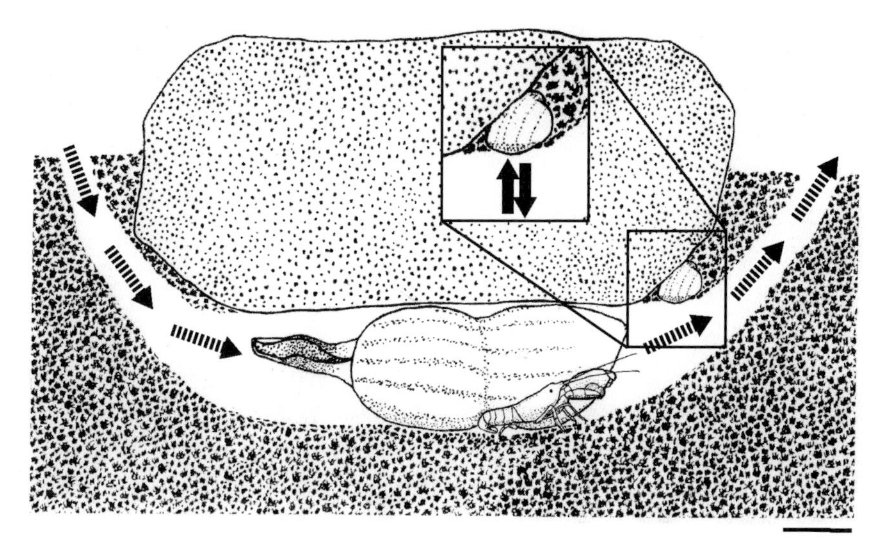

図 6.3　スジユムシの巣穴に共生するハイヌミカゼガイとアカマダラテッポウエビ．矢印は水流の方向を表す．スケールバー：1 cm．Goto et al.（2011）より，許可を得て転載．

Adams, 1864）が発見された．これらのイソカゼガイ属の生態を詳しく観察することで，いずれのイソカゼガイ属も間違いなくユムシの巣穴だけに見られる巣穴共生者であることが明らかになった（Goto et al., 2011）．

ウロコガイ上科の多くが，他の動物と共生することを考えれば，イソカゼガイ属がユムシ類に共生するという事実は納得のいくものである．しかし，イソカゼガイ属が，他のウロコガイ類とまったく異なる形態をしている点に疑問が残る．その理由は，さらなる詳細な生態調査で明らかになった．ウロコガイ上科で他の動物に共生する種は，多くが宿主の体表か巣穴の表面に付着している（図 6.2）．一方で，イソカゼガイ属の二枚貝は，ユムシ類の巣穴の壁面に埋まって暮らす，他のウロコガイでは例のない特殊な生態を持っていたのだ（Goto et al., 2011）（図 6.3）．具体的には，イソカゼガイ類は，巣穴の内壁にその体をほとんど埋没させ，水管の一部だけを巣穴内に突き出して呼吸と濾過摂食を行っていた（図 6.3）．このような生態が，体の後部に出水管と入水管を持つ特殊な形態を生み出していたのだ．また，分子系統解析の結果から，イソカゼガイ属で見られる特異な水管構造は，ユムシ類との共生に伴い二次的に獲得された形質であることが明らかになった（Goto et al., 2012）．

南西諸島におけるユムシ類の巣穴共生者群集の調査を通して，スジユムシの巣穴には少なくとも2種のイソカゼガイ属が共生することが明らかになった（Goto et al., 2011；Goto and Kato, 2012）．このうち1種は，奄美大島をタイプ産地とする新種，ハイヌミカゼガイ *Basterotia carinata* Goto, Hamamura & Kato, 2011として記載された（Goto et al., 2011）（図6.1M）．和名は，奄美の方言の「南の風」に由来する．同じくスジユムシの共生者であるもう1種のイソカゼガイ属については，まだきちんとした同定はされておらず和名はついていない．

4-3-b　ホシムシ類と共生するもの

・スジホシムシと共生するユンタクシジミとフィリピンハナビラガイ

ユンタクシジミ *Litigiella pacifica* Lützen & Kosuge, 2006（図6.1E）は，沖縄県の石垣島をタイプ産地として2006年に記載されたウロコガイ上科の1種である（Lützen and Kosuge, 2006）．その後，2009年に，奄美大島においても生息が確認されている（小菅，2009）．ユンタクシジミは，スジホシムシ *Sipunculus nudus* Linnaeus, 1766の体表や巣穴の壁面に付着して暮らしている（図6.2E）．宿主のスジホシムシは巣穴内での移動スピードが速いため，ユンタクシジミはときにおいてけぼりになり，一生懸命宿主を追いかけている愛らしい姿も観察される．スジホシムシ1個体に対し，ユンタクシジミが2，3個体同時につくことも珍しくない（図6.2E）．この状況にちなみ，「数名が集まっておしゃべりする」という意味の沖縄の方言「ゆんたく」という名が与えられた（Lützen and Kosuge, 2006）．

一方，風変わりな生態を持つのが，フィリピンハナビラガイ *Salpocola philippinensis*（Habe & Kanazawa, 1981）（図6.1F）だ．この貝は，大型の1個体がスジホシムシの後端に足糸で強く付着しているのが通例である（図6.2F）．貝殻の前端は，スジホシムシの排泄口に半ば突き刺さっており，おそらく，スジホシムシが排泄口から吐き出す水に含まれる有機物を濾過して食べているのだと考えられる．フィリピンハナビラガイは，これまでメスしか見つかっていない（Lützen et al., 2008）．マゴコロガイ属のように矮雄を持つ可能性があるが，確認されていない．また，フィリピンハナビラガイが利用するスジホシムシは，サイズがきわめて大きく，ユンタクシジミが利用するスジホシムシとは別種の可能性があるため，今後検討の必要がある．

・スジホシムシモドキと共生する *Pseudopythina* aff. *nodosa* とホシムシアケボノガイ

スジホシムシモドキ *Siphonosoma cumanense*（Keferstein, 1867）には，本州から南西諸島にかけて，スジホシムシモドキヤドリガイ *Nipponomysella subtruncata*（Yokoyama, 1927）が付着共生するとされてきた（小菅・久保，2002；木村・久保，2012）．しかし，南西諸島と瀬戸内海でスジホシムシヤドリガイと呼ばれる貝（図 6.1L, 6.2G）の遺伝子を比較したところ，南西諸島の貝はスジホシムシモドキヤドリガイではなく，まったく別の貝であることが明らかになった（Goto et al., 2012）．この貝の貝殻をよく調べてみると，形態的には，1989 年に香港で記載された *Pseudopythina nodosa* Morton & Scott, 1989 と非常に似ているため，現状では *Pseudopythina* aff. *nodosa* とした（Goto et al., 2012）．*P. nodosa* は，香港においては，スジホシムシに付着共生することが報告されている（Morton and Scott, 1989）．一方，南西諸島ではこの *P. nodosa* らしき貝が，スジホシムシとスジホシムシモドキの両方から採集される（後藤，未発表）．南西諸島のスジホシムシモドキからは，スジホシムシモドキヤドリガイは見つからないが，（後藤，未発表），南西諸島に本当に分布していないかどうかは，今後のより詳細な調査が必要である．そもそも，宿主であるスジホシムシモドキ自体が，九州以北と南西諸島では若干形態が異なるため，それぞれが別種の可能性もある．その場合，スジホシムシモドキヤドリガイと *P. nodosa* らしき貝は，それぞれ別のスジホシムシモドキ属の種を宿主として利用しているのかもしれない．

一方，石垣島と西表島のスジホシムシモドキの巣穴や体表には，別のウロコガイ上科の 1 種であるホシムシアケボノガイ *Barryimysia siphonosomae* Morton & Scott, 1989 が共生することが知られている（Kosuge, 2009；久保・山下，2012）．これらの個体群密度は高くなく，稀な貝である．この種も *P. nodosa* と同様，香港の干潟で発見され，記載された種である（Morton and Scott, 1989）．

4-4. 刺胞動物と共生するもの

・イワホリイソギンチャク類に付着共生するイソギンチャクヤドリガイ

奄美をはじめ南西諸島の礫の多い干潟では，イワホリイソギンチャク類がしばしば見られる．このイソギンチャク類は，干潟の砂泥の中に埋もれた小石や岩などに付着し，体が半ば埋もれた状態で見つかることが多い．これらのイソギンチャク類の体壁には，オレンジ色をしたイソギンチャクヤドリガイ *Nipponomontacuta actinariophila* Yamamoto & Habe, 1961（図 6.2J）が付着していることがある（三浦・三浦，2015）．この貝は，足糸で体表に付着するのではなく，イソギンチャクの体壁の一部を左右の殻で軽く挟むことでくっついている．

5. ウロコガイ上科以外の干潟の居候二枚貝

南西諸島の干潟の共生二枚貝としては，ウロコガイ上科の多様性が圧倒的に高い．しかし，他の動物の巣穴への居候する習性を進化させた二枚貝は，ウロコガイ上科の仲間に限らない．ここでは，イボタガキ科とオオノガイ科の共生二枚貝について紹介する．

・スナモグリ類の巣穴で暮らすサンゴガキ（イボタガキ科）

サンゴガキ *Anomiostrea coralliophila* Habe, 1975 は，イボタガキ科サンゴガキ属の二枚貝だ．この属には，サンゴガキ 1 種のみが含まれる．タイプ産地はフィリピンで，日本では沖縄島から採集されている（久保，2012）．生貝はきわめて希少で，その生態は長い間わかっていなかったが，アマモ場に隣接する砂泥～砂礫域の埋もれた岩の下に生息していることが近年明らかになった（久保，2012）．ただし，なぜこのような隠蔽的な環境であえて暮らしているのかは依然として謎のままだった．

奄美大島の礫が多い干潟には，*Neocallichirus jousseaumei*（Nobili, 1904）という，大型のスナモグリ類が暮らしている（図 6.4A）．奄美大島宇検村沖の枝手久島における調査によって，このスナモグリ類の巣穴の壁面にサンゴガキが多数張り付いて暮らすことが発見された（Goto et al., 2014）（図 6.4B）．このスナモグリは，干潟に埋もれた礫の間を縫うようにして枝分かれした巣穴をつくる．つまり，サンゴガキが，埋もれた岩の下に生息していたのは，岩の下を通るスナモグリ類の巣穴に共生していたからだったのだ．同所的に生息するさまざまな動物の巣穴を調べたが，サンゴガキが生息するのは，このスナモグリの巣穴だけだった．それゆえ，サンゴガキは，このスナモグリの巣穴に特異的な共生者である可能性が高い．このような生態を持つカキ類は他に知られておらず，巣穴共生性のカキ類の世界初の発見である．

サンゴガキの殻は，蓋状の右殻と椀状の左殻からなる．椀状の殻は，基質で

図 6.4　スナモグリ類の 1 種 *Neocallichirus jousseaumei*（A）とその巣穴内に共生する．サンゴガキ（白矢印）とマメアゲマキ属の 1 種（黒矢印）（B）．スケールバー：1 cm（A, B）．Goto et al.（2014）より許可を得て転載．

ある岩に付着し，もう一方の右殻がスナモグリの巣穴の壁面に露出し，巣穴の壁面の一部となる（図 6.4B）．興味深いことに，右殻の形状は，巣穴の壁面のカーブにぴったりと沿うように湾曲していることが多い．おそらくスナモグリの巣穴の壁面に沿って成長しているのだろう．スナモグリにとってサンゴガキがどのような役割を果たすかは謎であるが，サンゴガキの殻が巣穴の壁面となることで，より頑健な巣穴を構築できる，もしくは，サンゴガキによる濾過食の際の水流で，巣穴内の水が循環し，環境が良好に保たれるなど，サンゴガキはスナモグリに利益をもたらす存在なのかもしれない（Goto et al., 2014）．

ウロコガイ上科やオオノガイ科など他の巣穴共生性の二枚貝類は，発達した足を持っていることが多い．そのため，宿主による巣穴の放棄や，巣の崩壊などの危機に直面しても，自分の足を使って逃げることができる．一方，サンゴガキは巣穴に沿って配置された礫の表面にしっかりと固着しているため（図 6.4B），移動することはできない．もし，宿主のスナモグリが巣を放棄した場合，巣穴の中にはすぐ砂泥が溜まり，サンゴガキは窒息してしまうだろう．つまり，巣穴が維持されなければ，サンゴガキは生きていけないのだ．宿主のスナモグリがどの程度の期間同じ巣穴を利用するかはよくわかっていない．しかし，サンゴガキの殻が最大で 4 cm 近くまで成長することを踏まえると（Goto et al., 2014），かなり長期に渡って同じ巣穴を利用し続けているという可能性が高い．

サンゴガキの生存は，干潟に埋もれた礫が豊富にある内湾環境と宿主のスナモグリ類の生息があって初めて成り立つ．そのため，干潟環境の攪乱に対してきわめて脆弱である可能性が高い．干潟の環境保全を考える際，とりわけ気をつける必要のある種の一つだろう．

・アナジャコ類・スナモグリ類の巣穴で暮らすクシケマスオ属（オオノガイ科）

オオノガイ科のクシケマスオ属（*Cryptomya*）は，世界中の浅海から約10種が知られ，ウロコガイ上科やサンゴガキと同様，他の動物の巣穴に共生する二枚貝である．日本からは2種が知られている．北海道から九州に分布するヒメマスオガイ *Cryptomya busoensis* Yokoyama, 1922と，伊勢湾から九州，南西諸島に分布するクシケマスオ *Cryptomya truncata* Gould, 1861だ．北米に分布する同属のホンヒメマスオ *Cryptomya californica*（Conrad, 1837）はアナジャコ類，スナモグリ類，ユムシ類，多毛類などさまざまな動物の巣穴に共生することが知られているが（MacGinitie, 1934など），日本のクシケマスオ属が利用する宿主は，アナジャコ類とスナモグリ類に限定されている（Itani and Kato, 2002）．南西諸島に生息するクシケマスオは，ミナミアナジャコ，ヨコヤアナジャコなどの巣穴から採集されている（Itani and Kato, 2002）．

自由生活性のオオノガイ科の多くは，砂や泥に深く潜り，長い水管を海底面に伸ばして濾過食を行う．一方，クシケマスオ属の二枚貝は，宿主の巣穴の壁面に潜り，ごく短い水管を巣穴内にわずかに出して濾過食を行う．クシケマスオ属は，巣穴環境への適応の結果，共生生活に必要ない長い水管を失ったと考えられている．

6．おわりに

ここまで，南西諸島に見られるさまざまなウロコガイ上科二枚貝類とその他のいくつかの共生二枚貝類について紹介した．ウロコガイ上科は，アナジャコの胸，カニの背，ユムシやホシムシの体表，ナマコの食道内，イソギンチャクの体壁，またこれらの動物の巣穴の中など，干潟の生物がつくり出すさまざまな微環境（ミクロハビタット）に潜んでいることがおわかりいただけたであろう．つまり，ウロコガイ上科は，干潟の微環境の多様性を象徴する重要な二枚貝なのだ．

奄美群島の奄美大島と加計呂麻島は，複雑に入り組んだ海岸線と発達した陸水環境による恩恵により，40以上もの干潟が成立している（名和，2008）．学生の頃，初めて奄美大島の干潟を訪れたとき，その干潟環境の多様性とそこに棲む貝や甲殻類をはじめとした無脊椎動物の多様性に驚かされた．そして，干潟で砂や泥を掘っていたときに，ウロコガイ上科の共生二枚貝類を見つけ，その「他の動物に居候して暮らす」という奇妙な生態に強く感銘を受けたのを覚えている．また，採集を続けるうちに，ウロコガイ類がさまざまな無脊椎動物と共生することを知り，その宿主の多様性にも驚かされた．このような経験を通じて，一見単調な干潟は，小さな生物が織りなす多様な住み込み共生を，その地下に秘めていることに気付かされたのだった．共生二枚貝のような住み込み共生者の一つひとつは，非常に小さな存在であり，見過ごされがちであるが，このような生物の集合体こそが干潟の生物多様性そのものである．それゆえ，干潟の環境保全を考える上で，このような生物の記載・分類や生活史の解明による知見の積み重ねが今後ますます重要になるだろう．

さらに，本章で紹介したように，他の動物に居候するような習性は，ウロコガイ上科だけでなく，オオノガイ科のクシケマスオ属や，イボタガキ科のサンゴガキ属など，さまざまな二枚貝のグループで，繰り返し進化している．そのため，これらの共生二枚貝類は，海洋生物の共生関係の進化を考える上で絶好の材料と言える．今後は，これらの貝類について，共生の起源や進化，宿主転換による多様化，宿主への適応，共生関係のメリットなどを明らかにしていきたいと考えている．

引用文献

Anker A, Murina G-V, Lira C, Vera Caripe JA, Palmer AR, Jeng M-S (2005) Macrofauna associated with echiuran burrows: a review with new observations of the innkeeper worm, *Ochetostoma erythrogrammon* Leuckart and Rüppel, in Venezuela. Zoological Studies, 44: 157-190（ユムシ類の巣穴に共生する生物相：総説及びベネズエラのスジユムシにおける新たな知見）.

Bieler R, Mikkelsen PM, Collins TM, Glover EA, González VL, Graf DL, Harper EM, Healy J, Kawauchi GY, Sharma PP, Staubach S, Strong EE, Taylor JD, Tëmkin T, Zardus JD, Clark S, Guzmán A, McIntyre E, Sharp P, Giribet G (2014) Investigating the Bivalve Tree of Life – an exemplar-based approach combining molecular and novel morphological characters. Invertebrate Systematics, 28: 32-115（二枚貝類の系統関係の探索：分子情報と新規形態情報を合わせた事例基盤アプローチ）.

Boss KJ (1965) Symbiotic erycinacean bivalves. Malacologia, 3: 183-195（共生性のコフジガイ上科二枚貝類）.

Bouchet P, Lozouet P, Maestrati P, Heros V (2002) Assessing the magnitude of species richness in tropical marine environments: exceptionally high numbers of molluscs at a New Caledonia site. Biological Journal of the Linnean Society, 75: 421-436（熱帯海洋環境における種多様性の評価：ニューカレドニアにおける著しく高い貝類の多様性）.

Clark E, Kogge SN, Nelson DR, Alburn TK, Pohle JF (2006) Burrow distribution and diel behavior of the coral reef fish *Pholidichthys leucotaenia* (Pholidichthyidae). aqua, International Journal of Ichthyology, 12: 45-82（サンゴ礁に生息する魚類シュウジンギョの巣穴の分布と日周活動）.

Goto R, Kato M (2012) Geographic mosaic of mutually exclusive dominance of obligate commensals in symbiotic communities associated with a burrowing echiuran worm. Marine Biology, 159: 319-330（ユムシ類の共生者群集における絶対片利共生者の相互排他的優占の地理的モザイク）.

Goto R, Hamamura Y, Kato M (2011) Morphological and ecological adaptation of *Basterotia* bivalves (Galeommatoidea: Sportellidae) to symbiotic association with burrowing echiuran worms. Zoological Science, 28: 225-234（イソカゼガイ属二枚貝類におけるユムシ類との共生生活への形態的・生態的適応）.

Goto R, Kawakita A, Ishikawa H, Hamamura Y, Kato M (2012) Molecular phylogeny of the bivalve superfamily Galeommatoidea (Heterodonta, Veneroida) reveals dynamic evolution of symbiotic life style and interphylum host switching. BMC Evolutionary Biology 12: 172（分子系統解析によって明らかにされたウロコガイ上科二枚貝類の共生様式の進化と動物門間での宿主転換）.

Goto R, Ohsuga K, Kato M (2014) Mode of life of *Anomiostrea coralliophila* Habe, 1975 (Ostreidae): a symbiotic oyster living in ghost-shrimp burrows. Journal of Molluscan Studies, 14: 1-5（スナモグリ類の巣穴に共生するカキ類サンゴガキの生活様式）.

三浦友之，三浦要（2015）加計呂麻島の海岸湿地に生息する甲殻類と貝類の記録．Nature of Kagoshima, 41: 209-222.

Huber M (2015) Compendium of Bivalves 2. A full-color guide to the remaining seven families. A systematic listing of 8500 bivalve species and 10500 synonyms. ConchBooks, Harxheim（二枚貝類大図鑑 2）.

伊谷行（2008）干潟の巣穴をめぐる様々な共生．（石橋信義，名和行文 編）寄生と共生，217-237，東海大学出版会，東京.

Itani G, Kato M (2002) *Cryptomaya* (*Venatomya*) *truncata* (Bivalvia: Myidae): association with thalassinidean shrimp burrows and morphometric variation in Japanese waters. Venus, 61: 193-202（日本産クシケマスオガイにみられるアナジャコ下目甲殻類の巣穴への共生と殻形態の変異）.

Itani G, Kato M, Shirayama Y (2002) Behaviour of the shrimp ectosymbionts, *Peregrinamor ohshimai* (Mollusca: Bivalvia) and *Phyllodurus* sp. (Crustacea: Isopoda) through host ecdyses. Jorunal of the Marine Biological Association of the United Kingdom, 82: 69-78（宿主の脱皮時におけるマゴコロガイと *Phyllodurus* 属の1種の行動）.

Kano Y, Haga T (2011) Sulphide rich environments. In: Bouchet P, Le Guyader H, Pascal O (eds.), The Natural History of Santo. Patrimoines Naturels. vol. 69, 373-375. Muséum National d' Histoire Naturelle, Paris（硫化物が豊富な環境：ブッシェ P, ラ・グヤデル H,

パスカル O（編）サントの自然史）.
Kato M (1998) Morphological and ecological adaptations in montacutid bivalces endo- and ecto-symbiotic with holothurians. Canadian Journal of Zoology, 76: 1403-1410（ナマコ類に外部及び内部共生するブンブクヤドリガイ科二枚貝類の形態的・生態的適応）.
加藤真（2002）奄美の渚—生物多様性と神話に彩られた自然.（秋道智弥 編）野生生物と地域社会—日本の自然とくらしはどうかわったか，38-56. 昭和堂，京都.
加藤真（2006）干潟と堆（たい）がはぐくむ内海の生態系. 地球環境，11: 149-160.
Kato M, Itani G (1995) Commensalism of a bivalve, *Peregrinamor ohshimai*, with a thalassinidean burrowing shrimp *Upogebia major*. Journal of the Marine Biological Association of the United Kingdom, 75: 941-947（マゴコロガイにおけるアナジャコとの片利共生関係）.
Kato M, Itani G (2000) *Peregrinamor gastrochaenans* (Bivalvia: Mollusca), a new species symbiotic with the thalassinidean shrimp *Upogebia carinicauda* (Decapoda: Crustacea). Species diversity, 5: 309-316（ミナミアナジャコに共生する新種，シマノハテマゴコロガイ）.
Kawahara T (1942) On *Devonia ohshimai* sp. nov., a commensal bivalve attached to the synaptid *Leptosynapta ooplax*. Venus 11: 153-164（無足海鼠に寄寓する二枚貝の 1 新種：ヒノマルヅキン）.
木村昭一，久保弘文（2012）スジホシムシヤドリガイ.（日本ベントス学会 編）干潟の絶滅危惧動物図鑑，161. 東海大学出版会，東京.
Kneer D, Asmus H, Vonk JA (2008) Seagrass as the main food source of *Neaxius acanthus* (Thalassinidea: Strahlaxiidae), its burrow associates, and of *Corallianassa coutierei* (Thalassinidea: Callianassidae). Estuarine, Coastal and Shelf Science, 79: 620-630（ヤハズアナエビ，その共生者及び *Corallianassa coutierei* の餌資源としての海草）.
小菅丈治（2005）石垣島におけるミナミメナガオサガニに着生するオサガニヤドリガイの個体数と殻長組成の季節変化. 沖縄生物学会誌，43: 21-25.
小菅丈治（2009）奄美大島におけるユンタクシジミの記録とナタマメケボリの生息状況. ちりぼたん，39: 3-4.
Kosuge T (2009) Occurrence of the montacutid bivalve *Barrimysia siphonosomae* in Nagura Bay, Ishigaki Island, the Ryukyu Islands, as a new record from Japan. Venus, 68: 67-70（石垣島名蔵湾に棲息するホシムシアケボノガイ（新称）（ブンブクヤドリガイ科），日本初記録）.
小菅丈治，久保弘文（2002）スジホシムシに着生する二枚貝フィリピンハナビラガイの琉球列島からの記録. ちりぼたん，33: 1-4.
Kubo H (1996) *Ephippodonta gigas* n. sp. (Bivalvia: Galeommatoidea) from Okinawa Island, Southwestern Japan. Venus, 55: 1-5（沖縄島のオオツヤウロコガイ（新種））.
久保弘文（2012）ユキスズメ，サンゴガキ，ユキスズメ，アケボノガイ，オオツヤウロコガイ.（日本ベントス学会 編）干潟の絶滅危惧動物図鑑，26，111，155，157. 東海大学出版会，東京.
久保弘文，山下博由（2012）ホシムシアケボノガイ. 干潟の絶滅危惧動物図鑑（日本ベントス学会 編），155. 東海大学出版会，東京.
Lützen J, Kosuge T (2006) Description of the bivalve *Litigiella pacifica* n. sp. (Heterodonta:

Galeommatoidea: Lasaeidae), commensal with the sipunculan *Sipunculus nudus* from the Ryukyu Islands, Japan. Venus, 65: 193-202（琉球列島産スジホシムシに着生するユンタクシジミ（新種）の記載）.

Lützen J, Nielsen C (2005) Galeommatid bivalves from Phuket, Thailand. Zoological Journal of the Linnean Society, 144: 261-308（タイ王国プーケットで採集されたウロコガイ科二枚貝類）.

Lützen J, Sakamoto H, Taguchi A, Takahashi T (2001) Reproduction, dwarf males, sperm dimorphism, and life cycle in the commensal bivalve *Peregrinamor ohshimai* Shoji (Heterodonta: Galeommatoidea: Montacutidae). Malacologia, 43: 313-325（マゴコロガイの繁殖様式，矮雄，精子の二型及び生活環）.

Lützen J, Kosuge T, Jespersen Å (2008) Morphology of the bivalve *Salpocola philippinensis* (Habe & Kanazawa, 1981) n. gen. (Galeommatoidea: Lasaeidae), a commensal with the sipunculan *Sipinculus nudus* from Cebu Island, the Philippines. Venus, 66: 147-159（フィリピン中部セブ島近海産スジホシムシに共生する二枚貝フィリピンハナビラガイ（ウロコガイ上科：チリハギガイ科）の形態学的研究）.

MacGinitie GE (1934) The natural history of *Callianassa californiensis* Dana. The American Midland Naturalist. 15: 166-177（*Callianassa californiensis* の自然史）.

Morton B, Scott PH (1989) The Hong Kong Galeommatacea (Mollusca: Bivalvia) and their hosts, with descriptions of new species. Asian Marine Biology, 6: 129-160（香港のウロコガイ上科とその宿主，新種の記載）.

名和純（2008）琉球列島の干潟貝類相（1）奄美諸島．西宮市貝類館研究報告．西宮貝類館，西宮.

Oliver GP, Holmes AM, Killeen IJ, Light JM, Wood H (2004) Annotated checklist of the marine Bivalvia of Rodrigues. Journal of Natural History, 38: 3229-3272（ロドリゲス島の海産二枚貝類のチェックリスト）.

Paulay G (2003) Marine Bivalvia (Mollusca) of Guam. Micronesica, 35-36: 218-243（グアムの海産二枚貝類）.

Savazzi, E (2001) A review of symbiosis in the Bivalvia, with special attention to macrosymbiosis. Paleontological Research, 5: 55-73（二枚貝類における共生の総説）.

Vaught KC (1989) A classification of the living Mollusca. American Malacologists Incorporation, Melborne（現生貝類の分類）.

Warén A, Carrozza F (1994) *Arculus sykesi* (Chaster), a leptonacean bivalve living on a tanaid crustacea in the gulf of Genova. Boll Malacologico, 29: 303-306（ジェノバ湾のタナイス類上に生息するガンヅキ科 *Arculus sykesi* の報告）.

第7章

ところ変われば宿主も変わる
盗み寄生者チリイソウロウグモの宿主適応

馬場友希

イソウロウグモは網を張る習性を捨て，他の造網性クモの網に侵入して餌を盗むクモの一群である．この仲間は種間で採餌行動や形態が著しく多様化しているが，これは宿主となるさまざまな造網性クモ類に適応した結果，もたらされた可能性がある．本研究では，南西諸島と本土とで異なる宿主を利用するチリイソウロウグモという種に注目し，宿主の形質の違い，とくに網構造の違いが本種の餌盗み成功や形質進化に与える影響を明らかにした．

1. イソウロウグモとは?

寄生者とは栄養を他の生物に求めて生きる生物のことである．寄生生活を営む生物は細菌から昆虫，脊椎動物に至るまで幅広い分類群で見られ，その資源の獲得様式は，宿主の体にとりつき直接栄養を搾取する外部・内部寄生から，宿主が労力をかけて得た資源を横取りする労働寄生まで，じつに多様である．この多様な寄生者－宿主系において，ひときわユニークな相互作用が見られるのが，イソウロウグモ類とその宿主となる造網性クモ類との関係である．イソウロウグモとはヒメグモ科のイソウロウグモ亜科（Argyrodinae）に属するクモの一群で，世界で200種ほど知られ（Whitehouse, 2011），日本国内では16種ほどが知られる．イソウロウグモとは自分で網を張らず，その名の通り，他種のクモの網に侵入して餌盗みを行う習性を持つ．また餌盗みだけでなく，宿主の網を食べたり，宿主の食べている餌の裏側に回り込んで餌を食べる，さらには宿主そのものを殺して食べるなど，「寄生」の枠を超えた採餌行動も持つ．これらの行動は種内で柔軟に使いわけられるだけでなく，その行動の組み合わせは種によっても異なる．たとえば，シロカネイソウロウグモ *Argyrodes bonadea* やミナミノアカイソウロウグモ *Argyrodes flavescens* は餌盗みに加え，網食いを行うが，フタオイソウロウグモ *Neospintharus fur* やクロマルイソウロウグモ

Spheropistha melanosoma はもっぱら宿主食いを行う（宮下，2000）．また脚の長さや腹部の形，色彩といった形態も種間で多様化している．イソウロウグモ類は種によって宿主とする造網性クモの種類が異なることから，こうした形質の多様性は，各種が異なるタイプの造網性クモ類に盗みに関わる形質や生活史を適応させた結果，もたらされたものと推測される．この寄生者の形質分化において，宿主の形質は重要な役割を果たす．たとえば，植食性昆虫－植物の系では，植物の持つ二次代謝物や果皮などの生理的・形態的特徴は，植食者からの食害を防ぐ防御形質として，植食者の資源利用に関わる形質進化に強い影響をおよぼす（Awmack and Leather, 2002）．イソウロウグモの場合は，造網性クモがつくる網にその餌環境・生息環境を完全に依存するため，宿主自身の形質だけでなく，「網」という，"延長された表現型"（Dowkins, 1982）が選択圧の担い手として重要な役割を果たす可能性がある．

イソウロウグモ類がどのように宿主に適応してきたのかを明らかにするため，私はチリイソウロウグモ *Argyrodes kumadai* という種に注目した．本種は，地域によって利用する宿主が異なり，本土ではクサグモ *Agelena silvatica*，南西諸島ではスズミグモ *Cyrtophora ikomosanensis* という異なる系統の造網性クモに寄生する（図 7.1）．これらの造網性クモは網構造をはじめとするさまざまな形質が異なるため，宿主利用の違いはイソウロウグモをとりまく餌環境・物理環境を改変し，ひいてはチリイソウロウグモの個体群間で形質の分化をもたらす可能性がある．本章ではこのチリイソウロウグモの宿主適応の仕組みを調べた一連の研究成果を，主要な調査地であり，また研究の着想を得るきっかけとなった奄美大島での野外調査の様子を交えて紹介したい．

2. 奄美大島の巨大なチリイソウロウグモ

小さい頃から生き物が好きだった．とりわけ小学校の頃，自由研究の題材としたクモには愛着があった．九州大学入学後はクモのことを本格的に研究したいと思い，野外で生き物の観察や採集を行う生物研究部というサークルに入部した．夏休みや春休みは九州から手軽にアクセスできる南西諸島を中心に，もっぱらクモ採集に明け暮れていた．私が大学生だった当時，南西諸島のクモ相はほとんど解明されておらず，見るクモすべてが初めてで，非常に興奮を覚えた．また本土と共通するクモでも，習性や見た目が微妙に異なるものがおり，持ち帰って調べるのもまた楽しかった．その中でとくに印象的だったのが奄美

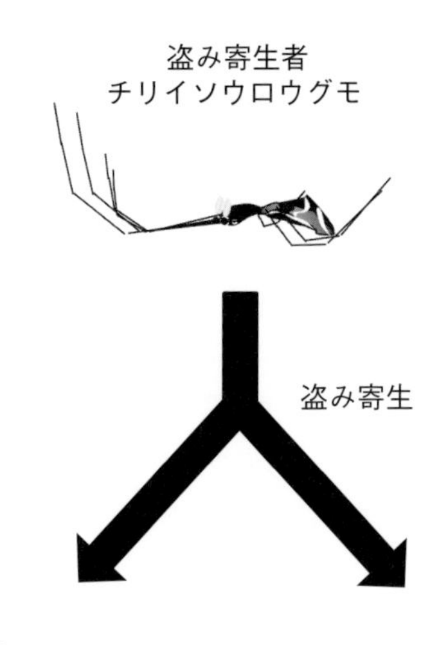

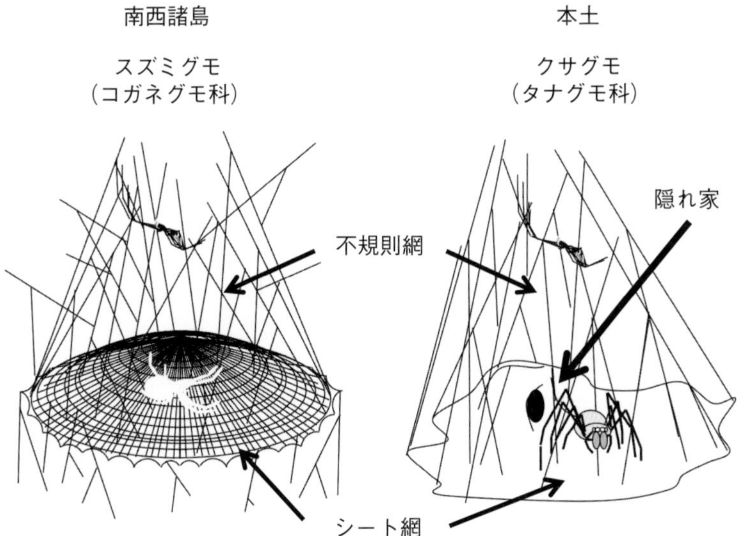

図 7.1　チリイソウロウグモと宿主となる造網性クモの系．本種は地域によってスズミグモとクサグモという異なるクモの網に盗み寄生する．

大島で見かけたチリイソウロウグモという種である．本種は立体網を張るクモの網に盗み寄生し，本土ではクサグモという種の網内に見られるが，ここ奄美大島ではスズミグモというクモの網内で見られた．チリイソウロウグモは特段珍しい種ではないのだが，一目見て驚いたのはその体サイズである――でかい．本土のチリイソウロウグモの標準的な体長はせいぜい 6 mm 程度であるが，この個体は 10 mm 以上あり，まるで別種のようであった．その後訪れたトカラ列島の宝島でも，チリイソウロウグモはスズミグモの網で見られ，やはり体サイズも大きかった．南西諸島と本土とでは，さまざまな環境が異なるが，直感的に利用する宿主の違いも関係していそうだと感じた．まさかこれが博士研究のテーマになるとはこのとき，想像だにしなかった．

大学卒業後はクモの生態をより深く知りたいと思い，当時，『クモの生物学』（東京大学出版会）を編集された東京大学大学院の宮下 直先生の研究室へと進学した．そこでは，ナガコガネグモが円網に付加するバリアー網の機能について研究を行った．野外調査のパターンから，このバリアー網が対捕食者防衛の機能を持つことが示唆されたが，主要な捕食者である狩りバチの訪問頻度が低く，検証は難航した．そのため，修士 1 年のフィールドシーズン終了後，テーマの変更を余儀なくされた．なかなかテーマが決まらず，焦っていたところ，宮下先生は，自身が精力的に研究を行っていたイソウロウグモを研究材料として薦めてくださった．それも私が学部時代に興味を持っていたあのチリイソウロウグモである．宮下先生もチリイソウロウグモの宿主利用が南西諸島と本土とで異なることを知っており，この宿主利用の違いがイソウロウグモの生態におよぼす影響を調べたら面白いのではないか，と提案してくださった．修士研究をまとめるのにあと 1 年弱しかなかったが，この研究テーマにかけてみることになった．

3. 宿主利用はどこで変わるのか?

研究を始めるに当たって，まず調べるべきことは，本当にチリイソウロウグモの利用する宿主は南西諸島と本土とで異なるのか，その前提の確認である．本種の主要な宿主であるクサグモとスズミグモは異なる気候帯に適応しているため，各種の分布域は大きく異なると考えられる．クサグモはおもに温帯域に分布するため，本土に広く見られるが，奄美・沖縄地方などの南西諸島には分布しない．一方，スズミグモは亜熱帯地方で多く見られるが，本土では局所的

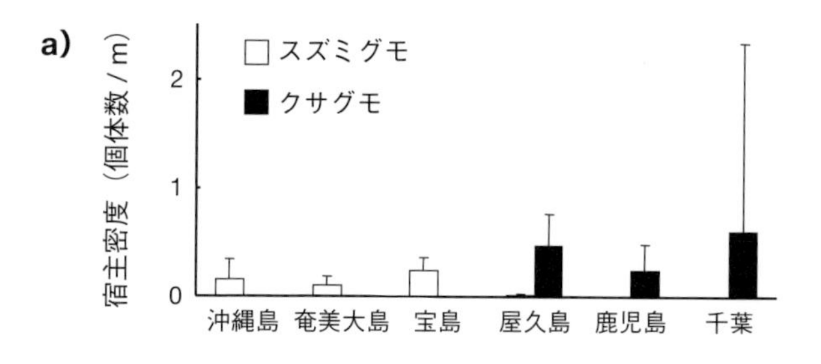

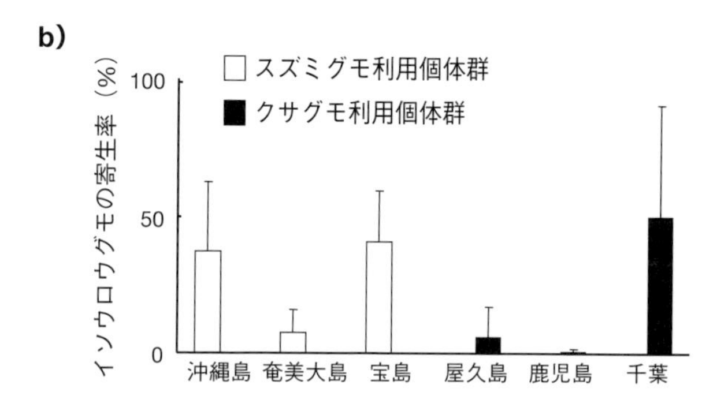

図 7.2　a）地域ごとのクサグモとスズミグモの密度，b）イソウロウグモの寄生率（Baba and Miyashita, 2005 を改変）．

にしか分布しない．そのため，南方と北方の生物相の分布境界として知られるトカラ列島と屋久島の間（渡瀬線）でイソウロウグモの宿主利用が急激に変化すると予想した．これを確かめるため，沖縄島から本土にかけて宿主の密度とイソウロウグモの寄生率を調査した．両宿主が生息地として好む生垣や林縁環境でラインセンサスを行い，宿主の種類とチリイソウロウグモの有無を記録した．その結果，予想通り，トカラ列島以南ではスズミグモの密度が高く，屋久島で急激にその密度が下がり，屋久島以北でクサグモの密度が高まることがわかった（Baba and Miyashita, 2005，図 7.2a）．（ただし，その後の調査で，屋久島においてスズミグモの密度は年次変動が激しく，年によってはクサグモの密度と同程度に高くなることがわかった（馬場，2008）．）この宿主密度の変化に応じて，チリイソウロウグモの主要な宿主もトカラ列島と屋久島を境に，スズミグモからクサグモへと明確に変化することがわかった（図 7.2b）．

4. 奄美大島と本土の比較：仮説の発見

南西諸島と本土における宿主利用の違いはイソウロウグモにどのような影響をもたらすのだろうか？　この影響を推測するために，宿主とイソウロウグモのさまざまな形質を，宿主利用の異なる地域間で比較し，その対応関係を明らかにしてみた．宿主の形質として，イソウロウグモにとって生息場所兼，餌環境となる宿主の網構造に注目した．両宿主はシート状の網とそれを吊るす不規則網から構成される立体的な網を張る（図 7.1）．これはノックダウン方式の網と呼ばれており，餌となる飛翔性昆虫が不規則網にぶつかり，下部のシート網に落ちたところを宿主のクモが捕える仕組みになっている．イソウロウグモは通常，上部の不規則網でじっとしているが，餌を盗みに行く際は，この不規則網を移動してシート網まで移動し，宿主に気付かれないよう元の安全な位置まで獲物を運んで食事をする．このように基本的な餌捕獲の仕組みやイソウロウグモの待機場所は両宿主で共通するが，網の細部構造は異なる．たとえば，クサグモはシート状網にトンネル状の住居をもうけるが，スズミグモは住居を持たない．この違いと関連して，クサグモは住居の中で捕獲した餌を食べるが，スズミグモは捕えた獲物をシート網に吊るすなど，採餌行動にも違いが見られる．また，クサグモはスズミグモに比べて網サイズ（体積）が小さく，不規則網の糸密度もスズミグモに比べて密であった．こうした種々の網構造の違いは，イソウロウグモにとっての利用可能な餌量や餌の盗みやすさに影響をおよぼす可能性がある．そこで，宿主利用の異なるイソウロウグモ個体群間で，餌獲得量と関連しそうな体サイズや，網上での歩行能力に関わる脚長など形態形質の比較を行った．修士 2 年の夏ということで，残された時間は少なかったため，とりあえず宿主利用の異なる，奄美大島と千葉県房総半島の 2 個体群から集めた標本で比較を行うことにした．その結果，野外での観察通り，スズミグモ利用個体群のほうが，クサグモ利用個体群に比べて体サイズ（頭胸部幅）が大きいことがわかった．また，スズミグモ利用個体群のほうがクサグモ利用個体群に比べて，体サイズの割に脚が長いこともわかった．

これらの形態の違いはどのように生じたのだろうか？　イソウロウグモ類はもともと熱帯地域が起源と考えられることから，本種も南方から北方への分布拡大に伴い，スズミグモからクサグモへと宿主利用が変化したと考えられる．したがって，チリイソウロウグモの宿主利用の変化の結果，体サイズが小さくなり，脚の長さが相対的に短くなったと推測された．クモの場合，一般的に体サイズは大きいほうが産卵数も多く繁殖上有利であるが，その上限は餌資源量により制限される（Head, 1995）．イソウロウグモの餌環境を規定する宿主の網形質にはさまざまな違いが見られたことから，体サイズの違いは宿主網上における餌獲得量の違いを反映しているのかもしれない．体の大きさに対する脚の長さ（以下，相対脚長）の違いであるが，これはさまざまな動物において，異なる環境における歩行能力と関係する．たとえば，トカゲ類の形態と生息環境との対応を調べた研究によると，長い脚は歩幅が広く，開けた環境でダッシュするのに適しているのに対して，短い脚は小回りが利くため，草むらなどの構造物が入り組んだ環境での歩行に適することが示唆されている（Pianka, 1969）．イソウロウグモにとって歩行能力は，餌をすばやく盗んだり，宿主の攻撃を避ける上で重要な能力であるため，相対脚長の違いは各宿主の網構造に適応した結果，生じたのかもしれない．

半年足らずでとったデータながらも指導教官や先輩の叱咤激励を受けながら，上記の内容をなんとか修士論文にまとめることができた．いくつか有用な仮説を見出せた一方で，解決すべき課題もある．たとえば，形態の違いはわずか2地点のデータのみに基づいているため，これらの違いが，果たして他個体群でも共通して見られるかどうか，そして宿主以外の他の要因によって生じていないかを検討する必要がある．また，イソウロウグモに見られた形質の違いが，遺伝的な違いか，それとも育った環境の違い（すなわち可塑性）によるものかも区別する必要がある．これらの課題を踏まえて，博士課程ではまず2地点間で見られた形態の違いが，宿主利用の違いによって生じているのかを明らかにした．次に，宿主の網形質の違いが，チリイソウロウグモの餌獲得量におよぼす影響を明らかにした．最後に，相対脚長の変化が，宿主の網構造への適応かどうかを明らかにした．

5. 形態の複雑な地理的変異

奄美大島と房総半島の2地点で見られたチリイソウロウグモの体サイズと相対脚長の違いは，本当に宿主利用の違いによって生じたのか？　これを検討するには，宿主以外に形態に影響をおよぼす要因も考慮する必要がある．その有力候補として気候の違いが考えられる．世代時間が短い節足動物では，北方の寒冷な地域ほど発育可能な期間が短くなるため，緯度と共に体サイズが減少することが知られる（逆ベルグマンの法則：Blanckenhorn and Demont, 2004）．また体サイズの変化は連続的なものだけではない．発育可能な期間が長い温暖な地域では，成熟サイズを大きくして多くの卵を産むよりも，むしろ年あたりの世代数を増やす戦略のほうがより効率よく子孫を残すことができる（Roff, 1980）．そのため，同種の生物でも，熱帯地域に属する個体群では，成熟期間を短くすることによって年間の世代数を増加させる現象が知られる．たとえば，コオロギの仲間，シバスズ種群は北緯28度以南では年間の世代数が増加し，それに伴い成熟サイズも不連続的に小さくなることが知られる（Masaki, 1978）．こうした生活史の変化は体サイズ以外の形態にも影響をおよぼす可能性がある．

チリイソウロウグモは亜熱帯気候に属する南西諸島全域から，寒冷な東北地方まで広く分布するため（図7.3a），気候の影響を受けて生活史が変化する可能性がある．この可能性を検討するため，沖縄島，奄美大島，本土の3地域でチリイソウロウグモの年間世代数を調べたところ，奄美大島，本土の2個体群について，年ほぼ一世代であったが，沖縄島では体サイズの推移が異なり，年二世代ないしは多化性であると考えられた（馬場・宮下，2008，図7.3a）．つまりチリイソウロウグモは気候の影響を受けて，奄美群島から沖縄島にかけて年間世代数が増加することがわかった．

こうした生活史の変異を踏まえて，チリイソウロウグモの形態形質が，気候と宿主の違いによって，分布域全体でどのような地理的変異を示すのかを調べた．自らの足で集めたチリイソウロウグモの標本に加えて，各地のクモ研究者に本種の標本の収集をお願いしたところ，沖縄から埼玉までの19個体群から600個体もの標本を得ることができた（図7.3a）．頭胸部幅と脚長を計測し，体サイズと相対脚長それぞれを緯度に対してプロットしたところ，図7.3bcのような複雑な緯度間変異が見られた（Baba et al., 2013）．まず体サイズであるが，年あたりの世代数が変化する沖縄島から奄美群島にかけて急激に大きくなった．これは沖縄島から奄美群島にかけて，年あたりの世代数が減少し，それに伴い成熟までの期間が延びたためだと思われる．また屋久島と本土との間で，急激に体サイズが小さくなった．これは宿主利用の移行帯とは完全には一致しないが，スズミグモからクサグモへの宿主利用の変化を反映しているものと考えられた．クサグモが優占するはずの屋久島にて体サイズが大きかった理由として，サンプリングを行った年に異常にスズミグモ密度が高かったことが関係すると思われる（馬場，2008）．二種の宿主が混生する屋久島では，チリ

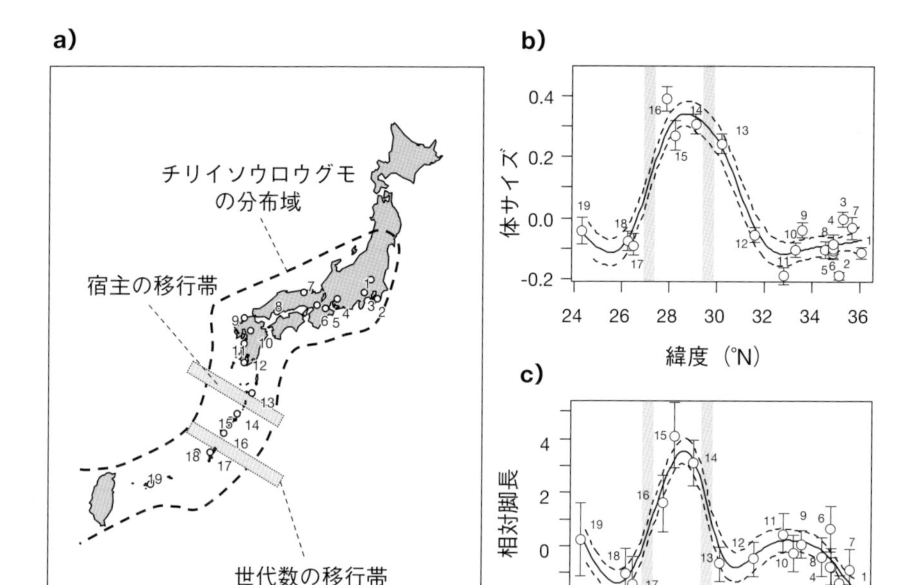

図 7.3　a) チリイソウロウグモの分布域と宿主利用と世代数の移行帯，b) 体サイズ（頭胸部幅）の地理的変異，c) 相対脚長の地理的変異　実線は加法モデルによる推定値を，破線は95% 信頼区間を表す．図中の数字は地点の ID を表す（Baba et al., 2013 を改変）．

イソウロウグモの形質に他地域とは異なる自然選択がかかっている可能性があり，今後詳しく調べる必要がある．

相対脚長については，宿主の移行帯であるトカラ列島－屋久島間と，年間世代数の移行帯である沖縄諸島－奄美群島間で，明確な違いが見られた．これは，相対脚長が宿主利用と世代数の変化の影響を受けていることを示している．また，体サイズとは異なり，相対脚長は高緯度ほど短くなる傾向も見られた（図 7.3c）．この仕組みははっきりとはわからないが，体の構成器官への投資量の変化を反映していると推測される．すなわち，北方にいくほど成長可能な期間が短く，得られる総資源量も少ないため，このような厳しい環境では，繁殖に関わる器官により多くの資源を費やし，それ以外の器官への投資を減らしているのかもしれない．

以上のように，イソウロウグモの体サイズや相対脚長の変化は，気候の緯度勾配の影響を強く受けながらも，宿主利用の影響も反映していることがわかった．この変異が遺伝的な違いか，それとも環境の違いにより生じているのかを明らかにするため，宿主利用の異なる各個体群から採集した幼体を実験室内の同一環境で飼育してみた．チリイソウロウグモを，宿主なしで卵嚢から成体にまで育てる方法を確立し，奄美大島と房総半島個体群の間で成体の形態を比較したところ，同一飼育条件にもかかわらず，スズミグモ利用個体群はクサグモ利用個体群に比べて体サイズが大きく，相対脚長も長いという，野外のパターンと一致する違いが見られた（Baba et al., 2013）．このことから，チリイソウロウグモに見られる形態変異は遺伝的な違いだと考えられた．

以上の分布域全体の形態変異を網羅した解析によって，チリイソウロウグモは利用する宿主の違いによって，体サイズと相対脚長に遺伝的な違いが生じることを明確に示すことができた．またこれらの形態は気候要因の影響も受けて複雑な緯度間変異を示すという，当初想定しなかった興味深い結果も得られた．このような複雑な地理的変異の報告例は少ないが，幅広い資源利用や気候帯を経験する広域分布種においては普遍的に見られるものと考えられる．

6. 閑話休題：奄美大島での調査生活

南西諸島におけるチリイソウロウグモの基本的な生態や生活史の情報を得るため，環境省奄美野生生物保護センターを拠点として長期調査に臨むことも多かった．この研究施設は奄美大島で生態学的な研究を進める学者や大学院生も頻繁に訪れ，その人たちとの交流は刺激的で楽しいものだった．長く調査生活を共にしたのが研究室の同期，亘悠哉君であった．彼はマングースが在来群集におよぼす影響を解明する研究を行っており，一度，夜間調査に途中まで同行したことがあるが，深夜から朝方までにおよぶ林道での希少種や餌生物のセンサスはたいへん過酷なものであった（第17章参照）．その他にも，奄美大島でカエル類の調査を行っていた岩井紀子さん（第11章）や多くの学者とご一緒することがあった．直接お会いしたことのない方もノートに調査記録やメッセージを残しており，それらを眺めるのも調査期間中のささやかな楽しみであった．

私のフィールドは自然度の高い山野ではなく，農地周りの生垣といった人里近くの環境である．そのため，怪我や遭難の心配こそなかったが，草刈りや伐採などの人為的な攪乱によってクモの密度が激減することもあり，人里ならで

図 7.4　発見当時，新種として記載されたクモ類，a）アマミクサグモ *Agelena babai* Tanikawa 2005，b）ヒラヤジグモ *Atypus wataribabaorum* Tanikawa 2006，c）ミナミヤハズハエトリ *Mendoza ryukyuensis* Baba 2006.

はの苦労もあった．きわめつけは，私がイソウロウグモの餌メニューの調査をしていた際に，通りがかりの農家さんが私の調査に興味をもち，「クモだったらそのへんにたくさんいるから，採ってきてあげるよ」といって観察中のクモの網を壊し，親切にクモを持ってきてくれたことである．せっかく良いデータが取れていたのに……善意の行動ゆえに怒るに怒れず，ただ笑顔でクモを受け取るしかなかった．また奄美大島といえば，毒ヘビで有名なハブ *Protobothrops flavoviridis* の分布域でもある．ある夜，イソウロウグモが夜活動していないことを確認するため，スズミグモの網を観察していたら，網のすぐ背後にある木柵にハブが鎮座しており，肝を冷やした．農地はハブの獲物となるネズミも多いため，意外とハブの密度は高く，人家の近くとて油断できないことを思い知らされた．

予定よりも早く調査が終わった際には，山の中に行き，ここぞとばかりにクモ採集を行うこともあった．奄美群島は南西諸島の中でもとくにクモ相が未解明の地域であり，島内新記録となる種や稀産種，さらに名前がついていない種を発見することがあった．それらの種の中には，種小名に私の名前をつけてもらったり（アマミクサグモ *Agelena babai* 図 7.4a，ヒラヤジグモ *Atypus wataribabaorum* 図 7.4b），私自身で記載した種もある（ミナミヤハズハエトリ

Mendoza ryukyuensis Baba 2006 図 7.4c）．クモ採集を通じて記載分類のスキルを身に着けることができたのもよい経験であった．

7．クサグモの網では餌が盗みにくい？　餌獲得量の比較

宿主の異なるチリイソウロウグモ個体群の間で見られる体サイズの違いは，餌獲得量の違いを反映すると考えられるが，この違いはどのような仕組みで生じるのだろうか？　図 7.5 は宿主がイソウロウグモの餌獲得量におよぼす影響を模式的に表したものであるが，その仕組みは意外と複雑であることがわかる．宿主の網に捕獲される餌量（②）は，まず地域における潜在的な餌量（④）と宿主の網形質（⑤）によって決まる．すなわち，潜在的な餌量が多ければ，あるいは宿主の網サイズが大きければ，それだけ網にかかる餌の量も多くなる．次に，宿主の網にかかった餌のうちイソウロウグモがどの程度盗めるか（①）は，網にかかる餌量（②）と餌の盗みやすさ（③）によって決まる．後者の餌の盗みやすさは宿主の網構造（⑧）や採餌行動（⑦）によって強く規定されるであろう．たとえば，宿主がイソウロウグモに対して警戒心が強ければ，網にかかる餌量が多くても，盗める餌量は少なくなるだろう．つまり，宿主は網にかかる餌量と餌の盗みやすさを介して，イソウロウグモの餌獲得量に影響を与えると考えられる．この影響の全容を明らかにするためには，イソウロウグモの餌獲得量だけでなく，野外における潜在的な餌量・宿主の網にかかる餌量の違いも明らかにする必要がある．

餌獲得量の違いを評価するための調査項目は決まったが，一つ難があった．それは遠く離れた地域で，同時に野外調査を行わなければならない点である．当時，競争的獲得資金を獲得できなかった私にとって，南西諸島と本土を頻繁に行き来するのは金銭的に辛いものがあった．しかし，ちょうどよいタイミングで，イギリスから学位をとったばかりの Richard Walters さん（現 University of Reading）という方が，日本の学術振興会の制度を利用して，私たちの研究室に留学してきた．彼はそれまで節足動物（バッタ）の温暖化に対する気候適応の研究を行ってきたが，クモの研究にも興味があるということで，私の調査に協力してくれることになった．2 人いれば宿主の異なる地域で同時に野外調査ができる――まさに渡りに船である．宿泊場所から調査地までの距離が近いということで，Walters さんには奄美大島で調査を行ってもらうことになった．彼は日本の生物のことはまったく知らなかったので，2 週間ほど一緒に奄美大

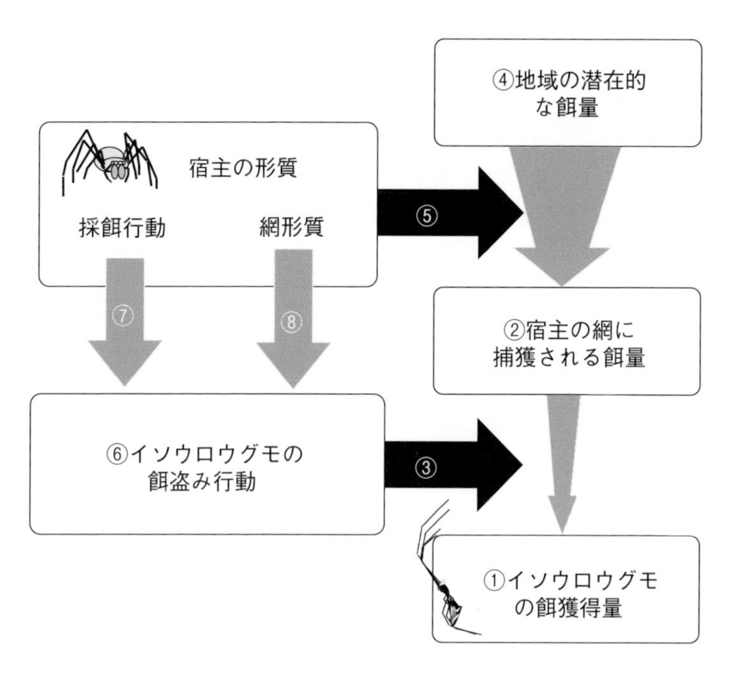

図 7.5　イソウロウグモの餌獲得量が決まる過程．宿主の網形質や行動は，網に捕獲される餌量と餌の盗みやすさを介して，イソウロウグモの餌獲得量に影響をおよぼす．

島をまわり，クモの見分け方から網にかかる餌の同定法を徹底的に教えた．とくにクモが捕えた餌のサイズは，宿主やイソウロウグモの行動を攪乱しないように，目測で計測しなければならなかったため，実測値との誤差や，調査者間の測定精度の違いをできるだけ減らすよう，入念に練習を繰り返した．

余談であるが，イギリスは日本に比べて生物相が貧弱であることから，Walters さんの日本の生物に対する反応には興味深いものがあった．たとえば，イギリスではセミが生息しないため，最初ヒグラシの声を聴いたとき，鳥の声と間違えていた．また，日本でおなじみのケラやカマキリなどはイギリスでは絶滅危惧種ということですごく珍しがっていた．ましてやここ奄美大島は日本有数の生物相豊かな島である．終始生物多様性の豊かさに圧倒されていた．奄美大島で調査を開始した日は，あまりにたくさんのクモを観察しすぎたせいで夢の中でもクモがでてきたらしく，真夜中に「Spider, Spider……」と寝ぼけて呟いていたのが印象的であった．

Walters さんの協力の甲斐もあって，クモの餌獲得に関するデータを 2 カ所同時に得ることができた．その結果，興味深いことがわかった．まず，宿主の網にかかる餌量（図 7.3 ②）は，網サイズの違いがあるにもかかわらず，スズミグモとクサグモの網では違いが見られなかった（Baba et al., 2007）．潜在的な餌生物のサイズ，捕獲頻度，餌の総重量（図 7.3 ④）も衝突板トラップをしかけて比較したが，地域間で明確な違いは見いだせなかった．亜熱帯気候に属し，かつ宿主の網サイズも大きい奄美大島のほうが，網に捕獲される餌量も多いと予想していたため，この結果は意外であった．次にイソウロウグモの餌獲得量を比較したところ，ここに大きな違いが見られた．すなわちスズミグモ利用個体群のほうが，クサグモ利用個体群よりも捕えた餌のサイズが大きく，それを反映して餌の総獲得量も多かった（図 7.3 ①）．宿主間で網にかかる餌のサイズが同じにもかかわらず，盗める餌サイズが違うということは，餌の盗みやすさ（図 7.3 ③）に違いがあるということである．餌盗み行動も比較したところ，はっきりした違いが見られた．すなわち，クサグモ利用個体群では宿主が無視した小さな餌を盗む行動しか見られなかったのに対し，スズミグモ利用個体群では，宿主が捕えた餌を食べる，あるいは宿主の食べている餌の裏に回り込んで食べる行動が見られるなど，大型餌を利用していた（図 7.6a）．こうした採餌行動の違いが見られる理由として，宿主の網内における住居の有無が関与していると考えられる．すなわち，スズミグモは住居を持たず捕らえた獲物を網に吊るすのに対して，クサグモは住居の中に餌を持ち込んで食べる（図 7.6b）．つまり，宿主に捕食されるリスクが高いため，クサグモの網上においてチリイソウロウグモは容易に大型餌にアクセスできないと考えられる．

以上のことから，宿主間の住居の有無の違いが，大型餌を盗める機会に影響をおよぼし，その結果，クサグモ網内でのチリイソウロウグモの餌獲得量が著しく減少することがわかった．スズミグモからクサグモへの宿主の変化に伴い遺伝的に体サイズが小さくなったのは，おそらく，少ない餌量で生活史をまっとうするための生活史適応だと考えられる．また，餌獲得量の影響は体サイズだけにとどまらない．クサグモの網では，一度宿主が捕えた餌を盗むことができないため，餌獲得量を増やすためには，宿主が気付くよりも早く餌にアクセスする必要があり，歩行速度に強い自然選択がかかる可能性がある．クサグモの不規則網はスズミグモのものよりも糸密度が高く，複雑な構造をしていることから，この網構造に適応した結果，クサグモ利用個体群では小回りが利く短い脚長が進化したのではないだろうか？　最後にこの相対脚長の適応的意義を

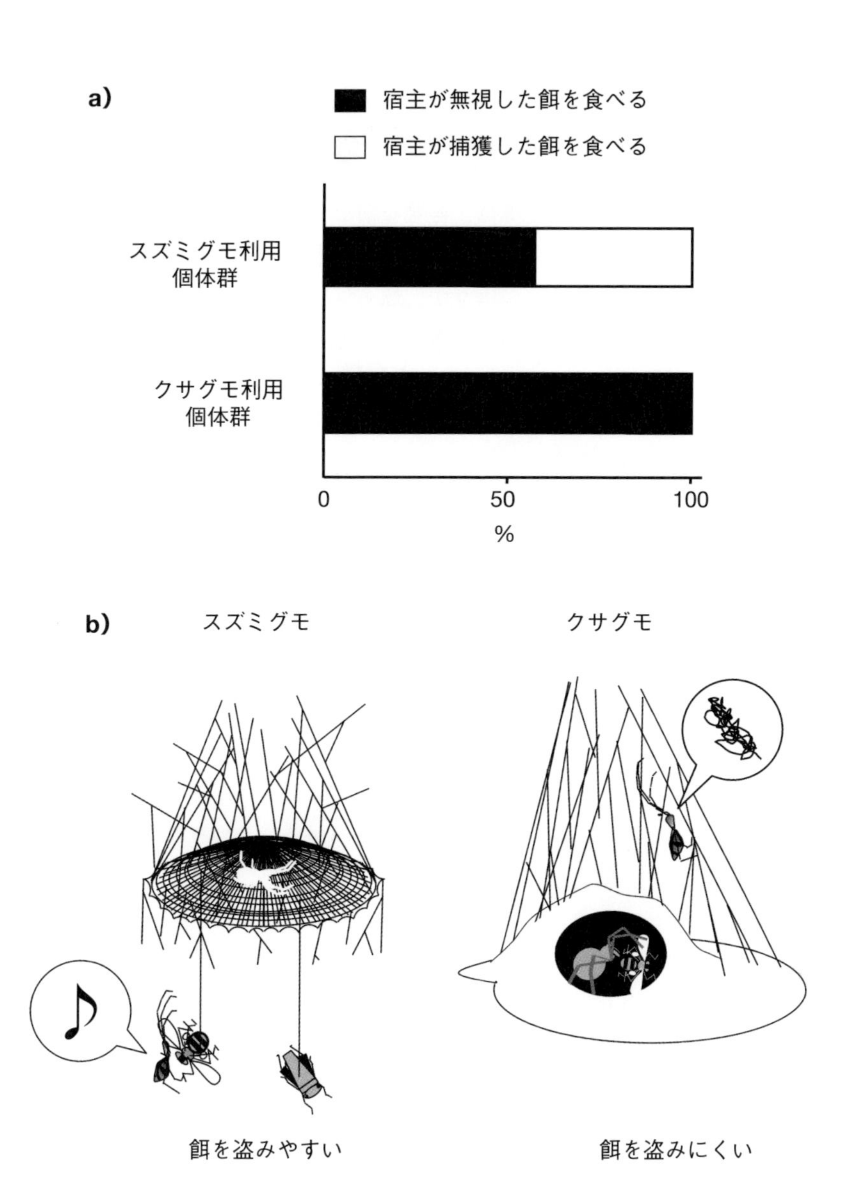

図 7.6　a) 個体群間に見られる採餌行動の違い，b) 各宿主の網上におけるイソウロウグモの餌の盗みやすさの違い．クサグモは網内に住居を構え，その中で餌を食べるため，イソウロウグモは宿主が捕えた餌を盗みにくい．

検証した.

8. 宿主の網をすばやく歩く：短い脚の適応的意義

クサグモ利用個体群の短い脚は，複雑な網をすばやく歩くための適応である—この仮説が正しければ，クサグモの複雑な網内では，スズミグモ利用個体群よりも，クサグモ利用個体群のほうが，速く歩行できるはずである．これを検証するには，宿主利用が異なる寄生者を，本来の宿主とそうでない宿主に相互に入れ替えて行動を比較する宿主入れ替え実験が有効である（図 7.7a）．じつはこの実験は，修士のときにも試みたことがあるが，クサグモが室内の飼育ケージでは野外と同じ網を張ってくれなかったため，うまくいかなかった．この問題を解決するために，私はもう一方の宿主であるスズミグモの網に注目した．スズミグモは狭い飼育ケージでは野外と同じ形状の網を張りつつ，野外に比べて異常に糸密度の高い不規則網を張る．そのため，この網をうまく加工すれば，クサグモと同程度の複雑な網を再現できると考えた．手順として，まず各宿主の網を，焦点を固定した一眼レフデジタルカメラで撮影し，網の複雑さの指標として，画像に含まれる糸の本数（糸密度）を定量的に評価した．次に，スズミグモに円筒状のケージに張らせた網を慎重にハサミで切り，カメラで糸密度をチェックしながら各宿主の糸密度と同じになるように調整した．本来の宿主であるクサグモの網を使用しなくてよいのか？　との意見があるかもしれないが，同じ宿主の網を用いたほうが，たとえば糸の性質などの，網の複雑さ以外の条件を同一にできるので，むしろ都合がよい．

このような過程を経て，各宿主の網構造を再現した実験網を作成することができた．実験個体として，ここでも奄美大島と房総半島由来の室内飼育個体を用いた．これらの個体群間では体サイズに遺伝的な違いがあるものの（Baba et al., 2013），成熟サイズにある程度ばらつきがあるため，その中から体サイズの近い個体を実験に用いた．実験の手順として，宿主のいない実験網に空腹状態のチリイソウロウグモを放ち，しばらく網になれさせた後，網に餌を投入する．そして，チリイソウロウグモが餌に到達するまでの一部始終をビデオで記録し，餌までの距離と到達時間から歩行速度を算出した．結果は予想通りのものであった．スズミグモの網を模した糸密度の低い単純な網では，個体群間で有意な歩行速度の差は見られなかったが，クサグモの網を模した複雑な網では，スズミグモ利用個体群の歩行速度は著しく低下したのに対して，クサグモ

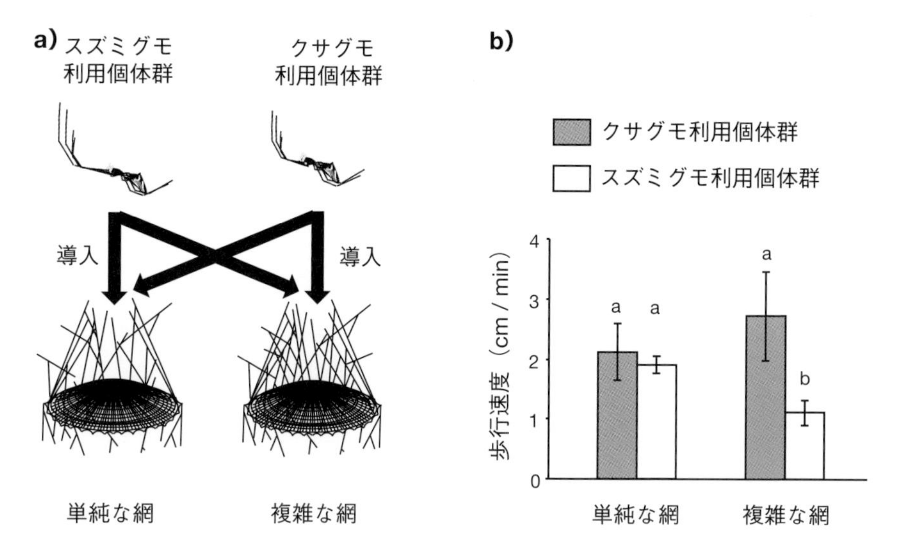

図 7.7 a）個体群間で歩行速度の違いを検証するための宿主入れ替え実験，b）個体群間で見られる歩行速度の違い．アルファベットの違いは統計的に有意な違いを意味する．クサグモの網を模した複雑な網で，歩行速度に違いが見られた（Baba et al., 2012 を改変）．

利用個体群の歩行速度を元のまま維持されていた（Baba et al., 2012，図 7.7b）．この実験では，両個体群の体サイズが揃えられており，さらに飼育個体ということで宿主の網に対するなれの効果も除去されている．そのため，複雑な網で見られた歩行速度の違いは，相対脚長の違いによるものと考えられた．

では，クサグモ利用個体群における歩行速度の上昇は，餌盗み成功の向上にどの程度寄与しているのだろうか？　イソウロウグモは餌に到達さえできれば，あとは宿主に気付かれず餌をうまく処理することができる．そのため，イソウロウグモの盗み成功率は，「クサグモが餌に気付くまでに，チリイソウロウグモが餌に到達できる確率」と言い換えることができる．詳細は省くが，このイソウロウグモが宿主よりも早く餌に到達する確率を，室内実験で得られた各個体群の歩行速度の値と，野外実験により得られたクサグモが餌を導入してから餌に気付くまでの反応データをもとに推定してみた．その結果，1 cm 以下の小型の餌では約 1.5 倍，1 cm 以上の大型の餌ではなんと 6 倍近くも，クサグモ利用個体群のほうがスズミグモ利用個体群よりも餌盗み成功率が高かった（Baba et al., 2012）．このようにクサグモ利用個体群の歩行速度の上昇は，餌盗み成功の向上に大きく寄与することから，短い脚長はクサグモの複雑な網構造に対する適応的な形質であると考えられた.

9. おわりに

本研究は,チリイソウロウグモの同種内における宿主利用の地理的変異を利用して,イソウロウグモ類における形質分化の仕組みの一端を明らかにした.その仕組みとして,宿主の網構造の違いがイソウロウグモの餌の盗みやすさに影響をおよぼし,生活史や餌盗みに関わる形質にかかる選択圧を改変することがわかった.多くの宿主－寄生者系では,宿主自身の持つ形態や生理的形質が,選択圧の担い手として働くが(Awmack and Leather, 2002),イソウロウグモでは,「網」という宿主の造る構造物が,形質にかかる選択圧を仲介する点でユニークである.この生物が創出する新たな環境が他の生物に与える進化的影響は「ニッチ構築(Niche construction)」と呼ばれており(Odling-Smee et al., 2003),クモの網がイソウロウグモにおよぼす影響もその一例と考えられる.同様の現象は,アリの巣内に見られる好蟻性昆虫やユムシ類の巣内に生息する底泥性二枚貝(第6章参照)など,住み込み共生を行う生物において普遍的に見られるものと思われるが,構造物内での生物のふるまいが観察しにくいため,厳密な検証例は意外に少ない.イソウロウグモ－造網性クモの系は,網内における宿主と寄生者のふるまいが観察しやすく,さらに網の加工や宿主入れ替え実験も容易であることから,ニッチ構築の影響を検証する上で適した系と言えるだろう.一方,今回の研究では,イソウロウグモの形態と歩行能力のみに注目したが,採餌行動の種類や質など,宿主から影響を受ける形質は多岐に渡ると考えられる.イソウロウグモ類ではとくに網食いや宿主食いなど多様な採餌行動を介した宿主との相互作用が注目されており(Whitehouse et al., 2002),これらの行動形質の多様化が,宿主の形質とどのように関連しているのかに興味が持たれる.採餌行動といった質的形質の評価は決して容易ではないが,イソウロウグモ－宿主間で見られる多様でユニークな関係を解明するためにも,今後よりチャレンジングな課題に取り組んでいきたい.

引用文献

Awmack CS, Leather SR (2002) Host plant quality and fecundity in herbivorous insects. Annual Review of Entomology, 47: 817-844 (寄主植物の質と植食性昆虫の繁殖力).

Baba YG (2006) A new species of the genus *Mendoza* (Araneae: Salticidae) from South west Islands of Japan. Acta Arachnologica, 55: 107-109（南西諸島から得られたオスクロハエトリグモ属（クモ目：ハエトリグモ科）の一新種）.

馬場友希（2008）盗み寄生者チリイソウロウグモの宿主適応に基づく形質分化機構の解明. 東京大学大学院農学生命科学研究科博士論文.

Baba YG, Miyashita T (2005) Geographical host change between populations in *Argyrodes kumadai* associated with distribution of two host species. Acta Arachnologica, 54: 75-76（チリイソウロウグモの2宿主の分布の違いに伴う宿主利用の地理的変異）.

馬場友希，宮下直（2008）盗み寄生者チリイソウロウグモにおける成体サイズと生活環の地理的変異 Acta Arachnologica, 57: 51-54.

Baba YG, Walters RJ, Miyashita T (2007) Host-dependent difference in prey acquisition between populations in kleptoparasitic spider *Argyrodes kumadai* (Araneae: Theridiidae). Ecological Entomology, 32: 38-44（盗み寄生者チリイソウロウグモの個体群間にみられる宿主利用の違いに基づく餌獲得量の違い）.

Baba YG, Osada Y, Miyashita T (2012) The effect of host web complexity on prey stealing success in a kleptoparasitic spider mediated by locomotor performance. Animal Behaviour, 83: 1261-1268（宿主の網の複雑さが歩行能力を介してイソウロウグモの餌盗み成功に与える影響）.

Baba YG, Walters RJ, Miyashita T (2013) Complex latitudinal variation in the morphology of the kleptoparasitic spider *Argyrodes kumadai* associated with the host use and climatic conditions. Population Ecology, 55: 43-51（宿主利用と気候条件が関連した盗み寄生者チリイソウロウグモの形態に見られる複雑な緯度間変異）.

Blanckenhorn WU, Demont M (2004) Bergmann and converse Bergmann latitudinal clines in arthropods: two ends of a continuum? Integrative and Comparative Biology, 44: 413-424（節足動物におけるベルグマンと逆ベルグマンの緯度クライン：連続的な事象の両端か？）.

Dawkins R (1982) The Extended Phenotype. Oxford University Press, New York（延長された表現型）.

Head G (1995) Selection on fecundity and variation in the degree of sexual size dimorphism among spider species (class Araneae). Evolution, 49: 776-781（クモ類における繁殖力にかかる選択と性的二型の度合いの変異）.

Masaki S (1978) Climatic adaptation and species status in the lawn ground cricket II body size. Oecologia, 35: 343-356（シバスズにおける気候適応と種の状態 II　体サイズについて）.

宮下直（2000）第9章 餌利用の特殊化.（宮下直 編）クモの生物学，pp. 181-201. 東京大学出版会，東京.

Odling-Smee FJ, Laland KN, Feldman MW (2003) Niche construction: the neglected process in evolution. Princeton University Press（ニッチ構築：忘れ去られていた進化過程）.

Pianka ER (1969) Sympatry of desert lizards (Ctenotus) in Western Australia. Ecology, 50: 1012-1030（西オーストラリアにおける砂漠トカゲ（クシミミトカゲ属）の同所性）.

Roff D (1980) Optimizing development time in a seasonal environment: the 'ups and downs' of clinal variation. Oecologia, 45, 202-208（季節環境における成長期間の最適化：連続変異にみられる起伏）.

Whitehouse M (2011) Kleptoparasitic spdiers of the subfamily Argyrodinae: a special case of behavioral plasticity. In: Herberstein ME (ed), Spider Behaviour: Flexibility and Versatility, 348-387. Cambridge University Press, New York（イソウロウグモ亜科に属する盗み寄生性のクモ：行動的可塑性の特殊なケース）.

Whitehouse M, Agnarsson I, Miyashita T, et al. (2002) *Argyrodes*: Phylogeny, sociality and interspecific interactions-a report on the *Argyrodes* symposium, Badplaas 2001. Journal of Arachnology, 30: 238-245（イソウロウグモ属：系統・社会性・種間相互作用— 2001 年 Badplaas 大会シンポジウムからの報告）.

第8章

しごく身近な野生動物
ヤモリ類の多様性と出現環境

戸田　守

奄美群島ではありふれた存在のヤモリ類は，身近すぎるゆえに高い関心を持って見られることは少ない．しかし実際には，奄美群島の中だけでも５種ものヤモリがいて，それらが生息地を巡ってさまざまに干渉しあっているなど，生物学的に興味深い．本章では，奄美群島を含む西南日本におけるヤモリ類の種多様性を概観した上で，人の活動の影響も受けながら変化する彼らの地理的分布と出現環境について論じ，ヤモリ生物学の舞台としての奄美群島の魅力に迫る．

1. ヤモリという生き物

ヤモリは，家の壁などでも見かけるトカゲの仲間で，少なくとも野生脊椎動物の中では群を抜いて身近な存在である（図 8.1）．昼間はもっぱら物の隙間に隠れていて，夜になると壁や窓ガラスを徘徊して虫などを食べる．この，垂直な壁や窓ガラス，さらには天井をも自在に歩き回る能力は，ヤモリ類が独自に進化させた特殊な指先の構造によるもので（Autumn et al., 2002），空を飛ぶことや水中を泳ぎ回ることと同じぐらいすごいことだと思うのだが，果たして人は，飛翔や遊泳ほどには壁を這い回ることにロマンを感じないらしく，ヤモリへの関心はトリやイルカへのそれに遠くおよばない．加えて日本にいる種はどれも比較的地味な色をしていることもあり，どこで見るヤモリも同じだと思っている人も多いようだ．しかし，日本には 14 種ものヤモリがいて，とくに九州以南の地域における種多様性は高い．この種数の豊富さは，地域によって種が異なることによるところが大きく，ヤモリ類は種分化をテーマにした研究の対象として興味深い．また，人の生活圏への侵入の度合いも種によってさまざまであり，その生態を巡る比較研究にも興味が持たれる．

図 8.1　建物の外壁にいるミナミヤモリ.

2. ヤモリ類の分布を概観する

動物の地理的分布について研究している私は，飛行機に乗るとき，島々を眺めながらそこにいる動物に想いを馳せて空のひとときを過ごすことが多い．そのときの空想の対象はたいていヤモリだ．地域が変わると生息種が変わる様子を，試しに，鹿児島空港発，那覇行きの便で見てみよう．

鹿児島空港を飛び発つ．シートはもちろん窓側，下方の視界が遮られる翼の上は避け，そして多くの島々が見える右側だ．高度を上げ，飛行機が南に進路をとると桜島の浮かぶ錦江湾に差しかかる．遠くに海峡を挟んでかすかに甑島列島が見える．そこはニシヤモリ *Gekko* sp. 1 の島である．その手前，薩摩半島の西岸はヤクヤモリ *Gekko yakuensis* のエリアだ．ほどなくして富士山のような形の開聞岳が見えてくる．そこにはミナミヤモリ *G. hokouensis* がいる．飛行機が九州上空を抜けると，最初に見えるのは台形の島，火山島の硫黄島だ．ここのヤモリもミナミヤモリだ．次に飛行機は屋久島上空に差しかかる．島の真上を通過するため，窓に顔を寄せて下をのぞき込まねばならない．ここにはミナミヤモリとヤクヤモリが共存している．その先は七島灘で，ミナミヤモリが単独で分布するトカラの島々が点在するが，個々の島はかなり小さいので見落とさぬよう目を凝らす．しばらくすると，アマミヤモリ *G. vertebralis* がいる小宝島，タカラヤモリ *G. shibatai* がいる宝島がある．宝島は，海賊の財宝伝説などの話題性があるためか，機内アナウンスで紹介されることもある．宝島と小宝島は，南西諸島の中で例外的にミナミヤモリがいない島である．

さて，飛行機はいよいよ奄美大島上空に差しかかる．ここからヤモリの記述が忙しくなる．奄美大島には，ミナミヤモリとアマミヤモリが共存するほか，オンナダケヤモリ *Gehyra mutilata*，タシロヤモリ *Hemidactylus bowringii*，ホオグロヤモリ *H. frenatus* がいる．席を立たねば見ることができない機体左手の喜界島にはアマミヤモリを除く4種がいる．しばらく大島を眺めていると，次に見えるのは瀬戸内町の島々だ．小さな無人島もいくつか確認できる．ミナミヤモリしかいない島，アマミヤモリしかいない島，両種が混在する島などいろいろだ．ホオグロヤモリはいないが，オンナダケヤモリとタシロヤモリもいる島といない島がある．その後，少し間が空いて徳之島が見えてくる．ここのヤモリ相は奄美大島のそれと似るが，タシロヤモリはいない．再び少し間が空いてミナミヤモリとホオグロヤモリがいる沖永良部島，与論島のそばを通過する．前方をのぞき込むと沖縄島と伊平屋島が確認できる．そこには，奄美群島にはいないオキナワヤモリ *Gekko* sp. 2 やオガサワラヤモリ *Lepidodactylus lugubris* がいる．加えて，徳之島と沖縄島，伊平屋島には原始的なヤモリの仲間であるトカゲモドキ類も分布している．

このように，飛行機は2時間程度のフライトの間に10種ものヤモリ類の分布域の上を通過する．本州や四国にいるヤモリはニホンヤモリ *Gekko japonicus* とタワヤモリ *G. tawaensis* の2種だけなので，鹿児島以南の地域におけるヤモリ類の種多様性の高さは圧倒的だ．ちなみに開聞岳より先のルートは東京や大阪，福岡発那覇行きの便でもほぼ同じで，上述した10種のヤモリの生息域を総ナメにできる．このように地域によって目まぐるしく変わるヤモリ相がどのようにできたのか，その成因に興味を惹かれる．まだ研究途上の部分もあるが，次節では，ヤモリの分布パターンの形成過程について現時点で考えられることを，今後の研究の展望も交えて論じたいと思う．なお，ヤモリ類の中でもヤモリ属（*Gekko*）の分布については少し前に小論を書いたので（戸田，2014），そちらも参照されたい．

3. 日本に固有のヤモリ類

西南日本のヤモリの地理的分布を，少し範囲を広げて地図にまとめると図8.2のようになる．この図から，日本産のヤモリの中には，海外にも分布する広域分布種と，国内でも比較的限られた地域にしかいない局所分布種がいることがわかる．ミナミヤモリやホオグロヤモリなどは広域分布種の代表格であり，タカラヤモリやアマミヤモリなどは局所分布種だ．

まず，局所分布種について見てみよう．彼らの局所的な分布の成因は2つある．1つは，その種が種分化によって局所的に生じたというものである．種間の系統関係を加味して考えると，たとえばアマミヤモリは，奄美地域が島として地理的に隔離されていたことを受けて固有化し，この地域に固有の種となったと推定される．アマミヤモリの近縁種と考えられるのは沖縄諸島に固有のオキナワヤモリで，2つの島嶼群が地続きの状態で長期間に渡って周辺の陸域から隔離され，その後2つに分離したことを反映して種分化したと想定すれば，両地域に，互いに近縁な固有種がいることが無理なく説明できる（戸田，2000）．

局所分布種を産み出すもう1つの要因は，他種との競争による地域集団の消滅である．もし広い地域で集団が消滅すれば，残った集団は結果として局所分布することになる．ある生物種の過去の分布域を知ることは難しいので，この現象を実証的に示すのは容易でないが，それでも種の分布パターンを詳細に見ると，少なくとも部分的にはそういうことが起こってきたことをうかがい知ることができる．

九州にいる日本固有種のヤクヤモリ，ニシヤモリ，タワヤモリを見ると，彼らの分布域は互いに接している．このような分布を側所的分布という．これを九州内での種分化の結果と見ることもできそうであるが，これら3者は系統的には別々の祖先から生じたものであり（戸田，2000），彼らの側所的分布は，種と種が二次的に接触した結果形づくられたと考えてまず間違いない．九州の地勢や気候を考えても，分布の境界部に地理的障壁のようなものは見当たらないので，側所的分布は種と種の排他性，すなわち種間競争によると捉えてよさそうである．ここでたとえば，タワヤモリは中国にいる種と近縁であることが明らかになりつつある．これが正しいとすると，タワヤモリの祖先は大陸に面した地域を含むもっと広い範囲に分布していたと推測されるので，この種の現

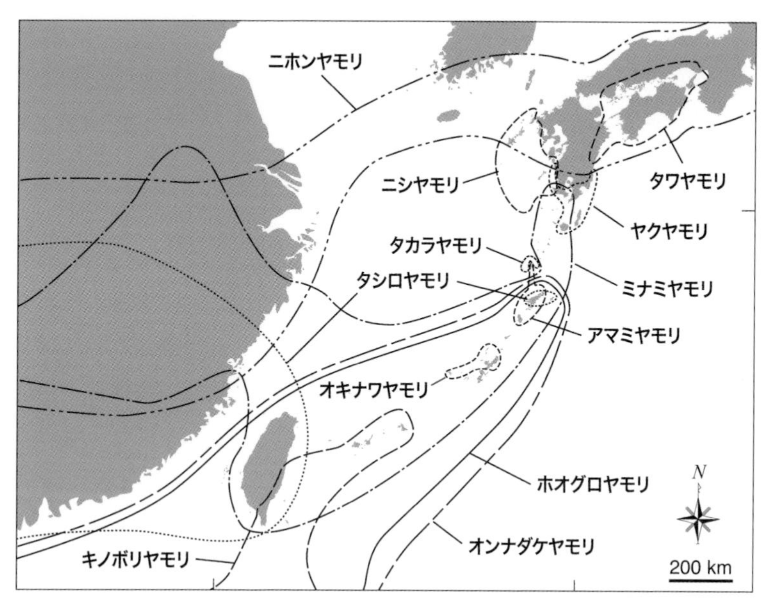

図 8.2　西南日本と周辺域におけるヤモリ類の分布.

在の分布は，ニシヤモリやヤクヤモリに追いやられてより限定的な分布を持つに至ったと考えられるのである.

地域はきわめて限定的であるが，種間競争を通して種の分布が狭まったと考えられる例は，奄美の近傍の地域にも見られる．奄美群島に固有の種としてアマミヤモリがいるが，じつは，この種を奄美の固有種と呼ぶのは厳密に言えば正しくない．本種がトカラ列島南部の小宝島にもいるためだ．興味深いのは，小宝島の近隣の島には別のヤモリがいることである．それはタカラヤモリという種で，小宝島の南にある宝島と，小宝島のすぐ北東側にある小島に分布している（Toda et al., 2008）．つまりこの地域では，北から小島，小宝島，宝島，奄美大島と続く島々にタカラヤモリとアマミヤモリが交互にいる．このうち小島，小宝島，宝島においては，タカラヤモリあるいはアマミヤモリが集落内の民家の壁や海岸の岩壁，山林の樹木など島内の至るところに出現するため，この奇妙な分布が島間の環境の違いを反映したものとは考え難い．ところで，これら 3 島を隔てている海はそう深くはない．今から 1 万 8000 年ほど前の氷期最盛期には，地球上の水が氷として大量に極にトラップされ，世界の海水面は現在よりも 100 m 以上も低かったと考えられている．すなわちそのとき，小島，小宝島，宝島の間の海域は干上がっていたはずであり，3島は一つの大きな島をなしていたのである．その後海水面が上昇し，島と島が分離して面積が縮小する中で2種のヤモリの不連続な分布パターンが形成されるためには，もともと大きな島に2種が共存していたが，その後競争によって各島でどちらか一方の種が絶滅したと考えるのが自然である．このように，ヤモリ類では，種と種が生態学的に干渉し合って現在の分布パターンが形づくられてきたと考えられるケースがいくつかある（戸田，2014）．

4. 広域分布種

次に広域分布種の分布の成因について考えてみよう．こちらも2つある．1つは自然分散によるもので，とくに西南日本のような多島域では，海を越えて分散する能力に長けているものだけが広域分布種たり得る．おそらくミナミヤモリがこれに該当する．ミナミヤモリは，島嶼部では台湾から九州の南部にまで分布する普通種であるが，じつは，陸生爬虫類の中で奄美群島と九州の両方にまたがって分布するのは本種のみであり，奇異な存在だ．裏を返せば，他の爬虫類はこの2地域の片方にしかいない訳だが，その理由は，奄美群島と九州の間，もっと正確にはトカラ列島の小宝島と悪石島の間にある深い海——トカラ構造海峡——が，古くからこれら2地域間の陸生生物の分散を妨げる障壁となっていたことによると考えられている（Hikida et al., 1992）．南西諸島のほとんどの島は古くは大陸の一部であった陸地が島として隔離され，その後も島同士が繋がったり離れたりを繰り返してきた．異なる島に同じ陸生生物種がいるのは，比較的新しい時代に島同士が繋がり，生物の分散や，集団間の遺伝的交流があったためだ．ひるがえって，ひときわ古いトカラ構造海峡部分では生物集団が長期間に渡って遺伝的な交流を果たせず，多くの生物群で異なる種に分化してしまったのである（Hikida et al., 1992）．この見方が正しいなら，ミナミヤモリが海峡を跨いで分布することはどう理解したらよいのであろう？動物の中には，見た目がほとんど違わないが，生殖，生理，生態などの特性が大きく違っていて，生物学的には別種であるというものがある．これを隠蔽種という．ミナミヤモリは，トカラ構造海峡の南北でこのような隠蔽種の関係にある可能性も考えられる．しかし，DNA情報を使った研究からその可能性は否定されており，ミナミヤモリは確かに海を越えて分散を果たしたのである（Toda et al., 1997）．

このようなミナミヤモリの洋上分散は，現在進めているより詳しいDNA解析からも支持されているが，その一方で，本種の中には遺伝的に大きく分化したいくつものグループが存在することも明らかになってきた．これらの遺伝的グループの地理的分布は複雑で，単純な地理的隔離では説明できないが，とにかく結果としてはたくさんの局所分布種が産み出されようとしている状況だ．ここから推察されることは，広域分布種は分散によって生じるけれども，その後も広大な分布域の全体に渡って遺伝的交流を保ち続けるのは難しく，やがてはその中から局所分布種が生じるということである．すなわち，広域分布種と局所分布種は，繰り返し起こる分散（分布域の拡大）と分化（局所化）のサイクルの中の異なるフェーズを見ているという言い方ができそうだ．なお，DNAの情報に基づけば，ミナミヤモリの中では中国大陸の集団と島嶼部の集団との間にとりわけ大きな違いがあり，それらは系統学的に見ても他人のそら似であることがわかってきた．すなわち，少なくともこの2者は隠蔽種の関係にあると言える．このような隠蔽種の見落としも，見かけ上の「広域分布種」を生み出す原因になる．

さて，真の意味での広域分布種を生み出すもう一つの要因は，人の持ち運びによる分布域の拡大である．この章の冒頭で示した通りヤモリ類は人の生活圏にも進出し，人工建造物を住み家とすることもあるため，生きた個体が人について運ばれることがある．

まず，ヤモリの持ち運びの事例を見てみよう．私が直接観察した事例として，車による運搬がある．沖縄在住の私が夜間に幹線道路を運転していたところ，前を走る車のテールランプの表面に何かがついているのに気が付いた．それはシルエットとして引き続きテールランプの上で静止していたので，少しだけアクセルを踏んで接近し，観察したところ，背中の模様などの特徴からミナミヤモリであることが確認できた．どのような状況でそのミナミヤモリが「乗車」したのか，下車予定地はどこかなどをとても知りたかったが，追跡して不気味がられてもいけないと私の探究心は良識に屈し，ドライバーからの聞き取りは断念した．もしこの車がフェリーで運ばれることがあれば，そのミナミヤモリは島外に運ばれることになる．

実際に，フェリーの中でもヤモリは見つかっている．たとえば，奄美の島々を経由して鹿児島港と那覇港の間を結ぶフェリーの中で複数のホオグロヤモリが観察されている（高橋，2005）．そのうちの1個体はフェリーの貨物室内で目撃され，鹿児島港で荷下ろし予定のコンテナについていたそうである．この個体はきっと鹿児島港に上陸したに違いない．さらには，屋久島で，本来そこにはいないはずのニホンヤモリの標本が採集されているほか（柴田，1981），タカラヤモリだけが分布する宝島でミナミヤモリが見つかっている（柴田，1989）．これらもヤモリが人為的に持ち運ばれた事例と見なしてよかろう．もっと長距離の運搬例もある．Bauer and Baker（2008）によれば，中国の山東省で船に積み込まれたコンテナがおよそ1か月後にニューヨークの港で荷下ろしされた際，中から生きたミナミヤモリが発見されている．また，インドの北部から西アジアにかけての地域に分布するキバラナキヤモリ *Hemidactylus flaviviridis* が成田空港で見つかっている．DNA分析により，この個体はアラビア半島の集団に由来すると推定されているが，個体が混入していた貨物は上海発の便で成田に運ばれてきたものであるため，このヤモリは飛行機を乗り継いで日本に辿り着いたことになる（Kurita et al., 2014）．

このようにヤモリの生体が人為的に運ばれるケースは枚挙にいとまがないが，多くの場合は，環境がその種にとって不適切であったり，在来のヤモリとの競争に負けてしまったりして，新天地で定着できない．それでも中には定着を果たすものがある．じつは，奄美大島にいるホオグロヤモリがその一例である．南西諸島におけるホオグロヤモリの分布は長い間徳之島が北限とされていたが，2000年に初めて奄美大島の名瀬で本種が見つかり，定着しているらしいことが報告された．この種は，喜界島にも侵入・定着している（Ota et al., 2004）．奄美大島においては，その後2013年までに島内の広い範囲にホオグロヤモリが拡散していることが確認されている（Kurita, 2013）．ちなみにホオグロヤモリはチッチッチッチとかなり大きな声で鳴くため，姿を見ずともその存在がわかる．現在では，夜の名瀬市街地を歩くとわりと普通に彼らの鳴き声が聞かれる．

上述したように，ホオグロヤモリはフェリーの積み荷などにも混入し，分布域外に運ばれているが，それでも南西諸島における分布の北限が長い間徳之島であったのは，おそらくは，その場所が本種の生存の低温限界に近かったためである．ホオグロヤモリの生存低温限界は11.9℃とされ（Huey et al., 1989），その温度は，奄美大島～徳之島付近の冬季最寒月の平均最低気温と一致している．より南の沖縄島でも冬季の最低気温が11℃代にまで冷え込んだ年にホオグロヤモリの凍死が観察されている（当山，1984）．それが2000年代に入って奄美大島や喜界島で定着を果たしたということは，地球温暖化によって低温限界のラインが北上したか，あるいはホオグロヤモリが耐寒性を獲得したからであろう．フェリーなどについて奄美大島に持ち込まれては寒さで死んでしまうということを繰り返す中で，とりわけ寒さに強い個体が選択され，寒さに強い集団が形成されることはありそうである．ホオグロヤモリの北上が地球の変化によるのかヤモリの変化によるのか，今後の研究が待たれる．

さて，ホオグロヤモリが最近になって奄美群島北部に侵入したのは間違いないのだが，じつは，本種に関しては徳之島以南の地域の集団についてもその在来性が疑われている（Ota et al., 2004）．その理由は，1）地史的に長期間隔離されてきた南西諸島では多くの陸生動物が固有化しているのに，海外に同一種がいるというのは奇異であること，2）本種は，南西諸島以外でも世界の熱帯域・亜熱帯域の多くの地域に侵入・定着していること，3）本種は街中などでも普通に見られ，人や物資の往来によってとくに持ち運ばれやすいことなどだ．とはいえ，本種が外来種だと結論するためには，DNA分析などを行い，より実証的な証拠を示す必要がある．現在，千葉県立中央博物館の栗田隆気さんを中心にその作業を進めているが，そもそも原産地がどこかさえ正確にわかっていない状況から，研究は難航している．いずれにしても，ホオグロヤモリは人手によって運搬され易いだけでなく，新天地で定着を果たす能力にも長けているようで，現在では広大な分布域を持つに至っている．また，将来的にはさらに分布域が拡大すると予測されており，予想分布マップなども描かれている（Rodder et al., 2008）．

5. 種の侵入と種間干渉

さて，南西諸島のホオグロヤモリの由来はともかく，この種の奄美大島への侵入によって同属種のタシロヤモリが駆逐されてしまわないか心配されている（Kurita, 2013）．タシロヤモリは奄美群島ではもっとも普通に見られる住家性ヤモリの一つで，とくに，瀬戸内町の加計呂麻島，請島，与路島では，集落内の人工建造物の壁などで普通に見ることができる．それ以外の地域では，台湾や中国，インドシナ半島北部などに分布している．一方，徳之島以南の南西諸島の島々には生息しない（前之園・戸田，2007）．しかし，古い文献によれば，かつては沖縄島や宮古島，石垣島にもタシロヤモリがいたようであり（Stejneger, 1907），その消失の背景にはホオグロヤモリとの競争の関与が疑われている（Kurita, 2013）．奄美大島におけるホオグロヤモリの侵入・定着に

図 8.3　奄美群島への侵入・定着が懸念されるオガサワラヤモリ.

よってタシロヤモリがどうなるのか，今後の動向を注視する必要がある.

とはいうものの，このタシロヤモリとて，南西諸島の集団が在来かどうかは検討の余地がある．その理由は上述したホオグロヤモリにおける理由と同じだ．仮にタシロヤモリが奄美群島に在来であり，なおかつ，ホオグロヤモリの侵入によって実際に負の影響を受けているのであれば，本種の保全に向けてなんらかの対策が必要であろう．一方，タシロヤモリが外来種なのであれば，これは単に外来種同士の相互作用に過ぎない．このように，生物多様性保全の観点からタシロヤモリの由来について早急に答えを出す必要がある．同じように南西諸島の集団が在来か外来か判然としないものにオンナダケヤモリがある.

本節の最後に，近い将来，奄美群島に侵入・定着を果たす可能性がきわめて高い種を紹介しておく．オガサワラヤモリだ．小型で動きも緩慢な愛らしいヤモリである（図 8.3)．この種は太平洋の島々に広く分布するが，国内では1970 年代の初頭に沖縄島と与那国島で初めて記録され，その後沖縄県内の島々から相次いで報告されている．古い文献には南西諸島での記録が一切出てこないことから，本種が外来種であることはほぼ間違いない（ただし，遺伝的な解析により，沖縄県の大東諸島の集団は在来と考えられている：Yamashiro [2000]）．現在までに，沖縄島の北部や伊是名村屋那覇島（いぜなそんやなはじま）など，沖縄県の北端のエリアにまで拡がっている（城野，2008）．この種は，真に住家性というのではなく，人為的に攪乱を受けた低木林や農耕地の周りの植え込み，あるいは海岸の後背植生などで頻繁に見られ，先述のホオグロヤモリほどには人為的に持ち運ばれる機会は多くないように思われる．それでもオガサワラヤモリが分布拡大の能力に長けているのは，この種が単為生殖をし，交尾をせずとも子孫を残せることによる．すべてがメスであるため，一個体が到達しただけでも繁殖し得るし，増殖の効率も両性生殖種に比べればはるかに高い．近く，奄美群島南部の与論島や沖之永良部島などから発見されるのはほぼ確実と見られるが，今のところその報告はない．

6. 奄美群島におけるヤモリ類の出現環境

ここまでの節では，やや広い視野で東アジア島嶼域のヤモリ類の分布やその由来などを見てきたが，本節では対象範囲を奄美群島に限定し，ヤモリ類の出現環境を見ていきたい．なお，すぐ後で述べるように，出現環境については客観的な評価が難しく，これまでのところ科学的なやり方で比較分析などはできていない．そのため以下で示す内容は客観的なデータに基づくものではないが，それは今後期待されるヤモリ学の中心課題の一つと思われるので，批判を恐れずあえて論じてみようと思う．

人の生活圏への進出と人為的な環境への適応はヤモリ類の最大の特徴である．奄美群島に生息するヤモリは，オンナダケヤモリ，ホオグロヤモリ，タシロヤモリ，ミナミヤモリ，アマミヤモリの５種で，この順で人の生活圏への依存度が高い．換言すると，これら５種は，街中などの人為的攪乱の大きな環境から現生林に代表される自然度の高い環境に至る環境勾配に沿って順に出現する．ただし，同じ種であってもその出現環境は地域によって異なっている．その違いは地域のヤモリ類の種構成と関連があるようで，そのパターンを概観することにより，彼らにとって人為的な環境が何であるのか，そういった環境にどのように適応してきたのかを理解するための糸口が見えてくる．とはいえ，このような環境勾配を形づくっている変数はたくさんあり，実際にはそれらが空間的にも複雑に入り組んでいるため，個々の地域の環境を客観的に評価するのは難しい．そのためここで示す内容も感覚的な捉え方によるものである．まず奄美群島におけるヤモリ各種の出現環境を概説し，次いでそこから想定される種間の関係性について論じたい．

もっとも人に近い種であるオンナダケヤモリは，名瀬の街中を歩いてもそれほど多くは見かけない．ビルの壁などにいるが，灯火下の虫がたくさん集まるようなところはあまり好まないようで，むしろ灯りのない暗がりで見つかる．「もっとも人に近い」という理由は，この種がしばしば家の中にいるためである．かつて瀬戸内町の島で民宿に泊まったとき，居間の天井近くの壁に何匹かのヤモリがいたが，それらはすべてオンナダケヤモリであった．この種は，私が沖縄でかつて住んでいた家の中にもいた．本種はシャシャシャシャ……という独特な声で鳴くのだが，あるときは押し入れの中から，またあるときはカーテンレールの上からその声がしていた．私の勤務する琉球大学でも，同僚の研究室にオンナダケヤモリが住み着いていた．その同僚を訪ねたとき，壁掛け式のクーラーの裏から例の「シャシャシャシャ」が聞こえたので普段の様子を聞くと，ずっと前から時折この声がするということであった．不可解なのは，私の家も大学も鉄筋コンクリート製で，窓もしっかりした構造になっているため，外部との行き来はそう容易くなさそうだという点だ．私の家について言えば，部屋をつねにきれいにしていたかというと怪しいが，少なくともその小さな住人が利用できるようなムシを湧かせていた訳ではない．人が暮らしている家の中でどのように生活しているのか，謎のヤモリだ．

二番目に人に近いのはホオグロヤモリで，やはり街中で見ることができる．この種も部屋に侵入してくることはあるが，基本的には外壁を利用している．とくに灯火や窓ガラスの周りに多く，灯りに集まってくる虫を狙っている．ほとんど遮蔽物のない壁面にとまっていることも多く，灯火付近を好むこともあって，街中を歩くともっとも目につくヤモリである．タシロヤモリも街中や集落内で見つかるが，ホオグロヤモリに比べるとやや控えめで，灯火下の明るい場所は避ける傾向がある．この種はビルの壁面や民家の周りだけでなく，郊外の人工建造物や道路沿いのコンクリート製の壁などでも見つかる．また，オンナダケヤモリとホオグロヤモリがほとんど植生のないコンクリート・ジャングルのような環境にも出現するのに対し，タシロヤモリは周囲になんらかの植生がある場所を好むようである．

植生への依存性がより高いのはヤモリ属の２種，ミナミヤモリとアマミヤモリで，このうちアマミヤモリは森林性である．山地の原生林などで見かけるヤモリは決まってアマミヤモリだ．とくにスダジイ *Castanopsis sieboldii* の森との結びつきが強いようで，そういった植生が乏しい喜界島や沖永良部島，与論島からは，今のところ本種は見つかっていない．とはいえ，地形が急峻な奄美群島では森林が集落のすぐ背後まで迫っている場所も多く，地域によっては，道沿いのコンクリートの壁や建物の壁でも本種が見られる．また，山間部の公園などでは，比較的開放的な場所にある人工建造物でも本種が見つかる場合がある．ミナミヤモリはタシロヤモリと並んで奄美群島ではもっとも普通に見られるヤモリであるが，その出現環境は多岐に渡っていて描写が難しい．強いて言えば二次林のヤモリであり，タシロヤモリが出現する環境よりも自然度が高く，アマミヤモリがいる環境よりも人為的に攪乱された場所を利用している．周囲にはある程度まとまった植生が必要である．

このように5種のヤモリの生息環境には違いがあるが，異なる環境が入り組んで存在することとヤモリのほうにも可塑性があることを反映して，同じ建物や一本の樹木で複数の種が見られることもある．たとえば，山林に面して建っている家やビルではしばしばミナミヤモリとアマミヤモリが入り交じって見つかる．また，街の外れにある大きな建物などではアマミヤモリ以外の4種が見つかることもある．その場合，典型的には，灯火の灯りに照らされた部分でホオグロヤモリが，灯火がなく，比較的遮蔽物が少ない箇所でタシロヤモリが，張り出した階段の下など，多少複雑な構造物がある箇所でオンナダケヤモリが，灯火がなく，壁面に隣接して樹木が植えている箇所でミナミヤモリが見つかるといった感じだ．

さて，面白いのは，彼らの出現環境が，島によって，いやおそらくは島にいるヤモリ類の種構成によって変化することである．かつて，ホオグロヤモリの侵入を受ける以前に喜界島を訪れた際，灯火で照らされたコンクリート製の建造物の外壁に何個体ものミナミヤモリがついているのを見て，強く興味を惹かれた．灯火の有無にかかわらずホオグロヤモリが席巻している徳之島や沖縄島の街では見ることのできない光景だからだ．この観察から次のようなことが推察される．それは，徳之島や沖縄島の街で灯火周辺をミナミヤモリが利用しないのは，このヤモリが灯りを嫌いなためではなく，おそらくはホオグロヤモリが存在するためであるということだ．虫が集まる灯火下はミナミヤモリにとっても餌場として魅力的であり，ホオグロヤモリがいなければ彼らもそこを利用するのだ．ホオグロヤモリがいる場合はなんらかの形で種間干渉があり，そういった微環境を明け渡していると考えることができる．これまでのところ機会がないが，ホオグロヤモリが定着を果たした現在の喜界島で彼らの出現環境を

図 8.4 中国，貴州省の人工建造物の壁面で観察された多数のタシロヤモリ．

見ればこの仮説の真偽が検討できるはずである．

タシロヤモリの分布がホオグロヤモリに影響を受けていると考えられることは前節で述べた．その補足になるが，最近，ホオグロヤモリがいない状況下でタシロヤモリが灯火下を積極的に利用しているのを観察したので紹介する．それは中国の福建省や広東省，貴州省での観察である．私の渡航目的の中心は非住家性のヤモリ類の調査だったのであるが，それでもホテルは市街地にとるため，街でヤモリを探す機会もあった．訪れた街の多くでタシロヤモリが観察された一方，ホオグロヤモリはまったく見つからなかった．どうやらホオグロヤモリには少し北すぎたようだ．印象的だったのはとにかくタシロヤモリが多く，ときに非常に高密度でいたことである．周囲に植生が乏しい人工建造物の，しかも灯火が明るく照らす壁面にタシロヤモリがウジャウジャいる様子は，沖縄におけるホオグロヤモリの状況を彷彿させるものであった（図 8.4）．この観察は，ホオグロヤモリがいなければその微環境をタシロヤモリが占めるという本節のテーマに整合的ではあるが，同様にホオグロヤモリがいない奄美群島北部の瀬戸内町の島においてはタシロヤモリはずっと控えめなので，彼らの出現環境を規定する要因として，ヤモリ同士の種間干渉以外の要素も考えなければならない．この点は今後の課題である．

さて，奄美群島ではオンナダケヤモリもホオグロヤモリの影響を受けているようである．以前からホオグロヤモリがいた徳之島や沖縄島では，建物の外壁でオンナダケヤモリを探しても奄美群島北部の島々ほど簡単には見つからない．先述のように本種は建物の中にもいる可能性があるので，これが実際の生息密度の低さを反映したものかどうかわからないが，少なくともビルの外壁という環境からは追い出されてしまっていると捉えることが可能だ．

ミナミヤモリとアマミヤモリとの間にも同様な関係が見られる．アマミヤモリが記録されているのはスダジイ林の発達する奄美大島，加計呂麻島，請島，与路島，徳之島の5島であるが，たとえば沖永良部島でも大山の周辺には立派な森林が発達している．そこで調査をするとミナミヤモリが見つかる．このことは，奄美大島や徳之島の深山にミナミヤモリが出現しない背景にアマミヤモリの存在があることを示唆している．また，これとは逆のケースもある．瀬戸内町の無人島の中にはアマミヤモリしかいない島があるが，そこでのアマミヤモリの出現環境は森林とはほど遠く，奄美大島や徳之島におけるそれとはまったく異なっている．

このように，ヤモリたちは生息環境を巡ってせめぎ合っている．その競争の中で奪い合いの中心にあるのは，街，人工的な壁，灯火といった人工物だ．アマミヤモリであっても，山間部にある建物は積極的に利用しており，「人工的な壁」という微環境は森林性の種にとっても魅力的なようである．今後の研究では，種間に見られる出現環境の違いを如何にして客観的に捉えていくのかという問題と同時に，「人工物」がヤモリにとってどういう意味を持つのかについても課題を整理し，理解を深める挑戦をしていかねばならない．いずれにせよ，そういった研究の対象地域として奄美群島の存在は重要である．上で見てきたように，そこにはヤモリの種構成が異なる島々，あるいはごく最近になって新たな種の侵入を受けた島などが揃っていて，比較研究の場としてたいへん貴重である．

7. ヤモリ調査の勧め

章の最後に，実際に野外でヤモリを観察してみたいと感じた人のために，ヤモリ探しのポイントを記しておきたい．なお，首尾よくヤモリを観察できても，それがどの種であるのか識別できなければ面白くない．種の識別については，近年出されているハンディな両生爬虫類図鑑にも写真入りで要点が示されているのでそれらを参照されたい．

ヤモリの探し方は大きく分けて2種類ある．昼間に物陰に隠れているヤモリを探す方法と，夜間に活動しているヤモリを探す方法である．ヤモリは夜行性なので，日中の探索は効率がよくないように感じるかもしれないが，そうでもない．意外とたくさん見つかる．彼らは垂直な壁を歩くための特殊な指先を手に入れた代償として，穴を掘ることができない．そのゆえ，休息場所は隙間だ．穴に隠れたトカゲを見つけるのはたいへんであるが，隙間ならのぞけば見える．ヤモリ探索の第一歩は，ヤモリの隠れ家となりそうな「よい隙間」を目敏く見つけることである．

「よい隙間」のポイントは3つ，幅，湿気，立地である．理想的な隙間の幅は1～2 cm程度である．非活動時のヤモリは背面が広い空間に晒されている状態を嫌う一方，何かが背中に密着している状態も嫌がる．ヤモリが隙間に収まった状態で背中にものがふれることなく，しかしギリギリまで背中にものが接近している状況，それを実現するのがこの幅の隙間だ．材質はあまり問わないが，金属製のものは概してよくない．隙間の中が乾いていることも重要だ．「立地」は，隙間を形づくっている物体があまりむき出しでなく，隙間の周囲もある程度影になっているような条件がよい．ヤモリ属の種を狙う場合は，その構造物の近くに樹木があると中に潜んでいる可能性がぐっと高くなる．ヤモリが使っている隙間の下にはしばしば糞が落ちているので，それに注意を向けるのも有効だ．鳥の糞と同様に尿酸の固まりである白い部分があるのが特徴だが，鳥の糞のようにべちゃっとしておらず，両端が細いナツメ型をしている（図8.5）．

隙間にヤモリの姿を確認したら，細い棒を使って隙間から追い出し捕獲する．隙間に奥行きがある場合は2本の棒を使う．それらをV字に入れて奥側への退路を断ち，開口部近くへと誘導する．開口部まできたヤモリは，とにかく隙間から出たくないのでその場で踏ん張るが，それでも無慈悲に追い立てられると，出るぞ出るぞという状態を経て，ついにはパッと飛び出す．このときの動きは，開口部で頑として動くまいと頑張っていたのとは対照的に俊敏なので，事前に空いたほうの手を構えておいて，飛び出すのと同時に押さえることが重

図 8.5 ヤモリの糞．フィールド調査でヤモリを見つけるための有力な手掛かりになる．

要である．私の知り合いのヤモリ研究者は，岩の割れ目に潜んでいるヤモリの横顔を見て種を言い当てることができるが，これは達人のなせる技で，普通の人はちゃんと捕獲してから種を同定すべきである．

夜間の調査のほうは特別なコツはない．懐中電灯を使って，とにかく垂直な面を照らして探す．ヤモリは街中にせよ郊外にせよ，想像以上にどこにでもいる．電柱や，大きな木の幹は狙い目だ．中でもガジュマル *Ficus microcarpa* は優秀で，非常に高率でなんらかのヤモリが見つかる．電柱など，壁面の構造が単調なものでは，地面近くにいることも少なくない．ただし，その場合，懐中電灯の灯りを警戒して裏側に回り込むので，すばやく裏側も点検する．この動作はすばやくやらないとイタチごっこのようになり，結局ヤモリを見落とすか，さもなければサッと裏へ回り込むヤモリの残像を追ってぐるぐる回る羽目になる．ヤモリを発見した場合はそのまま手で押さえるか，棒ではたき落として捕獲する．なお，ヤモリの活動は，多くの昼行性のトカゲと違って天候や時間帯の影響をあまり受けず，日没から夜明けまで観察できるし，雨の日でも活動している．冬季は発見数が激しく減るが，昼間の調査ではその影響は相対的に小さい．

調査中に注意すべきことは，壁を見るのに夢中になりすぎないことだ．とくに夜間調査の場合はハブなどを見落とさないよう注意が必要だ．奄美群島での話しではないが，行く手の壁際に毒ヘビを見つけ，歩を進めるまえにちゃんと目を運んでおいてよかったと思ったことが何度かある．別の危険も潜んでいる．ある私の友人は，壁でヤモリを発見した際に不用意に壁に近づき，壁沿いにあるとんでもなく深い泥の溝にはまってたいへんなことになっていた．この人物は，別の機会にも壁を見ていて集水升にはまり，あわや大怪我という転び方をしていた．もはやその人物の問題かもしれないが，壁を見るという，普通ではやらない作業に集中しすぎての出来事ではあるので，ヤモリ調査の際には注意されたい．

よく見てみればかわいいヤモリ．見た目もさることながら，調査・研究の対象としても魅力にあふれている．そんな小動物がこんなにも身近にいるのであるから，ここまで本書を読み進めていただいた方は，ぜひ一度，ヤモリ探しに出かけてみて欲しいと思う．

引用文献

Autumn K, Sitti M, Peattie A, Hansen W, Sponberg S, Liang YA, Kenny T, Fearing R, Israelachvili J, Full RJ (2002) Evidence for van der Waals adhesion in gecko setae. Proceedings of National Academy of Science USA, 99: 12252-12256（ヤモリの微小毛がファンデル・ワールス力で接着することの証拠）.

Bauer AM, Baker BW (2008) An East Asian gecko (*Gekko hokouensis*, Gekkonidae) intercepted in Champlain, New York, USA. Applied Herpetology, 5: 197-198（ニューヨーク，シャンプレインで保護されたミナミヤモリ）.

Hikida T, Ota H, Toyama M (1992) Herpetofauna of an encounter zone of Oriental and Palearctic elements: amphibians and reptiles of the Tokara Group and adjacent islands in the Northern Ryukyus, Japan. The Biological Magazine Okinawa, (30): 29-43（東洋区系要素と旧北区系要素の出遭うところ，トカラ諸島とその周辺の島々の爬虫・両生類相）.

Huey RB, Niewiarowski PH, Kaufmann J, Herron JC (1989) Thermal biology of nocturnal ectotherms: Is sprint performance of geckos maximal at low body temperatures? Physiological Zoology, 62: 488-504（夜行性外温動物の温度生物学：ヤモリの走行速度は低体温時に最大になるか？）.

城野哲平（2008）伊是名村の屋那覇島におけるオガサワラヤモリの採蜜行動の観察. Akamata, (19): 9-11.

Kurita T (2013) Current status of the introduced common house gecko, *Hemidactylus frenatus* (Squamata: Gekkonidae), on Amamioshima Island of the Ryukyu Archipelago, Japan. Current Herpetology, 32: 50-60（奄美大島に定着したホオグロヤモリの現状）.

Kurita T, Toda Mi., Toda, Ma (2014) Possible indirect long distance transportation of *Hemidactylus flaviviridis* (Squamata: Gekkonidae) to East Asia. Current Herpetology, 33: 80-84（キバラナキヤモリの東アジアへの間接的長距離運搬）.

前之園唯史・戸田守（2007）琉球列島における両生類および陸生爬虫類の分布．Akamata, (18): 28-46.

Ota H, Toda Mi, Masunaga G, Kikukawa A, Toda Ma (2004) Feral populations of amphibians and reptiles in the Ryukyu Archipelago, Japan. Global Environmental Research, 8: 133-143（琉球列島に定着した外来性両生爬虫類）.

Rödder D, Solé M, Böhme W (2008) Predicting the potential distributions of two alien invasive house geckos (Gekkonidae: *Hemidactylus frenatus, Hemidactylus mabouia*). North-Western Journal of Zoology, 4: 236-246（2種の侵略的外来性ヤモリ，ホオグロヤモリとアフリカナキヤモリの潜在的分布地域の予測）.

柴田保彦（1981）種子島のヤクヤモリ．自然史研究，1: 149-154.

柴田保彦（1989）*Gekko japonicus* と同定されていた大隅諸島とトカラ列島産ヤモリ標本の再検討．自然史研究，2: 73-75.

Stejneger L (1907) Herpetology of Japan and adjacent territory. *Bulletin of the United States National Museum*, 58: 1- 577（日本と周辺域の爬虫両生類）.

高橋洋生（2005）ホオグロヤモリの人為的洋上分散の一例．爬虫両棲類学会報，2005: 116-119.

戸田守（2000）日本産ヤモリ属（爬虫綱：有鱗目）の分類，系統，生物地理：生化学的アプローチ．博士論文（京都大学大学院理学研究科），pp. 69.

戸田守（2014）ヤモリの多様性の視点から九州の面白さを考える．九州両生爬虫類研究会誌，(5): 66-75.

Toda M, Hikida T, Ota H (1997) Genetic variation among insular populations of *Gekko hokouensis* (Reptilia: Squamata) near the northeastern borders of the Oriental and Palearctic zoogeographic regions in the Northern Ryukyus, Japan. Zoological Science, 14: 859-867（旧北区と東洋区の境界付近におけるミナミヤモリ島嶼集団間の遺伝的変異）.

Toda M, Sengoku S, Hikida T, Ota H (2008) Description of two new species of the genus *Gekko* (Gekkonidae: Squamata) from the north central Ryukyu, Japan. Copeia, 2008: 452-466（中琉球北部からのヤモリ属2種の新種記載）.

当山昌直（1984）ホオグロヤモリの自然死．Akamata, (2): 6.

Yamashiro S, Toda M, Ota H (2000) Clonal composition of the parthenogenetic gecko, *Lepidodactylus lugubris*, at the northernmost extremity of its range. Zoological Science, 17: 1013-1020（単為生殖種オガサワラヤモリの分布北端域でのクローン組成）.

第9章

オーストンオオアカゲラとノグチゲラ
奄美群島と沖縄島における固有鳥類の分類と保全について

小高信彦

奄美大島と沖縄島は中琉球という共通の地史的背景を持つ兄弟のような島である．これらの島にそれぞれ固有のオーストンオオアカゲラとノグチゲラは姉妹種とする説もあったが，大きく異なる由来を持つことが明らかとなってきた．ここでは，奄美群島と沖縄島で繁殖する固有鳥類の分類や絶滅リスクの評価に関する現状を紹介しながら，両種の最近の研究成果について紹介する．

1. はじめに

私がオーストンオオアカゲラ *Dendrocopos leucotos owstoni* もしくは *D. owstoni*（図 9.1 ①）をはじめとする奄美群島の森林動物研究を始めたのは，つい最近のことである．これまでおもに沖縄島の固有種であるノグチゲラ *Sapheopipo noguchii* もしくは *D. noguchii*（図 9.1 ②）の生態の解明や保護に関する研究を行ってきた．ノグチゲラの研究を進めるにつれて，沖縄島の森林生態系の成り立ちを理解し，適切に保護を進めるためには，似通った植生環境や地史的な背景を持つ奄美大島に生息するオーストンオオアカゲラの生態やその生息する自然についても理解することが重要だと考えるようになった．ノグチゲラとオーストンオオアカゲラの比較研究は，中琉球における地史とこの島におけるアカゲラ属 *Dendrocopos* キツツキの進化を理解し，その保全策を検討する上で実りある成果をもたらしてくれるに違いないと考え，研究を進めている．

本章では，まず中琉球に生息する固有鳥類の分類や絶滅リスクの評価について，奄美群島と沖縄島に分布する固有鳥類についての現状を紹介したあと，私が直接関わって研究を行ってきたノグチゲラやオーストンオオアカゲラについて詳しく紹介する．

図 9.1　①巣穴の雛に餌を運ぶオーストンオオアカゲラのオスと，②巣穴を掘るノグチゲラのオス．

2. 奄美群島と沖縄島で繁殖する固有鳥類の分類と絶滅リスクの評価

南西諸島は生物地理区の旧北区から東洋区の移行帯にあたり，多様な由来を持つ生物が暮らしている．さらに，大陸島であることから，大陸との連結や隔離を繰り返し，地殻変動に伴う隆起や沈降に伴って島々の繋がりや大きさなどが変化し，島それぞれに独自の生態系が育まれている（第 1 章参照）．奄美群島や沖縄島が位置する中琉球は海による隔離の歴史が長く，鳥類においてもここにしか見られない種，すなわち固有種（固有亜種）のとくに多い地域である

（高木，2009）．

表9.1に，奄美群島と沖縄島で繁殖する日本の固有鳥類についてまとめた．ここでは，日本鳥学会（2012）による『日本鳥類目録改訂第7版』（以下，目録第7版）で亜種と分類されている種でも，世界の主要な目録（"IOC World Bird List（国際鳥類学会議による世界の鳥類目録）Version 5.4"，del Hoyo et al.（2014）による"Illustrated Checklist of the Birds of the World（図解世界の鳥類チェックリスト）"）で独立種と分類されているものについては取り上げ，掲載されている学名を比較した．また，国際自然保護連合（IUCN）によるレッドリストで採用されている種の分類と最新のレッドリストランクを示した．目録第7版の種名のあとの人名と年号は，それぞれ記載者と記載された年号を示している．括弧がついているものは，記載後に，属名が変更されたものである．

奄美群島と沖縄島に生息する固有鳥類のうち，初記載以来，属名に変更がなかった種は，ルリカケス *Garrulus lidthi*（図9.2①）とアマミヤマシギ *Scolopax mira*（図9.2②，第13章参照）の2種のみである．また，現在の国内外の分類が一致している種は，ルリカケス，アマミヤマシギと絶滅してしまったリュウキュウカラスバト *Columba jouyi* の3種である．種の記載およびその分類は，自然史研究の根幹となるものであるが，種をどのように分類するかの基本的な概念や，どの研究成果を採用するかによって変わる（山崎，2007）．そのため，鳥類の学名一つとっても，新たな研究成果が出るたびに議論され，改訂されるものなのである．

種は生物学の基本単位であり，保全を行う上でも基本となる単位である．種をどのように分類するかで，対象とする個体群の絶滅リスクの評価も変わってくる．IUCNの種の保存委員会が発行する世界の動植物の最新のレッドリスト（2015-3）では，ルリカケスとアマミヤマシギが奄美群島の固有鳥類ではもっとも絶滅リスクの高いVU（絶滅危惧Ⅱ類）にランクされている（表9.1）．

オーストンオオアカゲラはIUCNのレッドリストでは独立種 *Dendrocopos owstoni* として扱われ，NT（準絶滅危惧種）にランクされている．この改訂が行われる前は，オーストンオオアカゲラはオオアカゲラの亜種 *D. leucotos owstoni* として分類され，LC（軽度懸念）にランクされていた．オオアカゲラは広域分布種で，北欧など地域によっては絶滅が危惧される希少種として扱っている国があるものの，種全体としては分布域，個体数とも十分大きく絶滅の懸念は少ないと判断されたためである．

表 9.1　奄美群島と沖縄島で繁殖する固有鳥類の分類と国際自然保護連合（IUCN）によるレッドリストのランク

	日本鳥類目録改訂第 7 版*	国際鳥類学会議（IOC）世界の鳥類目録（v 5.4）**	図解世界の鳥類チェックリスト***	IUCN レッドリスト（2015年10月閲覧）****	
奄美群島					
オーストンオオアカゲラ	*Dendrocopos leucotos owstoni* (Ogawa, 1905)	*Dendrocopos leucotos owstoni*	***Dendrocopos owstoni***	***Dendrocopos owstoni***	NT
ルリカケス	*Garrulus lidthi* Bonaparte, 1850	*Garrulus lidthi*	*Garrulus lidthi*	*Garrulus lidthi*	VU
オオトラツグミ	*Zoothera dauma major* (Ogawa, 1905)	***Zoothera major***	*Zoothera dauma major*	*Zoothera dauma major*	LC
アマミヤマシギ	*Scolopax mira* Hartert, 1916	*Scolopax mira*	*Scolopax mira*	*Scolopax mira*	VU
アカヒゲ	*Luscinia komadori komadori* (Temminck, 1835)	***Larvivora komadori komadori***	*Luscinia komadori komadori*	***Erithacus komadori komadori***	NT
沖縄島					
ノグチゲラ	*Sapheopipo noguchii* (Seebohm, 1887)	*Sapheopipo noguchii*	***Dendrocopos noguchii***	***Dendrocopos noguchii***	CR
ヤンバルクイナ	*Gallirallus okinawae* (Yamashina & Mano, 1981)	*Gallirallus okinawae*	***Hypotaenidia okinawae***	***Hypotaenidia okinawae***	EN
ホントウアカヒゲ	*Luscinia komadori namiyei* (Stejneger, 1887)	***Larvivora komadori namiyei***	*Luscinia komadori namiyei*	***Erithacus komadori namiyei***	NT
リュウキュウカラスバト	*Columba jouyi* (Stejneger, 1887)	*Columba jouyi*	*Columba jouyi*	*Columba jouyi*	EX

*日本鳥学会（2012）
**Gill and Donsker (2015)
***del Hoyo et al. (2014)
****IUCN (2015)
本表では，主要なリストによっては独立種として分類されている鳥類を示し，アミかけは日本鳥類目録改訂 7 版と異なる分類を定義している種・亜種を示す．アカヒゲは，亜種ホントウアカヒゲと亜種アカヒゲからなり，種アカヒゲとして日本の固有種である．
IUCN のレッドリストでは，EX（絶滅），EW（野生絶滅），CR（絶滅危惧 IA 類），EN（絶滅危惧 IB 類），VU（絶滅危惧Ⅱ類），NT（準絶滅危惧種），LC（軽度懸念）に分類してランク付けしている．（ ）内は環境省版レッドリストの用語と対応している．

図 9.2　奄美群島と沖縄島に生息する固有鳥類．いずれも自動撮影カメラによって撮られた画像である．①鹿児島県の県鳥に指定されているルリカケス．2008 年に国内希少種指定を解除された．②日中親子で採餌するアマミヤマシギ．③近年個体数が回復傾向にあるオオトラツグミ．④奄美群島以北で繁殖する亜種アカヒゲのオス．腹部脇に黒班がありホントウアカヒゲと明瞭に識別できる．⑤沖縄島北部やんばる地域で繁殖する亜種ホントウアカヒゲ．⑥ 2 羽のヒナを連れて採餌するヤンバルクイナ．

オオトラツグミ *Zoothera dauma major*（図 9.2 ③）は IOC の目録では独立種 *Z. major* と扱われているが，IUCN のレッドリストではトラツグミの亜種 *Z. dauma major* として分類され，LC にランクされている．IUCN が分類の参考にしている del Hoyo et al., (2014) では，オオトラツグミは本州や北海道で繁殖するトラツグミの亜種 *Z. dauma aurea* とさえずりが大きく異なることから，独立種とすべきであるとの見解で一致していたが，ヒマラヤ地方に分布する亜種 *Z. dauma dauma* とさえずりが似通っていることが明らかとなり，亜種として分類することになったとしている．一方で，IOC の目録では，この 3 亜種をすべて別種として扱っている．

種アカヒゲ *Lusciana komadori* は日本固有種で，奄美群島以北で繁殖が確認されている亜種アカヒゲ *L. komadori komadori*（図 9.2 ④）と，現在，沖縄島北部やんばる地域でのみ繁殖が確認されている亜種ホントウアカヒゲ *L. komadori namiyei*（図 9.2 ⑤）の 2 亜種が現存し，IUCN のレッドリストでは種アカヒゲとして NT にランクされている．この 2 つの亜種については，明確に遺伝的分化を示していること，渡り特性が異なること，また，翼の形状などの形態が異なることが明らかにされており（Seki et al., 2007），両亜種を独立種として分類するかどうかが検討されている．なお，アカヒゲについては，属名および科名についても分類が見直されており，目録第 7 版では第 6 版まで使用していたツグミ科ヨーロッパコマドリ属 *Erithacus* からヒタキ科ノゴマ属 *Lucinia* に変更している．しかし，現在採用されているノゴマ属も単系統ではないため，今後属名の分類が見直される可能性もある．後に紹介する最新の環境省編『レッドデータブック』（環境省自然環境局野生生物課希少種保全推進室，2014）では，第 4 次レッドリストの見直し作業時に目録第 6 版の分類を採用していたため，ヨーロッパコマドリ属が用いられている．

沖縄島に固有のノグチゲラとヤンバルクイナ *Gallirallus okinawae*（図 9.2 ⑥）については，目録によって属名について異なる見解がみられる．ノグチゲラの属名については後に詳述するが，両種ともに沖縄島北部の限られた地域に分布が限定され，ノグチゲラは CR（絶滅危惧 IA 類），ヤンバルクイナは EN（絶滅危 IB 類）と高い絶滅リスクと評価されている．

なお，2014 年に完成した日本繁殖鳥類の DNA バーコーディングが公開され，ここにあげた以外にも，キビタキ *Ficedula narcissina* の亜種リュウキュウキビタキ *F. n. owstoni* などが独立種として分類され，奄美群島や沖縄島の固有種に

表 9.2　奄美群島と沖縄島で繁殖する固有鳥類の環境省レッドリストランクと法律による保護の状況

和名	環境省レッドリスト 第2次 1998*	第3次 2006	第4次 2012	種の保存法**	文化財保護法
奄美群島					
オーストンオオアカゲラ	EN	VU	VU	国内希少種	天然記念物
ルリカケス	VU	ランク外	ランク外	指定解除	天然記念物
オオトラツグミ	CR	VU	VU	国内希少種	天然記念物
アマミヤマシギ	EN	VU	VU	国内希少種	沖縄県指定天然記念物***
アカヒゲ	VU	VU	VU	国内希少種	天然記念物
沖縄島					
ノグチゲラ	CR	CR	CR	国内希少種	特別天然記念物
ヤンバルクイナ	EN	CR	CR	国内希少種	天然記念物
ホントウアカヒゲ	VU	EN	EN	国内希少種	天然記念物

* 当時環境庁
** 絶滅のおそれのある野生動植物の種の保存に関する法律
*** 沖縄県文化財保護条例に基づく
網掛けはレッドリストランクが変更されたことを示す

加わる可能性が示されている（Saito et al., 2015）.

ここまで，奄美群島と沖縄島で繁殖する固有鳥類の分類と IUCN の最新のレッドリストのランクを見てきたが，国内での評価はどうなのだろうか．環境庁により 1991 年に最初のレッドリストに基づくレッドデータブックが作成されたが，ここでは，現在と同じカテゴリーで分類されている 1998 年（この時点では環境庁）以降に公表された環境省のレッドリストの変遷を表 9.2 に示す．なお，環境省のレッドリストでは亜種を単位に絶滅リスクの評価を行っている．また，あわせて，国内の法律による各種亜種の指定状況についても示した．

2012 年に公表された環境省の最新の第 4 次レッドリストでは，奄美群島に固有の鳥類は，ランク外のルリカケス以外は，VU（絶滅危惧 II 類）と評価され，沖縄島の固有鳥類はノグチゲラとヤンバルクイナが CR，ホントウアカヒゲが EN と評価されている．表 9.2 のランクの変遷を見ると，2006 年に公表された第 3 次レッドリストの見直し時に，奄美群島では亜種アカヒゲを除く 4 種・亜種でダウンリスト，すなわち絶滅リスクが低下したと評価され，対照的に沖縄島ではノグチゲラで CR が維持され，ヤンバルクイナで EN から CR,

図 9.3　奄美大島南西部に位置する油井岳で 2009 年 5 月に撮影されたフイリマングース.

ホントウアカヒゲで VU から EN にアップリスト，すなわち絶滅リスクが高まったと評価されている．奄美群島の固有鳥類については，固有鳥類が影響を受けていた外来種マングース（フイリマングース *Herpestes auropunctatus*，図 9.3）対策が進み（第 16 章，第 17 章参照），生息地の森林が回復傾向にあること，信頼できる調査によって個体数の回復傾向が確認されたことなどがダウンリストのおもな要因としてあげられている．一方，沖縄島の固有鳥類については，限られた地域に唯一の個体群が分布することや，外来種マングースの脅威が増していることなどがアップリストの要因としてあげられている．

奄美大島では，マングース防除事業の目標が奄美大島全島からの排除であるのに対して，現在の沖縄島におけるマングース防除事業の目標は，沖縄島北部の塩屋湾から，福地ダムと東村平良にかけて設置された 2 本のマングース北上防止柵の北側からのマングース排除を当面の目標としている．近年，沖縄島での柵の北側でのマングース対策は進展をみせ，マングースの低密度化や，ヤンバルクイナの分布回復が確認されるなどの成果をあげている．しかし，巨大な台風や津波などの災害等によってマングースの北上防止柵が破壊された場合，速やかな柵の修復やその後のマングース対策がスムーズに始められるかについては疑問があり，沖縄島全島からのマングース排除の実現，もしくは，恒久的に希少種が生息する地域へのマングースの侵入を防ぐ手法が開発されない限り，沖縄島の固有鳥類の大幅なダウンリストは望めない状況にあると私は考えている．

奄美群島や沖縄島の固有鳥類は，絶滅のおそれのある野生動植物の種の保存に関する法律（種の保存法）に基づく国内希少野生動植物種（国内希少種）の指定や，文化財保護法による天然記念物，特別天然記念物に指定されることで，法的に保護されている（表 9.2）．種の保存法により国内希少種に指定された種は，すべてではないが保護増殖事業計画が策定される．奄美群島と沖縄島の固有鳥類では，オオトラツグミ，アマミヤマシギ，ノグチゲラ，ヤンバルクイナで保護増殖事業計画が策定され，ヤンバルクイナでは人工増殖計画が進められている．

環境省の第 3 次レッドリストの改訂でランク外となったルリカケスは，2008 年 7 月に開催された中央環境審議会において，国内希少種の指定を解除することが了承された．これは，1993 年に種の保存法が施行されて以来，初めてのケースである．しかし，2014 年に刊行された最新の『レッドデータブック』（環境省自然環境局野生生物課希少種保全推進室，2014）では，序文でも，鳥類レッドリストの見直し結果にもルリカケスの文字は 1 語も掲載されていなかった．レッドリスト作成の最大の目的の一つとして掲載した種のダウンリストがあり，ルリカケスの事例は，日本のレッドデータブック編纂のもっとも重要な成果の一つと考えられる．しかし，一度，リストからはずれてしまうと，最新のレッドデータブックを読んだだけでは，ルリカケスがかつて国内希少種であったことすらもわからなくなっている．今後改訂されるレッドデータブックには，レッドリストの見直しごとの変遷を，ランク外となった種についてはその根拠の解説と併せて掲載するとより意義のあるものになるのではないだろうか．

ルリカケスは国内希少種の指定解除をされたが，文化財保護法による天然記念物には指定されている．オーストンオオアカゲラ，オオトラツグミ，亜種アカヒゲ，亜種ホントウアカヒゲが国指定天然記念物で，ノグチゲラは特別天然記念物に指定されている．アマミヤマシギは，目録第 7 版では沖縄島においては旅鳥または冬鳥とされ，これまで沖縄県内での本種の繁殖に関する確実な証拠はないが，沖縄県文化財保護条例に基づく沖縄県の天然記念物に指定されている．沖縄県内のアマミヤマシギについては，繁殖の有無の確認や，奄美群島の個体群との交流を含めた検討が必要である．

ここまでは，奄美群島と沖縄島で繁殖する固有鳥類の分類と絶滅リスクの評価，法律による保護の現状について概観したが，ここからは，私が直接保護増殖事業やその調査研究に関わってきたノグチゲラと，オーストンオオアカゲラについて紹介する．

3. ノグチゲラとオーストンオオアカゲラの分類

ノグチゲラは，南西諸島最大の島である沖縄島北部やんばる地域にのみ生息する褐色のキツツキである．Seebohm（1887）により *Picus noguchii* として記載されたが，その3年後，独特の羽色を持つことから Hargitt（1890）により1属1種のノグチゲラ属に分類が変更された．地上で頻繁に採餌する行動（図9.4）や独特の羽色を持つことから，キツツキ目の中でも古い系統であるノグチゲラ属として長く分類されてきた．しかし，その一方で，ノグチゲラの羽色，とくに白斑のパターンがオオアカゲラと類似していること（Goodwin, 1968），また，胴体部分のみではあるが，ノグチゲラの解剖学的な特徴が，他のアカゲラ属のキツツキと共通していること（Goodge, 1972）が指摘されていた．また，鳥類化石を用いた古生物学的解析および中琉球の固有種分布パターンから，オーストンオオアカゲラとノグチゲラを姉妹種にすべきと指摘する説も提案されていた（Matsuoka, 2000）．

最近行われた分子系統解析では，ノグチゲラはアカゲラ属のキツツキに近縁であることが明らかとなった（Winkler et al., 2005；Fuchs and Pons, 2015）．ノグチゲラはアカゲラ *Dendrocopos major* との共通祖先から分化した後，沖縄島をはじめ中琉球が海により隔離されるようになったとされる前期更新世（第1章参照）にオオアカゲラと分化したと推定されている．del Hoyo et al.（2014）による世界の鳥類目録ではこれらの研究成果が採用され，IUCN の最新のレッドリストでもノグチゲラはアカゲラ属に分類されるようになった．

1990年代以降，鳥類における DNA を用いた系統解析が盛んに行われるようになり，その成果が系統の推定や分類に活かされるようになってきている（梶田，1999）．2000年に出版された目録第6版では，これらの動きは過渡期にあり，拙速な分類変更は混乱を招くことから旧来の分類を尊重する改訂が行われた．しかし，目録第6版では併合主義的な古い分類体系が残されたことにより，国際的な活動やデータベースの利用において支障が生じていることが指摘されるようになっていた（西海，2012）．2012年に日本鳥学会の創立100周年記念出版として刊行された目録第7版では，DNA を用いた系統解析の研究成果を積極的に取り入れた改訂が行われ，日本の鳥類の分類が大きく見直されること

図 9.4　地上に降りたノグチゲラのオス．嘴には泥がついている．

となった．

日本鳥類目録では，ノグチゲラは 1922 年に日本鳥学会の創立 10 周年を記念して初めて刊行された目録初版から一貫してノグチゲラ属（*Sapheopipo*）として記載されている（ただし，目録第 4 版にはノグチゲラは掲載されていない．これは，1958 年の出版時，沖縄県は米国の統治下にあったため，沖縄島にのみ生息するノグチゲラは日本産鳥類と見なされなかったためである）．アカゲラ属自体が単系統ではないこと，また，Hargitt（1890）による属名変更以来，120 年以上使用され，日本の目録の初版から一貫して使用されてきた属名であることから，次の改訂での扱いが注目される．

ノグチゲラのように，近年の鳥類の分類に関する再検討は，おもに DNA に基づく分子系統学的研究の成果によるところが大きいが，前述したオーストンオオアカゲラの独立種の提案は，これとは異なる．オーストンオオアカゲラの独立種の提案は，del Hoyo et al.（2014）が採用している種の分類基準である Tobies et al.（2010）の提案に準じている．

Tobies et al.（2010）は，同所的に生息する近縁種間，つまり，生殖隔離がされていると考えられる種間の形態や生態の差異についてスコア化することによって，透明性の高い，また，定量的で検証可能な種分類の基準を提案している．この分類基準を用いることで，分類の専門家でなくても正しくパラメータをあてはめることによって，種の境界を判断することができるようになっている．種の分類はどうしても恣意的になりがちで，完全な客観性をもって境界を決めることができないものであるが，このような定量的な判断基準が示されることで，より客観的に種の境界を判断できるようになるはずである．ただし，del Hoyo et al.（2014）は，オーストンオオアカゲラをオオアカゲラと別種とすることについて提案したものの，比較したオオアカゲラの亜種ナミエオオアカゲラ *D. l. namiyei* の標本は2個体しか扱っておらず，Tobies et al.（2010）が示したサンプル数や判断基準を満たしていないため，定量的な検討をしたとは言い難い．

オーストンオオアカゲラの原記載論文で，Ogawa（1905）は，1904年12月から1905年1月に得られた31個体の標本（オス成鳥17個体，メス成鳥9個体，オス幼鳥5個体）をもとに，オーストンゲラ *Picus owstoni* として記載している．オーストンゲラは，オオアカゲラの亜種エゾオオアカゲラ（当時採用された学名 *Picus lenconotus subcirris*，目録第7版の *Dendrocopos leucotos subcirris*）とほぼ同じサイズか，わずかに大きいこと，羽色もオオアカゲラと似てはいるが，白色部があらゆる部位で少なく，下面はより濃い色となっていること，当時ほとんど詳細の分からなかったナミエオオアカゲラ *P. namiyei* や台湾産のタイワンオオアカゲラ *P. insularis* は，オーストンゲラよりもはるかに小さいこと，羽色の性的二型について，頭頂部の羽色が，オスで赤色でありメスで黒色であることのほかに，メスで背面下部の白色部がオスよりも多いことを指摘しており，del Hoyo et al.（2014）が指摘した形態的な差異については，すでに把握されていた．なお，Ogawa（1905）は，タイワンオオアカゲラやナミエオオアカゲラを独立種として扱っていた．目録第7版では，亜種オオアカゲラ *D. l. stejnegeri* とナミエオオアカゲラ *D. l. namiyei* の分布域は明確でないため，検討が必要であるとされている．

オーストンオオアカゲラの分類については，これまで形態学的な検討は行われてきたが，分子生物学的手法に基づいた系統関係についてはどうであろうか．長谷川・小高（2009）は，オーストンオオアカゲラの分子系統学的な位置づけを明らかにするため，環境省奄美野生生物保護センターで保存されていたオーストンオオアカゲラの標本2個体から胸筋の採取を行い，ミトコンドリアDNAチトクロームb領域を対象に系統解析を行った．この結果，オーストンオオアカゲラの遺伝子型は他のオオアカゲラ個体とわずか数塩基の置換しかなく，明確にオオアカゲラの亜種群に含まれた．オーストンオオアカゲラとノグチゲラの共通祖先がそれぞれの島に隔離されて分化したのではなく，オーストンオオアカゲラが後から奄美大島に進出して定着したのではないかと推測される結果であった．オーストンオオカゲラと他のオオアカゲラ亜種の間の遺伝的差異が非常に小さいことから，オーストンオオアカゲラの形態的な変異は非常に短い期間に進化したと考えられ，生物地理学的な履歴の似た奄美大島と沖縄島に生息するオーストンオオアカゲラとノグチゲラの由来が異なることが示唆された．

次の目録第8版でオーストンオオアカゲラを独立種と判断するかは，Tobies et al.（2010）の基準を満たしたパラメータに基づく適切な評価や，個体群の集団遺伝学的な研究成果，さらに生態に関する基礎調査による知見に基づいて，改めて総合的に議論されるべきであろう．あわせて，分布の境界が不明瞭なオオアカゲラの亜種間の関係についての研究が進むことが期待される．

4. 進化の続きを見るために

中琉球という共通した地史的背景を持つ奄美大島と沖縄島に固有のキツツキ，オーストンオオアカゲラとノグチゲラは，じつは，その由来が大きく異なることが明らかとなった．沖縄島に固有のノグチゲラは長く1属1種のノグチゲラ属と分類されてきたが，最近行われたDNAを用いた系統解析により，アカゲラ属のキツツキに近縁であることが明らかとなった．アカゲラ属 *Dendrocopos* の Dendro は，ギリシャ語で樹木という意味である．文字通り，アカゲラ属のキツツキはもっぱら樹上で採餌を行い，ほとんど地上に降りることはない．それにも関わらずノグチゲラは頻繁に地上に降りて土を掘って採餌を行う．とくにオスのノグチゲラでは，巣内ヒナに運ぶ餌の大半をセミの幼虫や地中性のクモが占める場合もある．それではなぜ，ノグチゲラは地上に降りて「地つつき」するようになったのだろうか．沖縄島北部やんばる地域には，日本で唯一の飛べない野生の鳥，ヤンバルクイナが生息している．ヤンバルクイナの無飛翔化の進化は，従来，地上における捕食性の哺乳類が生息していなかったため，安全な地上における採餌環境があることが重要な要因と考えられている．樹上性のアカゲラ属と共通祖先を持つことが明らかになったことから，ノグチゲラに見られる地上採餌も，もともとノグチゲラが地面を掘って餌をとるキツツキであったのではなく，沖縄島の環境に適応して独自に地上採餌行動が進化したと考えることができる．ノグチゲラは，他のアカゲラ属キツツキとの分化の程度から，中琉球が海によって隔離された前期更新世に分化し，100万年以上かけて独自の進化を遂げてきたと推定される．島環境において，地上における競争種が少なかったことと，地上における捕食性哺乳類が存在しなかったことが，進化の背景として重要であることが指摘されている（小高ほか，2009）．2006年9月，NPO法人どうぶつたちの病院沖縄による調査によって，マングースの消化管内容物からノグチゲラの羽が検出された（図9.5）．樹上に営巣するキツツキであるノグチゲラにとっても，マングースによる捕食が現実の脅威となっていることが示された．ノグチゲラ個体群の保護や，その進化の背景となった生態系を保全する上で，マングース対策をはじめとする外来種対策は重要な課題と言える．

オーストンオオアカゲラは，形態の特徴から独立種に分類すべきであると提案されている．一方で，分子系統学的な解析からは，つい最近，奄美大島に定着したと推定される結果が得られた．つまり，他の亜種とは明瞭に区別できる濃い羽色などの形態的特徴が短時間で進化したものと考えられるが，ではオーストンオオアカゲラではノグチゲラのような地上採餌行動は見られるのだろうか？　キツツキの地上での採餌行動を直接観察することは困難なため，私たちの調査や，マングース防除事業の一環で奄美大島に設置された自動撮影カメラの撮影画像をもとに，オーストンオオアカゲラの地上利用の割合を調べ，ノグチゲラとの比較を行った（小高ほか，2013）．

ノグチゲラやオーストンオオアカゲラが撮影された画像から足が写っている画像を抽出し，足が地面についているか，倒木・落枝の上にとまっているかを判別し，地上に降りている割合を計算した．すると，ノグチゲラのオスでは合計154枚の撮影画像の51.7%（80枚），すなわち撮影された画像の約半分で地面に降りていた（図9.4）．メス（合計52枚）では19.2%（10枚）と，オスの半分以下の割合で地面に降りていた．オーストンオオアカゲラではオス（合計66枚）で4.5%（3枚），メス（合計34枚）で0%（0枚）であった．地上に降りる割合は，種間や性間で異なり，オーストンオオアカゲラの場合，地上に降りているように見えても，よく見てみるとほとんどの場合倒木や落枝の上にとまっていた（図9.6）．しかし，NPO法人奄美野鳥の会の高美喜男さんは，2015年1月，果樹園の地上で，ヒヨドリ *Hypsipetes amaurotis* と並んで地面に落ちたタンカンを採餌するオスのオーストンオオアカゲラを撮影されている（図9.7）．このような例もあるが，いまのところオーストンオオアカゲラは，

図 9.5　マングースの胃内容から見つかったノグチゲラの羽毛（写真提供：NPO 法人どうぶつたちの病院沖縄）.

図 9.6　枝の上で採餌するオーストンオオアカゲラのオス.

ノグチゲラのような地上採餌への適応はしていないようである．オオアカゲラはキツツキの中でもとくに，カミキリムシの幼虫など，枯死木内部に潜む大型の幼虫を採餌することに専門化した，もっとも「キツツキ」らしいキツツキである．木つつきのスペシャリストであるオーストンオオアカゲラが，中琉球の島，奄美大島で今後，どのように進化を遂げていくのかとても楽しみである．

今後，何十万年，何百万年が経過すれば，オーストンオオアカゲラもノグチゲラのような地上採餌行動を進化させるのだろうか．しかし，現実は厳しそうだ．2014 年 6 月，奄美大島の龍郷町本茶峠（ほんちゃとうげ）付近の山林内で，オーストンオオ

図 9.7　ヒヨドリと並んで果樹園の地上でタンカンを食べるオーストンオオアカゲラのオス（写真提供：高美喜男氏）.

図 9.8　奄美マングースバスターズの自動撮影調査により記録されたオーストンオオアカゲラをくわえたノネコ（写真提供：環境省奄美自然保護官事務所）.

アカゲラを捕食したノネコ *Felis silvestris catus* が奄美マングースバスターズ（第 16 章参照）の設置した自動撮影カメラで撮影された（図 9.8）. オーストンオオアカゲラは，まだノグチゲラのような地上採餌への適応は進化させていないようである. このため，現在のオーストンオオアカゲラ個体群の保護のためには，ノネコ（第 15 章参照）やマングース（第 16 章参照）など地上の外来捕食者対策よりも，むしろ巣穴を掘るために十分な大きさの大径木があり，大型のカミキリムシ類が多く生息する枯れ木の多い老齢の天然林を大面積で確保することが重要であろう. しかし，私は，オーストンオオアカゲラの奄美大島での進化の続きを見るために，ノネコやマングースなどの外来種対策は非常に重要であると考えている．

5. おわりに

ノグチゲラは環境省によるノグチゲラ保護増殖事業により詳細な生態調査が行われ，カラーリング（色のついた足環）を用いた標識調査により野生下での最長寿命が12齢以上であることや，同一のつがいが10年継続してつがい関係を維持する事例を明らかにするなど，絶滅リスクの評価のために必要な個体群パラメータに関する情報が多く蓄積されてきている（環境省那覇自然環境事務所，2011）．世界自然遺産にふさわしい，科学的データに基づく順応的管理を行う上で必要なデータが蓄積されてきたといえる．一方，オーストンオオアカゲラは，これまで種か亜種かといった分類を検討するための基礎的な調査も十分行われておらず，また，剥製をもとにした形態に関する検討がされたものの，学術捕獲による計測や，標識調査による個体群パラメータに関する情報を得るための生態調査はまったく行われていない（石田，2015）．今後，ノグチゲラと同様にオーストンオオアカゲラの基礎生態の解明をベースとした保護増殖事業計画の策定が望まれる．

奄美大島や沖縄島は，徳之島，西表島とともに，ユネスコ世界自然遺産の候補地である奄美・琉球の中核となる地域である．今後，日本と世界で，この地域に生息する固有鳥類の分類や絶滅リスクがどのように評価されるのか，また，この地域で取り組まれている各鳥類種の生態に関する基礎研究や，種の保護・生態系管理ための事業の成果に世界的な注目が集まっている．読者の皆様にはこれからの研究成果に注目していただきたい．それとともに，一緒にこの地域の鳥類研究や保全に取り組む若い研究者が一人でも多く現れることを期待したい．次の国内外のレッドリストの改訂や，鳥類目録の改訂結果は，現在，私たちが取り組んでいる研究成果や，環境省，沖縄県をはじめ，マングース防除事業をはじめとする生態系管理に関わるすべての人たちの事業の成果が評価される通知表のようなものである．次の鳥類目録改訂第8版や，環境省の第5次レッドリストで奄美群島と沖縄島の固有鳥類の分類と絶滅リスクがどのように評価されるのか，注目していただきたい．本章が，関心のある読者にとって奄美大島をはじめとする中琉球での鳥学に取り組む機会になれば幸甚である．

引用文献

del Hoyo J, Collar NJ, Christie DA, Elliott A, Fishpool LDC (2014) HBW and BirdLife International Illustrated Checklist of the Birds of the World, Lynx, Barcelona（図解　世界の鳥類チェックリスト）.

Fuchs J, Pons J-M (2015) A new classification of the Pied Woodpeckers assemblage (Dendropicini, Picidae) based on a comprehensive multi-locus phylogeny. Molecular Phylogenetics and Evolution, 88: 28-37（多座位を対象とした包括的な系統解析に基づくキツツキ科アフリカコゲラ族キツツキの新しい分類）.

Gill F, Donsker D (Eds) (2015) IOC World Bird List (v 5.4). doi:10.14344/IOC.ML.5.4（国際鳥類学会議（IOC）世界の鳥類目録（v 5.4））.

Goodge WR (1972) Anatomical evidence for phylogenetic relationships among woodpeckers. Auk, 89: 65-85（解剖学的証拠に基づくキツツキ類の系統関係）.

Goodwin D (1968) Notes on woodpeckers (Picidae). Bulletin of the British Museum (Natural History). Zoology, 17: 1-44（キツツキ科鳥類についての報告）.

Hargitt E (1890) Catalogue of the Birds in the British Museum. XVII（大英博物館鳥類一覧 18）.

長谷川理，小高信彦（2009）オーストンオオアカゲラの系統的位置づけ．日本鳥学会大会講演要旨集 2009: 68.

石田健（2015）オーストンオオアカゲラ 生態図鑑 . Bird Research News, 12(4): 4-5.

IUCN (2015) The IUCN Red List of Threatened Species. Version 2015-3. <http://www.iucnredlist.org>（国際自然保護連合によるレッドリスト）.

梶田学（1999）DNA を利用した鳥類の系統解析と分類．日本鳥学会誌，48(1): 5-45.

小高信彦，久高将和，嵩原建二，佐藤大樹（2009）沖縄島北部やんばる地域における森林性動物の地上利用パターンとジャワマングース *Herpestes javanicus* の侵入に対する脆弱性について．日本鳥学会誌，58(1): 28-45.

小高信彦，大城勝吉，山室一樹，鳥飼久裕（2013）ノグチゲラとオーストンオオアカゲラによる倒木・落枝の採餌利用パターン：両種の生態的特性に配慮した森林管理手法の提案に向けて．日本鳥学会大会講演要旨集 2013: 47.

環境省自然環境局野生生物課希少種保全推進室（2014）レッドデータブック 2014―日本の絶滅のおそれのある野生生物―2　鳥類．ぎょうせい，東京．

環境省那覇自然環境事務所（2011）平成 22 年度ノグチゲラ生態調査総括報告書．環境省那覇自然環境事務所，那覇．

Matsuoka H (2000) The Late Pleistocene Fossil Birds of the Central and Southern Ryukyu Islands, and their Zoogeographical Implications for the Recent Avifauna of the Archipelago. Tropics, 10(1): 165-188（中・南部琉球列島の後期更新世古鳥類相，およびその現世列島鳥類相に対する意義）.

西海功（2012）DNA バーコーディングと日本の鳥の種分類．日本鳥学会誌，61(2): 223-237.

日本鳥類学会（2012）日本鳥類目録改訂第 7 版．日本鳥学会，三田．

Ogawa M (1905) Notes on Mr. Alan Owston's Collection of Birds from the Islands lying between Kiushu and Formosa. 日本動物学彙報，5(4): 175-232（九州と台湾の間に連なる島嶼から

アラン・オーストン氏が収集した鳥類標本についての報告).
Saitoh T, Sugita N, Someya S, Iwami Y, Kobayashi S, Kamigaichi H, Higuchi A, Asai S, Yamamoto Y, Nishiumi I (2015) DNA barcoding reveals 24 distinct lineages as cryptic bird species candidates in and around the Japanese Archipelago. Molecular Ecology Resources, 15(1): 177-186（DNA バーコーディングによって明らかになった日本列島とその周辺の鳥類における 24 種の隠ぺい種候補).
Seebohm H (1887) Notes on the birds of the Loo-choo islands. Ibis 5(5): 173-182（琉球列島の鳥類についての報告).
Seki, S-I, Sakanashi M, Kawaji N, Kotaka N (2007) Phylogeography of the Ryukyu robin (*Erithacus komadori*): population subdivision in land-bridge islands in relation to the shift in migratory habit. Molecular Ecology, 16: 101-113（アカヒゲ（*Erithacus komadori*）の系統地理：大陸島の島嶼における渡り習性の変化と関連した個体群の細分化).
高木昌興（2009）島間距離から解く南西諸島の鳥類相．日本鳥学会誌，58(1), 1-17.
Tobias JA, Seddon N, Spottiswoode CN, Pilgrim JD, Fishpool LD, Collar NJ (2010). Quantitative criteria for species delimitation. Ibis, 152(4): 724-746（種分類のための定量的な基準).
Winkler H, Kotaka N, Gamauf A, Nittinger F, Haring E (2005) On the phylogenetic position of the Okinawa woodpecker (*Sapheopipo noguchii*). Journal of Ornithology, 146: 103-110（ノグチゲラの系統学的位置づけ).
山崎剛史（2007）鳥類の保全と分類学．（山階鳥類研究所 編）保全鳥類学，13-31．京都大学学術出版会，京都.

第10章

トゲネズミ類の生息状況，とくにトクノシマトゲネズミについて

人との出会いと生物調査

城ヶ原貴通

トゲネズミとの出会いから，トゲネズミ研究を開始して徳之島での調査を始めるまで，長い時間を要した．徳之島で調査をするようになり，４年の月日が流れようとしており，この間にトクノシマトゲネズミ調査では苦労を重ねながらも，多くの島の方々との出会いに恵まれてきた．また最近では，徳之島におけるケナガネズミ調査も開始し，島のネズミの現状が少しずつ明らかになりつつある．一方，徳之島の自然を巡る環境は，決して楽観視できる状況ではない．本章では，一人の研究者として島を訪れて調査を始めるに至った経緯を含め，調査の面白さ，難しさについて紹介できればと思う．

1. はじめに

2015年5月8日．朝，目が覚め，外の空気を吸うため宿舎の玄関先に立った．外に出た瞬間，湿り気の多い，なんとも特徴的な香りが鼻をついた．大型で非常に強い勢力の台風6号がフィリピン沖を通過しており，南西諸島にも上陸するであろう経路を取っていた．なんでも5月上旬に台風6号が発生したのは，44年ぶりのことだそうだ．じつは，その頃すでに台風7号が発生しており，観測史上最速のペースでの台風発生数というニュースが巷を賑わせていた．このところ，異常気象などという言葉が世間を賑わせているが，もはや何が異常で，何が通常なのかもよくわからないな，なんてことを思いながら，調査の準備に取りかかった．ここ数年，トクノシマトゲネズミ *Tokudaia tokunoshimensis* の生息状況調査が難航しており，2年ぶりにゴールデンウィークに徳之島での調査をしたときのことである．かれこれ徳之島に調査に来るようになり4年が経とうとしている．初めて徳之島を訪れたのが2011年12月であったが，そのときは今のような状況に陥るとは思いもしなかった．ただ，トクノシマトゲネズミの現状について，最近誰も調べていないのなら，沖縄島や

奄美大島と同じように調査をしようという軽い気持ちで訪れたのが本音だった．もちろん，希少種を相手にしている以上，その種の重要性を軽んじて挑んだ訳ではない．ただ，徳之島なら行けば捕れるだろうというくらいの軽い考えだったことは否めない．この軽い気持ちで踏み入れた徳之島にこれだけ多くの経験や苦戦，そして多くの温かい人たちとの出会いに恵まれることになるとは思いもしなかった．

2. トゲネズミとの出会い，調査の始まり

私がトゲネズミ調査をすることになったきっかけは，個人的なことを抜きに話が始められない．何の特徴も面白味もない回想録だが，しばしお付き合いいただきたい．一人の研究者が，どのようにして今の研究に取り組むようになっていったのかを笑覧してもらえたらと思う．

1999 年，私は琉球大学農学部生産環境学科に入学した．当時，動物のことなどまったく知らなかったが，ただ漠然と動物，とくに哺乳類に関わる調査・研究がしてみたいなんて程度の考えだけで大学に進学した．ハッキリ言って，それならば琉球大学であれば理学部，もっと言えば琉球大学以外の選択肢が正解だったと思う．動物学の研究者というと，子どもの頃からの昆虫少年や動物マニアがなると思われるかもしれない．そういった人が多いのも事実である．しかし私の場合は，本当に何も知らない，普通の学生（大学選択という意味では高校生？）だったと思うし（たぶん），いうならばその程度の学生だったのだ．大学に入り，いろいろな動物について知る機会が増えてきた．とくに，琉球列島には特異的な両生爬虫類，昆虫が多数生息しており，そういった動物たちが多くの人を魅了してやまない．もちろん，私の同期にも沖縄の虫にあこがれて琉球大学に来たなんてやつもいた．その中で，哺乳類について何が生息しているかを調べてみると，ネズミとコウモリあるいは外来種しかいない島だということに気が付く．本当に，その程度の発想で大学に行くこと自体が問題だったのかもしれない．なんてところに来てしまったのかと，後悔した部分もあった．しかし，琉球大学を選択したことがその後の私の人生を大きく決定づけていくことになった．大学 1 年のときからいろいろな研究室にお邪魔したりして，先輩たちにいろいろと教えてもらったり，調査に同行させてもらったりと，そんな学生生活を送っていた．そんなとき，後に指導教官となる小倉剛先生に「哺乳類学会というのがあるから興味があるなら行ってみたら？」なんて

教えてもらった．先生的にはとくに深い意味はなく，思いつきで言っただけだろうが，そんなのがあるならぜひ行ってみようと，真に受けて参加させてもらうことになった．日本中の哺乳類研究者が集まり，多くの最新の情報を聞くことができる学会，正直，何を言っているのかさえわからないというのが実際のところであったが，その空気に圧倒され，あこがれのようなものを抱いた．後に，2001 年には琉球大学で開催するなどという情報も知った．そして，沖縄大会のときには発表したい，なんてさらに勘違いが進んでいってしまった．とくに自分で調査をしている訳でもないのに，本当に勘違いも甚だしいと，今でも思う．大学 2 年生の冬ぐらいから，小倉先生の研究室（当時は川島由次先生が教授だったので，正確には川島研究室だが）に出入りし，調査の手伝いをさせてもらったりしていた．そこで，大学 1 年のときに先輩の調査で手伝った沖縄島北部のやんばると呼ばれる地域のノネコの糞分析を自分もやりたい，と小倉先生に伝えた．小倉先生は，自分でできるなら，やってみたら？　と，快諾してくださった．本当に，研究室所属前の学生で，よくわからないようなやる気？　だけの学生が言ってきたことに，何の躊躇もなく認めてくださったことを今でも感謝している．しかし，このことが今の私の研究に繋がることになった．やんばるには毎週末になると車で 2 時間かけて通い，ひたすら林道を歩いてノネコの糞を集めた．そして，研究室ではノネコの糞をバラバラにして，顕微鏡の下で未消化物を分類群ごとに分けていく作業を続けた．まさに変態のような生活だ．そして，ある糞を分析していたところ，特徴的な刺状の毛が無数に出てきた．これが，私とトゲネズミ（オキナワトゲネズミ *T. muenninki*）の初めての出会いであった．1980 年代までは，やんばるに落ちているノネコの糞を分析すると，80%近い糞の中にオキナワトゲネズミが入っていたと報告されている（沖縄県教育委員会，1981；宮城，1976）．しかし，1990 年代に行われた調査ではその値が 12.5%（大島ほか，1997）にまで減少し，1999 年の調査（河内・佐々木，2002）では，ついに検出されなくなってしまった．オキナワトゲネズミの生息情報は途絶えており，2001 年に私がノネコの糞から検出したオキナワトゲネズミ（城ヶ原ほか，2003）が最新の記録となったのであった．その後，オキナワトゲネズミの生息記録はまったく更新されることはなかったが，さすがにオキナワトゲネズミともなると一学生が調査をするにはハードルが高かったし，どのように調査をすればいいのかも思いつかなかった．私自身も大学院進学とともに沖縄を離れ，オキナワトゲネズミの状況について気にはなるものの，何もできないもどかしさを抱えたまま，いつかは研究したいと思いながらも，新たな研究へと進んでいった．

そんな心にもやもやを抱えていたあるとき，オキナワトゲネズミの調査を始めた人がいることを知った．森林総合研究所の山田文雄さんである．当時，私はまだ大学院博士後期課程の学生であり，とにかく博士論文をまとめるために時間を集中的に割いているときだった．でも，何かの役に立てればと思い，学会で山田さんに声を掛けてみた．そのときに，私の調査での記録地点については伝えた．そして，2008 年 3 月，オキナワトゲネズミがじつに 30 年ぶりに山田さんたちによって捕獲されたのだ（Yamada et al., 2008）．これは私のノネコの糞以来のオキナワトゲネズミの生息情報である．私は，オキナワトゲネズミが生息していたことにホッとするとともに，自分もトゲネズミ研究に関わりたいと思うようになった．

そして，岡山理科大学理学部動物学科に着任し，今後，どのような研究をしていこうかと模索している中，当然のように，その中の一つとして，トゲネズミ研究をあげていた．山田さんにコンタクトを取り，研究の現状をお聞きして，私ができそうなことの提案などをさせてもらい，トゲネズミ研究のグループに加えていただいた．そして，私のトゲネズミ研究が始まっていったのである．

3. トゲネズミとは?

そもそも，トゲネズミについての説明がまだであった．トゲネズミとは，齧歯目ネズミ科トゲネズミ属に属する小型哺乳類であり，沖縄島，奄美大島，徳之島のみに生息する固有種である．トゲネズミ属は，それぞれの島で種分化を起こしており，オキナワトゲネズミ，アマミトゲネズミ（*T. osimensis*），トクノシマトゲネズミと独立種として記載されている．トゲネズミ属は，1972 年に国の天然記念物に指定され，国際自然保護連合（IUCN）ならびに環境省のレッドリストにおいて，それぞれオキナワトゲネズミは Critically Endangered（CR），絶滅危惧 IA 類，アマミトゲネズミとトクノシマトゲネズミは Endangered（EN），絶滅危惧 IB 類に選定されている．レッドリストのカテゴリーを表 10.1 に示す．つまり，すべての種が絶滅危惧種であり，近い将来に絶滅のおそれが高いネズミたちである．

トゲネズミは，1933 年に阿部（1933）により奄美大島産標本 4 個体を用いてクマネズミ属である *Rattus jerdoni* の一亜種 *R. j. osimensis* として記載された．

表 10.1　環境省レッドリストにおける絶滅のおそれのある種のカテゴリー（ランク）

カテゴリー	意味
絶滅（EX）	我が国ではすでに絶滅したと考えられる種
野生絶滅（EW）	飼育・栽培下あるいは自然分布域の明らかに外側で野生化した状態でのみ 存続している種
絶滅危惧Ⅰ類（CR＋EN）	絶滅の危機に瀕している種
絶滅危惧ⅠA類（CR）	ごく近い将来における野生での絶滅の危険性がきわめて高いもの
絶滅危惧ⅠB類（EN）	ⅠA類ほどではないが，近い将来における野生での絶滅の危険性が高いもの
絶滅危惧Ⅱ類（VU）	絶滅の危険が増大している種
準絶滅危惧（NT）	現時点での絶滅危険度は小さいが，生息条件の変化によっては「絶滅危惧」に移行する可能性のある種
情報不足（DD）	評価するだけの情報が不足している種
絶滅のおそれのある地域個体群（LP）	地域的に孤立している個体群で，絶滅のおそれが高いもの

しかし，Tokuda（1941）により頭骨や歯の特徴はアカネズミ（*Apodemus speciosus*）に似るところがあるとされ，新属 *Acanthomys* が提唱された．しかし，黒田（1943）は，*Acanthomys* はすでに用いられていることを指摘し，*Tokudaia* を提唱して，現在でもこの属名が引き継がれている．最近の分子系統による研究によっても，これらは支持されており，アカネズミ属（*Apodemus*）に近縁であるとされている（Sato and Suzuki, 2004）．黒田（1943）による分類の後，Johnson（1946）は沖縄島産のトゲネズミが奄美大島産のトゲネズミよりも大型であることを確認し，沖縄島のトゲネズミを *T. osimensis muenninki* として報告した．徳之島にトゲネズミが生息することが確認されたのは，1977 年のことである．その後，染色体や分子遺伝学的手法により，それぞれ 3 島間での分岐は古く，別種であると議論されてきた（土屋ほか, 1989）．これらの結果を受けて，Musser and Carleton（1993）において，奄美大島産と徳之島産は *Tokudaia osimensis*，沖縄島産は *Tokudaia muenninki* と，それぞれ独立種として扱われるようになる．しかし，両論文において，徳之島産について，分類に重要である形態学的識別は行われてこなかった．徳之島産トゲネズミが独立種として記載されたのは，21 世紀に入ってからのことである（Endo and Tsuchiya, 2006）．

また，トゲネズミ属の染色体数は，オキナワトゲネズミは 2n＝44，アマミトゲネズミは 2n＝25，トクノシマトゲネズミは 2n＝45 である（土屋，1981）．そして，もっとも特徴的な点は，アマミトゲネズミとトクノシマトゲネズミは性染色体が XO（エックス・オー）ということである．哺乳類の性染色体はメスは XX，オスは XY を持つのが一般的である．この性染色体の構成によりオスとメスが決まるのである．ところが，アマミトゲネズミとオキナワトゲネズミは，オスもメスも X 染色体一本しか持たないのだ．つまり，O（オー）とは，染色体の形ではなく，ゼロという意味である．さらに，Y 染色体上に存在する *SRY* 遺伝子というのがオスを決定するのに重要な遺伝子であるとされている．それならば，*SRY* 遺伝子がどこか別の場所に移動したのかと考えるのが通常の流れであろう．しかし，アマミトゲネズミとトクノシマトゲネズミは，Y 染色体をなくした上に，*SRY* 遺伝子までも消失させてしまっているのである．このことから，トゲネズミがどのように性を決めているのかという点について，今では世界中の注目が集まっている．この研究については，北海道大学の黒岩麻里先生のグループが精力的に進めておられるので，そちらを参照いただきたい（たとえば Kuroiwa et al., 2011）．ちなみに，現時点でトゲネズミの性決定機構については解明されていない．

そして，さらに興味深いのがオキナワトゲネズミの Y 染色体である．多くの哺乳類において，Y 染色体は小型化あるいは消失傾向にあるということがよくいわれている．そのセオリー通りのような動物がまさにアマミトゲネズミ，トクノシマトゲネズミなのかもしれない．だが，オキナワトゲネズミについてはどうだろうか？　じつは，X 染色体とともに Y 染色体が大型化しているのである．この点は，徳島大学の村田知慧先生たちが精力的に研究を進めておられるので，そちらを参照いただきたい（たとえば Murata et al., 2010, 2012）．

生物の進化を見る上で，動物の近縁関係（系統関係）というのを考慮する必要がある．つまり，近い動物の仲間か，遠い仲間かという考え方である．そのときに，同じトゲネズミ属というとても近い仲間同士で，Y 染色体をなくしたグループと XY とも大型化させたグループが存在することは，性染色体の進化を考える上で，このうえなく好都合な現象を伴ったネズミなのである．しかし，トゲネズミ属は国指定天然記念物であり，それぞれ希少種に指定されており，生息数も限られている．そのため，保全学的考慮をしながら研究を進めなければならず，多くのサンプルが得られないのが実状である．トクノシマトゲネズミの記載が遅れた要因も徳之島の生物相に興味を持つ研究者が少なかったこともあるが，生息数が少ないことも大きく関係している．そのため，純粋に科学的欲求のみならず，トゲネズミの保護・保全を両立するための研究スタイルが求められる．

4. トゲネズミの生息情報

私がトゲネズミ研究を始めた頃，奄美大島と沖縄島のトゲネズミ生息状況が徐々にわかり始めてきたときであった．奄美大島では環境省が行っている特定外来生物マングース防除事業における混獲情報により，沖縄島では私も加わった森林総合研究所の山田さんたちのグループによって情報が蓄積されてきたことが大きい．

図 10.1 で示したグラフは，環境省那覇自然環境事務所の報道発表資料（http://kyushu.env.go.jp/naha/press.html）で公表されている各年度の奄美大島におけるジャワマングース防除事業（実施結果）より，2002 年度から 2012 年の間の設置わな数，マングース捕獲数，アマミトゲネズミ混獲数のみを抜粋して作成したものである．設置わな数は年々増加しており，2009 年度以降は 1 年間で 200 万わな日を突破している．200 万わな日といってもよくわからないかもしれないが，1 個のわなを 1 晩設置したら 1 わな日と計算し，それが 1 年間で 200 万個実施されたということになる．実際は，土日祝日ならびに台風などで調査に出られない日があるため，野外作業の実働としては 200～250 日程度である．仮に 250 日とした場合，2012 年度では 226 万 2255 わな日だったので，1 日あたり 9050 個のわなを設置したことになる．学会などでも響めきが起こるわなの多さである．しかも，道路沿いなど楽な場所ばかりでなく，奄美大島の急勾配に富む森の中にも編み目のようにわなルートが張り巡らされているのである．正直，1 日中森の中を歩き，わなを見回る作業をひたすら続けることはとてもタフな仕事である．私自身も 1 週間同行させてもらったことがあるが，とてもついていけなかった．この調査を 40 数名の奄美マングースバスターズという屈強な男たちが担っているのである（第 16 章参照）．図 10.1 を見ると，年々わなの設置数は増加しているが，一方でマングースの捕獲個体数は減少していることが目につく．これは，マングースの捕獲努力を続けた結果として，マングースの生息個体数が減少してきたためである．一方，2009 年より急上昇したのがアマミトゲネズミの混獲である．マングースの生息数が減った結果，アマミトゲネズミなど他の希少種の個体数が回復してきた

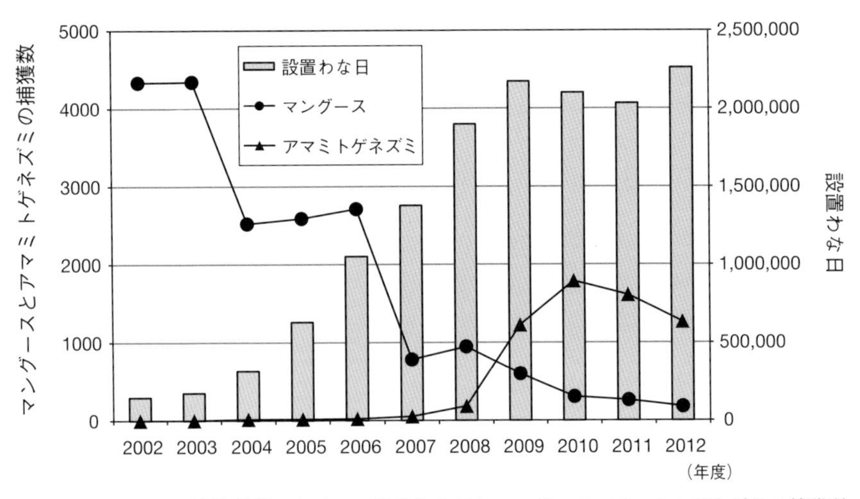

図 10.1 マングース防除事業における，設置わな日とマングース，アマミトゲネズミの捕獲数の推移.

のである．このマングース防除事業により，これまであまり知られていなかった奄美大島全域でのアマミトゲネズミの生息状況が明らかになってきたのである（第 16 章参照）.

一方，オキナワトゲネズミについては，2008 年 3 月の再発見（Yamada et al., 2008）以来，その捕獲地を中心として，徐々に生息域がわかってきた．この過程には私たちの調査とともに，こちらでも沖縄県・環境省によるマングース防除事業による混獲情報あるいは，住民からの死体拾得情報などが加わった結果である．一時は絶滅したと思われたオキナワトゲネズミは，現在ではやんばるの 5 km 四方の地域に生息していることが明らかになっている．もちろん，とても狭いエリアであることは否めないため，保護対策が急務な状況である.

奄美大島と沖縄島では，外来種の対策として実施してきた調査により，トゲネズミの生息情報が蓄積されてきている．一方，マングース防除事業では，トゲネズミなどの希少種の混獲致死防止などの策が必要となってきており，マングース捕獲作業に一定の足かせとなっているのも事実である．もちろん，トゲネズミをはじめとした希少種が回復していることは歓迎すべきことであるし，本来のマングース防除の主たる目標である．両島のマングースバスターズの方々の努力には本当に頭がさがる.

私たちも奄美大島，沖縄島でのトゲネズミ調査を継続しており，現在では生息密度調査など新たな調査も展開している．そんな中，やはり気がかりなのが徳之島であった．トクノシマトゲネズミの生息状況はまったくわかっておらず，誰も調べていない状況が続いていた．私たちもだが，なぜ徳之島での調査が遅れていたかというと，やはりその交通の便にある．私の住む岡山から徳之島に行く場合，岡山から新幹線で新大阪まで行き，大阪伊丹空港から鹿児島空港，そして鹿児島空港から徳之島空港へと乗り継ぎが多い．そのため，一度の調査でかかる費用も，交通費だけで10万円近くなる．このことが躊躇していたもっとも大きな理由であった．私自身の研究費が潤沢になかったのも大きな問題であった．しかし，そのようなことを言っていては何も始まらない！　と思い，まずは2011年12月に冬のボーナスを使ってトクノシマトゲネズミ調査に乗り出した．

5. 2011年12月，初めての徳之島調査

2011年12月17日，初めて訪れた徳之島は，やはり南の島特有の湿度を伴った生暖かい空気で包まれていた．初めての徳之島調査は，私に加え，森林総合研究所の山田文雄さん，北海道大学の大学院生，琉球大学の後輩とその友人ならびに岡山理科大学の私のところの研究室の学生の総勢6名で始まった．

初めて徳之島を訪れ調査を行ったときに感じた印象は，とにかく森が小さい上に，分断されているということである．徳之島は周囲約80 km，面積247.77 km^2 程度の大きさで，縦長な形をしている．島の北から1/3程度のところに大きな生活道路が東西に通り，その両側には民家あるいはサトウキビ畑が広がっている．在来ネズミ類にとっては，道路の北側と南側の森の間の交流は難しいであろうという印象を受ける．また，島の主要な産業は農業であり，島中にサトウキビ畑が広がっている．多くの森は畑へと転換されており，山岳部を除くほとんどの部分が畑あるいは民家になっている．稀少生物の中心的生息地と畑が隣接し，バッファーゾーン（緩衝地域）がない状況であった．とにかく，初めて訪れた徳之島の森の状況に驚愕した．

とはいうものの，いつもアマミトゲネズミ，オキナワトゲネズミの捕獲調査を実施しているメンバーが揃っており，トクノシマトゲネズミの捕獲もすぐにできるであろうと高をくくって調査を開始した．調査は，島の森の中を通っている林道を車で回りながら，過去にトゲネズミの生息記録があった地点やこれまでの経験から生息していそうな場所などを探すところから始めた．森は小さ

いものの，それなりに生息していそうな雰囲気の場所はいくつかあった．そのような，過去の記録や勘だけを頼りにひたすらわなや自動撮影カメラを設置していった．動物の調査といっても，何ら最新鋭の機械や方法がある訳ではなく，結局最後は勘が頼りなのである．調査を開始して1週間，トクノシマトゲネズミはまったく捕まらず，唯一自動撮影カメラで1枚撮影できただけだった．しかし，1週間が経ったときから，一気に捕まりはじめ，最終的には7個体の捕獲に成功した．ただ，この7個体すべてが島の北側の森であり，そのうち6個体が半径20 m程度の範囲で捕まったのだった．まだ1回調査を行っただけで細かいことはわからないにしても，かなり生息地が限られているのかもしれないと思った．ただ，それでも生息しているところにはそれなりの個体数が生息しているのだろう．そんなことを考えながら，初めての徳之島調査を終えた．

初めて生きたトクノシマトゲネズミを見たときの印象は今でも忘れられない．先述の通り，トクノシマトゲネズミは2006年に記載された種である．図鑑などでも体の大きさは沖縄島や奄美大島のトゲネズミに比べ大きいと書かれているが，一目実物を見た瞬間，「これは別種だ！」と思ってしまうくらい，大きかったのだ．まさに，実際に調査で現場に出るからこそ味わえる感動であった．

じつは，徳之島調査を進める上で，今の私たちの調査になくてはならない出会いがこの調査期間中にあった．トゲネズミ調査に参加していたメンバーのほとんどは，徳之島へ初めて訪れた，あるいは数回来たことがあるといった程度であり，あまり島のことをよくわかっていなかった．そのため，調査にご一緒した山田文雄さんが，調査前に環境省奄美野生生物保護センターの方々や徳之島での調査経験を持つ方々に，どういった方にお目に掛かったらよいかなどを聞いていてくれた．徳之島での調査を進めながら，少しずつ会って行こうと考えていた．なぜなら，調査を進める上で貴重で重要な情報をいただくことができるからであるが，それだけではない．徳之島に限らず，南西諸島の島々には貴重な動植物が多数生息している．中には，世界中でその島にしか生息していないものなどもいる．そのため，マニアなどが島を訪れ，貴重な昆虫や植物を大量に捕獲・採取し，それらを本土に持ち帰り，販売するといったようなことがときどき生じている．その中には，いくつかの法律で規制されており，島から持ち出すどころか，さわることすら禁止されている動植物も含まれている．つまり，密猟・盗掘である．そのため，私たち調査者もだが，地元の自然保護関係者や愛好家は，そのような不審者につねに目を光らせている．

調査中，とある珍事件が起こった．私たちが調査に入る林道などは，とても普通の人たちが普段行くような場所ではない．まず，人には会わないだろうといったような場所である．そしてもちろん，前述の貴重な動植物が生息・自生していてもおかしくなさそうな場所である．その上，調査のときの服装は，いかにも「森に入ります」といったような格好をしている．まぁ，簡単に言えば，私たちも十分に不審者に見えるのである．わなの見回りをしていたある日，森の中でいかにも何か生き物を探している様子の数人組に出くわした．もちろん，私たちはきちんと許可を取って調査に入っている．でも，向こうはどうかわからない．もしかして何かの密猟か？　なんて思いながら，車で通り過ぎる間，ずっとあちらの様子をうかがって通過した．ただ，向こうもこちらを見ている．約30分後，わなの確認が終わって再び同じところに戻ってきた．まだ例の数人組がいるではないか．もちろん，普通に声を掛ければいいのだが，私たちも初めての徳之島で，この島でどのような方々が活動しているのか，あるいは，そういった方々がいるのかなどあまり多くの情報がない．その上，仮に密猟者であった場合に，何かともめる可能性があるため，その後の体制づくりが難しいという思いもあった．しかし，そんな心配は，一気に吹き飛んだ．その夜，事前に環境省奄美野生生物保護センターでうかがっていた連絡先の方に電話をし，夕食でも食べながらお話をしましょうということになった．その方々は，NPO法人徳之島虹の会という団体を立ち上げたばかりで，徳之島の現状を鑑み，島の自然・文化を未来に繋いでいくための活動をしているとのことであった．そして，例の不審な車の話になった．すると，「あ〜！　あれ先生たちだったんだ〜！」．つまり，お互いが不審者と思っていたのは，島の自然を調査する者同士だったのだ．これが，私たちと徳之島虹の会との出会いであった．今では，徳之島へ調査に行くときは，かならず連絡を取り，いろいろな情報交換や講演会をさせていただいたり，学会で集会を一緒に企画しあうような仲になっている．この出会いなくして，徳之島調査はここまでできなかったであろう．それだけ，辛い思いをする調査が待ち構えているとは，このときはまったく想像もしていなかった．

6. 徳之島苦戦記

2011年の初めての調査で，苦労しながらも7個体のトクノシマトゲネズミを捕獲することができ，かなり生息は限られるものの，これまでの奄美大島や沖

図 10.2 トクノシマトゲネズミの目撃情報があった地点に設置した自動撮影カメラに写ったノネコ.

縄島の経験もあり，行けば捕獲はできるだろうとさらに自信を深めていた．しかし，その自信はもろくも打ち破られ，その後，2 年に渡って苦しむこととなる．

2012 年 12 月，2 回目の徳之島調査を行った．今回は，総勢 8 名，北は北海道大学，南は宮崎大学からの参加があり，トゲネズミの調査経験が豊富な精鋭メンバーであった．調査は，島の北と南に分かれ，それぞれトクノシマトゲネズミが生息していそうな場所へわなと自動撮影カメラを設置して実施した．昨年出会った徳之島虹の会の方々からも，この一年間でのトクノシマトゲネズミの目撃情報をいただくことができ，準備も万端であった．とにかく，きちんとした分布を含めた生息状況を明らかにするために，捕獲により 1 つずつ確認していく作業に取りかかった．そして，12 月 22 日から 30 日の 9 日間で，合計 834 個のわなを仕掛けた．ところが，前年に捕獲した地点で自動撮影カメラにより 1 個体だけ撮影に成功したが，1 個体も捕獲ができず，目撃情報があった地点でも自動撮影カメラによる確認すらできなかった．昨年とはまったく異なる結果であった．その要因として，2012 年 9 月に徳之島を直撃した台風 15 号，16 号，17 号の影響があるとも考えられた．じつは，そもそも森の状況が一変していたのである．森の林冠は葉が少なく，多くの光が林床に差し込み，森全体が乾燥した雰囲気に包まれていたのである．そのため，森全体が活力の感じられない雰囲気になってしまっていたのだ．徳之島虹の会の方々の話では，希少な植物たちも甚大な影響を受けており，心配しているとのことであった．この影響は，やはり他の島でも起きており，沖縄島のやんばるでも森の様子が一変していた．さらに，追い打ちを掛けるような結果も得ることになった．トクノシマトゲネズミの目撃情報がある地点に仕掛けていた自動撮影カメラに，ノネコが写ったのである（図 10.2）．ノネコといえば，オキナワトゲネズミの事例が頭をよぎった．森の状況が悪化し，その上，ノネコによる被害まで生じてしまえば，生息地が限られたトクノシマトゲネズミの個体群にどこまでの影響が出ているのか，想像もつかない．今の時点で，何をすべきなのかすら見当がつかないとまで感じたのだった．

そして，さすがにこのままではよくないと思い，2013 年のゴールデンウィークに再度調査を行った．今回は，少人数での調査であり，わなはあまり設置できないが，まずはトクノシマトゲネズミの生息をきちんと再確認することを目的として実施した．合計 240 個のわなを設置し，幸いにも 2011 年 12 月に捕獲した地点で 1 個体の捕獲に成功した．あまりよい状況ではないものの，少しほっとしたのも事実である．しかしその後，この個体を最後に，わなではまったく捕獲ができない上に，自動撮影カメラでの撮影数も減少してしまった．そのため，それまで自動撮影カメラの設置は，調査期間中のみ行っていたが，1 回あたりの調査期間を短くするなどし，次回来島時までカメラを掛けっぱなしにするなど，とにかく生息確認に取り組んだ．その間，4 度の調査で徳之島を訪れることとなった．そして，2015 年に入って，地元の方々の目撃記録が増加し，2015 年 5 月に約 2 年ぶりに生きたトクノシマトゲネズミを 2 個体捕獲することができた．この間，本当にどこに生息しているのか，あるいは単に生息数が減少してしまったのか，そもそも調査方法に問題があるのかなど多くのことを悩んだ．本当に，長い 2 年の年月を過ごした．

7. トクノシマトゲネズミの現状とこれから

2015 年に入り，地元の方々のパトロールなどでトクノシマトゲネズミの目撃情報が増えてきた．これは，トクノシマトゲネズミの個体数が増加したのか，それともたまたまパトロールルートに多くの餌などがあり目撃される機会が増えたのか，その要因は定かではない．しかし，少しでも生息に関係する情報を蓄積していくことは，将来に渡りトクノシマトゲネズミがどういった状況であるかを知る大切な手がかりになることは間違いない．2013 年 10 月に環境省徳之島自然保護官事務所が開設され，現在，1 名の自然保護官と 1 名のアクティブ・レンジャーが常駐している．これまで徳之島には，地元で関わりを持ちながら自然保護に関わる行政的拠点がなかったが，今では，その役割を一手に担っている．私たちも，これまで集めてきたトクノシマトゲネズミなどの情報をすべて提供し，島できちんと情報を蓄積していってもらえるように微力ながら協力させてもらっている．このような取り組みが，今後の徳之島の自然環境の保全，トクノシマトゲネズミの保護に繋がれば嬉しく思う．

しかし，まだまだ問題は山積している．たとえば，その代表例として，ノネコ対策があげられる（第15章参照）．ノネコとは，飼い猫（イエネコ）が野生化したものである．ネコは，家で見る限りとてもおとなしく，人なつこいが，じつは彼らはとても優秀なハンターとしての一面を持っている．私が学生時代に行った調査においても，基本的に餌を与えられている人里に生息する（飼育されている）ネコが多くの野生動物を食べていることを示した．（城ヶ原ほか，2003）ネコの優秀なハンティング能力は，世界的にも認められており，IUCNの外来侵入種ワースト100にネコがあげられるほどである．本来，人がきちんと飼うべきネコを，心ない人々が捨て，自然界という危険な環境で生きていかなければならない状況に追い込んでしまったのである．ネコにとっては迷惑な話である．しかし，彼らは優秀なハンターである．そのため，多くの野生生物を捕食し，そのことが世界的な問題となっているのである．それは，徳之島とて例外ではない．環境省や関係する研究者が調べた調査において，多くのトクノシマトゲネズミが食べられていることが明らかになった．中には，1個体で1から2日の間に少なくとも4個体のトクノシマトゲネズミを食べていたという事例まで報告された（山田，2015）．私たちが2年間苦労に苦労を重ねて確認したトクノシマトゲネズミを，4個体もである．現在，環境省徳之島自然保護官事務所を中心として森林域からのノネコ排除が精力的に行われている．森林域に生息するノネコを捕獲し，島内にあるシェルターにて一時保管して譲渡先を探しているのである．ただ，このシェルターもすでに許容範囲を超えつつある．本来，人が責任を持って飼うべきネコが森に入り，多くの野生生物を絶滅に追いやろうとしている．ニュージーランドでは，ネコによって絶滅させられた鳥類が多数いる．この問題は，じつは徳之島だけで起こっていることではない．日本中で抱えている問題なのである．ぜひ，読者も自身の地元の状況を調べてみて欲しい．

2015年に入ってトクノシマトゲネズミの目撃例が増加した要因の一つとして，ノネコの対策の効果ということもあげられる．対策が始まる前までは，トクノシマトゲネズミの生息地で多くのノネコが目撃されていたからである．今後は，森の状況のモニタリングとともに，島全体でのノネコの対策の継続も重要な要素であろう.

8. 新たな挑戦としてのケナガネズミの生息状況調査と島民参加型調査

徳之島に生息するもう一種のネズミ，ケナガネズミ *Diplothrix legata* の生息状況については，目撃情報も少なく，ほとんど記録がないという状況であった.奄美大島や沖縄島については，マングース防除事業において，広く在来種の生息状況に関するデータも蓄積されており，島全体でのケナガネズミの生息状況もある程度把握されている．しかし，徳之島では，まったくそのような調査を行う機会がなく，誰もしっかりと調べてきていなかった．ケナガネズミは，ある特徴的な食べ跡を残すことが知られている．松の実を食べるとき，松かさを一枚一枚はがす．そして，最後に芯の部分だけが残り，それを捨てるのだが，その食べ跡がまるでエビフライのような形をしている（図 10.3）．そこで，このエビフライを島全体の林道のどこに落ちているかを調べれば，おおよそどのあたりにケナガネズミが生息しているのかがわかるのではないだろうかと思い，2015 年 8 月にケナガネズミの生息状況をエビフライから探ることを始めた.

それと同時に，新たな企画に取り組みたくなった．徳之島の人たちにケナガネズミを知ってもらえないだろうか，という思いである．徳之島に入るようになり，多くの島民の方々との交流の機会をいただいてきた．多くは，徳之島虹の会の方々のお力添えによってである．調査で島を訪れるたびに講演会をさせていただいたり，2014 年 11 月には，「徳之島の美しく豊かな自然を未来につなぐシンポジウム　アマミノクロウサギがあぶない～みんなで考えよう徳之島の今と未来～」が徳之島の伊仙町にある「ほーらい館」において開催され，そこのパネリストとしてご招待いただいた．なんと，人口 2 万 7000 人の島で，400 人もの方が参加された．そんな活動を通してひしひしと地元の重要性を再認識することができた．自然環境について島外の研究者が何かを言ったところで，やはりそれはよそ者の意見なのである．そこに生活し，根を張って生きている人でなければ，島で生きていくことの本質的な大変さ，辛さ，面白さはわからない．一方で，島民の方々にこの島のすばらしさを，島外の人間だから伝えられることがあると思い，徳之島虹の会から講演などを依頼されれば，可能な限りお応えしたいと思い，お手伝いさせていただいてきた．もちろん，一般の島民向けにやさしく話しているつもりでも，じつはまったく伝わっていないのかもしれない．そこで，私が講演をするよりも，実際に島の人たちにも調査

図 10.3　ケナガネズミの食痕と推察される松の実の芯（通称，森のエビフライ）.

に参加してもらって，ケナガネズミの食痕，つまり「森のエビフライ」（図 10.3）を探してもらった方が，自分たちの住むこの島にこんな痕跡を残すネズミがいるのだということを，より知ってもらえると思った．島の人は，アマミノクロウサギ *Pentalagus furnessi* は知っている．でも，その他の動物についてはほとんど知らない．それが現実なのであれば，少しでも機会をつくりたかった．2015 年 8 月 9 日に徳之島虹の会の全面的な協力のもと，「森のエビフライ・ウサギのフン探し～島民参加型アマミノクロウサギ・ケナガネズミ全島調査～」と題して，実施した．実際に一般の参加者には，私が実施する全島の生息状況調査の全行程のうち一部のルート（17 km 程度）に入ってもらい，1 組あたり 2 km 程度を歩きながら探してもらうという形で計画した．事前に島の全戸へチラシが配布されたり，アナウンスはされていたが，当日，いったいどの程度の参加者があるのか，あるいは，ほとんど一般の参加者は来ないのではないかなど，多くの不安を抱えていた．しかし，8 時 50 分の集合時間までに，なんと 80 人近い方々が集まって下さり，主催者側も合わせると総勢 100 名による調査を行うこととなった（図 10.4）．また，将来の島の担い手である小中学生が 37 人も来てくれた．10 班に分かれ，それぞれの担当ルートを歩いてもらった．実際には，調査地によって食痕やウサギのフンを多く観察できた班とほとんど観察できなかった班とがあった．でも，動物がいるところといないと

図 10.4　森のエビフライ・ウサギのフン探しの参加者.

ころがある，そしてそれはどういった違いから来るのだろうか？　そんなことを思いながら歩いてくれていたら嬉しい．南西諸島で島民参加型の哺乳類調査はこれが初めてだったと思う．無事事故もなく終えることができ，本当にうれしく，楽しいひとときであった．

この方法が正しいのか，そうでないのかはわからない．ただ，少しでも島の方々に島の生き物のことを知ってもらえる機会にはなったと思っている．徳之島に調査のために入る研究者はまだまだ少ない．でも，この島でしか味わえない自然，人がこの島には溢れている．これからも，徳之島のネズミを調べながら，いろいろな出会いを楽しんでいきたい．

引用文献

阿部余四雄（1933）アマミトゲネズミに就いて．植物及動物，1: 936-942.

Endo H, Tsuchiya K (2006) A new species of Ryukyu spiny rat, *Tokudaia* (Muridae: Rodentia), from Tokunoshima Island, Kagoshima Prefecture, Japan. Mammal Study, 31: 47-57（鹿児島県徳之島からのトゲネズミ属の新種）.

城ヶ原貴通，小倉剛，佐々木健志，嵩原健二，川島由次（2003）沖縄島北部やんばる地域の林道と集落におけるネコ（*Felils catus*）の食性および在来種への影響．哺乳類科学，43: 29-37.

Johnson DH (1946) The spiny rats of the Ryu Kiu islands. Proceedings of the Biological Society

of Washington, 59: 169-172（琉球列島のトゲネズミ）.
河内紀浩，佐々木健志（2002）沖縄県北部森林域における移入食肉目（ジャワマングース・ノネコ・ノイヌ）の分布及び植生について．沖縄生物学会誌，40: 41-50.
黒田長礼（1943）アマミトゲネズミ沖縄島に発見せらる．日本生物地理学会報，13: 59-64.
Kuroiwa A, Handa S, Nishiyama C, Chiba E, Yamada F, Abe S, Matsuda Y (2011) Additionall copies of *CBX2* in the genomes of males of mammals lacking *SRY*, the Amami spiny rat (*Tokudaia osimensis*) and the Tokunoshima spiny rat (*Tokudaia tokunoshimensis*). Chromosome Research, 19: 635-644（アマミトゲネズミとトクノシマトゲネズミにおいて *SRY* 遺伝子を欠失したオス哺乳類ゲノムにおける *CBX2* の重複）.
宮城進（1976）ノグチゲラ生息地における野生化ネコとオキナワトゲネズミ（予報）．沖縄県天然記念物調査シリーズ第5集ノグチゲラ *Sapheopipo noguchii* (Seebohm) 実態調査速報 (2), 38-42.
Murata C, Yamada F, Kawauchi N, Matsuda Y, Kuroiwa A (2010) Multiple copies of *SRY* on the large Y chromosome of the Okinawa spiny rat, *Tokudaia muenninki*. Chromosome Research, 18: 623-634（オキナワトゲネズミの大型Y染色体における *SRY* 遺伝子のマルチコピー）.
Murata C, Yamada F, Kawauchi N, Matsuda Y, Kuroiwa A (2012) The Y chromosome of the Okinawa spiny rat, *Tokudaia muenninki*, was rescued through fusion with an autosome. Chromosome Research, 20: 111-125（オキナワトゲネズミのY染色体は常染色体の融合を通して保存された）.
Musser GG, Carleton MD (1993) Family Muridae. In: Wilson DE, Reeder DAM, (ed), Mammal Species of the World. A Taxonomic and Geographic Reference. 2nd ed, 501-755. Smithsonian Institution Press, Washington and London（ネズミ科．ウィルソン DE，リーダー DAM（編）世界の哺乳類種．分類学的・地理学的参考 第2版）.
沖縄県教育委員会（1981）ケナガネズミの実態調査報告書．沖縄県天然記念物調査シリーズ第22集．沖縄県教育委員会，沖縄.
大島成生，金城道男，村山望，小原祐二，東本博之（1997）沖縄島北部における貴重動物と移入動物の生息状況及び移入動物による貴重動物への影響．（財）日本野鳥の会やんばる支部，沖縄.
Sato JJ, Suzuki H (2004) Phylogenetic relationships and divergence times of the genus *Tokudaia* within Murinae (Muridae; Rodentia) inferred from the nucleotide sequences encoding the Cyt*b* gene, RAG 1, and IRBP. Canadian Journal of Zoology, 82: 1343-1351（Cyt*b*，RAG 1 と IRBP 領域によるネズミ科内におけるトゲネズミ属の分岐時期と系統発生学的関係性の推定）.
Tokuda M (1941) A revised monograph of the Japanese and Manchou-Korean Muridae. Biogeographica, 4: 1-155（日本と満州—韓国ネズミ科のモノグラフ）.
土屋公幸（1981）日本産ネズミ類の染色体変異．哺乳類科学，42: 51-58.
Yamada F, Kawauchi N, Nakata K, Abe S, Kotaka N, Takashima A, Murata C, Kuroiwa A (2010) Rediscovery after thirty years since the last capture of the critically endangered Okinawa spiny rat *Tokudaia muenninki* in the northern part of Okinawa island. Mammal Study, 35: 243-255（沖縄島北部における絶滅危惧種オキナワトゲネズミの捕獲による30年振りの再発見）.
山田文雄（2015）平成26年度徳之島生態系維持・回復事業ノネコ対策業務報告書.

第11章

日本一かっこいいオットンガエルの生き様

岩井紀子

オットンガエルは奄美固有の大型の森林性カエルである．鹿児島県指定の天然記念物だが，残念なことに認知度は高くない．本章では，このカエルに一目惚れした私の10年に渡るオットンガエル調査から，ユニークな生態の一部をご紹介する．オスがメスよりも大きかったり，5本目の指を持っていたり，その指を使ってオス同士が闘争をしたり，そのくせ産卵は礼儀正しかったり，律儀に何年も同じ場所に現れたり，と魅力満載のカエルだ．

1. はじめに

奄美はカエルの宝庫である．日本のカエル屋（カエル好きのこと）としては一度は訪れたい，メッカの一つと言え，9種類のカエルが生息している（図11.1）．日本全体では40～45種類程度であるので，じつに1/5以上の種類が奄美にいることになる．さらに，この9種類のうち，本州と同じものはヌマガエル *Fejervarya kawamurai* 1種類だけであり，他のカエルは本州で見ることはできない．それどころか，5種（アマミアオガエル *Rhacophorus viridis amamiensis*，アマミアカガエル *Rana kobai*，アマミイシカワガエル *Odorrana splendida*，アマミハナサキガエル *Odorrana amamiensis*，オットンガエル *Babina subaspera*）は奄美でしか見ることのできない，固有種である．生息域がそもそも限られていることに加え，森林開発や外来種によって近年生息数が減ったと言われ，絶滅危惧種として選定されている種も多い．アマミイシカワガエル，アマミハナサキガエル，オットンガエルの3種は鹿児島県指定の天然記念物であり，国際的にもIUCNのレッドリストでEndangered（近い将来における野生での絶滅の危険性が高いもの）に分類されている．それほど希少なカエルが集まる奄美だが，中でも私の一押しはなんといってもオットンガエルだ．

私が初めて奄美大島を訪れたのは，2004年の6月であった．当時学生だった私は，生物好きの集まるサークルに入っており，虫屋の先輩が奄美に誘ってくれたのがきっかけである．それまで，奄美大島がどこにあるのかさえ知らず，

図 11.1　奄美に生息する 9 種のカエル．左上から右下へ，アマミアオガエル，アマミアカガエル，アマミイシカワガエル，アマミハナサキガエル，オットンガエル，ヌマガエル，ハロウェルアマガエル，ヒメアマガエル，リュウキュウカジカガエル．

一応カエル屋ということになっていたもののアズマヒキガエルしか知らない，という状態だったのだが，珍しい虫がいる，カエル相も面白いらしい，程度の知識でついていくことにした．とはいえ，虫屋についていくのではなかなかカエルには出会えない．すると，たまたま同宿だった亘悠哉氏（第 17 章参照）が外来生物フイリマングース *Herpestes auropunctatus* の研究において捕食対象であるカエルも扱っており，調査に連れて行ってもらえることになった．そして，夜の林道を走り，たくさんの生き物に出会って感動しきりの中で，どういう訳かオットンガエルに一目惚れをしてしまったのである．滞在最終日の夜はレンタカーを独り占めし，教えてもらったオットンガエルの繁殖地に車を停め，一晩中鳴き声を聞いて過ごした．オットンガエルの鳴き声は独特で，とてもカエルの声とは思えない．よく人間の男性の咳払いなどにたとえられるのだが，グフォン！　といった感じだろうか．しかも，ノリノリのときはこの後に，クークークー，という優しい声が続く．グフォン！　クークークー，クークークー，である．これが鳴き交わされるとなんとも言えない不思議空間ができあがる．たくさんのオットンがノリノリで鳴き交わすのを聞きながら，このカエルにもう一度会いに来たい，との思いを強くした．こうしてオットン生活が始まったのである．

オットンガエルはアカガエル科 Ranidae，バビナ属 *Babina* に属する大型のカエルである（図 11.1）．地味な茶色い体色で，濃い部分と薄い部分が入り交じり，後肢に縞模様が見られる以外はこれといった模様はない．背中から脇腹にかけてとくに“イボ”が多く，いわゆる“イボガエル”に近い．つまりキレイとか可愛いカエルとは対極にあるカエルに間違いない．奄美群島では奄美大島と加計呂麻島の森林域に生息するが，農地や人家の池でも見られ，土地の人に聞くとかならず，昔は捕まえて食べたという話を聞く．実際，私も味見をしたくてたまらないのだが，幸か不幸か調査に入り始めた翌年の 2005 年 4 月に鹿児島県の天然記念物に指定されたため，叶わない望みとなった．2005 年に天然記念物に指定されたものの，その当時，誰もこのカエルの生態を詳しく調べた人はいなかった．もちろん，図鑑には載っているし，そのための調査は行われている．代々のカエル屋が奄美で調査をした際に，発見した場所などを記録した生態情報も散見される．しかし，生き物の生き様というものは，その種をひたすら追っかけて張り付かないとわからないことが多い．相手が希少種であればなおさらだ．そこで私は，学業のかたわら時間ができると奄美に行き，オットンガエルの追っかけを始めた．ちょうど前出の亘氏をはじめ，カエルに興味を持ってくれる研究者や地元の方々に恵まれ，また，調査研究のための助成金を獲得することもできた．卒業してからはそれを仕事の一部に取り込み，ときに細々となりつつも，なんとか現在までオットンガエルを追い続けている．ここでは，このオットンガエルの 10 年以上に渡る追っかけの成果として，知られざるオットンガエルの生態をご紹介したい．

2．オットンガエルに会える場所を知る

オットンガエルのことをもっと知りたい！　となってまず最初に問題となるのは，その分布である．もちろん教えてもらった繁殖地にはたくさんいるし，その周辺の林道にもいる．しかし，奄美大島全体ではどこに多いのか？　じっくり調査をするのに最適な場所はどこか？　を知るためには，まずオットンガエルを求めて島中を探してみる必要があった．といっても，奄美大島は日本でも沖縄島や佐渡島に次ぐ広さ（712.5 km^2）であり，くまなく探すことは不可能だ．さらに，猛毒を持つハブ *Protobothrops flavoviridis* も生息しているため，むやみに森林内に入ることもできない．そこで，夜の林道を走行し（カエルは一般的に夜行性である），オットンガエルがいた場合はその場所を記録していく方法をとった．カエルは，季節はもちろん日によっても発見率が大きく変化することが知られているので，同じ林道でも複数回，なるべく多く行くことが重要だ．亘氏とも協力し，オットンガエルが活動している春から秋にかけ，のべ 2150 km を走行した．その結果，湯湾岳（ゆわんだけ）周辺や龍郷町北部などで頻度高く発見されることがわかった（岩井・亘，2006）．一，二度しか行けず，判断のつかなかった林道も多いが，少なくとも林道で多く発見される地域ではオットンガエルが多く生息していると考えられる．なぜ，これらの地域に多く発見されるのかはまだ明らかにしていないが，たとえば他の章でも紹介されている，外来種フイリマングースの影響が比較的小さいことや，森林環境が生息に適していることなどが理由だろう．さらに，林道によっても，オットンガエルの林内からの出てきやすさが異なるようで，横切る沢が多い林道では多く発見されるようであった．

この調査により，じっくり生態を追うのに適した場所もわかった．私が奄美に通うきっかけとなった繁殖地がある林道は，0.25 個体/km，3 回以上調査した 33 林道の中でも第 4 位であり，調査拠点から比較的近かったのも幸いして，初期の頃はほとんどこの道でオットンガエルを学んだ．もっとも発見頻度が高かった龍郷町の林道は 0.58 個体/km，未舗装かつ林道を横切る沢が多く，全長 4 km を走行すると 2 匹くらいは見ることができる計算であったが，残念ながら現在はがけ崩れのため閉鎖されている．そして，当時の拠点からは遠かったが，まぁまぁ出会える林道（0.15 個体/km）だったのが，当時住用村，現在の奄美市住用町にある林道である．2010 年の 4 月から 10 月まで，私は住用

町に住んでいたため，そこから近く，ある程度オットンガエルに出会える場所であったことで，2010年以降はほとんどこの場所でオットンガエルを学ぶことになった．この林道も横切る沢が多いのが特徴だが，舗装道路のため，沢との交点に「溜枡（ためます）」と呼ばれる構造が多くつくられている．溜枡は，沢の水をいったん溜め，ある程度の水深のところからヒューム管やU字溝で下流に水を流すための構造物である（図11.2）．産卵場所として止水を好むオットンガエルは，この溜枡も繁殖地として利用しており，道路のすぐ横でオットンガエルの繁殖を観察することができるのが何よりのポイントであった．この章でご紹介するオットンガエルの繁殖行動などはすべてこの林道沿いで観察することになった．

3. マッチョなオスと美人のメス

オットンガエルの分布調査では，場所を記録しただけでなく，各個体の雌雄の判別や体サイズの測定も行った．といっても，オットンガエルはおろか，他のカエルの調査もたいしてやったことのないヒヨッコ学生にとっては，これらの基礎的なデータ収集から苦労した．たとえば性別判断である．繁殖期に繁殖地で出会えば，鳴いていればオス，2個体がくっついてカップルになっている（抱接している）状態であれば一般的に上に乗っている小さいほうがオス，下で運んでいる大きいほうがメス，などとわかりやすいことが多いが，林道で単独でいる個体に出会う場合はこの情報がない．こういう場合の判断基準としては，婚姻瘤や鳴嚢孔というものが使われる．婚姻瘤とは，オスの前肢の第一指などにできるツブツブやコブのことで，抱接の際の滑り止めのようなものだ（図11.3）．鳴嚢孔は，オスが鳴く際に空気を出し入れするための孔で，口をあけると下顎の奥，縁よりのところにあり，鉗子などで広げるとスリットが大きく開くので確認できる（図11.3）．これら婚姻瘤や鳴嚢孔が確認できたらオス，できなかったらメス，ということになる．とはいえ，婚姻瘤は単にざらざらしているのとどう違うのか，数を見てみないとよくわからない．鳴嚢孔は，オットンガエルの口を大きく開け，固定していないと見ることは難しい．暴れる大きなカエルを片手でつかみ，口をこじ開けては腕ではたかれ，観察は難航をきわめた．しかも，確認できるときはよいが，できないときは，果たして自分の扱いがわるくて見えなかったのか，本当にメスだからないのか，の判断が難しかった．そして，オットンガエルの口開け方法になれ，コツをつかんで自信も

図 11.2　オットンガエルが繁殖に使用する溜桝.

持ち始めた頃，もっと簡単に見分けられることに気付いたのである．それは腕の太さだった．オスの腕はメスに比べて格段に太く，がっしりしているのである（図 11.4）．気付いてしまえば，なぜ最初からこれを使わなかったのか，と思うくらいあっけなく雌雄の判断がついた．写真からすぐ納得していただけると思うが，捕まえるまでもなく，遠くから見ただけでわかるくらいに違う．もちろん，わかりやすいオスとメスの写真を示しており，たまにメスっぽいオスやオスっぽいメスもいる．とくに若い個体については腕が細いのでよくわからないことが多い．そんなときは鳴嚢孔の確認を行うこともあるが，それでも今はほとんど腕を見ただけで判断している．それ以外にも，オスは婚姻瘤として指にできるようなボツボツが喉にもたくさんあり，ざらざらしているのに対し，メスは喉も含めた腹側全体が白くツルリとしてきれいで，「美人さん」が多い，など他の違いにも気付いた．しかし，気付いてからあらためて図鑑を見ると，「♂はのどから腹面の前半にかけて小顆粒を密布し，後半部まで続くこともある」とか，「♂は♀よりも前腕部が頑強である」などと，ちゃんと書いてあるのである（前田・松井，1999）．人間，見ようとしないものは見えていない，というのは本当だな，ということと，図鑑作成者への敬意をあらためて感じる次第である．

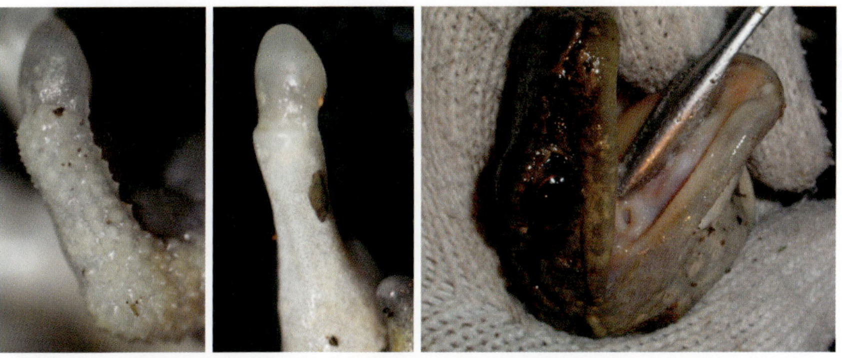

図 11.3　オットンガエルのオスの指にある婚姻瘤（左），婚姻瘤のないメスの指（中），オスの鳴嚢孔（右）．

図 11.4　オットンガエルのオス（左）とメス（右）．オスはこれまでに捕獲した最大サイズの個体．

4. オスがメスより大きいカエル

雌雄判断の次は，体サイズ測定である．私は，頭胴長と頭幅，および体重の3点を基本測定項目としている．ちなみに頭胴長とは鼻先（Snout）から総排泄孔（Vent）までの距離で，Snout-vent length として SVL と表記され，カエルの測定ではもっともよく使われる指標だ．さて，オットンガエルの特徴はなんといってもその大きな体だ．奄美に生息する在来のカエルの中で最大を誇り，食用にするほど肉がしっかりついたカエルである．測定してみると，大きな個体では SVL 130 mm，体重 300 g を超えるものもいる．ちなみに現在まで数百匹のオットンガエルの測定を行ってきたが，最大だったものは，2010 年に住用町で捕獲したオスで，136.8 mm，なんと 462 g だった（図 11.4）．300 g を

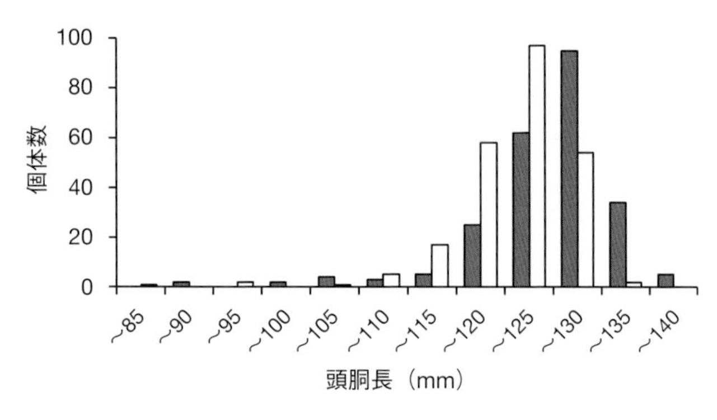

図 11.5　オットンガエルの体サイズのヒストグラム．白抜きがメス，黒塗りがオスを示す．

超えると大きい印象のあるオットンガエルの中で，この個体は飛びぬけており，その腕の太さ，堂々とした体躯，どこか力士を彷彿とさせる佇まいは圧巻であった．

最大の個体はオスであったが，雌雄で体サイズに差はあるのだろうか．捕獲個体の体サイズのヒストグラムを見てみよう（図 11.5）．ここでは年齢を考慮しておらず，小さい個体は年齢が低い可能性もあるため，ピークと最大値を比較していただきたい．オスはピークが 125～130 mm，最大値が頭胴長 139.5 mm，体重 462 g に対し，メスはピークが 120～125 mm，最大値は頭胴長 130.5 mm，体重 327 g であった．つまり，オスのほうがメスよりも大きいのである．これは驚きであった．というのも，一般的なカエルの場合，メスが大きく，オスは一回りから二回りも小さいサイズであることが多いのだ．奄美大島の他種のカエルでも，抱接しているところを見れば雌雄は一目瞭然だ．アマミアカガエルもヌマガエルもリュウキュウカジカガエルも，おぶっている大きいほうがメス，おぶわれている小さいほうがオスである（図 11.1）．このようなサイズの相違が生まれるのは，メスは体が大きいほうが卵をたくさん産めるので，大きくなることが子孫を残すのに有利になるからとされる（Crump, 1974）．これに対し，オスがメスよりも大きくなるということは，オスにとって大きくなることが，子孫を残すのに有利となる状況にあることを示している．

5. マッチョなオスはなんのため

大きいオスほど子孫を多く残せる状況とは，一般的にオスが縄張りを持ってそれを守ったり，メスをめぐる闘争を行ったりする場合が多い（Shine, 1979）．すなわち，大きい個体ほど喧嘩に強く，よい場所を独り占めし，メスを多く囲い，メスを別のオスから奪ったりできるため，子孫が残せるのだ．そして，オスがメスよりも大きいオットンガエルもまさにこの条件に当てはまる，オス同士の喧嘩をするカエルだったのである．

話を先に進める前に，オットンガエルの繁殖様式をご説明したい．というのも，オットンガエルの繁殖はカエルにしては少し特徴的で，それがオス同士の喧嘩の仕方にも関係がありそうだからだ．まず，オットンガエルの産卵は，産卵巣をつくって行われる．オットンガエルは，沢の源頭部や渓流沿いにできる水たまりなど，水の流れがほぼなく，ひたひたの水加減で，底質が加工しやすい場所を好んで繁殖地とする．ひたひたの水場周辺で泥や砂を掘り，直径 30 cm，深さ数センチ程度の丸いクレーター状のくぼみをつくって産卵するのだ（図 11.6）．前肢，後肢を伸ばし，くるくる回転しながら伸びをする形で壁を押し上げていくので，だいたい頭胴長に足の長さを足したくらいの直径になっていく．一度完成した巣は同じシーズン中に何度も再利用されるため，繁殖期初期を過ぎるとほとんどがすでに存在するくぼみを使っている．多くのオスはこのくぼみ周辺に陣取り，前出のような不思議な鳴き声で鳴いてメスがくるのを待つことになる．

日本に生息する普通のカエル（ここでは本州でよく見るようなヒキガエルやアカガエルやアオガエルの仲間を想像して欲しい）の場合，オスがたくさん集まって鳴いていて，メスがやってくるとわれ先にとオスがメスに抱きつく．有名なのがヒキガエルの「がま合戦」で，1 匹のメスに団子状にオスが群がり，ときにメスが死んでしまうほどである．一度メスと思ったらしがみついたまま放さず，他種のカエル（メスに限らず）や，魚に抱き付いていることさえある．そんなメチャクチャな状況下では，腕っぷしの強さよりも，とにかく最初に抱き付き，よいポジションを確保するか，どさくさに紛れて受精させてしまうか，要領のよいオスが成功しそうだ．一方，オットンガエルの場合，このようなお祭り騒ぎは起きない．そもそも繁殖期が非常に長く，4 月から 10 月まで卵を確認するほどのため，一晩にやってくるメスの数はそれほど多くならず，オスたちも毎日ハイテンションでは体がもたないしあまりに報われないのだろう．

それではどうなるかというと，オットンガエルのオスは，ハイテンションどころか，たいへん礼儀正しい．前出の巣に待っているところに，メスがやって

図 11.6　産卵巣で産卵をするオットンガエル．

きて巣に入っても，飛びつくようなことはせず，そわそわしつつも巣の中，もしくは縁あたりで，時折グフォン！　クークークーを繰り出しながら待っている．メスは，ゆっくりと巣を吟味し，両手足を伸ばしての回転行動をとるなど，巣を整形しなおすことも多く，1 時間ほどかけることもある．オスの中には，この間待ちきれずに近寄り，手をかけたところでメスに逃げられてしまう個体もいたので，メスの気がすまないと近寄ってはいけないらしい．その後，何をもって準備 OK と判断するのかは不明だが，オスがゆっくり近寄り，抱接を行う．抱接後もメスは巣の整形を続け，数十分ほどたってからようやく産卵，となる．オスはメスにまかせっきりで，時折クークークーとだけ喉を鳴らしてみたりする程度である．重要なのは，産卵がお祭り騒ぎどころか，1 対 1 で行われることだ．オットンガエルは，メスが強い主導権を持っており，巣の良し悪しもしくは巣のそばにいるオスの良し悪しをよく見きわめた上で，産卵するようなのである．

話を元に戻すと，オスが闘争するのは，どういうときなのだろうか．とにかく喧嘩しているシーンを見てみたい，と思ったのだが，オットンガエルは大きな体に似合わず，非常に慎重派である．人間が近くにいる気配にとても敏感で，他のカエルは抱接時に人間に出会っても，ひどいときには捕まっても，抱接を解かないことが多いが，オットンガエルはガサっと音を出してしまおうものなら抱接を解き，警戒態勢に入ってしまうことが多い．そうなるとまた抱接するまで数時間かかる．その敏感さのためか，オットンガエルのオス同士の喧嘩も

図 11.7 闘争するオットンガエルのオス．

なかなか見ることができなかった．証拠をつかんだのは，オットン追っかけも7年目となった2010年のことである．6月下旬のある日，前夜設置しておいたビデオカメラの映像に映っていたのは，2匹のオスがまるで相撲のように取っ組み合い，片方が太い腕で相手の頭を抱えている姿だった（図11.7）．抱えられたほうは必死に両手でその腕を振り払おうとするが，抱えたほうはまったく離れる気配はなく，もみ合いながら水面を漂い，15分後に離れるまで，抱え込みは続いた．この喧嘩は，じつは抱え込まれたほうがメスと抱接，産卵を行っているところに，抱え込んだほうのオスが飛び入り，何度も産卵を中断した末に起こったものだった．メスをめぐる闘いをしていたのである．オットンガエルの場合，産卵中に他のオスが入り込んでくるのを見た，もしくは映像に記録したのはこの1回だけで，ここまでヒートアップしている状況は珍しいと言える．しかし，オットンガエルは，邪魔されたとたんに抱接を解いて向き直り，対決姿勢をとった．他のカエルでは，抱接ペアに対して他のオスが挑んでくることは多いが，通常抱接しているオスはこれを後ろ足で蹴るなどするのみで，必死にメスにしがみついたままで抱接は解かない．これに対しオットンガエルでは，あくまでもメスに手をだしていいのは1匹で，その前にオス同士で決着をつけておかないといけないのかもしれない．

さらにこの1か月後の7月には，別の場所でも闘争シーンを映像に収めることができた．そこでは，1匹のオスが巣の中で鳴いているところに，別のオスが近寄って巣の中に入り込み，互いに飛びついて取っ組み合っていた．この日はメスの姿は近くになかったため，よい巣をめぐっての闘いだったのだろう．メスに選ばれるためには，まずよい巣のそばに陣取ることが必要と考えられる．

普段から力比べでしのぎを削っているのかもしれない，と想像すると，マッチョなオスがなんだかかわいらしいのである．

なお，これらの闘争シーンは，「動物行動の映像データベース」において，データ番号 momo100928un01b および momo100928un02b として閲覧できる．ぜひご覧いただきたい．

6. 5本目の指

オットンガエルの闘争シーンは，別の情報ももたらした．5本目の指の使い道である．オットンガエルは，5本目の指（様のもの）という，カエル界でも珍しい形質を持つのだ（Tokita and Iwai, 2010）．カエルの指の数はじつは前肢に4本，後肢に5本，が普通だ．ところがオットンガエルは，雌雄ともに前肢に5本目の指に見えるものがある．普通第一指とされる，一番内側の指のさらに内側に，小さく見えるものがそれだ（図 11.8）．英語では Pseudothumb（偽の親指）という名前があり，日本語では拇指と呼ばれている．一見つるりとした指なのだが，中には尖ったトゲ状の骨が隠されており，しばしば皮膚を突き破って外に現れる（図 11.8）．この指が何に使われているのか，長らく謎のままだったが，闘争シーンの撮影から，オス間闘争に使われていることが裏付けられたのだ．

映像では，取っ組み合いの際，腕で相手を抱え込み，手を押し付けるようにしていた．この「抱え込み」行動は，オットンガエルを人間が捕獲した際にもしばしば見られる．胸に刺激を与えると反射的に起こるようで，とくにオスのほうが反射が起こりやすい（Iwai, 2013a）．オットンガエルの扱いになれない頃は，捕獲や計測の際に腕と胸の間に手を入れてしまい，「抱え込み」をされることがあった．オットンガエルが腕で抱え込みを行うと，拇指は内側を向き，中に隠れていたトゲがちょうど抱え込んだモノに刺さるようになっている．これが，痛い．瞬間的に逃げられればまだしも，ぐいぐいと抱えられ，刺されてしまうとなかなか振りほどくことはできず，なだめすかしながらそっと地面に降ろして放してもらうのを待つことになる．当然，指に穴があき，流血する．オットンガエルの中には，何かのはずみで自分を刺してしまったらしく，胸の，ちょうど腕を曲げると拇指が当たるところに刺し傷がある個体に出会うこともある（図 11.9）．抱え込むのが基本の動きらしいが，もみ合ううちにひっかき傷ができることは多いとみえ，オスのオットンガエルを繁殖地で捕獲すると，ひっかき傷だらけのオスに出会うことも少なくない．一度などは，加計呂麻島の繁殖地でオットンガエルが2匹近くにいるのを見つけ，勇んで両方捕獲したところ，2匹とも生傷だらけのオスで，もしかしたら直前まで戦っていたのでは，ということもあった（図11.9）．オットンガエルの拇指は，オス同士が取っ組み合った際，そこから鋭く尖った骨が飛び出すことで相手を刺す「武器」として使われているのだ．

ところで，「抱え込み」行動は，胸に刺激を与えると引き起こされたが，それでは抱接時は大丈夫なのだろうか．オスがメスを抱える抱接では，まさに取っ組み合いと同じように腕でメスを抱えるため，拇指のある手がメスの脇腹の位置にくるのだ．まさか，と思いつつ産卵直後のメスを捕まえてみると，悲しいかな，脇腹に刺し傷が発見された（図11.9）．林道などで捕獲したメスも，よく見ているとたまに脇腹に傷跡があるメスがいることもわかった．なんとオスは抱接時，メスの脇腹に拇指を刺しているのである．巣を整えるべくせっせと動き回るメスの上に乗り，重しになるばかりか脇腹を刺しているとは，オスもあんまりである．

拇指はオス間闘争や抱接など，オスばかりが使っていることがわかった．それではメスの拇指はなんのためにあるのだろうか．サイズを測ってみると，第一指に対する拇指のサイズは，メスではオスよりも小さく，第一指から分かれている部分は少なく，中から骨が飛び出ていることもほとんどなかった（Iwai, 2013a）．雌雄ともに拇指はあるものの，メスではほとんど使われていないのだと思われる．しかし，オスより低頻度ではあるものの，胸に刺激を与えると反射的に腕をひくメスがいることから，オス間闘争ほどの意味を持たないまでも，メスが拇指を使うシーンも，もしかしたらあるのかもしれない．少なくとも，未熟な調査者から逃げ出すことには一役買えていたといえよう．

7. 一年の動き

オットンガエルの繁殖では，オスは繁殖地で待ち，メスに選ばれるべくしのぎを削っている，という構図が見えてきた．しかし，オットンガエルの繁殖期間は半年以上に渡る．オスはその間，毎日ずっとメスを待っているのだろうか．メスは産卵のために繁殖地を訪れる以外は，普段はどこにいるのだろうか．この疑問に答えるべく，オットンガエルの年間の動きをテレメトリー法で追跡してみた．追跡対象のオットンガエルを捕獲し，腰に小さな発信機を装着して，

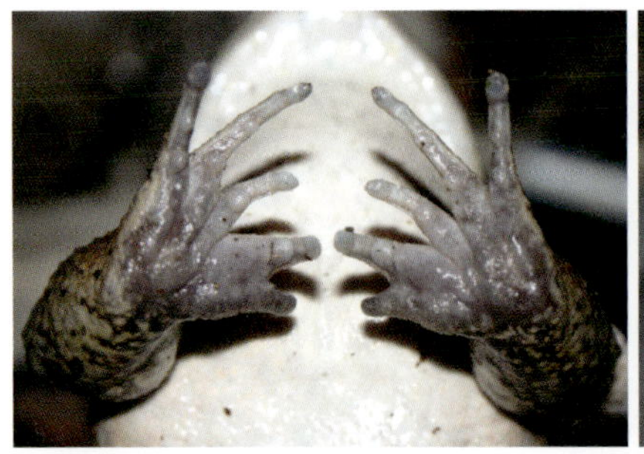

図 11.8　オットンガエルの5本の指（左）と皮膚を突き破って現れる骨（右）.

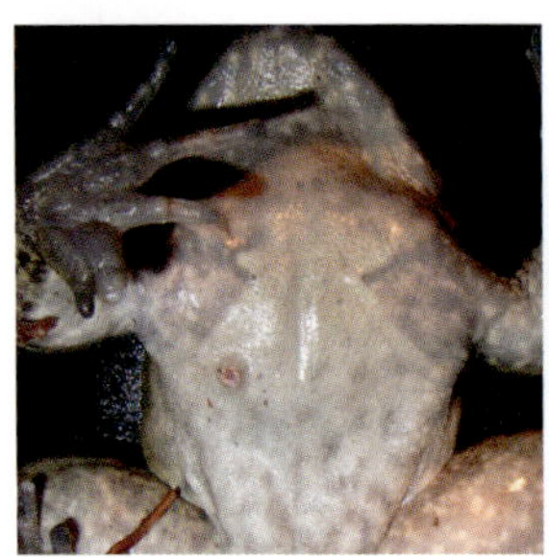

図 11.9　オットンガエルに見られる傷跡. 胸の刺し傷（左），生傷だらけのオスたち（中），メスの脇腹の傷（右）.

その発信機から出る電波をアンテナで拾うことで位置を特定していく方法だ. 発信機そのものが高価であること，また，ハブのいる山中で道なき道を追いかけないといけないために労力的な制約があり，追跡が半年を越えたものは3個体，その他に2〜3週間追ったものが2個体にとどまったが，それでもオットンガエルの暮らしを垣間見ることができた（Iwai, 2013b）.

たとえば繁殖地で8月に追跡を開始したオスは，その年の10月まで同じ繁殖地の同じ岩穴に居続けたが，翌年1月には沢を200 mほど下った地点の岩の隙間で発見され，その後4月，6月，7月，11月の調査時にもこの下流の地点を動かなかった. 繁殖に参加しているときは繁殖地で何か月も過ごしている一方，冬越しは別の場所でするらしい. また，2年目は繁殖期でも下流を動かず，付近に繁殖地は見られなかったことから，もしかすると毎年は繁殖に参加しない個体もいるのかもしれない. 残念ながら長期追跡のできたオスはこの1個体のみであり，他のオスがどのような動きをするのかはいまだに不明である.

一方，メスは7か月と15か月追跡した2個体のデータを得た. 15か月追跡したほうの個体はしばらく捕獲地点の周囲をウロウロしていたが，半月後，突然直線距離で150 m離れた尾根の反対側に移動した．そこは側溝の水溜りでオットンガエルが鳴いている場所，つまり繁殖地で，その周辺に10日ほど滞在し，おそらくこの間に産卵をしたのだろう．その後数日かけて捕獲地点周辺に戻っていった．元の場所（夏の棲家）に戻ったのはすでに10月頭で，そこから沢を下り，翌年の1月，250 mほど下流の岩陰で冬を越しているのを確認した．4月も下流で過ごしていたが，6月頭にまた前年と同じ夏の棲家に戻っており，その後，前年と同じ繁殖地に移動し，1週間そこで過ごしたのち，また夏の棲家に戻る，という，前年と同様の動きを示した．夏の棲家で最後に確認したのは7月頭だが，その後11月の調査で，発信機だけが繁殖地のすぐ上の崖に落ちているのが発見された．メスは，夏の棲家⇒繁殖地⇒夏の棲家⇒冬越し⇒夏の棲家，という動きを毎年しており，いつも同じ場所を使っているのかもしれない．また，最初の年は9月に繁殖地に行っており，2年目も6月に一度繁殖地を訪れたあと，7月以降にも繁殖地付近を訪れていたと考えられることから，1年で2回繁殖している可能性も考えられた．もう1個体の7か月追跡したメスについても，同じように，繁殖地⇒夏の棲家⇒冬越し，の動きが見られた．

このテレメトリー調査から，オスは繁殖期には長く繁殖地にいる一方でメスはおそらく産卵のときだけ繁殖地に移動すること，冬はオスもメスも水量の多い下流に移動すること，1年単位で見ても200〜300 mほどの中で動いていることが示唆された．もちろん，テレメトリー調査を行った個体数は少なすぎて一般化はできない．しかし，動いている広さが数百メートル程度で，短期間で見るとほぼ同じ場所にとどまる傾向にあることは，次に述べる再捕獲調査からも裏付けられている．

8. 律儀で長生きなオットンガエル

住用町のある林道では，2010年から現在2015年まで，林道沿い9 kmに渡ってオットンガエルを捕獲しては個体識別を行って放す，再捕獲調査を継続している．カエルの場合，個体識別の方法として指切り法というのがある．右前肢を千の位，左前肢を百の位，左後肢を十の位，右後肢を一の位，それぞれ内側の指から1，2，3，4などとして指先を切除することで，数百通りのユニークな番号をつけるのだ．指を切るのはかわいそうだが，この指きりによって得た

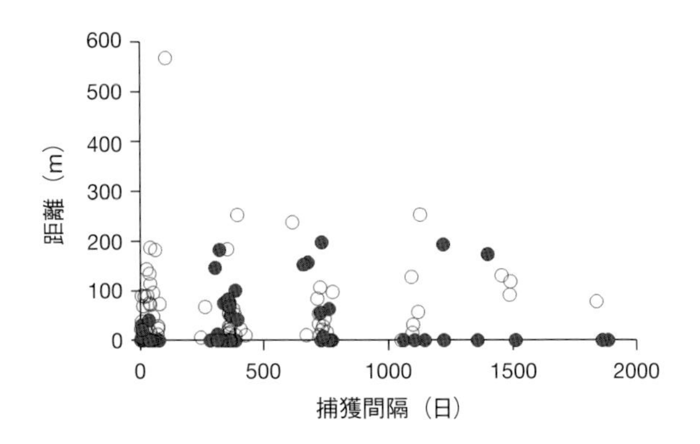

図 11.10 住用町の林道沿いで捕獲されたオットンガエルのオス（黒丸）とメス（白丸）における再捕獲までの日数と距離の関係.

指は，個体識別だけでなく，その組織から DNA を抽出したり，骨の断面にできる年輪の数から年齢査定をしたり，と情報の宝庫になる．勝手な理屈だが，情報をたくさんとることで許してもらうことにしている．

さて，この 6 年間で 450 個体を超えるオットンガエルの個体識別を行い，のべ 120 個体を超える再捕獲があった．この 120 個体には，最高 5 回まで，何度も捕獲されている個体が含まれている．再捕獲の間隔はさまざまで，同じ年のこともあれば，2010 年に識別されて 2015 年に再捕獲された個体も 3 個体いた．この 3 個体はオス 2 個体とメス 1 個体で，オスの片方は 2010 年 4 月，2013 年 8 月，9 月，2014 年 6 月，2015 年 6 月，と 5 回も捕獲されているが，いずれも同じ繁殖地であった．もう片方のオスは 2010 年 5 月と 2015 年 6 月の 2 回だが，先ほどのオスとは違う場所の同一の繁殖地で捕獲された．メスは 2010 年，2013 年，2015 年，のいずれも 6 月に，地図上の直線距離で 75 m 以内の林道上で捕獲された．5 年経ってもなお，どの個体も律儀に同じ場所にいるのである．再捕獲までの日数と再捕獲された地点の直線距離間隔を図にしてみると一目瞭然，そのほとんどが何年たっても遠くて 200 m ほどしか離れていない（図 11.10）．テレメトリーの結果に照らしても，オットンガエルがあまり遠くに移動しないことが納得していただけるだろう．

とはいっても，テレメトリーも再捕獲も，成体のオットンガエルしか対象にできていない．オタマジャクシからカエルになった直後の幼体は小さく，発信機をつけにくい上，死亡率が高いため，個体識別を行っても再捕獲されることはほとんどない．成体よりも幼体のほうが分散すると考えられており（Wells, 2007），この時期にどれくらい動くかが，オットンガエルの分散に大きく影響していることは想像に難くない．オットンガエルの幼体が生まれた水場から成体になるまでにどれくらい分散するのか，今後の課題である．

ところで，この再捕獲調査は，オットンガエルの寿命を知る上でも重要な情報をもたらしてくれた．上述の通り，5年経って捕獲された個体が複数発見されていることから，5年以上成体として繁殖に参加することがあると言える．最初に繁殖に参加するまでに，少なくとも1〜2年はかかるだろうと考えると，野外で7年ほどは生存しているだろう．最初に個体識別してからの時間があくほど再捕獲される確率は低くなるだろうから，5年間隔でも複数個体捕獲されるのであれば，もう1年くらい余分に生きている個体もいるかもしれない．ちなみにカエルの場合，前述のように指の骨を用いた年齢査定が行われる．樹木にできる年輪と同じで，成長が遅滞する時期――カエルの場合多くは冬眠の時期――に，骨に年輪が刻まれるのだ．指切りでいただいた指から骨を取り出し，これをミクロトームと呼ばれる機械で薄く輪切りにして染色するとその年輪を見ることができる（図11.11）．オットンガエルでは，今のところ年輪が7本観察されたことがあり，再捕獲の情報と合わせて，やはり7年程度が寿命と言えそうだ．これはカエルにしては長生きなほうだが，本州ではもっともオットンガエルに体サイズの近いヒキガエル類が，やはり7〜8年の寿命と言われており（草野，1999），大型のカエルの野外での寿命としてはこれくらいが妥当なのだろう．捕獲調査では，見るからに年をとった個体と，若そうで力みなぎる個体がいる．おじいちゃんオットンガエルは歴戦の士を思わせる傷跡が渋みを加え，おばあちゃんオットンガエルは一回り小さく感じられる健気さを加え，それぞれにかっこいい．若いオットンガエルたちは白い腹が初々しく，今後の「蛙生」への期待を膨らませてくれる．結局私は，どんなステージでもかっこいい，と思ってしまうオットンガエル馬鹿なのである．

9. 日本一かっこいいカエル

カエルは環境指標種として有用とされている．敏感な皮膚のために環境悪化に弱いこと，行動範囲が狭いのでわるい環境から逃げ出しにくいこと，食物網の中位に位置しており，カエルを食べる生き物，カエルに食べられる生き物など，多くの生き物と繋がりを持つこと，水も陸も必要とすること，などがその

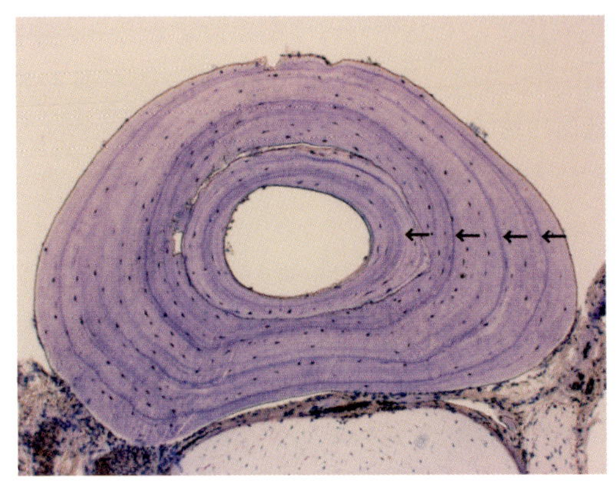

図 11.11　カエルの指の骨に見られる年輪．矢印が年輪を示す．この個体は 4 回冬を越している．

理由である．すなわち，カエルが元気な環境は，多くの生き物にとっても生きやすい環境であることを示すのだ．世界自然遺産を目指している奄美の森は，人間との共存を試されている．オットンガエルが元気な森を目指せば，多くの生き物にとっても生きやすい森ができるだろう．オットンガエルのいない場所は，そもそも好まない環境なのか，それとも人間との軋轢によっているのか．これまでに調査してきた基本的な生態情報をもとに，そんな人間との関係に迫る課題にも切り込んでいかないといけない．

日本でもっとも美しいカエルはイシカワガエルと言われており，奄美に生息するアマミイシカワガエルがこれに当たる．これに対し，私は個人的に，オットンガエルを日本でもっともかっこいいカエル，ということにしている．その堂々とした風格，マッチョなオスと美人のメス，礼儀正しく律儀で，どこか信念を持った生き方をしているカエルは他にはない．もちろんだいぶ偏見が入っているせいか，あまり同意を得られたことはないのだが，この章を通じて少しでもこの説に同意していただける方は増えただろうか．多くの人にとって，「奄美の森の生き物」は，アマミノクロウサギ *Pentalagus furnessi* やルリカケス *Garrulus lidthi* といった，かわいくてきれいな生き物だろう．しかし，奄美の森にいるのは，そんな動物だけではない．皆様が想像する「奄美の森の生き物」に，オットンガエルが堂々と加わることを，そしてそれによってより多くの生き物たちが繁栄することを，切に願っている．

なお，オットンガエルは鹿児島県指定の天然記念物である．オットンガエルの現状を変更するような行為は禁止されており，調査には許可が必要である．ここに紹介した調査は，すべて鹿児島県からの許可を得て行った．（平成 17 年鹿教委指令第 87 号，平成 18 年鹿教委指令第 5 号，平成 20 年鹿教委指令第 80 号，平成 23 年鹿教委指令第 53 号，平成 25 年鹿教委指令第 2 号，平成 27 年鹿教委指令第 21 号）．

引用文献

Crump ML (1974) Reproductive strategies in a tropical anuran community. University of Kansas Museum of Natural History, Miscellaneous Publication 61: 1-68（熱帯の両生類相における繁殖戦略）.

Iwai N (2013a) Morphology, function, and evolution of the pseudothumb in the Otton frog. Journal of Zoology, 289: 127-133（オットンガエルにおける拇指の形態，機能および進化）.

Iwai N (2013b) Home range and movement patterns of the Otton frog: integration of year-round radiotelemetry and mark-recapture methods. Herpetological Conservation and Biology, 8: 366-375（オットンガエルの行動圏と行動パターン：一年を通じたラジオテレメトリーと標識再捕法の併用）.

岩井紀子，亘悠哉（2006）奄美大島におけるイシカワガエル，オットンガエルの生息状況．爬虫両棲類学会報，2006: 109-114.

草野保（1999）カエルの寿命．（尾崎煙雄，長谷川雅美 編）カエルのきもち，78-81．千葉県立中央博物館，千葉．

前田憲男，松井正文（1999）改訂版日本カエル図鑑．文一総合出版，東京．

Shine R (1979) Sexual selection and sexual dimorphism in the Amphibia. Copeia, 1979: 297-306（両生類における性選択と性的二型）.

Tokita M, Iwai N (2010) Development of the pseudothumb in frogs. Biology Letters, 6: 517-520（カエルの拇指の発達）.

Wells KD (2007) The ecology and behavior of amphibians. The University of Chicago Press, Chicago（両生類の生態と行動）.

第12章

ウケユリたんけんたい，奄美の森を行く

宮本旬子

奄美群島には千数百種類の草木が自生している．その中には奄美大島や徳之島にだけ生育する固有植物があり，絶滅が危惧されるほど，限られた自生地に限られた株しか残っていないことも少なくない．2006年にその一つであるユリ科のウケユリの自生個体を調査するという仕事が舞い込んだ．私は共同研究者らと沢を遡り森にもぐり崖にへばりついて18箇所の生息地で374株を確認し，2 年余をかけて当初の目標を達成した．しかし，それが奄美の森の数多の生物との出会いの始まりだった．

1. はじめに兎の目ありき

奄美の深山の岩壁に白い百合が咲く．その調査をきっかけに，思いがけず奄美群島に通い続けるようになって，10 年が経過しようとしている．事の始まりはアマミノクロウサギ *Pentalagus furnessi* Stone だった．本物ではない．奄美空港でも売っている，あの，ぬいぐるみである．2006 年 11 月，奄美大島の名瀬で『世界自然遺産と持続可能な発展』と題したシンポジウムが開かれ，私は会場の受付を手伝っていた．壇上では招待講演者の著名な解剖学者や地元の動物や植物の研究家が奄美の自然のすばらしさを熱く語っていた．奄美群島は温帯と熱帯の境界にあり，生物の調査記録や貴重な映像情報もある．しかし，フラっとそのあたりの森に入っても希少な動植物に次々に出会うことなど望めないということは国内外の調査で嫌というほど経験していたし，その頃の私は留学生の研究をサポートするために小笠原や沖縄の島々で現地調査に明け暮れていて，研究対象を拡げる余裕がまったくない状態だった．そのため，自分が奄美群島の調査研究を行うことは考えていなかった．ところが，シンポジウム後の懇談会で，地元の野生動植物保護推進員が突然私の正面にドカっと座った．その目が怒っている．「なぜ，地元の鹿児島大学は本気で奄美を研究しないのか」「なぜ，研究者は材料を持ち去るだけで地元に何も返さないのか」「山ならいくらでも案内すると言っているのに，なぜ現場を見ようとしないのか」云々．なごやかな会場の雰囲気の中で，ここだけ大荒れである．受付係にすぎない私

になぜ言わねばならないのか不可解に思っていたところ，講演者の一人で，アマミノクロウサギの記録映像で有名な浜田太氏が「これあげましょう」と，くだんのぬいぐるみを私にポンっと手渡してくれた．それを機に話がとぎれ，ほどなく閉会になった．

大学に戻って仕事に集中しようとしたのだが，机の上のぬいぐるみと視線がぶつかる．確か「山ならいくらでも案内する」と言っていた．世界自然遺産の候補地というからには，ガラパゴスやエベレストに匹敵する環境が存在するとでもいうのだろうか．研究するかしないかは別として見ておくべきかもしれない．かくして，小笠原の調査から戻ってすぐに奄美大島南部の前田芳之氏を訪ねた．案内されたのは奄美大島の南の加計呂麻島の向こう側にある請島だった．林道の終点から，登山道などない山の中に入ると，密生する常緑広葉樹が日光を遮り，林床には図鑑でしかお目にかかったことがない固有植物が点々と生えている．その先の数メートルの高さの岩場に，葉を展開し始めたウケユリの群落があった．

2. アレクサンドラ王妃のユリ

ユリ科 Liliaceae のユリ属 *Lilium* の種類数については諸説あるが，『日本の野生植物　草本I』という図鑑には，北半球に約70種があり，日本にはスカシユリ *Lilium maculatum* Thunb.，ヒメユリ *L. concolor* Salisb.，ヤマユリ *L. auratum* Lindley，カノコユリ *L. speciosum* Thunb.，オニユリ *L. lancifolim* Thunb.，コオニユリ *L. leichtlinii* Hook. fil. var. *maximowiczii* (Regel) Baker.，ノヒメユリ *L. callosum* Sieb. et Zucc.，テッポウユリ *L. longiflorum* Thunb.，ウケユリ *L. alexandrae* hort. Wallace，タモトユリ *L. nobilissimum* Makino，ササユリ *L. japonicum* Thunb.，ヒメサユリ *L. rubellum* Baker，クルマユリ *L. medeoloides* A. Gray，タケシマユリ *L. hansonii* Leichtl. が分布していると書いてある（佐竹，1982）．このうち，白い花をつけるのは，ヤマユリ，テッポウユリ，ウケユリ，タモトユリである．

南西諸島の海岸でよく見かける白い百合はテッポウユリであることが多い．沖永良部島では栽培も盛んで，観光資源にもなっている．タモトユリについては，原産地であるトカラ列島の口之島にはきわめて少数の自生株しか残っていない（林，2014，2015）．他に，カノコユリは九州や四国に分布し，とくに鹿児島県の甑島列島には群生地がある．赤や桃色の花が多いが，白花もある．白百合と言っても1種類の植物を指す訳ではないのだ.

ウケユリは奄美群島の固有種である. 田村藍水の『琉球産物志』(1770)に, 鉄砲百合, 野百合, 竹島百合, 黄姫百合と並んで,「大島土名請百合草又名袖百合草」が「百合大島産」として紹介されている(安田, 2004). ただしその挿絵の葉や花弁は丸みがあり, ウケユリとタモトユリを区別していたか明確でない. また, 島津重豪の『成形図説』(1804)には「承百合」(清水, 1987), 名越佐源太の『南島雑話』(1850〜1855?)には「請百合」(田畑・瀬尾, 2011)の項目があり, 食用や薬用としていたと思われる記述がある(国分・恵, 1984). ウケユリが近代植物学と出会うのは1893年にイギリスに輸出されて注目を浴びてからである. 学名が複数つけられたりタモトユリと混同されたりと紆余曲折があったが, 当時の国王エドワード7世の王妃アレクサンドラの名前を種小名とする現在の学名に落ち着いた. 英名はAlexandra lilyという. その後, 大量の自生株が国内外で売買され, 他の種類と交配して, オリエンタル・ハイブリッド・リリーなど園芸用のユリの品種改良に使われた(清水, 1987;浅野, 1994).

原産地の奄美群島では具体的にいつ頃から自生株が急激に減少したのか定かではない. 地元への聞き取りをすると,「昭和初期にはまだあった」とか,「見なくなったのは日本復帰(1953年)の後だ」という話が出てくる. つまり, 激減したのは最近数十年のことではないかというのだ. 奄美大島南部の自生地に関する調査記録があり(林, 1983), 請島では地元有志によって保護活動が行われている場所もあるが, 奄美群島全域に何株が残存しているのかわからない. 固有で希少だと言っても, 現状が不明では保護策を論じることは難しい. 換金性が高い野生動植物の盗採品がインターネット売買される時代である. ともかく現状把握を急ぎたいというのが地元の意向だという. 大型のユリは目立つ. それにもかかわらず分布状況がよくわかっていないという事実にまず驚いたが, 限られた開花期間中に山中を歩き回るだけでは何年かかるかわからないというのが正直な気持ちだった.

3. アマミ・シンドローム

前田氏から「知り合いの研究者に調査に協力してもらってはどうか」と, 沖縄大学の盛口満氏と千葉県立中央博物館の尾崎煙雄氏を紹介され, 驚いた. この2人とは大学の同窓生で, 学生時代に富士山麓での野外実習から雪山登山ま

図 12.1　奄美大島の渓流（鹿児島県奄美市にて宮本撮影）.

で行動を共にしたことがあったからだ．ウケユリは常緑広葉樹林内の急峻な岩場に生育する．生育個体をすべて数え上げるとなると，ロッククライミングやツリークライミングのテクニックが必要である．指が傷んでもロープを握っていられる性格だとお互いにわかっていることは，登攀技術の信頼性以上に重要なことだ．しかも彼らは私が苦手とする生態学を専門とし，並外れて広範囲な生物の鑑別同定ができる博物学的な才がある．卒業後は一緒に仕事をしたことがなかったが，これほど信頼に足る共同研究者は他に考えられない．

やがて，ウケユリの一番花が咲いた，という連絡を受けて奄美大島に向かった．ウケユリの花期は 5～7 月であるが，年によって個体によって変動する．前田氏は海岸や林道から双眼鏡で露岩を探し，白い百合の花を見たことがあるか周辺の集落での聞き取りも試み，生育可能性が高い場所を洗い出していた．しかしながら，それらはいずれも，登山道も目印もない常緑広葉樹林のド真ん中にあった．

ほぼ全島が深い森に被われているかのように見える奄美大島であるが，比較的平坦地が多い北部には，住宅地の山側にある斜面は元果樹園や元耕作地など，かつて人手が入った里山的な植生がある．道路脇には草やツル植物が茂っているが，林内に入ってしまうと樹の梢を見上げることができ，林床は明るくて歩きやすい．しかし，南部は違う．集落がある場所を除くと，海岸からいきなり急斜面になり，林床にはびっしり多年生草本や低木が生えている．本州で川沿いに登山道や峠越えの古道がつけられていることが多いのは，河原や河岸段丘を登ると楽で早いからで，支流をつめてかなり上流部まで行かないと渓流らしくならない．それに比べると奄美大島の川は短い．河口にマングローブがあっても，集落の裏手の斜面はすでに中流域の様相を呈し，両側から樹木が被いかぶさった狭い河原の石の上にはアマミノクロウサギの糞が大量に並んでいる．その傍らにはヒメハブ *Ovophis okinavensis* Boulenger が点々と日向ぼっこをしている．さらに遡ると小さな滝や深い淵が連続し，ガラスヒバァ *Hebius pryeri* Boulenger が泳いでいる．迂回しようにも両岸がほぼ垂直な崖というなかなか手強い場所が続く．この頃の携帯型 GPS はまだ精度が低く，谷底や森林内では誤差が大きくて，海の上に現在地マークが出ることもあり，地形図と方位磁石を使うことにした．それを見てなのか，背後から「ナントカ探検隊みたいだね」という笑い声が聞こえてきた（図 12.1）．

両岸の高さ 5 m 以上の崖の表面に，こすったような痕がたくさんついている．大雨が降ると岩石混じりの泥水が流れるという．こんな狭い谷に居て急に増水したら逃げ場がない．さらに源流部では風衝林となっていて，折れては伸びた低木が密生し，歩きにくいことこの上ない．たまに開けた窪地にはリュウキュウイノシシ *Sus scrofa riukiuanus* Kuroda のヌタ場があり，丸々と太ったマダニ類 Ixodidae が転がっている．「奄美の自然にふれてみたい」と参加した学生たちは押し黙ってしまった．こんなに泥々になるほど「ふれる」ことは想定していなかったのか．事前に説明しなかった指導教員，つまり私の責任が問われそうな雰囲気だ．そのとき，尾崎氏が低い声で言った．「いやあ，じつに面白いなあ」．盛口氏もにんまりしている．これほど多くの生物がワシャワシャと活動している場所がまだ国内に残っていたとは，私も内心かなり高揚していた．

たぶんこのときに，理屈ぬきに奄美の森を知りたいと熱望する病，アマミ・シンドロームに罹ったのだと思う．

地球上には壮大な山岳地や巨木の森がある．学生のときに初めての海外旅行先としてネパールヒマラヤを訪れて以来，20カ国余で見聞した世界遺産級の自然環境はいずれもスケールが大きく，驚くほど多様な形態と生活様式を持つ生命体であふれていた．もちろんそれらの場所には手つかずの研究対象も無尽蔵にあり，調査フィールドとしては非常に魅力的であった．先輩研究者らが競うように世界各地の海外学術調査に邁進したのも，むべなるかなである．鹿児島大学に赴任してすぐに，学生のトカラ列島の調査に同行した後に奄美大島まで足をのばした．すでにその頃，植物分類学の重鎮らによって琉球列島の自然環境に関する論文や生物リストが出版されていて，奄美群島の植物も調査されつくしているという印象だった．実際に海岸付近から見た森の姿は，長年の人間活動の影響もあって雑然としているように感じられ，おまけに港近くで車に轢かれていたハブ *Protobothrops flavoviridis* Hallowell の姿がチラついて，森の奥まで足を踏み入れてみようという気にはならなかった．しかし，海岸や街から見える緑は外壁にすぎなかった．真の奄美はそこからもっと奥にあったのだ．

低木を漕ぐようにして到着した崖の突先に立ったとき，下から吹き上げる湿った風の甘い香りに圧倒された．見下ろすと目指すウケユリが点々と咲いていて，強い芳香を放っている．岩壁の下部は樹冠で隠されていて見通せないが，20 m はありそうなオーバーハングである．ともかくロープを垂らして測定を開始した．岩壁の上から何 cm，横から何 cm，葉の枚数，開花や結実の状況を1株1株調べていく．壁面の植物を傷めないように，いわゆる空中懸垂に近い体勢での作業になる．壁面での計測や安全確保は尾崎氏を中心に，若い頃に山岳部で鍛えた前田氏，それに私が行い，学生には数値の記録係を頼んだ．生物画専門のイラストレーターでもある盛口氏は周辺のあらゆる植物の生育状況をスケッチしていく．このような見通しのわるい場所では，樹種を描き分ける彼の腕のほうがカメラより確実だ．岩壁の方位や傾斜角度，木の直径や樹高などの計測値と合わせれば，ユリがどのような環境にどのような状態で生えていたか再現できるだろう．また，このときはまだウケユリは鹿児島県の天然記念物になっておらず，採取が許される場所では葉を1枚切り取って，標本として保存することにした（図12.2）．

図 12.2　ウケユリ（鹿児島県大島郡瀬戸内町の自生地にて宮本撮影）.

4. 種の誕生

その後，私を含む「ウケユリたんけんたい」メンバーは，奄美大島，加計呂麻島，与路島，請島，そして徳之島で同様な調査を繰り返し，18 箇所の生育地で，合計 374 株のウケユリの自生個体の生育を確認した（Maeda et al., 2009）. その後の調査で確認数が増え，少なくとも 500 株前後が奄美群島に残存していることが明らかになった．この数が多いのか少ないのか，どのように考えるべきだろう．生物多様性という語には，遺伝的な多様性，種の多様性，生態系の多様性という概念が含まれている．地球上のあらゆる環境に多様な生物が住んでいることは子ども向けの絵本にも描かれている．同じ種類と考えられる生物でも１匹１匹あるいは１株１株で遺伝的に形や性質が少しずつ違うことがある．似たもの同士，交配可能な個体群をひとまとめにして「種 species」と呼ぶ．ヒト *Homo sapiens* L. はいまだ地球上のすべての生物種を調べ尽くしていないが，アフリカにはアフリカ，オーストラリアにはオーストラリア，南極には南極に特有な種の組み合わせがあり，特有な生物間の関係性が存在している．それらの生物は進化という現象によって多様化したという説を私は支持している．

分子生物学の進歩によって進化の仕組みの一端が解き明かされてきた．進化の第一段階である種の分化の発端は，細胞の中の遺伝子や染色体で起きる突然変異であると考えられている．生物の遺伝情報はデオキシリボ核酸（DNA）の塩基配列という形で存在する．分子系統学という分野では，塩基配列を比較することによって種と種の間の親戚関係の推定が行われる．ある種が２系統に分かれた場合，元の種は発展解消して新しい２種類の生物の共通祖先として位置付けられる．いまのところ，ウケユリの近縁種はタモトユリ，カノコユリ，ササユリなどであるが，四川省など中国のユリなどとも遠い親戚である（Nishikawa et al., 1999；Hayashi and Kawano, 2000；Ronsted et al., 2005；Du et al., 2014）．共通祖先は現在のアジア大陸に分布し，大陸との分断と陸橋形成の繰り返しの中で，南西諸島を含む日本列島が形成されていく過程で各島嶼に隔離分布したというストーリーがしばしば語られている．南西諸島に最初に定住した人類にとって，ユリは先住者であった可能性が高い．

食材として正月料理などに使われる百合根はおもにコオニユリの球根だが，昔は他のユリも食料や薬用として重宝されていただろう．現在，ユリ属は観賞用の園芸植物としての利用のほうが主流である．栽培ユリの一品種であるカサブランカ *Lilium* x 'Casa blanca' の球根を買ってきて鉢植えにしておくと，翌春，立派な花が咲くが，翌年は葉が出るだけで花が咲かず，やがて球根も消えている．株が弱らないように花を摘み，肥料をやり，葉が茶色く乾いて枯れるまで十分光合成をさせて，太らせた球根を適切な温度と湿度のもとで保管しないと，毎年たくさん咲いてくれない．そうかと思うと，庭の隅に放り出しておいたスカシユリやオニユリの周囲に小苗が出て，増えすぎて困ることもある．

一般に，ユリは種子による有性繁殖と，分球による無性繁殖の両方を行う．種類によっては葉の付け根にできる肉芽（むかご）による無性繁殖を行うこともある（宮本，2006）．遺伝的に均質な純系の栽培品種では花の形や色にばらつきがほとんどない（単型的な集団）．それに対して，突然変異によって生じたさまざまな遺伝型の株が混生し，有性繁殖が盛んな野生の集団では，異系交配のために多様な遺伝子の組合せが生じる（多型的な集団）．ところが野生でも有性生殖と同時に，分球などによって無性繁殖を行い，遺伝型が同一の個体の増加を図っていることもある．たとえば，私が大学の卒業研究で扱った冷温帯の単子葉植物は，明るい落葉広葉樹林では花を咲かせて有性繁殖による多型的な集団をつくり，薄暗く貧栄養な人工的な針葉樹林下では根茎を分枝して無性繁殖を行って単型的な集団をつくっていた．

ウケユリの生育地は常緑広葉樹林の中に屹立する頁岩や砂岩の岩場で，どちらかというと北向きの壁面に多く生育していた．岩場には大型の樹木は生えにくいので，太陽光を奪い合う競争相手は少ない．林冠から突き出した岩の上は，適度に日が当たり，適度に空中湿度があり，風通しと水はけがよい場所で，岩壁の上部からは腐葉土から滲み出た養分を含む水が供給される．天気がよければ花粉を運ぶ昆虫が飛来するが，ウイルス病を運ぶアブラムシや食害する昆虫は風雨で吹き飛ばされる．球根は岩壁の途中にある岩の割れ目の土壌にしっかりと根づいていて，ヒトも含む大型動物が球根を食べようとしても掘りにくい．一見過酷に見えて，じつは意外と恵まれた贅沢な環境である．開花や結実している大型の株に混じって，分球したのか，種子から芽を出した実生なのか，1，2 枚の葉しかつけていない小さな株もある．現場で見たかぎり，有性繁殖も無性繁殖もしているのではないかという印象を持った．

5. 種の消滅

地球上の生命体の三十数億年の歴史の中で，5 回の大量絶滅だけでなく，年々消えていった種も含めれば，莫大な数の生物種が消滅したことは古生物学的な証拠から確かなことだろう．現在，地球上では第 6 の大量絶滅が起こっているという説がある．しかも，おもな原因は私たち人類にあるという（Kolbert, 2014）．21 世紀を迎える直前，国際自然保護連合（IUCN）が絶滅の危険性を判断する基準を定め，日本でも国や自治体が個体数や生育地が急激に減っている生物名をリストアップし，レッドデータブックとして公表している．絶滅（EX），野生絶滅（EW），絶滅危惧 IA 類（CR），同 IB 類（EN），同 II 類（VU），準絶滅危惧種（NT），情報不足（DD）というカテゴリーがある．絶滅危惧 IA 類（CR）のウケユリについては，100 年後の絶滅確率は 100％と書かれている（環境省自然環境局野生生物課希少種保全推進室，2015）．

ある生物種が消滅するとき，いったい何が起こっているのだろう．保全遺伝学では遺伝的な劣化が種の消滅のシナリオの鍵を握るとされている．なんらかの理由で，ある生物種の生育環境が狭められたり，集団が分割されたりして，集団を構成する個体数が減少したとする．それぞれの集団内ではごく近い血縁関係にある個体と出会う頻度が高くなり，近親交配が頻発し，繁殖率と生残率が低下して，いわゆる近交弱勢を招くことがある．もしも異なる遺伝子を持ち，異なる環境適応能力を持つ多様な個体の大集団であれば，環境が変動してもどれかの個体が生き残り，その生物種が地球上から消滅することは免れることが可能かもしれない．残った個体から新たな性質を持つ生物群の誕生，すなわち新種が生まれる可能性もある．ところが，同じタイプの遺伝子を持ち，特定の環境条件へ同じような適応性を示す個体ばかりになってしまうと，あるわずかな環境変動が起こっただけで一斉に全滅しかねない．生物の集団の遺伝的な多様性の重要性はそこにある（Frankham et al., 2007）．

奄美群島から持ち帰ったウケユリの葉のかけらから遺伝的な多様性を知ることができるかもしれない．私の研究室で卒業研究を希望した垣下愛氏，岩坪佳月氏の協力を得て，ウケユリの乾燥葉からDNAを抽出した．DNAにはウケユリという種，つまり採取したすべての株に共通する遺伝子が含まれているはずである．その一方で，遺伝的な形や性質の決定に関与しないために，株によって塩基配列が異なるような部分も存在する．今回はランダムな配列を持つ短いDNAやマイクロサテライトと呼ばれるDNAをプライマーとして，長いDNAの鎖の中の特定の場所をPCRという方法で人工的に増やし，その長さを電気泳動法で比較することにした．また，葉緑体の中にある遺伝子や核内にある遺伝子間の塩基配列を読み取り，奄美群島のウケユリの個体間に遺伝的な違いがあるのかどうかを調べた．その結果，構成個体数が15を下回るような隔離された小集団では，1種類か2種類の遺伝型しか含まれておらず，均質な集団になっていることがわかった．違いがまったく検出できないほど類似した遺伝型で構成されている集団もあった．個体数の減少や地理的な隔離によって近親交配が多発したのか，無性繁殖によって生じたのかはわからないが，遺伝的には単型的な集団で，遺伝的劣化が起こりつつあるのかもしれない．一方で，15株より多い集団では数種類の遺伝型が含まれていることもあり，残存集団全体では少なくとも60種類の遺伝型が検出された．自生可能な環境が確保されていて，ヒトの採取やヤギなどの食害や病害虫の被害がなく，極端な気候変動や異常気象や大気汚染がなければ，というような諸々の条件付きではあるが，絶望的なレベルではない．

しかし，それとは別の問題点があった．栽培品種として流通しているウケユリと，自生集団とは遺伝型が完全には一致しなかったのだ．栽培品種の花や葉の形態は自生株の変異の範囲に入る．遺伝型が違うということは，すでに栽培品種の祖先だった自生株の子孫は自然界では消滅しているということかもしれない．この頃，栽培品種を人工的に大量に増やして自然界に植え戻しをすべきだという助言をあちこちからいただいた．いわゆる植生復元である．ユリの球根は鱗片の集合体で，タマネギのような構造をしている．鱗片培養をすれば簡単に増やすことができるし，そのまま土に植えて何年か上手に管理すればやがて開花可能な大きさの株に成長する．そうすれば，とりあえず数の回復は可能だ．しかし，それを手放しで歓迎できない事情もある．栽培品種は栄養繁殖個体なので，これらはすべて同一の遺伝型を持っているはずだが，栽培下で代を重ねている間になんらかの変異が生じていれば，自然の集団の遺伝型の構成を変えてしまうことになるかもしれない．さらに，栽培下で感染した病気や有害突然変異を自然界に持ち込む可能性は捨てきれない．外見上，とりあえず数を回復させることを優先するのか．自然を改変しかねない重大な見落としがあるかもしれない以上は躊躇すべきなのか．どちらにしても自生のウケユリ側の都合ではなく，ヒトの側の価値観や事情が根底にあることを意識しつつ考えるべきである．

もう一つの問題もヒトが関与している．ユリ属の染色体は生物の中では大型で，染色体構造の研究に適している．以前，私はゲノム *in situ* ハイブリッド法という分析手法の改良に取り組んでいたことがある．両親の DNA にそれぞれ別々の化学物質で標識をして，雑種の染色体中の DNA の該当箇所に相補的に貼り付けて，どの染色体がどちらの親に由来したか蛍光色素を使って検出する．二倍体のユリの体細胞染色体数は 24 本で，染色体の長さや形もよく似ているが，この方法を使うと，由来別に 12 本ずつの染色体が異なる色で塗り分けたかのように見える．ササユリとヒメサユリの雑種では，そうなっている株もあったが，受け継いだ染色体を部分的に交換して，より複雑な構成に変容している株もあった（Miyamoto, 1997）．たとえば，このような雑種個体が自生の個体とさらに交雑すると，染色体に含まれる外来の遺伝子が世代を重ねるに従って自然界に広がっていく．これを浸透性交雑という．

20年前，鹿児島県の旧農業試験場職員だった育種家（故人）からウケユリとタモトユリを交雑した株をいただいたことがある．ウケユリはタモトユリだけでなく，ササユリ，オトメユリ，ヤマユリ，サクユリ，カノコユリ，そしてそれらから育種された園芸品種と雑種をつくることができる（清水，1987）．だからこそ，品種改良に使用できたのだが，自然界では別の島に分布していて，まず出会うことがない種類同士である．しかし，通信販売の発達で，日本あるいは世界中どこからでもさまざまな種類のユリを入手できるようになった．いわゆる国内外来種だけでなく，暖地では台湾産のタカサゴユリ *L. formosanum* Wall. などが栽培下から逃げ出して繁殖している．また，原種だけでなく，交雑や突然変異を伴う品種改良によって作出された園芸品種が多数流通している．自生地のウケユリと交雑する可能性はゼロではない．本来その土地にない生物種や人為的に改変した栽培品がヒトによって持ち込まれ，もともとある固有種と交雑することによって，本来の特性が失われ，固有種の消滅を招くこともある．異なる遺伝型同士の交配が遺伝的多様化をもたらすということと矛盾するようであるが，近縁種と自由に交配できるようになると，種の独立性が失われ，種の多様性は減る．

6. 距離感と重量感

単子葉植物の遺伝的多様性に意識の大半が集中している私と違って，ウケユリの分布調査に協力してくれた前田，盛口，尾崎の三氏の興味はあらゆる生物のあらゆる活動に向いている．調査地を歩きながら，私は自分の視野から動くものを排除し，森の風景の中から葉や花のパターンを抽出しては鑑別同定を試みるという作業を無意識にしてしまうのだが，亜熱帯での調査は未経験で，「関東ならアレだけれど，ここは奄美だから，変種の何だっけ？」と植物リストと首っ引きで忙しい．これでは「植物学が専門です」などと公言できないが，しかたがない．その傍らで彼らは，葉を裏返し，枯れ木のウロをのぞきこみ，石をひっくり返し，動くものを見ればスっと捕まえて，なになにハムシだ，なになにカミキリのオスだ，メスだ，と議論している．静かだと思ったら，朽ちかけた大木の脇で，フェリエベニボシカミキリ *Rosalia*（*Eurybatus*）*ferriei* Vuillet をじっと待っていたりする．昆虫だけでなく，クモ，ダニ，ムカデ，ナメクジなども観察記録対象である．こういう人たちと行動を共にしていると，独りであれば気が付かないようなさまざまな生物の姿と名前が耳に入り，知らず知らずのうちに頭の中に相互関係図ができあがっていく.

盛口氏は菌類，とくに昆虫やクモに感染する冬虫夏草にも関心がある．調査の合間の日曜日，地元で冬虫夏草を調べている藤本勝典氏や奄美マングースバスターズのメンバーなどと合流して山中の谷を歩いた．彼らは地面の落ち葉の間から数ミリメートルだけ胞子嚢の先端をのぞかせているクモタケ *Nomuraea atypicola*（Yasuda）Samson やハチタケ *Cordyceps sphecocephala*（Klotzsch ex Berk.）Berk. & M. A. Curtis，植物の葉の裏側で首の後ろから胞子嚢を生やして1列縦隊で死んでいるチクシトゲアリ *Polyrhachis moesta* Emery などを次々に見つけていく．地中の昆虫の幼虫から生えている冬虫夏草を採取するときは，脆い菌体を壊さないように数時間かけて丁寧に掘り取るのだという．集中力や根気のあり方が常人ではない．また，朝に跨いだ倒木上の黄色や青緑色のペンキのような模様が，夕方には変形して移動していることもある．変形菌や細胞性粘菌の類である．これらは生活環の一時期にアメーバ状の運動をして移動しながら摂食する．さらに，発光する菌類もある．夜の森では，シイノトモシビタケ *Mycena lux-coeli* Corner. のような光るキノコだけでなく，菌糸が付いた落ち葉や枯れた木の枝も光っている．幻想的というより，圧巻というべきだろう.

冬虫夏草が多い所では，腐生植物であるウエマツソウ属 *Sciaphila*，ヒナノシャクジョウ属 *Burmannia*，ムヨウラン属 *Lecanorchis* もよく見つかる．冬虫夏草の採取作業を待ちながら，満開のサクライソウ *Petrosavia sakuraii*（Makino）J. J. Sm. ex Steenis の花畑で朽ち木や落ち葉が散乱する地面を見つめていて，ふと森の地下の状況に思いがおよび，愕然となった．私がこれまで森として認識していた空間は地上部のみで，しかも樹木や草ばかり調査してきた．一説には，陸上の大型植物は地上部とほぼ同程度の地下部を持つという．スダジイ *Castanopsis sieboldii*（Makino）Hatus. ex T. Yamaz. et Mashiba，またはオキナワジイ *C. sieboldii* subsp. *lutchuensis*（Koidz.）H.Ohba やオキナワウラジロガシ *Quercus miyagii* Koidz. の大径木には，それに見合った根が存在するということだ．菌類の全体像はもっと見えにくい．地下や朽ち木の内部には，さまざまな菌類の膨大な量の菌糸が縦横無尽に交錯して分解作業に勤しんでいるはずである．理科の教科書には，生態系を示すイラストと共に「植物が栄養をつくり動物が食べて菌類が分解します」などと簡略に説明されている．しかし，実物はそんなに軽々しくない．自分を囲む樹木と密生する草，樹幹に着生している蘚苔類やシダ類，空中や地面を行き来する多数の昆虫やクモ，それを狙う

図 12.3　奄美大島の森林内（鹿児島県奄美市にて宮本撮影）.

両生類，爬虫類，鳥類，哺乳類，そして足の下の地面から草木の表面にとんでもない数量の菌類や細菌類がいるはずだ．それらすべてを自分の身に迫る距離感と重量感をもって理解した気がしたのだ（図 12.3）.

奄美群島の個々の島々は，世界的に見れば面積が小さく，高い山もない．ボルネオやミクロネシアに行ったときには，面積あたりに出現する植物の種類数の多さを数値として知ることができたし，カナダやヨーロッパの広大な針葉樹林を目の当たりにして，一次生産者としての植物の実存量の数値にも納得できた．しかし，奄美ではこじんまりした森の中のあらゆる隙間に動植物や菌類が詰まっている．むしろ，空間的に小規模だからこそ，手足の先から肌に迫るような感覚で多様な生物の存在を感じさせる場所なのではないかと思い至った.

2012年に『生物多様性国家戦略 2012-2020』が閣議決定された．各自治体でもそれぞれの地域の特性に応じた生物多様性に係る方針を，たとえば『生物多様性鹿児島県戦略』（2014）などとして公表している．そこでは，生物多様性をどのようにして理解してもらえるか，という課題も議論されている．ヒトは，見ず知らずの光合成生物がつくった酸素を吸い，衣食住すべてに渡って，他の生物のお世話になっている．本を読み，自分の生活圏とは異次元の空間に想像の枠を越えた生物がたくさんいることを知識として得ることはできるし，映像を見てバーチャルに体験することもできる．しかし，日本国内で，比較的自然度が高い地域で生活していたとしても，食糧や生活用具を自然界から自分の手で直接得ているということはまずない．都市生活者であれば，ヒト以外の生物の存在をまったく意識せずに過ごすことは日常的だ．分類学や生態学などを志す学生でも，絶滅危惧種を野生状態で見たことがない人は多いし，生物の多様な分類群や膨大な種類数を講義で扱うと，舌を咬みそうなカタカナやラテン語の生物名や桁数のやたらに多い種類数一覧表を見て，うんざりした顔が並ぶ．実感がわかないのだ．

しかし，現場で湿った重い空気を吸い，沢の水音を聞き，落ち葉の香りを嗅ぎ，生物の手ざわりを確かめる．そうやって，初めて納得できることもある．生物多様性という概念の理解は，それを感じる圧倒的な対象に遭遇するかどうかに負うところが大きい．どこの何に圧倒されるかは，そのヒトの感性，知性，経験によるだろうが，奄美群島にも生物多様性を感じさせる対象が確かに存在している．

7. 100年後の森

奄美群島の森はヒトの生活圏に近く，伝統的文化の中で自然物をさまざまな形で利用してきていて，ヒトの活動の影響も少なからず受けているにもかかわらず，生物がひしめく生態系があり固有種が生き残っている．奄美大島と徳之島は世界自然遺産の候補地になっていて，推薦書には各島に分布する生物相の詳細な情報を付ける必要がある．ウケユリ調査を始めた頃は，とりあえず3年間通ってみようと考えていた．その間に，地元で自然や文化の調査研究を続けてきた方々に教えを乞う機会が多々あった．やがて，植物研究家である田畑満大氏や植物写真家の山下弘氏に，調査の現場でさまざまな「宿題」をいただくようになった．すでに十分に調査研究されていたはずの樹木や草の中にも，分類学上，進化系統学上の疑問点が残されているというのである．菌類や細菌類まで含めれば，いまだ調査研究しきれていない生物種のほうが圧倒的に多い．ウケユリの調査が一段落した後，かなり迷った末に，私は奄美群島の植物の研究を続けることにした．ただし，自分自身の研究上の興味や志向をいったん封印し，地元発の宿題に基づいて研究対象の植物を選ぶことが，自らに課した条件である．対象分類群が広がり，100 種類余の分類群について，実験条件の微調整を行いながら染色体や DNA レベルの分析を試み，学術論文や公的データベース上にあるさまざまな情報と比較する．その結果，固有種だけでなく，一部の広域分布種についても奄美群島独自の遺伝型を持つ集団がありそうだという感触を得た．ただし，それぞれの宿題について結論を出すにはもう少し裏付作業が必要な段階だ．謎だらけの泥沼か，エウレカ（解けた！）の連続か，答を出すにはもうしばらくかかる．

地球環境の持続的利用という言葉がある．生物多様性の保全がヒトの生活環境の質の保持に繋がるということは行政文書の常套句である．しかし「野生生物を保護すべきだと習ったが，いま一つ納得できない」という学生に最近はよく出会う．もし地球上の生物種がさらに減り，生態系が崩壊したとき，ヒトもまた存続できなくなるかもしれないという話も「大袈裟な話だと思う」「自然はもっとタフだろう」という人もいる．一方で，「ヒトも永久に繁栄することはないかもしれないが，それでいいではないか」「余計なことをせずに放っておくべきだ」という人．逆に，私が保護活動家ではなく，植生復元などの事業には携っていないと知って，「なぜ行動しないのか」と批判する人．いろいろである．絶滅までいかなくても将来ヒトの個体数が現在より減る日は来るかもしれない．そのとき，それまで大繁栄してきたヒトのせいで，新たな進化の源となる生物相が確保できないほどに地球が閑散としてしまっていたら，誰に対してなのかはわからないが，申し訳ない気がしそうだ．100 年後のウケユリの絶滅確率は 100%．少なくとも，植物が密生する森で自分の身に迫る生物多様性の重量を感じる体験や，森をぬけて到着した崖の下から吹き上げる甘い香りに圧倒される体験が，100 年後の奄美でも可能であるほうが，ヒトも奄美の森の数多の生物も幸せではないかと思う．

引用文献

浅野義人（1994）ユリ属．（塚本 洋太郎 監）園芸植物大辞典，2638-2649．小学館，東京．

Du Y, He H, Wang Z, Li S, Wei C, Yuan Z, Cui Q, Jia G (2014) Molecular phylogeny and genetic variation in the genus *Lilium* native to China based on the internal transcribed spacer sequences of nulear riosomal DNA. Journal of Plant Research. 127: 249-263（核リボソーム DNA の遺伝子間転写スペーサー領域の塩基配列に基づく中国原産ユリ属の分子系統と遺伝的変異）．

Frankham R, Ballou JD, Briscoe DA (2002) Introduction to Conservation Genetics. Cambridge University Press. 西田睦 訳（2007）保全遺伝学入門．文一総合出版，東京．

林一彦（2014）口之島におけるタモトユリの現状．ユリ協会ニュース 15: 12-27.

林一彦（2015）タモトユリを求めて．ユリ協会ニュース 17: 1-21.

Hayashi K, Kawano S (2000) Molecular systematics of *Lilium* genus and allied genera (Liliaceae): phylogenetic rationships based on the *rbcL* and *matK* gene sequence data. Plant Species Biology 15: 73-93（ユリ属と近縁属（ユリ科）の分子系統分類：*rbcL* と *matK* 遺伝子塩基配列情報に基づく系統関係）．

環境省自然環境局野生生物課希少種保全推進室（2015）レッドデータブック 2014―日本の絶滅のおそれのある野生生物―8 植物 I（維管束植物）．ぎょうせい，東京．

国分直一，恵良宏 校注（1984）名越佐源太 南島雑話．平凡社，東京．

Kolbert E. 2014. The Sixth Extinction. 鍛原多恵子 訳（2015）6 度目の大絶滅．NHK 出版，東京．

Maeda Y, Miyamoto J, Ozaki K, Moriguchi M, Kakishita A (2009) Natural distribution of *Lilium alexandrae* (Liliaceae) in Amami Islands of Ryukyu Archipelago, Japan. Journal of Phylogeorgraphy and Taxonomy 57: 77-87（琉球弧の奄美群島におけるユリ科ウケユリの自生地）．

宮本旬子（2006）ユリ．（福井希一，向井康比己，谷口研至 編）クロモソーム植物染色体研究の方法．養賢堂，東京．

宮本旬子（2010）奄美群島の植物．（鹿児島大学 鹿児島環境学研究会 編）鹿児島環境学 II. 南方新社，鹿児島．

Miyamoto J (1997) The genomic *in situ* hybridization (GISH) in a hybrid between *Lilium japonicum* and *L. rubellum* Baler, Liliaceae. Reports of the Faculty of Science, Kagoshima University, 30: 85-88（ユリ科ササユリとヒメサユリの雑種におけるゲノム *in situ* ハイブリダイゼーション）．

Nishikawa T, Okazaki K, Uchino T, Arakawa K, Nagamine T (1999) A molecular phylogeny of *Lilium* in the internal transcribed spacer region of nuclear ribosomal DNA. Journal of Molecular Evolution 49: 238-249（核リボソーム DNA の遺伝子間転写スペーサー領域におけるユリ属の分子系統）．

Ronsted N, Law S, Thornton H, Fay M F, Chase MW (2005) Molecular phylogenetic evidence for the monophyly of *Fritillaria* and *Lilium* (Liliaceae; Liliales) and the infrageneric classification of *Fritillaria*. Molecular Phylogenetics and Evolution 35: 509-527（ユリ目ユ

リ科バイモ属ユリ属の単系統を示す分子系統学的証拠とバイモ属内の分類体系).
佐竹義輔（1982）ユリ科.（佐竹義輔，大井次三郎，北村四郎，亘理俊次，冨成忠夫 編）日本の野生植物草本I, 21-51. 平凡社，東京.
清水基夫（1987）日本のユリ　原種とその園芸種. 誠文堂新光社，東京.
田畑満大，瀬尾明弘（2011）『南島雑話』にみる植物の利用.（安渓遊地，当山昌直 編）奄美沖縄環境史資料集成. 577-618. 南方新社，鹿児島.
安田　健（2004）江戸後期諸国産物帳集成　第XVIII巻―薩摩・琉球.［諸国産物帳集成　第II期］ 琉球産物志. 科学書院，東京.

第13章

交通事故は月夜に多い
アマミヤマシギの夜間の行動と交通事故の関係

水田　拓

「事件や事故は月夜に多発する」とはよく言われることであるが，じつはこのような言説は科学的根拠に乏しく，しばしば「トランシルヴァニア効果」と称される．一方で，野生動物の世界では月明かりはさまざまな事象に関連することが知られている．奄美大島に棲むアマミヤマシギは，月夜に道路に現れることが多く，そのためこの鳥の交通事故は月夜に多いことが最近の調査で明らかになってきた．アマミヤマシギで見られたこの「トランシルヴァニア効果」について紹介する．

1. はじめに

月を眺めながらぼんやりと考えごとをした経験はだれもが持っていることだろう．暗い夜空に輝く月は，人の目を自然と引きつける魅力がある．月を見上げては，その美しさに感じ入ったり，遠く離れた故郷を思い出したり，来ぬ人を恨んだり去った人を思って悲しくなったり．「小倉百人一首」には，月に託してそんな心情を詠んだ歌が12首も存在する．平安の昔から，日本人は月を見上げて物思いにふけるのがことのほか好きだったようだ．もちろん日本人だけではない．月を見てぼんやりするのは西洋人も同様である．Moonという英単語には，「月」という名詞のほかに「ぼんやりする」，「ふらふらさまよう」という動詞としての意味があることからもそれはわかる．西洋ではさらに，月の霊気を浴びると気が狂う，性格が豹変するなど，月が精神を変調させる要因になるとも考えられてきた．Lunacy（狂気），Lunatic（狂気じみた）という英単語は，よく知られている通りラテン語で「月」を表すLunaが語源となっている．Moonstruckといえばずばり「気のふれた」という意味だ．また，月の光は人間の肉体にも影響をおよぼすと考えられていた．18世紀のドイツには「月医者」なる医療従事者が存在しており，患者の身体を月光にさらすことで病気を治療していたそうだ．西洋では，月は人間の精神から肉体にまで幅広く作用する存在だと考えられてきたのである.

「月の満ち欠けが人間の感情や行動に影響を与える」という考えは古くからあり，また現在でも根強く信じられている．強盗や殺人が満月の夜に多発するとか，出産は満月の夜に多いなどといった話題は，だれもが一度は耳にしたことがあるだろう．これらは科学の場でもまじめに論じられており，この現象を検証しようとする学術論文も数多く出版されている．学術論文だけではない．「月の魔力」という一般向けの書籍はベストセラーとなり，日本でも翻訳されて版を重ねている（リーバー，2010）．これらの論文や書籍の内容に関しては賛否両論があるが，適切な統計的手法を用いて解析した研究や，メタアナリシス（複数の研究の結果を集めてさらに統計学的に解析する手法）を行った最近の研究の多くは，月の満ち欠けと人間の行動には何の関係もないと結論づけている（たとえば Iosif and Ballon, 2005 を参照）．一見もっともらしく思えるがじつは科学的根拠の乏しいこの現象は，しばしば揶揄の意味を込めて「トランシルヴァニア効果」と呼ばれる（トランシルヴァニア地方が，夜に人の生き血を吸うドラキュラ伯爵や満月を見ると変身する狼男の故郷とされることからの連想だろう）．トランシルヴァニア効果は，お話としてはたいへん興味深いけれど，現時点では疑似科学の一つと考えるのが妥当なのかもしれない．

そう書くと，「交通事故は月夜に多い」というタイトルの本章は，まさにこのトランシルヴァニア効果を扱った都市伝説めいたお話ではないかと読者は思うかもしれない．しかしもちろんそうではない．月とヒトとの関係は上述のように少々あやしげだが，ヒト以外の動物の行動に対して月が影響を与えていることは，さまざまな研究によって示されている．たとえば，ホイップアーウィルヨタカ *Caprimulgus vociferus* という変わった名前の鳥は，夜間に視覚を用いて採食するため，月が出ている明るい夜ほど採食効率が高くなる．それだけではない，このヨタカは孵化後の雛により多くの食物を与えるために，月の明るい時期に卵が孵化するよう産卵の日を調節していることも知られている（Mills, 1986）．同じく夜行性のスラウェシメガネザル *Tarsius spectrum* は，月の明るい夜には採食や移動にかける時間が長くなり，休憩する時間が短くなるそうだ（Gursky, 2003）．反対にネズミ類は月の明るい夜に開けた環境であまり活動しなくなるが（たとえば Wolfe and Summerlin, 1989 を参照），これは，明るい夜には視覚を用いた捕食者に狙われやすいためである．コロニーで繁殖するコシジロウミツバメ *Oceanodroma leucorhoa* も同様に，月の明るい夜にはオオセグ

図 13.1　林道脇の草地に現れたアマミヤマシギ.

ロカモメ *Larus schistisagus* による捕食を避けるため活動性を低下させる (Watanuki, 1986). このように, 月明かりは採食や捕食者回避といった視覚を用いる行動を通して, 動物の活動に大きく影響を与えているのだ.

野生動物の行動が月明かりに影響されるなら, 動物の死因, たとえば交通事故にも, 月は影響しているかもしれない. 本章は, アマミヤマシギ *Scolopax mira* という鳥類の夜間の活動と月明かりの関係を観察し, その観察結果と交通事故との関連を論じたものである. トランシルヴァニア効果を扱う都市伝説ではないので安心して読んでいただきたい.

2. 研究の発端

アマミヤマシギは, 奄美群島と沖縄諸島の一部に生息するシギ科の鳥類である (図 13.1). シギと言えば水辺の鳥というイメージがあるかもしれないが, この鳥は水辺ではなく森林に生息している. 奄美の山に棲むシギ, すなわちアマミヤマシギだ. 大きさはハトより少し大きいくらい. ずんぐりとした体型で, 茶褐色の体は地面の落ち葉の色にそっくりなため, 森の中でじっとしているとなかなか見つけにくい. かつてはユーラシア大陸とその周辺に分布するヤマシギ *S. rusticola* と同一種と見なされていたが, 体の大きさや模様などが少し異なり, 現在では別種とされている. 分布が琉球列島に限られている上, 森林の伐採や外来生物であるフイリマングース *Herpestes auropunctatus*（第16章，第17章参照）による捕食の影響で絶滅の危険が増大していると考えられることから，環境省レッドデータブックには絶滅危惧Ⅱ類として掲載されている（環境省自然環境局野生生物課希少種保全推進室，2014）．また，種の保存法により「国内希少野生動植物種」にも指定されており，奄美大島ではアマミノクロウサギ *Pentalagus furnessi*，オオトラツグミ *Zoothera dauma major* とともに，環境省による保護増殖事業の対象となっている．本章で紹介する調査は，この保護増殖事業の一環で行われたものである．

なにしろごく限られた小さな島嶼だけに生息する鳥であるため，絶対数としての個体数は多くない．しかしこのアマミヤマシギ，絶滅危惧種とか希少種とか呼ばれるわりに観察するのはさほど難しくない．夜になるとこの鳥は森の中を通る道路，つまり林道の上に現れるため，夜に林道を自動車で走ればかなり高い頻度で出会うことができるのだ．ただし，林道で何をしているのかはよくわかっていない．ほとんどの場合，アマミヤマシギは林道上でぼーっと突っ立っているだけである．奄美大島の言葉で「ぼーっとしている」「動きが遅い」ことを「ボットボット」と表現するが，アマミヤマシギほどこの「ボットボット」という言葉が似合う鳥はいないだろう．

さてこのボットボットしたアマミヤマシギの調査を，地元の自然保護団体であるNPO法人奄美野鳥の会が長年行っている．2006年から2007年にかけては，奄美大島の北部，龍郷町の市理原（いちりばる）という地域で，林道に出現するアマミヤマシギの数を数える調査が行われていた．この調査は，市理原の林道に全長20.7 kmの調査ルートを設定し，そこを夜間に3時間ほどかけて自動車でゆっくりと走行して，出現するアマミヤマシギの数とその場所を記録するというものである．調査は月に5～8回，1年間で計77回行われた．たいへんな労力がかかった調査だ．私も何度か同行したことがあるのだが，この調査の結果はずいぶん奇妙であった．1回の調査で観察されるアマミヤマシギの数が，日によってかなり異なるのである．データを見ると，まったく観察されなかった日から，25羽ものアマミヤマシギが観察された日まで大きなばらつきがある．同じ場所，同じ手法で繰り返される鳥類の調査で，これほど確認数に違いが出るのもめずらしい．なぜそんなにばらつくのだろう．異なる調査日の間で，何か条件に違いがあるのだろうか．

調査の季節や時間帯，そのときの気温，風力など，考えられる要因をいろい

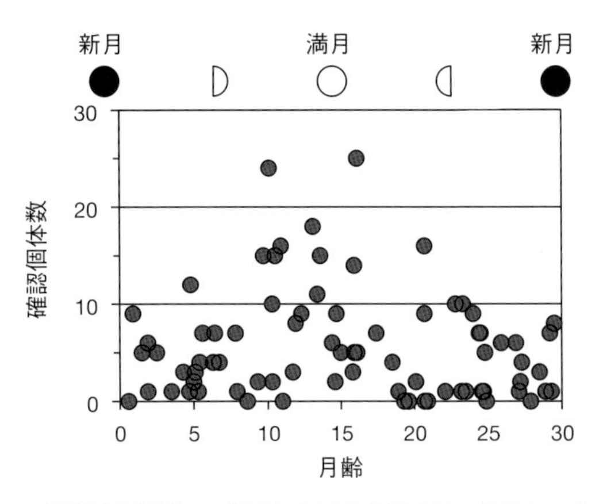

図 13.2 龍郷町市理原での調査における各調査日の月齢と，その日に確認されたアマミヤマシギの個体数の関係．月齢 15，つまり満月の夜に近い時期に多くのアマミヤマシギが確認されている．

ろ列挙してみた．その中で，月齢や雲量（空がどれくらい雲で被われているかを 0 から 10 までの数値で評価したもの）についても検討したところ，これらがアマミヤマシギの確認数に大きな影響をおよぼしていることがわかった．具体的に言うと，月齢が 15，つまり満月に近い夜の調査では確認数が多く，逆に新月に近い夜の調査では確認数が少なくなるという明瞭な傾向が見られたのである（図 13.2）．その傾向は雲量が少ない（空があまり雲に被われていない）ほど顕著であった．言い換えれば，アマミヤマシギは月が出て周囲が明るく照らされている夜ほど道路上に多く出現している，という結果が得られたのである．

この結果は面白い．面白いがそれだけでなく重要である．絶滅危惧種であり希少種であるアマミヤマシギの保全のためには個体群のモニタリングを行うことが重要であるが，これまでそのモニタリング調査は道路上に出現する個体を数えることで行われていた．そこでは月の明るさという環境要因はまったく考慮されていなかった．奄美野鳥の会によるこの調査結果は，月の明るさを考慮しないとモニタリングの結果を誤って解釈してしまう危険性があることを示している．どういうことかというと，たとえばある年にアマミヤマシギの調査を行い，たまたまその日が新月に近かったためあまり出現しなかったとする．その翌年，同じ場所で調査を行い，たまたまその日が満月だったとしたら，出現個体数はずいぶん多くなるかもしれない．この結果を受けて「アマミヤマシギの個体群が増加した」と安心してしまうのは危険だろう．逆もまたしかり．出現個体数が減ったからといって，それを個体群の減少と見なすのは早計かもしれない．あるいは，ある場所と別の場所のアマミヤマシギの生息密度を道路に出現する数に基づいて比較する，といった場合，月齢が異なる日に調査を行ったのでは，直接的な比較はできないことになる．そういう訳で，今後行われるモニタリング調査への注意喚起の意味も込めて，この結果については論文にまとめたのであるが（水田ほか，2009），この時点で気になることがあった．

私が勤めている環境省奄美野生生物保護センターには，死んだり傷ついたりした野生動物に関する情報が寄せられるため，それらをデータベースにまとめているのだが，その中にはアマミヤマシギの情報も含まれている．死傷したアマミヤマシギの大部分は道路上で発見されており，その原因のほとんどは交通事故と思われる．アマミヤマシギが明るい夜ほど道路上に多く出現するという傾向が，もし市理原だけでなく島内全域で普遍的に見られるのなら，交通事故は月の明るい夜ほど多く発生しているかもしれない．データベースに含まれるアマミヤマシギの情報には，そのような傾向が見られるだろうか．

3. 野生動物の交通事故

自然の豊かな奄美大島にはたくさんの野生動物がいるため，道路上でよくそれらの死体が発見される．ほとんどは自動車との接触，すなわち交通事故によって死んだものだ．道路網が整備され，そこを通る自動車が増えることは，人間の社会から見れば「発展」かもしれないが，その「発展」は自然環境にさまざまな負の影響を与える．野生動物の交通事故は，道路が自然環境に与える影響の中でももっとも深刻な問題の一つなのである（Litvaitis and Tash, 2008）．

野生動物の交通事故には，大きく3つの要因が関わっている（Seiler and Helldin, 2006）．1つ目は，動物の個体数や生態，行動など，交通事故にあう動物側の要因である．個体数の多い動物や，道路上でよく活動し，かつ動作の遅い動物は，自動車と接触する危険性が高いと考えられる．2つ目は，交通量や速度など，交通事故を引き起こす自動車側の要因．通過する自動車が多かったり，速い速度で走行していたりすれば，当然交通事故は起こりやすいだろう．そして3つ目は，周囲の景観も含む道路の環境に関わる要因である．たとえば見通しのわるい道路，すぐそばに野生動物の重要な生息場所があるような道路では，交通事故が起こる可能性も高くなると考えられる．もちろん，交通事故はこれらの要因のうちのいずれか一つのみによって生じる訳ではない．交通事故は複数の要因が相互に作用することによって起こるため，その時間的，空間的な発生パターンは複雑で，動物の種によっても異なるはずである．したがって，ある動物の交通事故について調べる際には，これらの要因の相互作用をきちんと理解する必要がある．

ところで，一般に夜間の交通量は昼間に比べると著しく減少する．しかし，だからといって夜行性動物の交通事故が少ない訳ではない．夜行性の動物の中には，道路を採食や休憩，移動の場として利用するものも多い．自動車の運転手は，夜は昼よりも速度を上げる傾向があるし，街灯がなく周囲が暗いところでは当然道路上にいる動物にも気付きにくいだろう．野生動物の交通事故は，これら動物に関わる要因，自動車に関わる要因，道路の環境に関わる要因を考慮すると，むしろ夜のほうが多いかもしれないのだ．

さてアマミヤマシギである．先に書いた通り，この鳥には夜に道路上に出てくるという習性がある．しかも「ボットボット」である．道路上によく出現し，しかも動きが遅いとなると，これは交通事故にあわない訳がない．ただでさえ絶滅が危惧されている鳥なのだから，その数をさらに減らしてしまう交通事故はできる限り起こらないようにしたい．アマミヤマシギの性格を変えることは不可能なので，ここは私たち人間がなんとかする必要がある．そこで，アマミヤマシギの交通事故が，いつ，どこで，どのような状況で起こるのか，その発生パターンを３つの要因に基づいて調べてみた（Mizuta, 2014）．交通事故に顕著な時間的，空間的な特徴が見られるだろうか．そして，月の明るい夜ほどアマミヤマシギの交通事故が多いというような傾向は見られるのだろうか．

4. アマミヤマシギの行動を調べる

まず，市理原での調査で得られた「月の明るい夜にアマミヤマシギが道路上にたくさん出現する」という傾向が，市理原以外の場所でも見られるのか確認する必要がある．そこで，別の場所にあらためて調査ルートを設定して調べてみることにした．新しい調査ルートの設定条件としては，なによりもまずアマミヤマシギが多いところでなければならない．しかしかならずしも交通事故が多い場所である必要はない．むしろ夜間に自動車があまり通らない場所のほうが望ましい．自動車がたくさん通ると，それが確認されるアマミヤマシギの数に影響を与えてしまって月明かりの影響を調べる調査にならないからだ．加え

図 13.3　調査中に出会った野生動物．①アマミノクロウサギ．②ケナガネズミ．③リュウキュウイノシシ．④アマミイシカワガエル．⑤アマミハナサキガエル．⑥オットンガエル．⑦ハブ．⑧ヒメハブ．⑨虹色に光るフトミミズ科 Megascolecidae の一種．奄美大島のミミズ相はほとんど調べられていない．⑩樹上から獲物を探すリュウキュウコノハズク *Otus elegans*．⑪冬期には近縁種のヤマシギが渡ってくる．アマミヤマシギととてもよく似ているので識別には注意が必要だ．⑫奄美大島の野生動物にとって大きな脅威となっているノネコ *Felis silvestris catus* もときおり見かける．

て，一晩中調査をするのはたいへんな作業なので，往き帰りにあまり時間のかからないところがよい．いくつか候補をあげ，最終的に奄美大島の最高峰湯湾岳（ゆわんだけ）（標高 694.4 m）の北西側に位置する林道を調査ルートに決めた．このルートは全長 10.2 km，標高は 5 m から 480 m までの間にあり，おもに常緑広葉樹林の中を通る舗装された林道だ．山の中なので夜間は自動車などほとんど通らないし，自宅から自動車で 30 分ほどで行くことができる．何よりも野生動物が多いのがよい．アマミヤマシギはもちろんのこと，アマミノクロウサギやケナガネズミ *Diplothrix legata*，リュウキュウイノシシ *Sus scrofa riukiuanus* などの哺乳類，アマミイシカワガエル *Odorrana splendida*，アマミハナサキカエル *O. amamiensis* オットンガエル *Babina subaspera* といった大型のカエル，ハブ *Protobothrops flavoviridis* やヒメハブ *Ovophis okinavensis* といったヘビもいる．これ以外にもさまざまな生き物と出会える動物相の豊かな地域だ（図 13.3）．この調査は，時間はかかるが基本的に林道を自動車で走るだけの単調な作業なので，調査中にいろんな動物が出現してくれるのは息抜きというか，ちょっとした気分転換になるのだ．

このルートを，2011 年の 3 月から 5 月の間に 8 晩，2011 年 12 月から 2012 年 1 月の間に 10 晩，それぞれ月齢の異なる夜に自動車で走行して調査した．調査は一晩に 4 回繰り返し行った．19 時 30 分，22 時 30 分，1 時 30 分，4 時 30 分にそれぞれ調査を開始，時速 10 km ほどで走行し，林道上と林道の両側にいるアマミヤマシギを探して数を数える．1 回の調査にかかる時間は約 1 時間．調査と調査の間に 3 時間も間をあければ，前の調査で自動車を走らせたことによる撹乱の影響はなくなると考えてよいだろう．月齢の異なる夜に一晩 4 回の調査を繰り返し行ったのは，そうすることによりさまざまなかたちの月がさまざまな高さに出ている（あるいは出ていない）ときに調査できるからだ．なお，3 月から 5 月はアマミヤマシギの繁殖期，12 月から 1 月は非繁殖期にあたるので，これ以降，それぞれの調査時期を繁殖期，非繁殖期と呼ぶことにする．

この調査で知りたいのは，アマミヤマシギの道路への出現に月の明るさが影響しているか，ということだ．そこで，調査中の月の明るさ，月の最大高度，雲量，それに調査の時間帯を，出現に影響していそうな要因として解析に使用した．月の明るさの指標は月の「輝面率」を用いた．輝面率とは，地球から見える月を円と見なしたときに，円全体の大きさに対する太陽に照らされ明るくなっている部分の大きさの比率のことで，新月の 0 から満月の 1 までの値をとる．ありがたいことに，この輝面率を計算するオンラインデータベースが「北海道大学情報基盤センター」のウェブサイトで公開されていたので，それを使用させていただいた．月の高度は国立天文台の，雲量は気象庁のデータベースでそれぞれ調べた．

これらのデータを用いて，「1 回の調査で確認されるアマミヤマシギの数に影響を与えている環境要因は何か」を統計的に解析し，市理原だけでなく湯湾岳周辺の調査地でも同じ傾向が見られるか確認してみよう．

調査をしてみると，確認されたアマミヤマシギの個体数はやはり調査ごとに大きくばらついていた．繁殖期には1回の調査でまったく確認されない場合から15羽も確認される場合まで，日や時間帯によって大きく異なっていた（平均は4.4羽）．解析の結果，そのばらつきに影響を与えていたのは，考慮した要因の中では，輝面率と月の高度であることがわかった．これは，輝面率が高い（満月に近い）ほど，また月が空の高い位置にあるほど，アマミヤマシギがたくさん確認される，ということを意味する結果だ．市理原での結果と同じである．非繁殖期も同様で，1回の調査で確認されたアマミヤマシギは0羽から16羽（平均3.6羽）と幅があり，そのばらつきには，輝面率，月の高度，それに雲量が影響していた．輝面率が高いほど，月が空の高い位置にあるほど，そして空を被う雲が少ないほど，確認数が多いという結果であった．なお，繁殖期，非繁殖期とも，調査の時間帯によって確認数が異なるという傾向は見られなかった．

調査地を湯湾岳周辺に変えても市理原と同様の結果が得られたため，「アマミヤマシギは月の明るいときに道路上に多く出現する」という傾向は市理原でのみ見られるものではなく，この鳥自体の行動特性によるものと考えてよさそうである．だとすれば，次に検証したいのは奄美大島全体でアマミヤマシギの交通事故が月の明るいときに多発しているかどうかだ．過去に発生したアマミヤマシギの交通事故について「実況見分」をしてみることで，その検証を試みた．

5. 交通事故の実況見分

実況見分といっても，交通事故が起こったのは過去のことだから，被害にあったアマミヤマシギの死体が転がる現場そのものを調べることはできない．そこで，先述の奄美野生生物保護センターにある死傷鳥獣のデータベースからアマミヤマシギのデータを抜き出し，事故が発生した年月日，発生した場所，そして発生した夜の月の輝面率を調べた．データベースには2001年以降の情報が収められており，アマミヤマシギの情報は2011年までの11年間に45件あった．いずれも路上で発見されたものだ．ただし，そのうち7件はイヌやネコにおそわれた形跡があり，交通事故で死んだものではない可能性があるため，解析からは除外した．また，2件では死体の腐敗がひどく，死因や死亡日が特定できなかったため，これも解析には含めなかった．残る36件は，発見時に

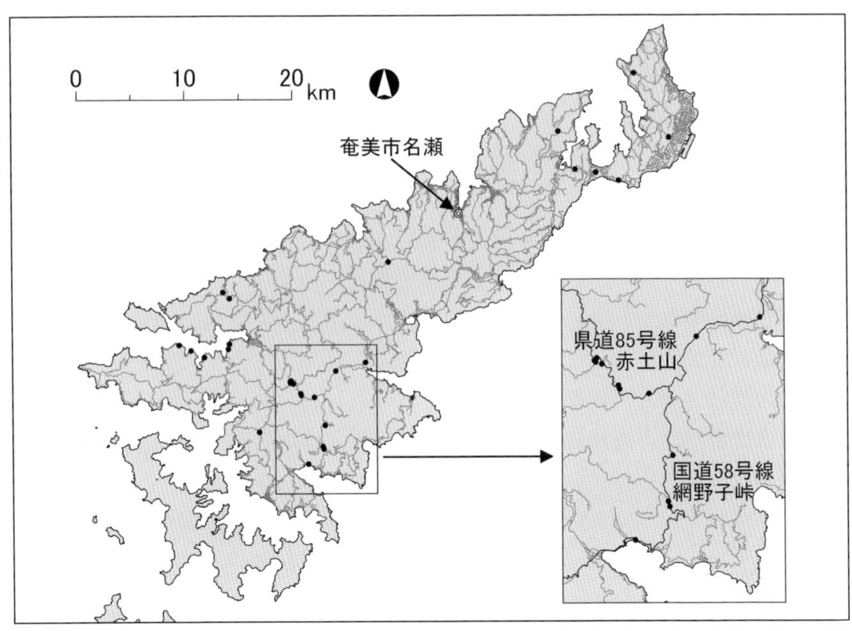

図 13.4　奄美大島におけるアマミヤマシギの交通事故発生地点（黒丸）．島の南部，網野子峠を中心とする国道 58 号線と，赤土山付近の県道 85 号線で交通事故は多発している．グレーの線は島内にある主な道路を示し，拡大図の黒い線は国道 58 号線と県道 85 号線を示している．

死体がまだ新しく，骨折や出血など明らかな外傷がある場合も多かったことから交通事故が直接の死因であると考え，これらを解析の対象とした．交通事故が起こった時間帯までは推定できないが，いずれの死体も新鮮であったことから，事故後さほど時間を経ずに発見されたものと考えられる．そこで，死体が日中に発見された場合には事故はその前夜に発生したものと見なし，夜間に発見された場合はその夜に発生したものと見なした．道路上にある死体は他の動物に持ち去られるなどして速やかに路上からなくなることが多いため，交通事故が起こった日をこのように見なすことはさほど不適切ではないだろう．

さて，まず 36 件の交通事故の地点を地図に落としてみると，事故は奄美大島の全域で発生していることがわかる．とくに奄美大島の南部，網野子（あみのこ）峠を中心とする国道 58 号線と赤土山（あかつちやま）付近の県道 85 号線で多い（図 13.4）．網野子峠で 6 件，赤土山で 7 件，合わせて 13 件．記録されている交通事故の 3 分の 1 以上がこの地域で発生していたことになる．もちろん，これらは幹線道路であり利用する人も多いため，死体が発見される可能性が高くなるということは気に留めておかなければならないだろう．ただし，島内でもっとも人口が集中している（したがって通る人も多い）奄美市名瀬の周辺の道路では交通事故の発生は確認されていない．アマミヤマシギは市街地には生息しないが，市街地だけでなく名瀬周辺の森林でも事故は見られない．これは，名瀬周辺では外来生物であるフイリマングースの生息密度が相対的に高く，そのフイリマングースによる捕食のため，そもそもこのあたりではアマミヤマシギの個体数自体が少ないせいだと考えられる．

次に交通事故の発生時期を見てみよう．事故は1年を通して発生しているが，3月には著しく多くなっていた（図13.5）．これは，アマミヤマシギが繁殖期に入り，道路上で求愛活動に夢中になっていて接近する自動車に気付かないためではないかと推察される．さらに，これが今回の調査でもっとも知りたかった結果であるが，交通事故は予想通り満月の前後に多く発生していたのである（図13.6A）．輝面率を見ても，交通事故は輝面率の高い夜に多く発生しているという結果が得られた（図13.6B）．ただし，これらの傾向は繁殖期のみで見られ，非繁殖期の傾向は統計的に有意なものではなかった．この理由は定かではないが，先述した通り求愛活動に熱心な繁殖期よりも，非繁殖期のほうがアマミヤマシギも少しは注意深くなっているのかもしれない．いずれにしてももう少し例数を増やして解析する必要があるだろう．

6. 交通量を調べる

先ほど，交通事故は島の南部，国道58号線と県道85号線で多いと述べた．どちらも幹線道路で自動車の通行量が比較的多いところだ．ではこれらの道路では，夜間の自動車の通過台数にどのような傾向があるだろうか．それを調べるため，これら2地域で交通量調査を実施しようと考えた．交通量調査といえば，道路脇にじっと座り込んで行う調査が思い浮かぶ．自動車が通過するたびに車種を判断し，カウンターをカチャカチャと押していくあの地道な調査だ．確かに一晩中座り込んでカチャカチャやっていれば確実に交通量がわかるだろう．しかし，交通量は曜日によって違うかもしれないので，それぞれの地域で1週間程度は調査をしたい．2地域合わせると14回．交通量を知るためだけに14回も道路脇で寝ずの座り込みを行うのは，どう考えても非効率的だ．もう少しよい調査方法はないだろうか．

知りたいのは，どの時間帯に何台の自動車が通過しているか，ということで

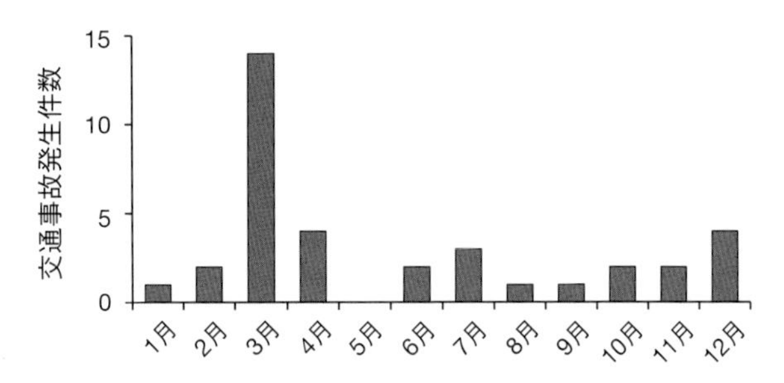

図 13.5 奄美大島におけるアマミヤマシギの交通事故の月別発生件数．交通事故は 1 年を通して発生するが，3 月は突出して多い．

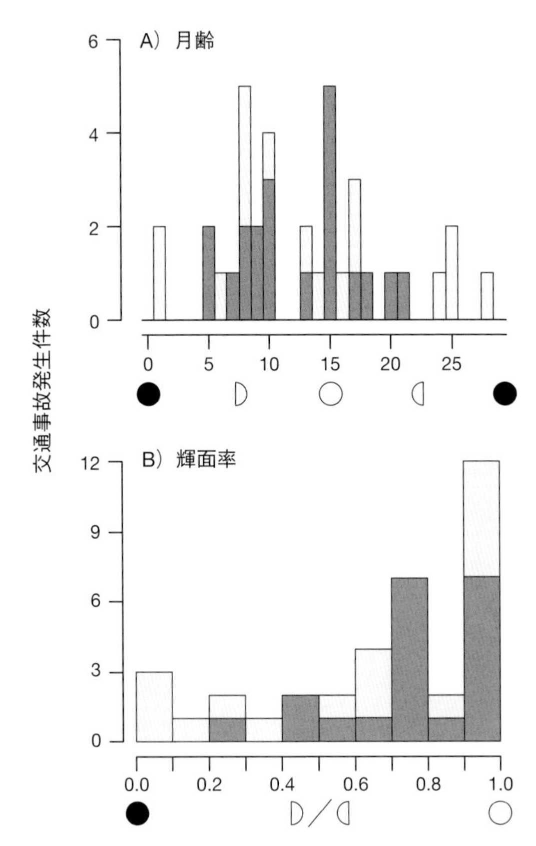

図 13.6 アマミヤマシギの交通事故と A）月齢，B）輝面率の関係．濃いグレーは繁殖期，薄いグレーは非繁殖期のデータを示している．交通事故は上弦から満月にかけての時期に多く，また輝面率が 1 に近い（つまり満月に近い）日ほど多いことがわかる．

あり，自動車の進行方向や車種などは，今回はとくに必要な情報ではない．そこで，道路脇にICレコーダーを置いて，それを一晩中作動させることで自動車の通過音を録音してみることにした．こうすれば，通行方向や車種はわからないけれど何時何分に自動車が通過したかということはきちんと記録できるはずだ．試しにICレコーダーを道路脇に置いてみると，かなり大きな音で通過音が録音できることがわかった．そこで，それぞれの地域に1週間，ICレコーダーを設置して「交通量調査」を行った．音の聞き取り作業は多少手間ではあるが，実際に座り込むのに比べるとずいぶん効率のよい調査である．

この調査の結果，夜間の交通量自体は国道である網野子峠のほうが県道の赤土山に比べて多かったものの，時間帯による自動車の増減の傾向は両地域でとても似通っていることがわかった．18時から19時の間には，網野子峠で100台以上，赤土山でも60台以上の自動車が通過していたが，夜が更けるにつれて交通量は徐々に減少した．深夜は1時間に数台が通るだけであり，夜明けが近づくと少しだけ増加した．両地域とも，夜間交通量の7割以上が21時までに，9割以上が深夜0時までに記録されていた（図13.7）．

7．アマミヤマシギの交通事故，その傾向と対策

以上の調査結果から，アマミヤマシギの交通事故がいつ，どこで起こりやすいかについて，先に述べた交通事故発生に関連する3つの要因（動物，自動車，道路の環境）に基づいて考えてみよう．まず「いつ」起こりやすいか．「動物に関わる要因」を考えると，交通事故はアマミヤマシギが道路にたくさん出現している時間帯に多いと予測される．アマミヤマシギが道路にたくさん出現しているのは，行動調査で明らかになった通り，明るい月が空高くに出ている時間帯だ．また，「自動車に関わる要因」からは，当然のことながら交通量の多い時間帯に多いだろうと予想される．交通量の多い時間帯というと，交通量調査で明らかになった夕方から真夜中にかけての間である（幹線道路の2か所ではこの時間帯に夜間の交通量の9割以上が記録されていた）．これらを合わせると次のことが言えそうだ．すなわち，「アマミヤマシギの交通事故は，月が南中する（もっとも高くなる）時間帯が夕方から真夜中にあたる時期に多い」．夕方から真夜中にかけて南中するのは，月齢が8から15あたりの月である．つまり，「動物に関わる要因」と「自動車に関わる要因」から考えれば，アマミヤマシギの交通事故は月齢が8から15あたりに多いと予測される．そして

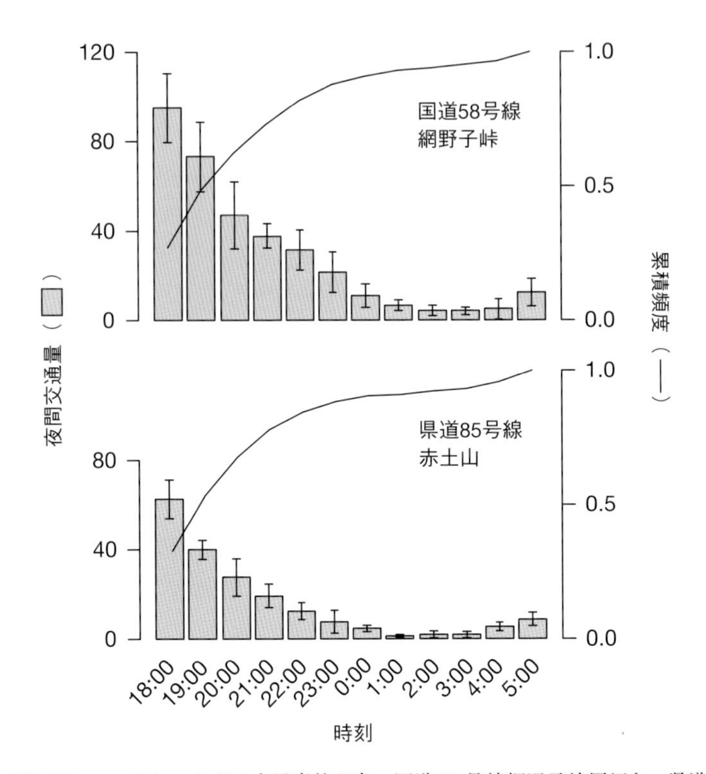

図 13.7　アマミヤマシギの交通事故が多い国道 58 号線網野子峠周辺と，県道 85 号線赤土山付近の夜間交通量（棒グラフ，エラーバーは標準偏差），およびその累積頻度（折れ線グラフ）．交通量は夕方がもっとも多く，夜が更けるにつれて徐々に減少し，夜明けが近づくと少しだけ増加する．累積頻度を見ると，両地域とも夜間交通量の 7 割以上が 21 時までに，9 割以上が深夜 0 時までに記録されていることがわかる．

実際の交通事故は，図 13.6 に示されたように，この予測通りの結果になっていた．

交通事故が「どこで」起こりやすいかについては，アマミヤマシギが名瀬の市街地周辺を除く島内全域に生息しているという「動物に関わる要因」と，たくさんの道路がそのアマミヤマシギの生息地の中を通っているという「道路の環境に関わる要因」から考えて，名瀬周辺以外の島内のどこでも起こり得ると考えてよいだろう（ただし，名瀬周辺でも最近はフイリマングースの減少に伴いアマミヤマシギの確認数は増えていることから，今後は交通事故が発生する可能性が十分にあることは強調しておきたい）．交通事故の多発地点としては，この鳥の重要な生息地である常緑広葉樹林の中を通る道路（道路の環境に関わる要因）で，かつ交通量が多く自動車の速度も速い場所（自動車に関わる要因）が考えられる．これらの要因に合致する国道58号線の網野子峠周辺や県道85号線の赤土山付近は，交通事故のホットスポットとでもいうべき要注意地点である．

では，アマミヤマシギの交通事故対策として，私たちは何をすればよいだろう．一般的に，野生動物の交通事故を減らすためには「自動車に関わる要因」を制御する，すなわち交通量や通行の速度を規制することがもっとも効果的であると考えられている．しかし，アマミヤマシギの交通事故の大部分は住民が日常的に利用する道路で発生しているため，交通量の規制（通行止めや通行制限）を行うことは現実的ではない．では速度の規制はどうだろう．アマミヤマシギは，自動車がある程度の速さで近づいてくるとたいてい道路上で立ち止まってしまう．しかしゆっくりと近づけば，飛んで，あるいは歩いて，道路から離れる．交通事故は，運転手が気付く前に動物が道路から離れなかった場合に起こるのだから，運転手が速度を落とせば，運転手と動物の双方が相手に気付いて反応するまでの時間がより長くなる．アマミヤマシギのような動きの遅い動物に対しては，自動車の速度を落とすことが，結局のところ事故を防ぐためのもっとも効果的な手段である．制限速度を法的に変えるのは難しいが，たとえば月の明るい夜はいつもより少しゆっくり走るよう運転手にお願いすることは可能だし，それだけで効果的な交通事故対策になるだろう．3月の満月の夜の数日前はアマミヤマシギが1年でもっとも交通事故にあいやすい時期であると考えられるため，この時期にとくに注意を促すことで，事故の件数は大幅に減らせるかもしれない．ありきたりな結論ではあるが，住民に対する注意喚起がアマミヤマシギの交通事故を減らすもっとも有効な手段であると言えるだろう．

しかし，そもそも交通事故はアマミヤマシギの個体群に負の影響を与えているのだろうか．今回解析に使用したデータベースに記録されているアマミヤマシギの交通事故は11年間で36個体であり，国際自然保護連合（IUCN）がレッドリストに記載している個体数である3500～1万5000個体と比べるとはるかに少ない．この推定個体数はかなり大雑把なものではあるけれど，それにしてもこの数字からは，交通事故がアマミヤマシギの個体群に負の影響を与えているとはとうてい思えない．しかし，道路上の死体は自動車に何度もひかれたり死体を食べる動物に持ち去られたりして速やかに路上から消え去るものだし，道路上で死体を見つけて奄美野生生物保護センターに知らせてくれる人は少数派だろうから，実際の交通事故はデータベースの記録よりかなり多いと想像できる．交通事故がアマミヤマシギの個体群に影響を与えているかどうかを知るには，現在あるデータでは不十分だ．交通事故は，アマミヤマシギの個体群に影響を与える潜在的な要因の一つとして一応検討しておく必要はあるだろう．

ところで，アマミヤマシギはいったい夜の道路で何をしているのだろう．従来，この鳥は夜行性であるとされていたので，夜間に道路に現れるのは単純に道路脇の地面にいるミミズなどをとっているのだろうと考えられていた．確かに夜間に採食はしているのだが，最近の観察によると，アマミヤマシギは昼間にも採食などの活動を行うことがわかってきている．夜間に道路上に現れる理由は，採食以外にも，もしかしたらハブのような捕食者の接近をいち早く探知できる開放的な空間で休息するという意味も大きいのかもしれない（小高信彦，私信；奄美野生生物保護センター，未発表データ）．交通事故の問題を離れても，アマミヤマシギが夜の道路で何をしているのかは行動学的，生態学的に興味深いテーマである．

8. 月を見上げて野生動物に思いを巡らせる

月の運行が野生動物の人為的な死亡事故に影響している例は，いくつかの分類群で報告されている．たとえばアカウミガメ *Caretta caretta* やアオウミガメ *Chelonia mydas* では，浜辺に人工の光があると孵化したばかりの子ガメがうまく海へ移動できないが，満月のもとではそういった悪影響は低減される（Tuxbury and Salmon, 2005）．同様に，灯台などの人工の光に引きよせられて衝突死する海鳥の数は，満月に近い時期には減少するそうだ（Miles et al., 2010）．月明かりが交通事故の発生に影響しているという今回の研究とよく似た例も，じつは哺乳類ではすでに報告されている．オーストラリアでは，オオカンガルー *Macropus giganteus* の交通事故は満月の夜に多い．これはオオカンガルーが満月の夜により活発に活動するためと考えられる（Coulson, 1982）．オオカンガルーは体長が 1 m を超える大型の動物で，これにぶつかると自動車の運転手のほうが怪我をすることも少なくないらしい．またノルウェイでは，ヘラジカ *Alces alces* が電車と衝突する事故は満月の夜に増加する．オオカンガルーと同様，ヘラジカも満月の夜に活動が活発になるようだ（Gundersen and Andreassen, 1998）．ヘラジカの体長は2mから3m．電車とはいえ，事故の衝撃はかなりのものだろう．アメリカのオジロジカ *Odocoileus virginianus* では，月明かりと交通事故の関係は，1月初めから5月半ばという季節限定で，しかもオスのみに見られる．この季節はメスの妊娠期にあたり，若いオスが母親のいる群れから離れる時期であるため，満月の夜に移動する若いオスが交通事故にあいやすくなるそうだ（Muller et al., 2014）．このように哺乳類での例はあるものの，月明かりと交通事故の関係を論じた研究は総じて少なく，鳥類においてはアマミヤマシギを対象とした本研究がはじめての報告であろう．

アマミヤマシギの交通事故は，この鳥自体の行動や月の状態，夜間の交通量の傾向などいくつかの要因が相互に作用することにより，アマミヤマシギ特有の季節的，時期的，時間的な発生パターンを示していた．さまざまな動物の夜間の活動は月の運行と関係しているため，アマミヤマシギで見られたような現象は，調べればおそらく他の動物でも見つかるだろう．月は，交通事故を含む野生動物の人為的な死因に，今まで考えられていたより多くの種で，今まで考えられていた以上の強い影響を与えているに違いない．

人間の活動が拡大することによって生物多様性が急速に損なわれつつある現在，生態系への負荷を軽減して野生動物と共存していく方策を考えることは，私たちの社会にとってきわめて重要な課題である．ただ，これを「環境問題」と一括りにして言ってしまうと，なんだか自分とは遠い世界のことのように感じてしまう．森を切り開いたり海を埋め立てたり，あるいは土壌を汚染したり地球温暖化を進めたりといった行為は，かならずしも自分自身が直接手を下している訳ではないことが多いからだ．しかし野生動物の交通事故はどうだろう．奄美大島のように自然の豊かなところでは，運転中に野生動物をひいてしまう事故は，明日にでも，いや今晩にでも，十分に起こり得る．実際に奄美大島では，アマミヤマシギだけでなくルリカケス *Garrulus lidthi* やリュウキュウコノハズクといった鳥類，アマミノクロウサギやケナガネズミ，アマミトゲネズミ *Tokudaia osimensis* などの哺乳類，多くのカエル類やヘビ類など，固有種，希少種，絶滅危惧種を含む野生動物の轢死体が頻繁に発見される．野生動物の交通事故は，環境問題の中でもかなり身近で，自分自身に直接関わってくる可能性のある問題なのだ．だからこそ，自動車を運転する際には，歩行者に払う注意と同様の注意を野生動物にも向けて欲しい．奄美大島で夜に自動車を運転する機会があれば，そしてその日が月夜であれば，たくさんのアマミヤマシギが道路上でボットボットしているかもしれない．もちろん月夜でなくても，道路にはいろいろな動物が出てきていることを忘れずに，常に安全運転を心がけることは重要である．

さらに，月を見上げて物思いにふけるとき，これからは自分自身のことだけでなく，月の影響を受けて生活する野生動物についてもほんの少し思いを巡らせてみてはどうだろう．月を眺めて人間と野生動物の関係を考えるなんて，平安時代の日本人にだって思いつかなかった優雅な時間の過ごし方ではないか．野生動物に思いを巡らせる時間を持つこと，そういう人が徐々にでも増えてくることは，野生動物と共存する豊かな社会を築いていくことに繋がるに違いない．

引用文献

Coulson GM (1982) Road-kills of macropods on a section of highway in central Victoria. Australian Wildlife Research, 9: 21-26（ビクトリア州中部の高速道路のある区間におけるカンガルー類の交通事故）.

Gundersen H, Andersen HP (1998) The risk of moose *Alces alces* collision: A predictive logistic model for moose-train accidents. Wildlife Biology, 4: 103-110（ヘラジカ *Alces alces* の衝突事故の危険性：ヘラジカと電車の交通事故に関する予測ロジスティックモデル）.

Gursky S (2003) Lunar philia in a nocturnal primate. International Journal of Primatology, 24: 351-367（夜行性霊長類の月に対する選好性）.

Iosif A, Ballon B (2005) Bad Moon Rising: the persistent belief in lunar connections to madness. CMAJ, 173: 1498-1500（バッド・ムーン・ライジング：月と狂気の関係についての根強い信仰）.

環境省自然環境局野生生物課希少種保全推進室（2014）レッドデータブック 2014―日本の絶滅のおそれのある野生生物―2 鳥類．ぎょうせい，東京．

リーバー AL（2010）月の魔力．東京書籍，東京．

Litvaitis JA, Tash JP (2008) An approach toward understanding wildlife-vehicle collisions. Environmental Management, 42: 688-697（野生動物と自動車の衝突事故を理解するためのアプローチ）.

Mills AM (1986) The influence of moonlight on the behavior of goatsuckers (Caprimulgidae). Auk, 103: 370-378（ヨタカ類（ヨタカ科）の行動に対する月明かりの影響）.

Mizuta T (2014) Moonlight-related mortality: lunar influence on roadkill occurrence in the Amami woodcock *Scolopax mira*. Wilson Journal of Ornithology, 126: 544-552（月明かりに関連した死因：月の状態とアマミヤマシギの交通事故の発生）.

水田拓，鳥飼久裕，石田健（2009）月の明るさが道路上に出現するアマミヤマシギの個体数に与える影響．日本鳥学会誌，58: 91-97.

Muller LI, Hackworth AM, Giffen NR, Evans JW, Henning J, Hickling GJ, Allen P (2014) Spatial and temporal relationships between deer harvest and deer–vehicle collisions at Oak Ridge Reservation, Tennessee. Wildlife Society Bulletin, 38: 812-820（テネシー州オークリッジ保護区におけるシカの捕獲頭数とシカ対自動車の衝突事故の空間的，時間的関係）.

Seiler A, Helldin JO (2006) Mortality in wildlife due to transportation. In: Davenport J, Davenport JL (eds), The ecology of transportation: managing mobility for the environment, 165-189. Springer, Dordrecht（交通による野生動物の死亡：ダベンポート J, ダベンポート JL（編）交通の生態学：環境のための交通の管理）.

Tuxbury SM, Salmon M (2005) Competitive interactions between artificial lighting and natural cues during sea finding by hatchling marine turtles. Biological Conservation, 121: 311-316（ウミガメの孵化個体による海の方向確認に対する人工的な光と自然の刺激の競合的な相互作用）.

Watanuki Y (1986) Moonlight avoidance behavior in Leach' s Storm-Petrels as a defense against Slatybacked Gulls. Auk, 103: 14-22（オオセグロカモメに対する防衛としてのコシジロウミツバメの月光忌避行動）.

Wolfe J, Summerlin C (1989) The influence of lunar light on nocturnal activity of the old field mouse. Animal Behaviour, 37: 410-414（ハイイロシロアシマウスの夜間の活動に対する月明かりの影響）.

第14章

危機におちいる奄美群島の止水性水生昆虫たち

湿地環境の消失・劣化と外来生物の影響

苅部治紀・北野　忠

奄美群島では，止水性の水生昆虫が急速に衰退しており，各地で島からの地域絶滅が確認されるようになっている．これらは，近年急速に進行する水田からサトウキビへの農地転換によって湿地環境が失われていること，農薬や肥料の水域への流入，池の改修による護岸化，外来種の侵入などが，その原因と考えられる．現在の激減は少し前までごく普通に見られた種でも進行中であり，早急な対応をとらないと多くの種が失われる事態になろう．

1. はじめに

奄美群島は，アマミノクロウサギ *Pentalagus furnessi* やルリカケス *Garrulus lidthi*，アマミイシカワガエル *Odorrana splendida* など，多くの顕著な固有動物が生息することで著名な地域であり，その保全価値の高さから世界自然遺産登録に向けての取り組みが進行している．

昆虫類においても，フェリエベニボシカミキリ *Rosalia ferriei*，スジブトヒラタクワガタ *Dorcus metacostatus*，マルダイコクコガネ *Copris brachypterus* など多数の固有種が知られている．今回紹介する水生昆虫類においても，奄美群島固有種としてアマミコチビミズムシ *Micronecta japonica*，エグリタマミズムシ *Heterotrephes admorsus*，アマミシジミガムシ *Laccobius satoi*，リュウキュウマルガムシ *Hydrocassis jengi*，アマミハバビロドロムシ *Dryopomorphus amami* などが記録されている．これらは，一般に島嶼において固有化の進行が顕著になる流水性種が大部分を占める．

群島固有亜種としても，アマミトゲオトンボ *Rhipidolestes amamiensis amamiensis*，アマミサナエ *Asiagomphus amamiensis amamiensis*，イシガキヤンマ奄美亜種 *Planaeschna ishigakiana nagaminei*，アマミミゾドロムシ *Ordobrevia amamiensis amamiensis* などが知られており，これらの固有亜種の多くは沖縄島に別亜種が分布するものが多いが，中には距離的に近い沖縄島に分布せず八重山諸島に別亜種が分布する種も知られている．

さらに，奄美群島が国内の分布北南限となる種も知られ，たとえばゴマフガムシ *Berosus punctipennis* の南限，セスジアメンボ *Limnogonus fossarum fossarum*, ヒメセスジアメンボ *Neogerris parvulus*, チャマダラチビゲンゴロウ *Hydroglyphus inconstans*, サビモンマルチビゲンゴロウ *Leiodytes nicobaricus*, ヒメフチトリゲンゴロウ *Cybister rugosus* の北限など分布の末端に位置するものも目立ち，水生昆虫という切り口から見ても，生物地理上からも重要な地域といえる（川合・谷田，2005）．

2. 奄美群島のおける止水性種の衰退

奄美群島は，つい最近まで豊かな止水性水生昆虫相を持つ地域として知られていた．筆者の一人苅部が学生時代初めて奄美大島を訪れた1980年代半ばは，まだ島内の湿地環境も豊富な時期で，地形図を見るとほぼすべての谷筋に水田が広がり，山がちな島々であるが北部にはため池も散在していた．こうした止水域では，コガタノゲンゴロウ *C. tripunctatus lateralis*, トビイロゲンゴロウ *C. sugillatus*, オキナワスジゲンゴロウ *Hydaticus vittatus* などの中・大型種も普通に見ることができた．当時は全国的にも水田の休耕が目立ち始めた時代であり，放棄年数の浅い休耕田は良好な湿地と化しており，微小種も含めて多様な水生昆虫を見ることができた．

しかし，その後の30年ほどの間に徐々に劣化してきた群島の水辺環境は，近年急速にその状況を悪化させており，いくつかの種類については島単位の地域絶滅が観察されるような事態になっていることは，未だほとんど知られていない（苅部・北野，2011）．

本章では，奄美群島の止水性水生昆虫の置かれた危機的状況を紹介するとともに，それを招いた原因について論じる．

2-1. 奄美群島の湿地の盛衰

奄美群島の開拓時代の様相はほとんど知られていないと考えられるが，他の南西諸島の島々と同様に低地には広く湿地が存在していたものと思われる．開拓の進行に伴いこれらの湿地は次第に水田へと姿を変えていき，第二次大戦後に水生昆虫相の調査が本格化した時代には，すでに汽水域を除くと原生的な湿地環境は姿を消していた．南西諸島の水田は，本州など日本の他の地域の水田と異なり，最近までは乾田化や畦のコンクリート化などの圃場整備のスピードが緩やかであったこともあり，もともとの生息地を開拓によって収奪された水生昆虫にとってのリフュージ（生息地の代替となる避難所）として機能していた．もちろん，もとの原生的な湿地環境に生息していたすべての種類が水田・ため池の環境に適応できた訳ではなく，この初期の開拓段階で姿を消した種類もあったかもしれないが，それはごく一部だったものと思われる．

水田は，南西諸島の多雨環境も寄与して，水生生物から見れば本来遷移によって草地化・樹林化していく湿生環境を，毎年決まった時期に撹乱によってリセットすることで，湿地環境が保たれる人工的な浅い湿地として機能してきた．水深が浅く水生植物が多い水田は，多くの水生昆虫にとっての理想的な繁殖場所となっていた．また，水田は一時的水域であるがゆえに捕食者が少ない環境であることも，ちょうど繁殖期が初夏に集中する種が多い水生昆虫にとっては重要であった．

しかし，このような人間と水生昆虫の蜜月関係は長くは続かなかった．戦後の農業政策の転換によって，奄美群島の水田はサトウキビ畑への転作がうながされるようになったのである．このような変化は急速に進行したようで，かつて島々に水田地帯が普通に存在したことが今では信じられないような状況である．農林水産省の統計データから見ると，最新の平成26年度産水稲の市町村別作付面積および収穫量（鹿児島県）では，奄美大島では龍郷町の8 haと瀬戸内町の1 haのみ，徳之島，喜界島，沖永良部島では0 ha，与論島では3 haとなり，4年前と比較しても減少が進み，奄美群島の水田はすでに消滅を目前としていると言ってもよいほどの壊滅的な状況になっているのである（表14.1）．ちなみに水稲栽培が盛んだった1920年と比較できる地域だけで見ても，現存する水田面積は当時の0.6%程度となりその激減ぶりは明らかである．しかし，これほどの生息地の減少が水生昆虫にも与えた深刻な影響は，これまで指摘されたことがなかった．

なお，水田の衰退については本土と同様の農業人口の減少に伴う農業後継者問題もあってか，1990年代にはすでに休耕化も徐々に進行していた．たとえば奄美大島の龍郷町浦では，放棄された水田が良好な湿地環境になっており，コガタノゲンゴロウやオキナワスジゲンゴロウなどが多数見られた．しかし，

表 14.1　奄美群島の水田面積の変遷
（農林水産省作物統計調査　水稲の部より作成）

	1920年　町反（ほぼ ha）	2010年（ha）	2015年（ha）
奄美大島			
龍郷町	268.4	9	8
奄美市	207	1	1
喜界島	120.5	0	0
徳之島			
天城町	798.9	0	0
徳之島町		0	0
沖永良部島			
和泊町	251.7	0	0
知名町	403.3	0	0
与論島	128.6	4	3
上記総計	2178.4	14	12

このような放棄水田の湿地としての環境は長くは続かず，一般に 4，5 年も経過するとヨシ *Phragmites australis* などの背丈の高い抽水植物の侵入が顕著になり，やがて乾燥化が進行して樹林へと遷移していってしまう（図 14.1）．同地は現在では，過去の水田がどこにあったかもわからないほど遷移の進行した状況になっており，こうした水田の放棄，乾燥化，樹林への遷移は本土でも共通した問題となっている．つまり，原生的な湿地環境を開拓して造成された水田環境は，耕作放棄後も排水設備などの機能は維持されてしまうため，水田としての利用は放棄されてももとの湿地環境に戻ることはなく，乾燥化が進行していき植生遷移の結果樹林に移行してしまうのである．

水田の消失は，稲作の農事歴と密接に関係していた島の文化的な側面にも大きなダメージを与えたものと考えられるが，水生昆虫にとってはその影響は非常に深刻であった．開拓前に止水性種の本来の生息地として存在していた原生的な湿地環境はすでに水田に改変されており，止水性種にとっては水田・ため池を含む里山水辺環境が最後のよりどころとなっていた訳であるが，サトウキビ畑への転換は，湿地環境を完全に消失させ，彼らの最後に残された拠点を根こそぎ破壊する結果となったのは自明であろう．

2-2. 止水性種の危機的状況

筆者らの調査でも，奄美群島においても急速に衰退する水生昆虫相の変遷は明らかである．たまたま，最近展開した調査が水生昆虫相の急速な劣化が進行する時期と重なったために，島々から姿を消す状況を見ることになってしまったのは皮肉であったが，過去に記録があり，絶滅および減少が明らかになったいくつかの種についての現状を紹介する．

(1) 水田に生息していた種の衰退

以前は広く分布しており，ときに林道の水溜りなどでも見ることができたほど普通に分布していたオキナワスジゲンゴロウ（図 14.2）は，2000 年代後半の調査開始初期では，当時まだ残存していた休耕田や教育的な意味合いで維持されていた水田などで見る機会があったが，徳之島ではほとんどの地域で確認できなくなっている．奄美大島でも 2010 年代以降に生息が確認された場所は数か所のみとなっており，これらも小規模なビオトープ（図 14.3）や，わずかに残存しているため池などに限られている．

大型の水生昆虫であるガムシ *Hydrophilus acuminatus*（図 14.4）は，過去には奄美大島の複数の地点で生息が確認されている（松井，1988）が，2007 年以降の筆者らの調査ではまったく確認できなかったことから，奄美大島では絶滅した可能性もある．この要因としては，やはり水田の消失が大きかったと考えられる．一方，公な記録は未見であるが，筆者らの調査において，徳之島ではわずかに残された湿地やため池で少数が確認されている．琉球列島においては，過去に記録がある沖縄島，石垣島，西表島ですでに絶滅した可能性が高く（東，2005；北野・河野，2014），現在確実に生息が確認されている島は徳之島と与那国島のみである．本種は国内では北海道から沖縄県まで広く分布するが，琉球列島においては絶滅の危機にあり，徳之島産のガムシは琉球列島に残存する貴重な個体群といえる．

タイコウチ *Laccotrephes japonensis*（図 14.5）は，琉球列島では奄美大島・徳之島・沖縄島に記録があるが，文献および筆者らの調査や聞き取りによる情報でも，奄美群島で近年の記録があるのは奄美大島のみである（日浦，1967；林，1997）．筆者らの調査でも島内の 1 か所のみでしか確認できず危機的状況にあるものと考えられる．本種は，内地でも水田をおもな生息域としており自然水域で見ることは少ない種である．

(2) 池沼に生息していた種の衰退

大型ゲンゴロウ類は，一般により深い水域（池沼的な環境）を必要とする．たとえば国内からも絶滅が心配されているフチトリゲンゴロウ *C. limbatus* やヒメフチトリゲンゴロウは，圃場整備が進行する以前の水深の深い水田や水田周辺にたまりが存在した時代には，そのような環境にも生息していたものと考えられるが，奄美群島での記録は水深の深い休耕田やため池にわずかに残されているに過ぎない．

近年，減少傾向が著しいグループとしては止水性のミズスマシがあげられる．これはとくに内地において顕著になっており（苅部ほか，2009），琉球列島においても同様な激減が進行していることが明らかになった．

奄美群島では，このグループとして，オオミズスマシ *Dineutus orientalis*，ツマキレオオミズスマシ *D. australis*（図 14.6a），リュウキュウヒメミズスマシ *Gyrinus ryukyuensis*（図 14.6b）の 3 種が知られている．これらのうち，オオミズスマシは規模の大きなため池やダムなどの植生に乏しい場所でも生息が可能なためか，奄美群島では現在も姿を見かける機会がある．ただし，徳之島では 2012 年を最後に確認できず（佐野真吾氏，私信），島内での絶滅が心配される状況にある．

一方，ツマキレオオミズスマシやリュウキュウヒメミズスマシはオオミズスマシよりもより環境選択が厳しいようで，水質が良好で植生が豊かな池沼に限って見られることが多い．過去の記録（松井，1988）を見る限り，かつてはそれほど希少な種ではなかったと推測されるが，これらの種が生息可能な環境がほとんどなくなってしまった奄美群島では，現在ではほとんど見かけることがなくなってしまった．たとえば，奄美大島ではリュウキュウヒメミズスマシは数か所の池沼ではまだかろうじて命脈をたもっているが，ツマキレオオミズスマシは 2007 年以降に始めた筆者らの調査では 1 個体も確認できていない．徳之島では，この 2 種は筆者らの調査においては 2007 年秋に確認した以降まったく見ることができなくなり，現在では絶滅した可能性がある．

これらのように，奄美群島においては止水性のミズスマシ類，とくにツマキレオオミズスマシとリュウキュウヒメミズスマシは絶滅寸前の状態にあるとみて間違いないだろう．なお，これら止水性 3 種のミズスマシが確認できなくなった徳之島では，流水域に生息するオキナワオオミズスマシ *Dineutus mellyi insularis* は現在も姿を見ることができる．このことからも，止水域の消失や質

図 14.1　奄美大島龍郷町浦の湿地跡．現在では乾燥化して水生昆虫は生息しない．

図 14.2　オキナワスジゲンゴロウ（徳之島産）．かつては奄美群島で普通に見られた．

図 14.3　希少種の生息する水辺ビオトープ.

図 14.4　ガムシ（徳之島産）.

の悪化が進行していることは明白といえよう．

なお，ミズスマシ類の多くは生活史の情報もわずかで，その減少要因は特定されていないが，彼らが水面生活者であることから，筆者らは近年急速に普及した除草剤の使用（葉面に添着させるために界面活性剤成分を含んでいる）や農薬の流入などを疑っているが，今後の調査により解明されることを期待したい．

現在の奄美群島の地形図を見ると，大規模な水域としてダムが各所に見られ，またごく最近でも徳之島で秋利神（あきりがみ）（徳之島）ダムなどがつくられ，沖永良部島でも規模の大きな貯水池がいくつか造成されるなど，一見すると止水域は維持もしくは増大しているように見えるかもしれない．しかし，こうしたダムや貯水池は，貯水量を確保するために，急峻な谷地形をせき止めたり，かなり深く掘削したりして造成されることが普通で，水田やため池と大きく異なり「浅い湿地環境」が存在しない（図 14.7）．つまり一見水域としては大規模であっても，環境多様性に乏しく，実際には止水性水生昆虫の生息場所としてはほとんど機能しないのである．これは大規模ダムを見れば，ため池で見られる抽水植生がほとんど見られないことからも容易に類推できるであろう．このような状況は全国的に起こっていることであるが，奄美群島も例外ではなく水生昆虫にとっては非常に深刻である．

なお，島単位の絶滅が進行する以前に，島内各所に散在した水田が消滅していく中で個体群の分断化が進行し，生息地間のネットワークが失われていくことも，水生昆虫の衰退には重要な役割を果たしたものと考えられる（苅部，2014）．

また，これも環境保全上全国的に問題になっている「老朽化ため池整備」で行われる堤体の改修工事（堤体を改修するために，いったん池を干上がらせる大規模な工事になることが多く，水生昆虫にも顕著な被害を与える）や全面コンクリート護岸（図 14.8）に加えて，近年ではゴムシートによる護岸も各所で見られ，これは奄美群島でも同様である．こうした人工的な環境下では岸辺の水生植物は通常わずかか皆無で，水生昆虫についてみても，開放水面で生活するアマミアメンボ *Aquarius paludum amamiensis* や，水中の中層に生活するコマツモムシ類 *Anisops* spp. など以外は，そこで生活できる種はごく限られ，希少種の地域絶滅の要因の一つになっている．

岸辺植生は，水生昆虫にとっては成虫や幼虫の休止場所になるほか，産卵場所，摂食場所としての機能を持つ．また甲虫類は岸辺の湿り気の強い土中で蛹になる．全面コンクリ護岸やゴムシート化された岸辺では，こうした環境は皆無になる．

農業排水の流入も問題が大きく，高齢化，兼業化の進行に伴い，省力化が求められる農業現場においては，殺虫剤や除草剤の使用は不可欠であり，多用されるようになっている．これらの排水が流入する立地の池沼には，多大な影響を与える．奄美群島でも，2000 年代半ばまでは透明度も高く多様な水生昆虫が生息していた池に，土砂と排水が流入した結果，透明度が落ち，水生植物の衰退が生じた．この結果，池に生息していた希少種が確認されなくなってしまった（図 14.9）．

殺虫剤については，水田などに使用される農業由来のものだけではなく，近年奄美群島でも被害が顕著になっている，マツノザイセンチュウ *Bursaphelenchus xylophilus* によるリュウキュウマツ *Pinus luchuensis* の枯死抑止のために散布される殺虫剤も問題である．希少種の生息する池が，薬剤散布域の周辺に位置する場合は，十分な手当てが必要になるはずだが，事前にそうした対応がなされた事例はごく少ない．

また，ため池についても管理放棄による環境劣化は急速に進行している．ため池では，水田とセットで管理されていた時代は，堤の維持とともに池の周辺も樹林の管理がなされているのが普通であったが，近年進行する水田の放棄は周辺環境の劣化にも直結し，放棄後年数が経過すると徐々に池の岸辺に樹林が張り出し，池の暗化が進行していく．水生昆虫の中には薄暗い環境を好む種もいるが，多くは開放的な環境を好むことから，このような状況を放置するとやがて池の周囲全体が鬱閉（うっぺい）してしまい，好適な環境ではなくなっていく．

さらに，希少種の存続をあやうくしているのが天災で，水生昆虫に直接影響をおよぼすものでは，近年琉球列島でも頻発するようになっている干ばつや大型台風による異常降雨などがあげられる．これらは地球温暖化の進行によって今後さらに増加すると予測されている．たとえば，琉球列島は亜熱帯雨林に覆われており一般に降雨の多い島々というイメージがあり，これまで大きな干ばつの話は歴史上のまれに起こった話しか聞いたことがなかった．しかし，2013 年には奄美群島で，2014 年には八重山諸島で，それぞれ歴史的な干ばつがあり，サトウキビなどの農作物被害が生じたほか，給水制限が実施されるほどで，雨ごいが行われたというほどのものであった．このときの奄美群島の干ばつでは，

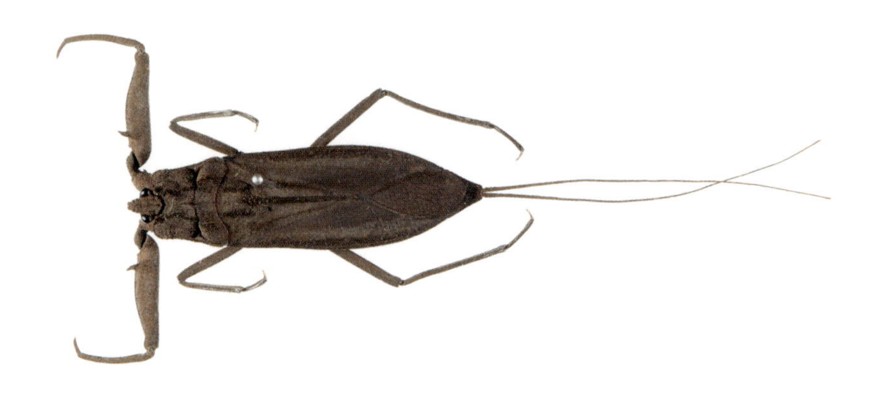

図 14.5　タイコウチ（奄美大島産）.

図 14.6　a）ツマキレオオミズスマシと b）リュウキュウヒメミズスマシ（ともに徳之島産）.

図 14.7　大規模なダム．水生昆虫の生息場所としてはほとんど機能しない．

図 14.8　コンクリート護岸されたため池．

筆者らの知る良好なため池の一つは完全に干上がってしまい，複数の希少種が地域絶滅し未だに回復のきざしは見られない．また，日本に接近する台風の大型化も懸念されており，琉球列島には台風が弱まる以前に接近することが多いので，豪雨や強風による斜面崩落などの影響も心配されるところである．

こうした天災による自然破壊は，東日本大震災のおりにも話題になったように，歴史上は何度もあったはずだが，過去の自然環境の連続性が保たれていた時代と現代の大きな違いは，生息地の分断化が極端に進行している現状にある．干ばつも長い歴史の中では，どの地域でもかならず経験してきたはずの天災ではあるが，過去には島の中でも複数の生息地があり，ある地点で大きなダメージを受けたり，あるいは地域絶滅が起こったりしたとしても近隣に残された産地があり，時間の経過とともに環境が回復していくと，いったん絶滅した産地にも生息するようになる，という復元のサイクルがあったものと考えられる．

しかし，現在の生息地の極端な分断化はこうした復元のサイクルを断ち切っている．とくに希少種については，島内に一か所にのみ残存している状況であったり，もっとも近い産地が数十 km 離れていたりするなど，天災による地域絶滅が生じた後，自然に回復することが望めないような状況になっていることは忘れてはならない．こうしたことからも，今後は残された産地一か所だけを守っていても突然の天災によって破壊されてしまうリスクがあることを念頭に置いて，生息地間のネットワークを再構築することを考えて保全策を実施していかねばならない．

3. 外来種問題

前節まで，奄美群島における水生昆虫の生息環境の変化と減少事例について紹介してきたが，近年は水生昆虫の絶滅や減少の要因の一つとして外来生物の侵入による影響が全国的に知られるようになってきている．奄美群島における外来生物による水生昆虫への影響は不明な点も多く残されているが，現状で明らかになっているいくつかの事例も含め，今後の注意喚起の意味も合わせてここに紹介する．

3-1. 外来魚

本土においては，環境省の特定外来生物に指定されているアメリカ原産のオオクチバス *Micropterus salmoides* やブルーギル *Lepomis macrochirus* による在来の小型魚や小型甲殻類，水生昆虫などへの捕食が大きな問題となっている（淀，2002；瀬能，2008a, b；財団法人自然環境研究センター，2008a, b）．幸い，奄美群島ではこれら2種の定着は確認されていないが，代わりに止水域でよく見られる大型外来魚としてアフリカ原産のティラピア類がある．奄美群島にはナイルティラピア *Oreochromis niloticus*（図14.10a）とジルティラピア *Tilapia zillii*（図14.10b）の2種が分布する．これらは，かつては食用や観賞用として持ち込まれたものの，現在はとくに利用されていないように見受けられる．しかし，オオクチバスのように釣りの対象ともなっていないのにも関わらず奄美群島の多くの止水域で見られる要因としては，「池に何もいないよりは魚がいたほうがよい」という安易な考えによっての放流によるものではないだろうか．

ティラピア類の水生昆虫への影響については不明な点が多いが，植生が豊かでティラピア類の生息密度が低い水域では，ヒメフチトリゲンゴロウやコガタノゲンゴロウといった大型種が同所的に見られることがある．しかし，あくまでも経験的なものではあるが，ティラピア類の生息密度が高い水域では水生昆虫の生息数が乏しいことが多い．もちろんこれらの池が，ティラピア類の生息の有無にかかわらずもともと水生昆虫類の生息環境として適していない水域であった可能性もあるが，ティラピア類は，付着藻類，デトリタス（水中にある生物遺体や排泄物由来の有機物），底生動物などを食べて食物網の基盤を改変し，在来の脊椎・無脊椎動物群集に大きな影響をおよぼすことから（財団法人自然環境研究センター，2008c），今後は直接的な捕食の有無も含め，ティラピア類が水生昆虫に与える影響について精査する必要がある．

3-2. アメリカザリガニ

アメリカザリガニ *Procambarus clarkii* はその名の通りアメリカ原産のザリガニの一種である．同じくアメリカ原産で，食用目的のウシガエル *Rana catesbeiana* の餌として国内に持ち込まれた．その後，逃げ出したり捨てられたりした個体によって分布が広がり，さらにはペットや教材，食用として利用されたことによって全国に広がったと考えられている（伴，2002；財団法人自然環境研究センター，2008d）．

本種が水辺生態系に与える影響についてはこれまであまり知られていなかった．しかし，他の水生小動物を直接捕食するほか，水草を切断して豊かな植生を破壊してしまうこと，水域の底を常に這い回り泥を巻き上げることによって

図 14.9　土砂や農薬の流入によって環境劣化が進行したため池.

図 14.10　a) ナイルティラピアと b) ジルティラピア.

水が常に茶色く濁ってしまうことなどから，きわめて大きな影響をおよぼしていることが近年知られるようになってきている．実際，本土では希少な水生昆虫が生息していた水域にアメリカザリガニが侵入し，その後激減もしくは絶滅した事例が多く報告されるようになった（苅部・西原，2011）.

奄美群島では幸いにもアメリカザリガニの定着事例は少ないが，筆者らは過去に沖永良部島の複数の池で本種を確認している．本種が侵入する前の池の状

図 14.11　ため池の水面を覆ったホテイアオイ.

況は不明であるが，一見良好に見えたものの，水生昆虫はごくわずかしか確認できなかったことから，本土での事例と同様に，アメリカザリガニの侵入によって水生昆虫の生息の場を奪われた可能性が高い.

また，2014 年に奄美大島の小湊（こみなと）地区で本種の定着が確認された．本種は今なおペットもしくは教材として人気が高いことから，今後も「島の子どもたちにザリガニを見せてあげたい」という善意での放流が続くことが危惧される.

奄美群島では，アメリカザリガニの影響がそれほど顕著になっていないだけに，残された数少ない止水性の希少種を守るためにも積極的な啓発活動を続け，放流による分布の拡大を阻止する必要がある．国内の水域への生態系被害を考えると，本種も後述するホテイアオイとともに特定外来生物に指定し，流通を制限してこれ以上の拡散をさせないなど積極的な施策を実践していくことが重要である．とくに奄美群島のように，定着している島がごく一部で全体としては侵入初期といえる島々での対応は非常に重要であろう.

3-3. 外来水草　ホテイアオイ

ホテイアオイ *Eichhornia crassipes* はブラジル原産の浮遊植物である．小さな一株を見れば可愛らしく，きれいな花を咲かせるために園芸種として知られ，毎年夏になれば現在でも園芸店やホームセンターなどで広く販売されている．また，水中の窒素やリン等の栄養塩類を吸収することから水質浄化に役立つとされ，野外の池にも植栽されるケースがある（財団法人自然環境研究センター，2008e）．ただし水質浄化に関しては，本種の旺盛な繁殖力を利用し，植物体を陸上に揚げることによって，吸収させた水中の栄養塩類を水中から陸上に移動させる，という考えで試行されたものである．しかし，この手法を有効化するための肝となる「陸上に揚げる」という部分が抜けて，「本種を導入すれば水質浄化に役立つ」と誤って伝わっていることを，琉球列島のいくつかの島での聞き取りによって確認している．

本種は増殖能力が高く，とくに琉球列島のように高温期が長い地域では，放置しておくと水面を覆い尽くすほどに増えてしまう．その結果，光を遮ってしまうことにより在来の他の水草を駆逐するだけでなく，水中の溶存酸素量を低下させることも知られ，その結果ため池の生態系は一変してしまう．また定期的に回収すれば水質浄化のはたらきもあるが，多くの場合放置されることとなり，その枯死体によってむしろ水質悪化が進行する場合も多い．結果的に水生昆虫にとっても劣悪な環境をつくり出すことになる．

奄美群島においても，導入の経緯はわからなかったが，いくつかのため池でこのホテイアオイの群落が見られ，多くの場合完全に水面を覆っている（図14.11）．筆者らが水生昆虫の生息状況を調べる際には，網を入れる開放水面もないためホテイアオイを引き抜きながらの作業となるが，徳之島におけるホテイアオイが水面を覆った3つの池で調査したところ，水は悪臭を放ちながら茶色く濁り（図14.12），ヌマエビ類がたまに網に入る程度で，水生昆虫はおろか他の水生生物もほとんど確認することができなかった．また，徳之島ではかつてオキナワスジゲンゴロウやツマキレオオミズスマシが生息した小池に本種が移入されて水面を被覆してしまった後，この池から両種が確認できなくなった事例がある（北野ほか，未発表資料）．

本種の場合，栽培下では一株は小さくて可愛らしく，肉食性の外来動物と比べると侵略性の高い生物とは一般には想像しにくい．また水質浄化に役立つという情報のみが先行して，池に植栽する事例が後を絶たないのは，とくに南西諸島で顕著になっているのが現状である．今回は対象エリア外となるので詳しく紹介しないが，奄美群島のみならず，沖縄諸島，八重山諸島などでも多くの同様の事例がある．

今後は，水辺生態系に多大な被害をもたらす侵略性の高い外来生物として認識し，積極的な駆除による根絶を図ることが重要であろう．徳之島では，環境省・地域の住民の方々の協働作業でため池に繁茂したホテイアオイの根絶が達成されており，奄美大島のビオトープにおいても筆者らの研究グループと環境省奄美自然保護官事務所によって駆除が着手されるなど（図 14.13），少しずつ実践が進行しているのは朗報であろう．また，特定外来生物に指定し，水生昆虫に対してだけでなく，すべての水生生物にとって本種が水辺生態系に与える負の影響に関する認識を一般にも浸透させることによってこれ以上の植栽を防ぐこと，販売規制をかけることも視野に入れるべきであろう．

また，同様な影響を与える植物として南アフリカ原産のボタンウキクサ *Pistia stratiotes* があり，本種も奄美群島で定着している池があるという．ホテイアオイと異なり，ボタンウキクサは外来生物法の特定外来生物の指定種であることから，現在は販売はなされなくなったものの，一般には指定種であることはあまり知られておらず，今後も野外に繁茂する個体の移動など善意での植栽が進む恐れがある．筆者らは奄美群島ではボタンウキクサを確認していないことから，放たれた池は限られていると考えているが，他の地域ではやはり水辺生態系に大きな影響を与えていることから，これ以上の分布の拡大を防ぐとともに，積極的な駆除と広報活動が重要である．

4. まとめ

今回紹介したように，奄美群島はもともと豊富な水生昆虫相をもっていた地域であったが，この 30 年ほどの間に急速に進行した水田のサトウキビ畑への転換や耕作放棄，ため池の護岸や農薬の流入，さらに外来魚や外来植物の侵入によって，その水辺環境は急速に劣化している．とくに止水域における現況は危機的であり，島単位での地域絶滅が進行している．

このような現況は，今後有効な対応策を実践しない限り悪化することはあっても，改善することはまず考えられない．島嶼という面積的な制約が大きい立地では，環境改変の影響は内地での同様の事業に比較して，逃げ場が少ないために顕著に出やすい特徴がある．生物多様性保全の視点でも，今後奄美群島に

図 14.12　ホテイアオイを引き抜いたときの様子．茶色く濁っているのが分かる．

図 14.13　ホテイアオイ駆除の試行．

おいては小規模でも永続的かつ多様な水深を持つ止水水辺ビオトープを創出・維持管理していくなどの積極策が望まれる．

最後になったが，奄美群島での調査に同行していただいた中島淳氏と東海大学教養学部人間環境学科北野研究室の学生諸氏（卒業生含む），および本報作成において重要な情報を提供してくださった佐野真吾氏（当時：東海大学大学院人間環境学研究科大学院生，現：東京都市大学環境情報学研究科大学院生）にお礼申し上げる．

引用文献

東清二（2005）ガムシ．改訂・沖縄県の絶滅のおそれのある野生生物（動物編）レッドデータおきなわ，234．沖縄県文化環境部自然保護課，那覇．

伴浩治（2002）アメリカザリガニ．外来種ハンドブック，169．地人書館，東京．

林正美（1997）琉球列島における水生・半水生半翅類の分布．Rostria，(46)：17-38．

日浦勇（1967）日本産水棲・半水棲半翅類の分布の研究 1．大阪市立自然史博物館所蔵標本の検討．大阪市立自然史博物館研究報告，(20)：65-81．

川合禎次，谷田一三編（2005）日本産水生昆虫　科・属・種への検索．東海大学出版会，秦野．xi＋1342pp．

苅部治紀，西原昇吾（2011）アメリカザリガニによる生態系への影響とその駆除手法．エビ・カニ・ザリガニ　淡水甲殻類の保全と生物学，315-328．生物研究社，東京．

苅部治紀（2014）水辺は外来生物だらけ．どうする？　どうなる！　外来生物　とりもどそう　私たちの原風景．展示解説書．16-20．神奈川県立生命の星・地球博物館．

苅部治紀，北野忠（2011）農地転換が水生昆虫に及ぼした影響―南西諸島における例―．2011 年度特別展およげ！ ゲンゴロウくん～水辺に生きる虫たち～　展示解説書．73-76．神奈川県立生命の星・地球博物館．

苅部治紀，北野忠，永幡嘉之，西原昇吾（2009）ミズスマシの危機的な生息状況．日本鞘翅学会大会・日本昆虫学会関東支部合同大会講演要旨．東京農業大学．

北野忠，河野裕美（2014）西表島において絶滅もしくは減少傾向にある大型水生昆虫．西表島研究 2013，37-44．

松井英司（1988）奄美諸島で採集した水生甲虫類（1987-1988）．北九州の昆蟲，35(2)：113-121．

瀬能宏（2008a）ブルーギル．日本の外来魚ガイド，80-87．文一総合出版，東京．

瀬能宏（2008b）オオクチバス．日本の外来魚ガイド，88-95．文一総合出版，東京．

淀大我（2002）オオクチバス．外来種ハンドブック，117．地人書館，東京．

財団法人自然環境研究センター（2008a）オオクチバス．日本の外来生物，158-161．平凡社，東京．

財団法人自然環境研究センター（2008b）ブルーギル．日本の外来生物，164-165．平凡社，東京．

財団法人自然環境研究センター（2008c）ナイルティラピア．日本の外来生物，172．平凡社，東京．
財団法人自然環境研究センター（2008d）アメリカザリガニ．日本の外来生物，215-217．平凡社，東京．
財団法人自然環境研究センター（2008e）ホテイアオイ．日本の外来生物，396-398．平凡社，東京．

第15章

好物は希少哺乳類
奄美大島のノネコのお話

塩野﨑和美

肉食哺乳類のいない島嶼環境で長く生息し進化を遂げてきた固有種の多くは，「侵略的外来種」による捕食から逃げる術を持っておらず，絶滅の脅威にさらされやすいことが知られている．「侵略的外来種」の中でもノネコは世界中の島嶼に生息し，その高い狩猟能力をもって固有種存続の脅威となっている．奄美大島でもノネコの固有種への捕食の影響が懸念されていた．ノネコの捕食の実態を知るために食性分析を行った結果，その懸念が想像以上であることが明らかとなった．

1. ノネコってなんだ?

みなさんはノネコという言葉を聞いたことがあるだろうか？　ノラネコの書き間違いではない．漢字で書くと「野猫」．つまり「野（山）に住むネコ」を表している．だからと言ってヤマネコ（山猫）の別名でもない．動物図鑑を開いてもノネコなんて動物は載っていない．なぜならそもそも，このような種は存在しないからである．しかし，この章ではタイトルにもあるようにノネコが話の主役である．そのためにまずノネコとは一体何者なのかを，ネコの歴史を辿ることで詳しく説明していこう．

先ほどから登場している「ノネコ」，そして名称がとても似ている「ノラネコ」，更にペットとして人気のある「飼いネコ」，これらすべて生物学上はイエネコ *Felis silvestris catus* と呼ばれる同じ種の生き物である．イエネコというのは北アフリカから中東，西アジアに生息するリビアヤマネコ *Felis silvestris lybica* が家畜化されて誕生した動物であることが，DNAによる調査から明らかになっている（Driscoll et al., 2007）．リビアヤマネコは体長50～70 cm程度で，おなじみのイエネコより少し大きく，薄茶色のキジトラに近い柄をした野生のヤマネコだ．地中海に浮かぶキプロス島の9500年前の遺跡から，人と一緒に埋葬されたリビアヤマネコの子ネコが発掘された（Vigne et al., 2004）ことから，ヤマネコの家畜化が始まったのはおよそ 1 万年前ではないかと考えられている（Driscoll et al., 2009）．

ヤマネコが家畜化されるに至ったきっかけは，中近東で穀物の栽培が行われるようになったことと関係がある．収穫された穀物が倉などに貯蔵されると，それを狙ってネズミなどが集まるようになる．そうするとネズミを餌とするリビアヤマネコにとっては，穀倉はとても魅力的な餌場（狩場）と映っただろう．しかし，この餌場は人の生活圏の中にある．人と関わりなく生活をしていたヤマネコには，人間の存在はとても恐ろしく感じたはずである．それでも人への恐怖心より餌としてのネズミの魅力にひき寄せられたものや，人をそれほど怖いと感じなかった数頭が穀倉などを餌場として使い始めたに違いない．人にとって大事な穀物を荒らすネズミは悩みの種であり，それを勝手に駆除してくれるヤマネコはすばらしく有益な生き物と感じたはずである．この有益な生き物を所有したいと人が思い始めるのに，ヤマネコと出遭ってからそれほど時間は必要なかったことだろう．所有するには人になれやすい性格を持ったものが好ましい．そのためより大人しい性格のヤマネコを選んで飼育し，大人しいヤマネコ同士の繁殖を繰り返すなどして，長い年月をかけて家畜化が進められたと考えられる．

リビアヤマネコが家畜化されていた証拠はキプロス島以外では古代エジプトの遺跡から発見されている．紀元前 3800～3600 年（今から 5800 年ほど前）の古代都市「ヒエラコンポリス」から，飼われていたと見られる 6 頭のリビアヤマネコが発掘された（Van Neer et al., 2013）．また紀元前 1450 年頃（今から 3500 年ほど前）の古代都市「テーベ」の遺跡の壁画には，紐に繋がれて椅子の下に座るネコの姿など，いくつものネコの絵が描かれている．以上のことから，このころには家畜化が完了していたのではないかと考えられている．

古代エジプトではネコが神聖化され，また多くの人がペットとして飼育するようになった．しかし，家畜としてネコが世界中に広まるには時間がかかったと考えられている．古代エジプトではネコを国外に持ち出すことが禁じられていたためだ．ヨーロッパ大陸で見つかっている最古のネコの記録は，2500 年ほど前，古代ギリシアの大理石のレリーフに描かれたものである．当時ネコはまだ珍しく，エジプトからこっそりと持ち出されたものであったのだろう．その後ローマ帝国の繁栄によるヨーロッパでの領土拡大やシルクロードを通じたアジア諸国との交易に伴って，ネコも世界中に広がることになったと考えられる．中国に辿り着いたのは 1800 年ほど前．極東の日本となるとさらに後だ．(Zeuner, 1963)．

日本にいつ頃ネコが渡ってきたのかはっきりしたことはわかっていない．定説では奈良時代（8 世紀）に中国から仏典とともにやってきたとされていた．しかし，2007 年に出土した兵庫県姫路市の見野古墳群の陶器にネコと見られる足跡が付いていたのだ．見野古墳群は 7 世紀のものであるため，従来考えられていたより早く日本にネコが伝わった可能性が出てきた．また日本本土ではないが，2011 年に長崎県壱岐島の「カラカミ遺跡」からイエネコの骨が出土した．年代測定の結果 2100 年前のものであることが判明し，弥生時代には壱岐にイエネコが上陸していたことが明らかとなっている．このことから，考えられていたよりもかなり昔にネコは日本に到達していたことになる．

一方，文献において最初にネコが描写されているのは宇多天皇によって書かれた『寛平御記』(889 年）である．この書には「唐（中国)」から来た黒猫について詳しく描写されている．当時の日本ではネコはたいへん珍しく，このネコも献上されたものであった．平安時代の貴族の間では中国から渡来したネコは非常に貴重とされ，紐に繋いで飼う様子が数多く描かれている．このことから，中近東では穀物を荒らすネズミを退治する益獣としてネコの飼育が始まったのと異なり，日本では益獣としてよりも高級な愛玩動物としてネコが飼育されていたことが窺い知れる．

その後，1602 年に京都でネコの紐をほどき放し飼いにすることを命じる高札が出されたと『時慶卿記』に記されていることから，このころまではネコは繋いで飼うことが一般的であったようだ．このようなお触れが出された理由として一番考えられるのは，ネコにネズミの駆除をさせるためであろう．当時のネズミの害について詳しいことはわからないが，このお触れ以降ネズミの数が激減し民衆が喜んだとの描写が『御伽草子』(江戸初期）の中の「猫の草紙」にある．繋いで飼われていたので，当時のネコは自由に繁殖することはなく，数も少なくて高価であった．そのため江戸時代にはネズミ害に悩む養蚕農家のためにネズミ避けの猫絵まで売られていた．

このように数も少なくたいへん貴重であったネコが，広く飼われるようになったのは江戸時代中期以降になる．もっとも貢献したのが有名な「生類憐れみの令」(1687 年）である．この法令によってネコの繋ぎ飼いと売買が禁止された結果，ネコは外で自由に繁殖し数を増やし，貴重な生き物ではなくなった．

庶民の間でネコを飼うことがブームとなった一方，ノラネコも増えた．これ以降，ネコを放し飼いにすることが日本では一般化したと考えられる．

ここまでネコの誕生から日本におけるネコの飼育の歴史を見てきて，やっと「ノラネコ」という言葉が登場してきた．ここでいう「ノラネコ」とは，つまり飼い主のいないネコのことである．「野良猫」という言葉は平安時代から使われているが，江戸時代中期頃まではネコは貴重で，逃げないように繋いで飼うのが普通だったため，ノラネコの数はきわめて少なかった．

では問題の「ノネコ」という言葉がいつできたかというと，1949年10月に林野庁が「鳥獣保護及狩猟ニ関スル法律施行規則」で使用したのが最初とされる．1964年8月に林野庁が説明したノネコの定義によると，1）常時山野にて野生の鳥獣等を捕食し，生息している「ネコ」，2）蓄養動物である「家ネコ」が野生化して1）のようになったもの，3）飼い主の元を離れ市街地または村落を徘徊している「ネコ」は「ノネコ」ではない，4）「ノネコ」は狩猟獣に指定され，捕獲をすることを認めている—となっている．以来，現在の鳥獣保護管理法においてもノネコは狩猟対象として指定されている．3）の「飼い主の元を離れ市街地などを徘徊するネコ」とは，ノラネコもしくは放し飼いネコということになる．

つまり，「ノネコ」「ノラネコ」「飼いネコ」はどれもイエネコであるが，その生活形態によって呼び方を区別した訳だ．このような区別の仕方は日本に限った訳ではなく，海外でもFeral cat（ノネコ），Stray cat（ノラネコ），Pet cat（飼いネコ）のように同様に区別されている．ときにはSemi-Feral cat（半ノネコ），Free-roaming pet cat（放し飼いネコ）のようにさらに細かく分けられる場合もある．同じイエネコという種でありながら，生活形態によって多様に分類される理由の一つとして，さまざまな生活環境への適応力の強さがあると考えられる．

一般的に，家畜化された生き物が生きるためには人の世話が必要であり，再度野生に戻ることは容易ではない．それは，野生種としては必要であった自力で生き残るための能力が，家畜としては必要とされず家畜化の過程で排除され，元の野生種とは大きく異なる動物になっている場合が多いからである．家畜として求められる条件には，1）いろいろな餌を食べること，2）早い成長速度，3）繁殖のしやすさ，4）人へのなれやすさ，5）攻撃的でないこと，6）俊敏でないこと，7）集団で生活することなどがあげられる（Price, 2002）．これらの条件を見ると，6）を除いてはおおよそのイエネコに当てはまっており，立派な家畜動物と言える．しかし，イエネコが他の多くの家畜動物と異なるのは，野生に戻ることが比較的容易にできる種だということだ．

リビアヤマネコを飼育することになったきっかけは，先にも書いた通りネズミ駆除である．そのために，獲物を捕まえるというリビアヤマネコの能力を家畜化の過程で排除する必要はなかったはずだ．つまり家畜化においてネコに求められたのは，本来から備わっている狩猟能力を残しつつ，人になれて飼育が容易であるという性質だった．2014年に家畜化がネコに及ぼした変化を調べるためのDNA分析が行われた（Montague et al., 2014）．その結果，イエネコの遺伝子でリビアヤマネコからの変化が見られたのは，記憶，恐怖，報酬に関係する部分で，これらは家畜化に重要な部分と考えられている．しかし家畜化からおよそ9500年経った今でも，イエネコはリビアヤマネコと比べても遺伝的に大きな変化は見られないことがわかった．

このように野生種が備えていた能力をそれほど失うことなく，人間と生活するための性質を手に入れたイエネコは，家の中でも市街地や公園でも自然の中でも暮らしていくことができる万能の適応力を持つ生き物へとなった．同じ種でありながら，さまざまな生活形態を持ち，異なる生活環境を自由に行き来することもできるイエネコであるから，区別が困難で，その結果さまざまな名称で呼ばれることになったのだろう．中でも「ノネコ」はもっとも野生種に近い生活形態を持つイエネコとして区別され，その野生の能力が現代社会で問題を引き起こしている．

2. ノネコによる在来種捕食の問題

エジプトや中近東から世界中に広がったイエネコだが，現在人間の住んでいるところでネコがいない場所はほとんどない．ネズミ駆除の目的で最初は飼われ始めたネコだが，今では純粋なペットとして飼育されているケースが大半である．それでも昔の名残りか，屋外で放し飼いされているネコは世界中で普通に見られる．日本では現在約1000万頭のネコが飼われており，その14％に当たる約140万頭が放し飼いされているという（一般社団法人ペットフード協会，2014）．さらに，外にいるネコの60％が不妊・去勢の手術を受けていないとの調査結果も出ている．ということは，放し飼いにされているネコとノラネコ・ノネコが繁殖行動を行い，出産する可能性は高い．産まれた子ネコは，母ネコが飼いネコであった場合にはそのまま飼われるか，誰かの家に貰われていくこともあるが，捨てられたり保健所に持ち込まれたりするケースも少なくない．母ネコがノラネコの場合，無事に育てばそのままノラネコになるか，新天地を求めてノネコになるケースもあるだろう．ノネコの母親から生まれた場合は，そのままノネコとして一生を過ごすネコが多いと予想される．このようにしてノラネコやノネコは増えていくのである．以上のような状況は日本だけではなく世界中で散見される．たとえばアメリカ合衆国では，8800万頭の飼いネコの65%に当たる5700万頭が外で飼われており（APPA, 2008），さらに6000万から1億頭のノネコ・ノラネコがいると推測されている（Jesseup, 2004）.

こうして増えたノネコやノラネコが鳥類や小型哺乳類などの野生動物を襲う問題が，今世界中で大きくクローズアップされている．アメリカでは1年に13億〜40億の鳥類と63億〜223億の哺乳類が捕食されていると見積もる研究も発表されている（Loss et al., 2013）．とくに問題とされるのは島嶼におけるノネコによる在来固有種の捕食である．前の節で説明したように，ノネコというのは山野にいて野生動物を餌として生活しているイエネコである．つまりノネコがいれば，かならず襲われて食べられてしまう生き物が存在することになる．弱肉強食の野生動物の世界では当たり前のことなので，何が問題なのかという意見もあるだろう．しかし，これこそが問題なのだ．

イエネコは，これまで見てきたように人間がつくり出した生き物である．ということは世界中の多くの場所にイエネコという生き物は本来存在しなかったことになる．つまり「外来生物」という訳だ．外来生物の中でとくに在来生物の生存を脅かす種のことを「侵略的外来種」と呼ぶが，国際自然保護連合（IUCN）はその中もさらに影響力の強い100種を「外来侵入種ワースト100」として選出しており，そこにはノネコも入っている．

高い繁殖力と狩猟能力を持つノネコは，世界中のあらゆる環境に分布し，その場所にもともと住んでいたさまざまな生物を餌として生存している．とりわけ島嶼では肉食性の哺乳類が元来生息していなかったところが多い．そのような環境で長年に渡り生息し進化し続けてきた固有の在来種のほとんどは，ノネコのような優秀なハンターから逃げる術を知らない．そのため世界中の島嶼において，数多くの在来種が絶滅させられた．そして，今このときも絶滅の脅威にさらされている種がたくさんいるのだ．

ノネコがどれほど野生生物を捕食し影響を与えているのかを知るために，世界各地の島嶼で食性の研究が進められている．それらをまとめた研究（Medina et al., 2011）によると，120の異なる島で少なくとも175種（鳥類：123種，哺乳類：27種，爬虫類：25種）が餌とされている．島嶼に固有の種や亜種への捕食の影響だけを比べると，鳥類よりも哺乳類が多いことがわかった．さらには島嶼において絶滅した脊椎動物の14%と，現在絶滅の危機に瀕している脊椎動物の少なくとも8%はノネコによる捕食が原因となっていたのだ．

ノネコによる捕食の影響が研究されているこれら120の島の中には，日本の島も含まれている．沖縄島北部のやんばる地域における調査では，固有種で国指定特別天然記念物であるノグチゲラ *Sapheopipo noguchii* をはじめ8種（哺乳類：3種，鳥類：2種，爬虫類：2種，両生類：1種）の固有種および希少種が捕食されていた（城ヶ原ほか，2003）．また小笠原諸島の母島では，絶滅危惧種であるオガサワラカワラヒワ *Chloris sinica kittlitzi* やこの島で繁殖する海鳥類の捕食が報告されている（川上・益子，2008）．120の島には含まれてはいないが，この2カ所以外にも日本の多くの島嶼でノネコによる在来種や希少種への影響が報告されている．本章で述べる奄美大島も，希少な固有種が数多く生息し，ノネコによる捕食が大問題となっている島なのだ．

3. ノネコの食性を調べる

奄美大島でノネコによる在来種捕食の問題が大きく注目されるきっかけとなったのは，2008年6月27日午後11時過ぎに自動撮影カメラによって撮られた1枚の写真（図15.1）だった．環境省那覇自然環境事務所の発表によると，アマミノクロウサギ *Pentalagus furnessi* の幼獣の生息状況を確認する目的で同年5月28日に自動撮影カメラが設置され，6月3日以降幼獣の撮影が確認され続けていた．しかし設置から1か月後に，ネコに咥えられているアマミノクロウサギの姿が，くだんの写真として記録される．その後，同じカメラではアマミノクロウサギの幼獣が撮影されることはなく，7月9日にカメラから3 kmほど離れた場所でアマミノクロウサギの幼獣の骨と皮が発見された．これ以前からアマミノクロウサギがノネコに襲われているという目撃情報はあったが，写真という確たる証拠が出たのは初めてだった．これを機に奄美大島のノネコの食性分析が行われるようになる．

食性を調べると言っても方法はいろいろあるが，ノネコの場合は糞を用いた方法が一般的である．糞には消化できなかった餌の残骸が含まれる．餌として

図 15.1　2008 年 6 月 27 日に撮影されたアマミノクロウサギを咥えるノネコの写真（環境省奄美野生生物保護センター提供）.

哺乳類を食べていた場合には骨や歯や毛，鳥類を食べていれば骨や羽などが検出されるという訳だ．このような未消化物を詳しく分析することで，何を食べていたのかを知ることができる．

糞を分析するためには，まずは糞を集める必要がある．しかしノネコの糞を探すのはけっして容易なことではない．車が通る開けた林道などでは比較的見つけやすいが，樹冠の閉じた山道や獣道では見つけるのが困難なのである．広い奄美大島（面積 712 km²）でたくさんの糞を個人の力で見つけることは非常にたいへんだが，この島には強力な助っ人もたくさんいる．まずはノネコより先に奄美大島で侵略的外来種として問題視されてきたフイリマングース *Herpestes auropunctatus* を根絶すべく結成された「奄美マングースバスターズ」（第 16 章参照）．奄美大島を外来種の脅威から守りたいとの思いからノネコの問題にも高い関心を持っているメンバーが多く，日々の業務の合間に見つけた糞を採取してきてくれる．環境省奄美野生生物保護センターの職員もアマ

図 15.2　ネコの糞からでた未消化物．白くて針状のものはケナガネズミの針状毛．乳白色の固形物は骨片や歯．下のほうにはネズミの爪も見えている．

ミノクロウサギの調査などで山に入った際に見つけた糞はかならず持ち帰ってきてくれる．他にも奄美大島をフィールドにさまざまな生物の研究や調査をしている研究者や調査員の協力も大きい．このように大勢の協力のもと，2007年以降ノネコの糞は集められ，分析されることとなった．

集められた糞は分析までいったん冷凍保存される．その後，それらの糞の識別作業に入る．というのは，奄美大島の山にはノネコ以外にも，「ノイヌ」（「ノネコ」の犬版）やマングースの糞も落ちている．これら3種はどれも肉食性の外来種で在来生物に影響を与えていると考えられるので，どの種のものであっても採取している．糞は種によって大きさや臭いが違うが，少し古い糞などでは臭いも薄くなり判別が難しくなる．そのため糞の直径を計測することによって，確実に判別を行う．直径の大きさの順は，ノイヌ＞ノネコ＞マングースとなる．

ノネコのものと判断された糞は，ふるいを用いて未消化物だけになるまで流水で洗浄する．野生生物をたくさん食べていればいるほど，糞の洗浄には時間がかかる．キャットフードを食べているネコの糞は，未消化物をほとんど含まないのであっという間に洗浄できてしまう．もちろん洗浄後には何も残らない．しかしノネコの糞ではそういうことはなく，何かしらの未消化物が残る．きれいに洗い終わった未消化物は，72時間ほど乾燥させる．乾燥したものは，大量の体毛とそれに混じるいくつもの骨片や歯などである（図 15.2）．それらを一つひとつより分けてどの生物のものなのか同定していく．何種類もの生物を捕食していた場合は，異なる体毛が混じっていたり，体毛と羽毛が混じり合っていたりもする．下顎の骨や同じ歯がいくつも出てくるときは，同じ種を何個体も捕食している場合だ．そのような場合は同種類の骨の数を数えることで，少なくとも何個体食べていたのかがわかる．このように分類の作業はたいへん骨が折れるのだが，何を食べていたかを詳しく知るためにとても重要な作業なのだ．判断が難しい場合は，標本などと照らし合わせて最終的に決定する．こうしていくつもの糞を調べることで，奄美大島のノネコの食性が徐々に解き明かされてきた．

4. ノネコの獲物たち

食性分析のために集められて分析されたノネコの糞は162個．ノネコは1か所に複数個（2〜6個ほど）の糞を排泄するケースが多く，ここではこの複数個の塊を1個のノネコの糞として分析した．糞はおもに希少生物の生息地と考えられるところで採取された．このうち，2007年から2009年7月までに集められた60個の糞は環境省奄美野生生物保護センターのアクティブレンジャーが，2009年8月から2011年12月までに集められた102個の糞は筆者が分析を行った．ここでは筆者が行った2009年8月以降の結果を紹介したい（Shionosaki et al., 2015）．

102個の糞から見つかった餌動物の数は計12種類（表15.1）．このうち哺乳類は5種出現した．アマミノクロウサギ，ケナガネズミ *Diplothrix legata*，アマミトゲネズミ *Tokudaia osimensis*，ジネズミ類 *Crocidura.* spp. とみごとに島の希少な固有種が揃った．固有種以外で食べられていた哺乳類はクマネズミ *Rattus rattus* のみだ．鳥類は予想に反して少なく，同定されたのはルリカケス *Garrulus lidthi* とシロハラ *Turdus pallidus* の2種だけであった．とはいえ，ルリカケスは奄美大島とその周辺の2島にしか生息しない希少な固有種である．節足動物は哺乳類の次にさまざまな種類が食べられており，バッタ類 Orthoptera，アマミマダラカマドウマ *Diestrammena gigas*，オオゲジ *Thereuopoda clunifera* などが見つかった．爬虫類で餌とされていたのはリュウキュウアオヘビ *Cyclophiops semicarinatus* のみであった．

奄美大島に生息する哺乳類は外来種を含めて14種だが，そのうちの5種（35.7%）が餌動物とされている．一方，奄美大島で確認される鳥類は留鳥・渡り鳥などを含め296種（NPO法人奄美野鳥の会，2009）で，捕食が確認されたのは不明種を除いて2種（0.7%）のみ．捕食種を見る限り，ノネコが捕

表 15.1　ノネコの糞から出現した餌動物とその生息地および保全状況

種名	生息地	保全状況
哺乳類		
アマミノクロウサギ	奄美大島，徳之島	特別天然記念物，絶滅危惧 IB
アマミトゲネズミ	奄美大島	天然記念物，絶滅危惧 IB
ケナガネズミ	奄美大島，徳之島，沖縄島	天然記念物，絶滅危惧 IB
クマネズミ	世界各地	
ジネズミ類*	奄美大島，加計呂麻島，徳之島	絶滅危惧 IB
	南西諸島	準絶滅危惧
鳥類		
ルリカケス	奄美大島，加計呂麻島，請島	天然記念物
シロハラ	東アジア	
爬虫類		
リュウキュウアオヘビ	南西諸島，トカラ列島（宝島，子宝島）	
節足動物		
バッタ類		
アマミマダラカマドウマ	奄美大島，徳之島	
オオゲジ	本州南部以南	

* 奄美大島には 2 種類のジネズミ（ワタセジネズミとオリイジネズミ）が生息する．糞から出現した未消化物ではどちらの種か判定できなかったためジネズミ類と表記した．生息地および保全状況は，上段：ワタセジネズミ，下段：オリイジネズミのものである．

食する種は哺乳類のほうが多い様子である．しかし，重要なのは食べられている種数ではなく，捕食される個体数である．

これらの糞に含まれていた餌動物の個体数を詳しく数えると，合計で 175 個体見つかった（表 15.2）．その内訳は哺乳類 154 個体（88%），鳥類 4 個体（2.3%），爬虫類 1 個体（0.6%），昆虫類 16 個体（9.1%）と，捕食個体数でもやはり哺乳類が群を抜いて多い結果となった．1 つの糞から見つかった餌動物の数は平均 1.7 個体（最小 0，最大 5）．中には餌動物が含まれなかった糞もあったが，それらからはネコの自毛（毛づくろいの際に飲み込まれた毛）のみが出た．また 5 つの糞からはアマミノクロウサギ，ケナガネズミ，アマミトゲネズミの希少な固有種 3 種がすべて出現した．2 個体以上が確認された場合の多くは，哺乳類同士（同種同士も含む）の組み合わせがほとんどだ．この結果からもやはり奄美大島のノネコは哺乳類を好んで捕食していることが見えてくる．次は

表 15.2　ノネコの糞から出現した餌動物の出現数と出現率（%）

種名	出現数	出現率（%）
哺乳類	154	88
アマミノクロウサギ	16	9.1
アマミトゲネズミ	44	25.1
ケナガネズミ	45	25.7
クマネズミ	47	26.9
ジネズミ類	2	1.1
鳥類	4	2.3
ルリカケス	1	0.6
シロハラ	1	0.6
不明	2	1.1
爬虫類	1	0.6
リュウキュウアオヘビ	1	0.6
節足動物	16	9.1
バッタ類	7	4
アマミマダラカマドウマ	5	2.9
オオゲジ	2	1.1
不明	2	1.1
合計	175	100

ノネコの嗜好性を明らかにしよう．

5. ノネコの好物

好みを知ると言ってもいろいろな方法がある．ここでは「捕食された個体数(捕食数)」「出現頻度」「1 日の餌量に対する重量頻度」からノネコの嗜好を探っていこう．「捕食数」からは，どの種がより多く捕食されていたかがわかる．「出現頻度」とは，それぞれの餌動物が，分析した 102 個の糞のうちの何個に含まれていたかを示す値だ．この値からはどの種が頻繁に捕食されているのか知ることができる．ただ，この方法では，一回の糞に同じ種が複数個体含まれていても結果に反映されないため，より正確な捕食傾向を示すのには向かない．そこでより正確に知るために，捕食数と捕食された種の文献などにおける平均体重からそれぞれの餌動物の重量が占める割合を示すことのできる「重量頻度」を用いる．ネコが糞をする回数は 1 日に 1 回程度なので，1 回分の糞を調べることで 1 日に食べられた餌動物とその数がわかる（Konecny, 1987）．

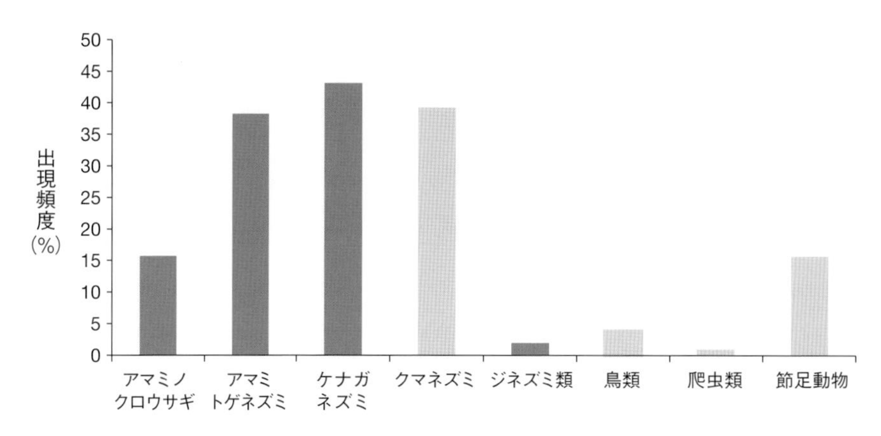

図 15.3 奄美大島で採取されたノネコの糞から出現した餌動物の出現頻度（%）．濃灰は絶滅が危惧される哺乳類およびその種を含む類を示した．

1日の餌がわかれば1日に摂取された餌の重量がわかるので，それぞれの餌動物の占める割合もわかるという訳だ．

まずは「捕食数」から見ていくことにする．先にも書いたように哺乳類全体の「捕食数」は154頭で，その内訳を多い順に並べると，クマネズミ47頭（26.9%），ケナガネズミ45頭（25.7%），アマミトゲネズミ44頭（25.1%），アマミノクロウサギ16頭（9.1%），ジネズミ類2頭（1.1%）となった（表15.2）．上位3種の捕食数はほぼ同数で，とくにどの種を好んでいるというような傾向は見られない．しかし上位のネズミ類と比べ，アマミノクロウサギの捕食数はそれらの半数以下であることから，ネズミ類のほうをより好んで捕食している傾向が見て取れる．ジネズミ類は体も小さく，他の4種に比べて餌としての魅力に欠けるのかもしれない．

次に「出現頻度」である．哺乳類は102個の糞のうちなんと97個（95.1%）から出現する結果となった．中でも多かったのは，ケナガネズミの44個（43.1%）．それに続いて，クマネズミ（40個，39.2%），アマミトゲネズミ（39個，38.2%），アマミノクロウサギ（16個，15.7%）だった（図15.3）．捕食数から哺乳類が多く捕食されているのは明らかだったが，このように分析したほとんどの糞から哺乳類が出現したことから，奄美大島では哺乳類がいかにノネコの餌として重要な位置を占めているのかがわかる．それぞれの餌動物（哺乳類）の出現頻度では，どれか1種がとび抜けて頻繁に捕食されているのではな

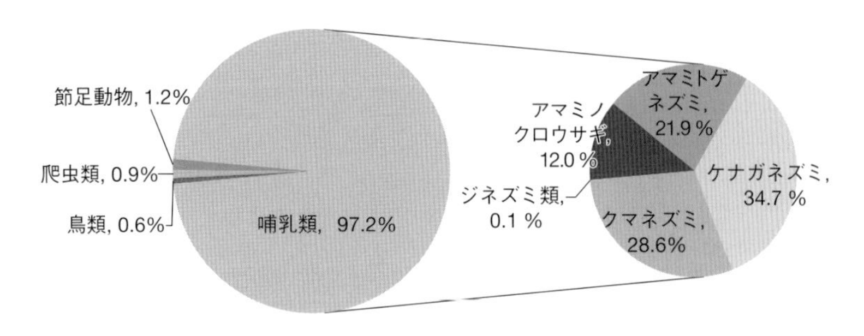

図 15.4 奄美大島で採取されたノネコの糞から出現した餌動物の1日の餌量における重量頻度（%）.

く，やはりネズミ類3種がほぼ同じような頻度で食べられている．アマミノクロウサギはネズミ類に比べると出現頻度も少ない結果となった．

「1日の餌量における重量頻度」の利点は，捕食数も餌動物の重量も考慮に入れて，より高い精度でそれぞれの餌動物が食性結果に占める割合を知ることができることにある．結果は102個の糞において哺乳類が占めた割合の平均は97.2%となり，日々の餌重量でも圧倒的に哺乳類が占めることとなった（図15.4）．内訳を見ると，ケナガネズミ（34.7%），クマネズミ（28.6%），アマミトゲネズミ（21.9%），アマミノクロウサギ（12.0%）であった．また「ノネコ」が1日に摂取していた餌の重量は平均378.4gだとわかった．

これらの結果から，「捕食数」以外ではケナガネズミが一番高い割合を占めることとなった．「捕食数」では2番目ではあったが，もっとも多く食べられていたクマネズミとの差はわずか2頭とほとんど差がないことから，総体的に奄美大島のノネコにとってケナガネズミがもっとも好ましい餌となっていると考えられる．このケナガネズミだが，固有種というだけでなく，奄美大島・徳之島・沖縄島北部にのみ生息する国の天然記念物で，環境省のレッドリストでは絶滅危惧IB類に選定されている希少な生物である（環境省自然環境局野生生物課希少種保全推進室，2014）．生息域もけっして広くなく，ノネコの餌として好まれては困る種なのだ．一方，2番目に餌として好まれていたクマネズミは外来種で生息数もきわめて多く，島中のいたるところに生息している．どちらの種の生息数もわかってはいないが，その差は数倍ではきかないだろう．またアマミノクロウサギやアマミトゲネズミもケナガネズミ同様，絶滅が危惧されている動物である（環境省自然環境局野生生物課希少種保全推進室，

2014)．もちろん生息数は少なく，アマミノクロウサギの生息数は2000～4800頭（環境省自然環境局野生生物課希少種保全推進室，2014）と推定され，クマネズミよりもずっと少ない．

ノネコは一般的にジェネラリストと言われ，決まった種を餌とするのではなく生息数が多く遭遇しやすい生き物を捕食するとされている．しかし奄美大島では，希少哺乳類（ケナガネズミ，トゲネズミ，アマミノクロウサギ）が捕食数全体の60％を占める一方，生息個体数のきわめて多いクマネズミは26.9％と，絶滅危惧種3種が生息個体数は少ないにもかかわらず好んで捕食されるという逆転現象が起きていた．

6．希少哺乳類を好む訳は

奄美大島で絶滅危惧種3種が好んで捕食されていたのには，この3種がすべて島の固有種であることと関係していると考えられる．第2節でもふれたが，肉食性の哺乳類が生息しない島嶼環境で長年生息し進化してきた固有種は，ノネコのような狩猟能力の高い敵から逃げる術を持っていない．それどころか非常にのんびりとしており，動きもけっして敏捷とは言えず攻撃性も低い．それに比べ，外来種のクマネズミはさまざまな捕食者のいる環境で高い捕食圧を受けながら進化しているため，動きも機敏で多少の攻撃性も持ち合わせている．つまりノネコにとっては，簡単に捕まえられる希少哺乳類を襲うほうが，数は多いが容易には捕まえられないクマネズミを襲うよりも確実に獲物にありつけるということなのだろう．

捕まえやすい希少哺乳類3種の中でも，とくにケナガネズミが多く捕食されているのにも理由があるはずである．筆者の推測では，ケナガネズミの大きさに理由があるのではないかと考える．糞による食性分析から，ノネコが1日に摂取している餌の量の平均は378.4 gと見積もられた．この量はケナガネズミ1頭分の重量より少し少ないくらいの量なのだ．つまりケナガネズミ1頭捕まえると，その日の空腹は十分満たされる計算になる．これがクマネズミだと2頭，アマミトゲネズミだと3頭は必要になる．つまりそれだけ何度も狩りをしないといけない訳だ．反対にアマミノクロウサギは成獣になると2 kgを超えるため，ケナガネズミほど容易には襲えないのかもしれない．アマミノクロウサギを咥えた写真（図15.1）とケナガネズミを咥えた写真（図15.5）を見比べると，やはりアマミノクロウサギのほうが獲物も大きくたいへんそうである．

図 15.5　2012 年 3 月 12 日に撮影されたケナガネズミを咥えるノネコの写真（環境省奄美野生生物保護センター提供）.

ただ捕獲しやすいと言っても数が極端に少なければ捕まえること自体難しい.奄美大島でこれだけの希少哺乳類が捕食されているということにはもう一つ大きな理由がある．奄美大島では，2000 年以降侵略的外来種であるフイリマングースの根絶に取り組み，その結果マングースの生息数数は激減した．それによってさまざまな希少な固有種の生息数や生息分布域が回復傾向にあることが確認されている（第 16 章，第 17 章参照）．つまり奄美大島ではマングースが減少したおかげで数が回復した希少種たちを，今度はノネコが食べてしまうというとんでもない事態が起きていると考えられるのだ.

7. 希少種とノネコとイエネコの未来

起源から辿ってきたように，イエネコという種は，祖先であるリビアヤマネコと変わらぬ野生の能力と，家畜や愛玩動物として人に愛され共存する能力をともに持ち合わせた非常に適応力のある最強の生き物の一つだろう．そのイエネコの一形態であるノネコが野生の本能を発揮すると，奄美大島の例で示したように対抗手段を持たない希少哺乳類は簡単に捕食されてしまう．この状態を放置してしまうと希少哺乳類の絶滅に繋がりかねない．同様の事態は世界中の島嶼で起こっており，希少種の未来はノネコ対策に懸かっていると言っても過言ではない.

希少種をノネコの捕食から守るためには，希少種の生息地にノネコを生息させないことがもっとも重要である．そのために希少種の生息地をフェンスで囲ったり，ノネコを根絶させたりするなどのさまざまな対策がとられ，国外では「ノネコ」のいない島がいくつも誕生し，希少種回復の効果を見せている（Campbell et al., 2011）．国内では根絶とまではいかなくとも，東京都の母島や父島，北海道の天売島などではノネコを捕獲し，その後馴化し譲渡するという形での対策が進められている．また国内のいくつかの島においては，現在生息しているノネコを減らすだけでなく，これ以上ノネコを増やさないために飼いネコの登録の義務づけやマイクロチップの装着を推奨する「飼い猫の適正飼養管理条例」が施行されている．さらに，不妊化手術後に元いた場所へ戻す「TNR（Trap・Neuter・Return）」など，ノラネコの繁殖制限を目的としたさまざまな対策が，行政・獣医師・自然保護団体・研究者の協力の下で行われている．しかしながらノネコは生息数も多く，馴化や譲渡先を見つけることも容易ではないため，国内のノネコ対策については再考および強化が求められている．

ノネコの未来とは逆に，イエネコの未来は前途洋々である．今や世界中がネコブームに沸き，ペットとしても人気も高く飼育数も増加傾向にある．散歩の必要なイヌに比べ高齢者でも飼育がしやすいことが理由にあるらしい．江戸時代から続くネコの放し飼いはいまだに多く見られるが，その一方で完全室内飼育の推奨の動きも活発である．江戸時代以前とは異なりイエネコの希少価値は失われたが，大事に飼育しようという考えからの室内飼育への回帰は希少種保全の面からもたいへん喜ばしい．

イエネコはもともとネズミ駆除を目的に家畜化されたものだが，人と共に暮らしていくことを前提に，穏やかな愛らしい姿が求められてきたはずである．野生で生きる能力を失っていないとはいえ，「侵略的外来種」などと称され世界中で悪者扱いされるために人はネコを家畜化した訳ではない．もちろんノネコとは本来あるべき姿ではなく，ノネコの存在は人もネコも望んではいない．ノネコのいない未来をつくることは，希少種にとってもイエネコにとっても明るい未来の始まりに違いないだろう．

引用文献

APPA (2008) APPA National Pet Owner's Survey 2007-2008. American Pet Products Association, Inc., Greenwich（APPA 全米ペット飼育者調査 2007-2008）.

Campbell KJ, Harper G, Algar D, Hanson CC, Keitt BS, Robinson S (2011) Review of feral cat eradications on islands. In: Veitch CR, Clout MN, Towns DR (eds) Island invasives: eradication and management, 37-46. IUCN, Gland Switzerland（島嶼におけるノネコ根絶の総括：ヴィーチ CR，クラウト MN，タウンズ DR（編）島嶼における外来種：根絶と管理）.

Driscoll CA, Menotti-Raymond M, Roca AL, Hupe K, Johnson WE, Geffen E, Harley E, Delibes M, Pontier D, Kitchener AC, Yamaguchi N, O' Brien SJ, Macdonald D (2007) The near eastern origin of cat domestication. Science, 317: 519-523（中東を起源とするネコの家畜化）.

Driscoll CA, Macdonald DW, O' Brien SJ (2009) From wild animals to domestic pets, an evolutionary view of domestication. Proceedings of the Natural Academy of Science of the United States of America, 106: 9971-9978（野生種から愛玩動物へ―家畜化の進化的視点）.

一般社団法人ペットフード協会（2014）平成26年全国犬猫飼育実態調査．http://www.petfood.or.jp/data/chart2014/index.html

Jessup DA (2004) The welfare of feral cats and wildlife. Journal of the American Veterinary Medical Association, 225: 1377-1383（ノネコと野性生物の福祉）.

城ヶ原貴道，小倉剛，佐々木健志，嵩原健二，川島由次（2003）沖縄県北部やんばる地域の林道と集落におけるネコ（*Felis catus*）の食性および在来種への影響．哺乳類科学，43: 29-37.

環境省自然環境局野生生物課希少種保全推進室（2014）レッドデータブック2014―日本の絶滅のおそれのある野生生物―1　哺乳類．ぎょうせい，東京．

川上和人，益子美由希（2008）小笠原諸島母島におけるネコ *Felis catus* の食性．小笠原研究年報，31: 41-48.

Konecny MJ (1987) Food habits and energetics of feral house cat in the Galapagos Island. Oikos, 50: 24-32（ガラパゴス島におけるノネコの食性とエネルギー）.

Loss SR, Will T, Marra PP (2013) The impact of free-ranging domestic cats on wildlife of the United States. Nature Communications, 4: 1396 DOI: 10.1038/ncomms2380（アメリカ合衆国の野生生物に対するイエネコの影響）.

Medina FM, Bonnaud E, Vidal E, Tershy BR, Zavaleta ES, Donlan CJ, Keitt BS, Le Corre M, Horwath SV, Nogales M (2011) A global review of the impacts of invasive cats on island endangered vertebrates. Global Change Biology, 17: 3503-3510（島嶼において絶滅が危惧される脊椎動物へのノネコの影響の総括）.

Montague MJ, Li G, Gandolfi B, Khan R, Aken BL, Searle SMJ, Minx P, Hillier LW, Koboldt DC, Davis BW, Driscoll CA, Barr CS, Blackistone K, Quilez J, Lorente-Galdos B, Marques-Bonet T, Alkan C, Thomas GWC, Hahn MW, Menotti-Raymond M, O' Brien SJ, Wilson RK, Lyons LA, Murphy WJ, Warren WC (2014) Comparative analysis of the domestic cat genome reveals genetic signatures underlying feline biology and domestication. PNAS, DOI: 10.1073/pnas.1410083111（イエネコの遺伝子の比較分析によって明らかになったネコ科動物の生物学的特性と家畜化の基礎となる遺伝的特徴）.

NPO法人奄美野鳥の会（2009）奄美の野鳥図鑑．文一総合出版，東京．

Price EO (2002) Animal Domestication and Behavior. CABI Publishing, Wallingford（生物の家畜化と行動）.

Shionosaki K, Yamada F, Ishikawa T, Shibata S (2015) Feral cat diet and predation on endangered endemic mammals on a biodiversity hot spot (Amami-Ohshima Island, Japan). Wildlife Research, 42: 343-352（生物多様性ホットスポット奄美大島におけるノネコの食性と固有の絶滅危惧哺乳類への捕食）.

Van Neer W, Linseele V, Friedman R, De Cupere B (2013) More evidence for cat taming at the Predynastic elite cemetery of Hierakonpolis (Upper Egypt). Journal of Archaeological Science, 45: 103-111（ヒエラコンポリスのエジプト統一王朝以前の貴族墓地におけるネコ飼育のさらなる証拠）.

Vigne JD, Guilaine J, Debue K, Haye L, Gerard P (2004) Early taming of the cat in Cyprus. Science, 304: 259（キプロス島で発見された初期のネコ飼育の証拠）.

Zeuner FE (1963) A history of domesticated animals. Hutchinson, London（家畜動物の歴史）.

第16章

奄美から世界を驚かせよう
奄美大島におけるマングース防除事業, 世界最大規模の根絶へ

橋本琢磨・諸澤崇裕・深澤圭太

奄美大島の固有の生態系を脅かす最大の存在, それが1979年に放たれたマングースだ. 奄美大島に定着したマングースはアマミトゲネズミなどの在来種に対して強いインパクトをもたらしてきたが, 2000年に開始された奄美大島におけるマングース防除事業は, その猛威に歯止めをかけた. 防除の主役をになう奄美マングースバスターズは, 奄美の自然を守るプロ集団として, 日々防除に関する技術の向上に努めている. そして2014年度末にはマングースの残存数はわずかとなり, 全島からの根絶が現実味を増してきた. 世界最大規模の食肉性外来哺乳類の根絶作戦はクライマックスを迎えている.

1. マングースはなぜ奄美大島に放されたのか?

夜の奄美大島. 真冬の月明かりの下, 森へと歩を進めれば, 道にはアマミノクロウサギ *Pentalagus furnessi* が飛び出してきて, まるで道案内をするかのように先へと消えていく. アマミヤマシギ *Scolopax mira* の羽音を何度聞いたかも数え切れなくなる頃, たどり着いた沢では何百ともしれないアマミイシカワガエル *Odorrana splendida* の鳴き声がこだまする…….

かつての奄美大島では島中で, そんな情景が夜ごと繰り返されていたらしい. しかし, 著者らはそんな夜を過ごしたことがない. 今だって, 夜の森に入ればアマミノクロウサギは跳び出してきてくれるしアマミイシカワガエルの美しい色合いを愛でることもできる. しかし, かつての奄美大島を知る先人に聞けば, 「こんなものではなかった」らしいのだ. かつて, すなわちマングースが奄美大島に放たれる前の森は.

現在, 奄美大島に生息しているマングースは, 正しくはフイリマングース *Herpestes auropunctatus* という種である (図16.1). 本来の生息地は中東のイラクからインドを経て中国南部にいたる南アジアの広大な地域であり, 日本には生息していなかった国外外来種である (Gilchrist et al., 2009). フイリマン

図 16.1　奄美大島のフイリマングース *Herpestes auropunctatus*.

グースは，国際自然保護連合（IUCN）がとりまとめた「外来侵入種ワースト100（100 of the World's Worst Invasive Alien Species）」，および日本生態学会がとりまとめた「日本の侵略的外来種ワースト100」のいずれにも含まれており，その侵略性（生物多様性を脅かす性質）の高さは折り紙付きである（Lowe et al., 2000）．2005年に施行された外来生物法（特定外来生物による生態系等に係る被害の防止に関する法律）では，いち早く特定外来生物に指定され，その飼養，保管，運搬，輸入等が規制されている．

19世紀後半以降，西インド諸島やフィジー，ハワイなどでサトウキビ畑におけるネズミ類対策などを目的としてマングースの放獣が実施されていた（Long, 2003）．そうした中，日本国内で初めてマングースが放たれたのは沖縄島であり，1910年のことだった（小倉・山田，2011）．当時の沖縄島では毒蛇であるハブ *Protobothrops flavoviridis* の咬傷被害と地場産業であるサトウキビ栽培における野鼠被害が，地域振興における大きな課題であり，その対策効果が期待されての放獣であった．そして奄美大島でも1979年にマングースが放獣された．放された場所は奄美市名瀬赤崎にある鹿児島県立奄美少年自然の家付近，放された数は約30頭，その目的は沖縄島と同様にハブ対策であったとされている（南海日日新聞，1983）．

チャールズ・S・エルトンが外来生物の脅威を指摘した古典『侵略の生態学』を著したのは1958年である．そこでは，ハワイやイースター島のような島嶼に侵入した外来生物が多くの固有種の減少や消滅を招いている具体例をあげて，外来生物が生態系におよぼす影響が論述されている（エルトン，1971）．また，奄美大島に先んじてマングースが導入されていた西インド諸島の島々では，ネズミ類による農作物被害が一時的に減少した一方で，マングースによる農作物や家禽への被害が見られるようになり，さらに爬虫類や陸生鳥類への捕食圧が強く，一部では絶滅するほどの影響が生じた（Nellis and Everard, 1983；Lewis et al., 2011）．こうしたことから，1979年の時点ではすでにその危険性は十分に認知し得る状況であったと言える．しかし当時，研究者でさえ外来種の生態系影響を問題視する人は少なかった。現在であれば，唯一無二の生態系を有する奄美大島に，雑食性で侵略性の高いマングースを放すなどということは，言うまでもない誤りであると大多数の人が判断するだろう．1979年の時点で放獣を思いとどまる判断ができなかったことは非常に残念だ．

2. マングースの跋扈と生態系への影響

1979年に旧名瀬市（現奄美市名瀬）赤崎にて放たれたマングースは，奄美大島への定着を果たし，徐々にその生息範囲を拡大していった（図16.2）．分布域は放獣地点からほぼ同心円を描くように拡大し，1990年頃にはほぼ旧名瀬市の全域，2000年頃には龍郷町中部から大和村中部・旧住用村（現奄美市住用）中部にかけて，2009年にはついに奄美大島南端の瀬戸内町でも生息が確認された．生息確認範囲は最大で約400 km^2，島の面積の半分以上に達した．

マングース放獣は，当時の島民たちには歓迎すべきニュースであったようだ．1983年1月19日の「南海日日新聞」には，「赤崎でマングース暗躍－ハブの巣も撃退－」との記事が掲載されている．1979年に赤崎に開館した県立奄美少年自然の家周辺では，開館以前は「ハブの巣」と呼ばれるほど多くのハブが見られたにもかかわらず，同年にマングースが放されてからはハブの目撃が減少したと報じている（南海日日新聞，1983）．奄美の人々の生活を苦しめてきたハブに対する効果を期待する思いがにじみ出る記事である．しかし，奄美大島の自然を思う一部の人々は，すでに強い危機感を持ってマングース防除の必要性を提唱していた．その一人である，奄美大島在住の写真家の常田守氏（環境ネットワーク奄美）は，1983年2月4日の「大島新聞」に掲載された記事

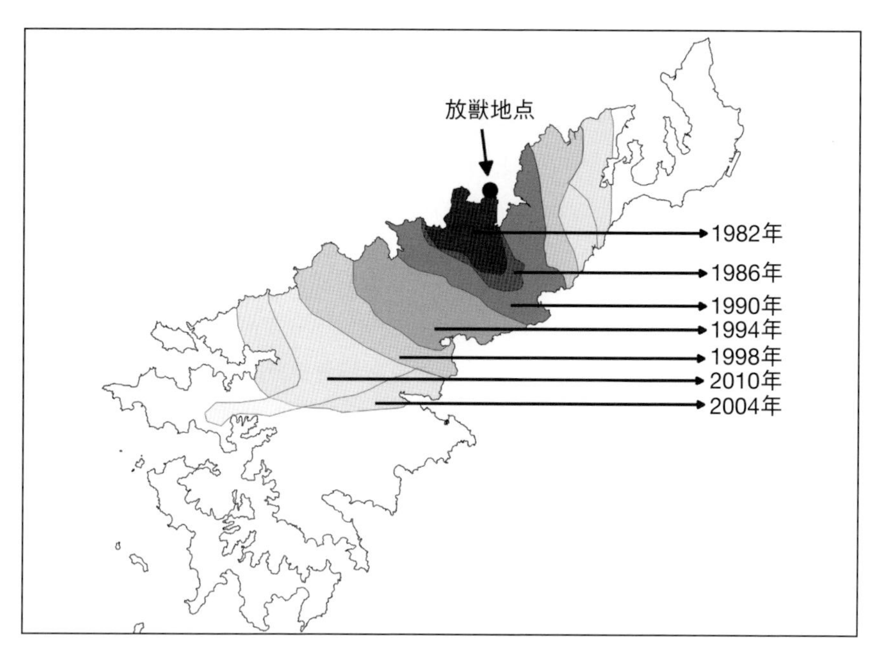

図 16.2 奄美大島におけるフイリマングース *Herpestes auropunctatus* の 2010 年までの分布変遷．放獣地点（奄美市名瀬赤崎）から同心円状に分布が拡大した．

において，ジャマイカや沖縄島での先行事例から，生態系に強い影響をおよぼすことがすでに明らかになっているマングースが，固有の生物相を有する奄美大島に定着することの危険性を提唱している（大島新聞，1983）．常田氏は行政にマングースの捕獲実施を訴えるとともに，その生態系への影響を見据えるため森へと通った．マングースは，1980 年代には赤崎から 5 km ほど西に位置する大浜海浜公園でも頻繁に見られるようになり，1980 年代後半頃には赤崎の 10 km ほどの南西にある金作原（きんさくばる）原生林でアマミイシカワガエルの鳴き声が激減した（常田，私信）．マングースの侵入によってもっとも顕著な影響を示したのはこうした両生類であり，ほんの数年で姿を消していく様子を目の当たりにして，常田氏は強い危機感を抱いたという．

同じく，マングースによる生態系影響に危惧を抱いていた島民によって，1989 年に奄美哺乳類研究会が結成された．奄美哺乳類研究会は，マングースが奄美大島の生態系や農業に対してどのような影響をおよぼしているのかを知らしめるために，マングースの捕獲個体の分析や，アンケート調査等を実施し，その結果を同会の機関誌等に発表していった．それにより，奄美大島に定着したマングースがジャワマングース *Herpestes javanicus*（後にフイリマングースに分類が改められる）であること，昆虫類や両生爬虫類などの固有の動物が多く捕食されていること，鶏卵や畑作物に対する農業被害が生じていること等が明らかになった（阿部，1992，1993；半田，1992）．奄美哺乳類研究会の一連の活動は，マングースによる影響を客観的に示した科学論文として発信されたことによって，事態の重大さを広く知らしめることとなった．

その後，山田ほか（1998）による糞分析によってマングースによるアマミノクロウサギやケナガネズミ *Diplothrix legata* の捕食が確認された．こうした事態を受け，1996 年から環境庁（当時）と鹿児島県によってマングースの防除を念頭に置いた基礎情報収集のためのモデル事業が開始された．同事業で実施された消化管内容物分析ではアマミトゲネズミ *Tokudaia osimensis* やワタセジネズミ *Crocidura watasei* の捕食が明らかとなった（環境庁・鹿児島県，2000）．また，1998 年には日本哺乳類学会が「移入哺乳類の緊急対策に関する大会決議」を行った（哺乳類保護管理専門委員会，1999）．これは，すでに国内に定着し，生態系に顕著な悪影響をおよぼしていることが明らかな，アライグマ *Procyon lotor*，ヤギ *Capra hircus*，マングースの 3 種の外来種に対する緊急的な対策の必要性を訴えたものである．同決議に基づき，日本哺乳類学会は鹿児島県と環境庁に対して陳情を実施し，行政によるより積極的な対策の実施を促した．

このように，島民有志によってマングースによる生態系影響の危機が提唱され，さらに科学的なデータが得られたことが，研究者，学会，そして行政を動かしていった．奄美大島のマングース対策は，地域から始まったボトムアップ型の運動に端を発していた．

3. マングース防除事業の開始

奄美大島でのマングース捕獲は，農業被害を軽減するための有害鳥獣捕獲という形で 1993 年に旧名瀬市をはじめとする地元自治体により開始された．これにより 2003 年度までに合計 1 万 351 頭のマングースが捕獲され（財団法人自然環境研究センター，2009），マングース防除初期における個体数増加の抑止には，一定の効果を示したと考えられる．しかし，有害鳥獣捕獲には，捕獲従事者が狩猟免許（わな猟）所持者に限られる，捕獲範囲が農地周辺に限られる，捕獲頭数には市町村ごとに許可される上限がある，といった問題があり，徐々にその分布域を拡大しつつあるマングースの個体数を減らすには十分ではなかった．

そこで，環境庁と鹿児島県は2000年度からより本格的なマングースの捕獲事業を開始した．捕獲事業では，より多くの捕獲従事者を確保し，広範囲における作業が可能となるよう，さまざまな工夫がなされた．捕獲従事者の確保のために，一般島民から希望者を募り，捕獲方法に関する講習の受講を条件に捕獲事業への参加を可能とし，わなの貸し出しも実施した（2001年度から）．また，従事者の捕獲意欲を保つため，有害鳥獣捕獲と同様に，捕獲されたマングース1頭について2,200円の報奨金を支払った．さらに，捕獲作業の結果を記録するため，すべての従事者からわなの設置位置，のべわな数（捕獲努力量），捕獲個体数を記入した作業記録を収集した．こうした記録は現在に至るまで途切れることなく保存されており，積み上げられた膨大なデータには奄美大島におけるマングースとの戦いのすべてが記録されている．これによって，捕獲努力量と捕獲数を空間的に解析するための基礎が整い，後に紹介する研究成果を生む礎となった．

2000年度から開始されたこの報奨金制度によって，捕獲作業の担い手が大幅に増加した．それに伴い，1999年度には合計2,290頭であった捕獲数は，2000年度には3,884頭に増加した．捕獲圧の高まりにより，マングースの生息密度は低下し始めたと考えられ，その証拠にCPUE（1,000わな日あたりの捕獲数．「わな日」はのべ稼働わな数を示し，たとえば100個のわなを10日間稼働させれば1,000わな日となる）は順調に低下していった（図16.3）．しかし，報奨金制度にも多くの問題があった．たとえば，生息密度が低下しCPUEが下がっていくにつれ，捕獲従事者のモチベーションの維持は難しくなってくる．そのため，報奨金の金額は開始当初の1頭あたり2,200円から，4,000円（2001年度），5,000円（2003年度以降）と順次増額された（財団法人自然環境研究センター，2002；2004）．また，マングースの分布拡大を抑止し，根絶へと導くためには，まだ生息密度が低い分布域外縁部での捕獲作業が重要である．しかし，そのような場所はアクセスがわるく，かつ労力の割に捕獲数が見込めない．多くの報奨金を得るためには，そうした場所よりも，生息密度が高く効率のよい市街地周辺での捕獲作業が優先されがちである．また，捕獲されたマングース自体が経済的価値を有することに起因して，わなの盗難などのトラブル

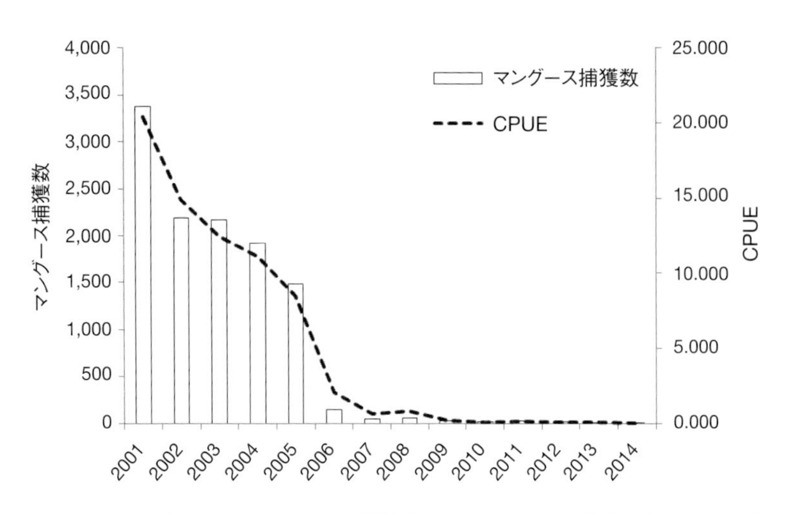

図 16.3 奄美大島におけるマングース防除事業でのマングース捕獲数と CPUE の経年変化．横軸は年度を示す．CPUE は 1,000 わな日あたりの捕獲数（わな日はのべ稼働わな数を指し，たとえば 100 個のわなを 10 日間稼働すれば 1,000 わな日となる）．

が見られるようになってきた．報奨金制度による捕獲は短期間でマングースの生息密度を低下させる効果はあったものの，奄美大島のような広大な島からの根絶を目指すためには，十分とは言えない体制であった．森の中に分け入って，マングースを捕獲することができる人が必要だった．

4. 奄美マングースバスターズ

一度でも奄美の森に立ち入ったことのある人ならわかっていただけるだろうが，そこでマングースを捕獲することは，誰にでもできることではない．自動車で悪路を走破し，やっとたどり着いた森の奥，そこから一人で歩いてさらに奥へと入っていく．背中には交換用のわなや餌が重く，蒸し暑さに汗が噴き出る中，急な斜面を上り下りする間も，足元にハブの姿がないか注意を怠らない．そんな作業を毎日続けることは，森で仕事をした経験が豊富な人か，十分な訓練を受けた人にしかできないだろう．要は，高度にプロフェッショナルであることが求められる仕事であるということだ．

奄美マングースバスターズ（Amami Mongoose Busters; AMB）は，奄美の自然を守るプロ集団だ（図 16.4）．彼らはマングースを捕獲するための高い技術，山の中を歩き通す体力，奄美の自然に対する理解，そして奄美の自然をよみがえらせようとする熱意を持った男たちである．奄美マングースバスターズが結成されたのは2005年，外来生物法が施行されマングースが特定外来生物に指定された年のことだ．初期のメンバー12名は，報奨金制度での捕獲でずば抜けて捕獲成績がよかった地元の方，奄美の自然が好きで移住してきた方，生物学系の学校を経てその実践の場を求めてきた方など，背景はさまざまであったが，皆熱意を持った人たちであった．そして当時，環境省奄美野生生物保護センターの自然保護官であった阿部愼太郎氏は，そうしたメンバーを束ね，マングース根絶という目的と意義を説き，AMBをプロ集団へと育てていった．

AMBの目指すところは，奄美大島の自然の再生である．その第一歩として，現在奄美大島からのマングースの根絶を目指し，防除を行っている．そのおもな方法はわなによる捕獲である．2015年4月現在，奄美大島の山中には3万個以上のわなが常設されており，それを日々AMBが見回っている．わなの種類は生け捕り式のカゴわなをはじめ，捕殺式の筒式わな，延長筒式わななど，さまざまである（表16.1）．当初はもっとも単純な生け捕り式のカゴわなのみを使用していたが，捕獲技術の進展とともに，目的や場所に応じて新たなわなが開発され，使い分けられるようになった．使うわなの変化は，AMBの歴史そのものだ．

カゴわなは動物を生きたまま捕らえることができる．そのため，非標的種（マングース以外の動物）が捕獲された際に殺すことなく放すことができるというメリットがある．これは，奄美大島のように貴重な鳥獣が多く生息している地域での防除では重要な特徴である．一方で，捕獲された動物を殺さないように処置するためには，毎日わなの点検をする必要がある．広大な面積で防除を実施するには，これは大きな制約となる．そこで，2003年度から新たなわなとして，筒式わなを導入した．筒式わなは誘引餌を引くことでトリガーが解除され，マングースの頸部をくくり紐で圧迫することで捕殺する．捕殺式であるため，カゴわなのように毎日点検する必要がない．これにより，わなを点検するための労力を大幅に削減することが可能となり，AMBの人員増加とあいまって，捕獲数の増加に大きく貢献した．しかし，鳥類などの非標的種が捕獲された場合にも死亡してしまうことは大きな欠点である．筒式わなを使用し始めて4年目の2006年度には，2,567頭のマングースを捕獲するという成果をあげた一方で，21羽のルリカケス *Garrulus lidthi*，11頭のケナガネズミなど，少なからぬ非標的種が混獲致死するという事態を招いてしまった（財団法人自

図 16.4　奄美マングースバスターズ（2013 年当時）.

然環境研究センター，2007）．奄美大島の自然を再生するための活動が，貴重な在来動物を減少させることに繋がることはあってはならない．一方で，マングースを根絶するためには作業効率のよい筒式わなの使用は不可欠である．そうしたジレンマを克服するため，AMB は絶えず創意工夫し，マングース以外の動物が捕獲されにくい筒式わなの開発を進めてきた．最初は筒式わなの入口にT字型の継手を装着し，さらにT字の交差部分に番線を通すことで障害物とした“T字中央番線型筒式わな”を採用した．これにより鳥類の混獲を避けることが可能となり，ルリカケスの混獲はゼロになった．しかし，これだけではアマミトゲネズミなどの在来ネズミ類の混獲は回避できない．そのため，2008 年度のT字中央番線型筒式わな導入後も，アマミトゲネズミやケナガネズミの生息が確認されている地域では，カゴわなを用いて捕獲作業を実施するという対応をとった（財団法人自然環境研究センター，2009）．ただ，カゴわなでの作業はどうしても作業効率が上がらず，十分な捕獲圧をマングース個体群に対して加え続けることが難しかった．その結果，2009 年にはそれまでマングースの定着が確認されていなかった，瀬戸内町などの島南西部にマングースの侵入を許すという事態が生じた（環境省那覇自然環境事務所・財団法人自然環境研究センター，2010）．南西部はアマミノクロウサギなどの固有種の生息密度が高く，マングースの侵入をなんとしても阻止したい地域であった．侵入を許した理由としては，奄美市住用町西部などの南西部に隣接する地域での

表 16.1　奄美マングースバスターズがマングース捕獲に用いた主要なわなの形状と特徴.

わな種名	生け捕り/捕殺	特徴
カゴわな 	生け捕り式	✓生け捕り式のため，捕獲された動物を生きたまま放逐することが可能 ✓毎日点検を実施する必要があり，筒式わなに比べて作業効率がわるい
筒式わな（初期型） 	捕殺式	✓捕殺式であるため，わなを毎日点検する必要がなく，カゴわなに比べて作業効率がよい ✓ルリカケスなどの鳥類，アマミトゲネズミなどの在来哺乳類の混獲が生じやすい ※2007年度以降使用されていない
筒式わな（T字中央番線型） 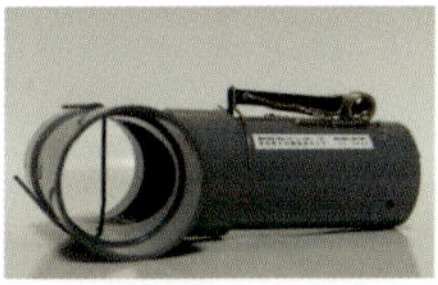	捕殺式	✓筒式わな（初期型）をベースに，鳥類の混獲を回避するために開発された ✓入口部分にT字の継ぎ手を装着し，わな奥にある誘引餌を見えなくするとともに，T字継ぎ手中央部に番線を通すことで，ルリカケスが物理的にわな内部に入りにくくした ✓2008年度から2014年度までの間に，ルリカケスの混獲は発生していない ✓アマミトゲネズミ，ケナガネズミの混獲は避けられない
延長筒式わな 	捕殺式	✓鳥類に加え，アマミトゲネズミの混獲回避を目的として開発された ✓筒式わなをベースとし，わな本体を長くすることで，頭胴長の短いアマミトゲネズミの混獲を避けることが可能 ✓2014年度より実用化され，おもにアマミトゲネズミの生息地である島南部で配置されている ✓ケナガネズミの混獲を回避することはできない

捕獲作業がカゴわなのみで実施されており，十分な捕獲圧が加えられていなかったことが考えられた．

多様なバックグラウンドを持った人材が，一つの目的の下に集っていることがAMBの強みである．新たに直面した課題に対する突破口を見いだしたのは，マングース防除の現場に関わりたいという熱意を持って，東京での仕事を捨てて奄美大島にやってきたばかりのメンバーだった．アマミトゲネズミはマングースに比べて胴体が短い．だから筒式わなのトリガー部分とくくり紐までの距離を従来よりも長くすれば，マングースは捕れてもアマミトゲネズミは捕れないはずだ．じつにシンプルであるが，事態のただ中にいるメンバーには思いも寄らなかった発想である．距離を長くしてもアマミトゲネズミの尾はくくり紐に引っかかってしまいそうなので，その部分は尾がすり抜けられる程度に隙間を残すストッパーを付けることで対処した．試作と実験の繰り返しによって，マングースは捕れるが鳥類もアマミトゲネズミも捕獲されないわな，“延長筒式わな”が誕生した．ただし，マングースと同じぐらい胴体が長いケナガネズミの混獲については，延長筒式わなでも回避することができない．混獲の問題はすべてが解決された訳ではなかった．

わなでの捕獲には非標的種の混獲がつきものである．100％混獲を防ぐためにはさまざまな加工が必要となり，最終的には「100％混獲を回避できるわなは完成したが，マングースの捕獲効率も1/10になってしまった」なんてことになりかねない．それではマングースの根絶は遠のくばかりで，結果的にマングースによって脅かされる非標的種への影響はより大きくなっていく．外来種防除を進める上では非標的種への影響との兼ね合いをどう考えるのかが重要なポイントになる．延長筒式わなの開発当時，奄美大島のマングース防除は長年の努力によって根絶の達成がリアリティーを増してきた状況にあった．そこで，防除事業に関わる研究者，環境省をはじめとした行政，AMBなどが議論し，いち早くマングースを根絶に導くことが在来種の保全上もっとも望ましく，効果的な方針であるとの認識から，アマミトゲネズミ，ケナガネズミの混獲致死を最小限にとどめる努力をしつつ，防除を進めるべきとの結論に達した．両種を天然記念物として保護する文化庁などと環境省による協議によって，上記の方針は認められ，両種の核心的な生息地域では致死的でないわなのみを使用するが，それ以外の地域では筒式わな（T字中央番線型）の使用が認められた．これは日本の外来種防除において革新的な判断であったと言えるだろう．

AMBによる精力的な捕獲作業によって，マングースの生息範囲は縮小し，生息密度は低下してきた．2014年度には奄美大島全島で259万7407わな日の捕獲作業を実施し，わなで捕獲されたマングースはわずかに39頭，CPUEは0.015頭/1,000わな日にまで低下した（環境省那覇自然環境事務所・一般財団法人自然環境研究センター，2015）．外来種防除が首尾よく進むと，対象種の生息密度が低下し，それに伴って防除効率が低下していく．そのため，防除初期から個体数を1/10にするまでの過程より，残った1/10の個体数を根絶に導くための過程のほうが，膨大な労力やコストを要する．2007年度にCPUEが1頭/1,000わな日を下回り，AMBはその頃から散在的に残ったマングースを，いかにして除去していくかという課題に取り組んできた．一つの方法は，自動撮影カメラ等によってマングースの生息が確認された地点に，高い捕獲技術を有したAMBメンバーが集中的にわなを配置するという方法である．「ピンポイント捕獲」と名付けられたこの方法では，通常の常設わなでの捕獲作業に比べ高いCPUEが示されており，残存個体をしらみつぶしにしていく過程に貢献している．

もう一つの方法こそ，AMBのつくり上げたマングース根絶への切り札である，マングース探索犬だ（図16.5）．マングース探索犬は生体や糞の臭気を手がかりにマングースを探し出し，その存在をハンドラー（訓練士）に知らせる．わなや自動撮影カメラと異なり，自らが動きながら現にそこに生息しているマングースに接近し，探し出すことができるアクティブなツールである．

現在，奄美大島で活躍する探索犬10頭のうち，7頭は外来哺乳類防除の先進国であるニュージーランドで生まれたテリア系犬種である．日本で飼育されているテリア系犬種は外見のかわいらしさに特化したものがほとんどであるが，本来は猟犬として生み出された犬種である．ニュージーランドからやってきたAMBの探索犬は，その運動能力や猟に対する欲求の強さ，そして人間に対する服従心など，探索犬として優れた資質を兼ね備えている．小型犬で暑さに強いことも，奄美大島での作業に適している．AMBでは2007年度から，ニュージーランドの探索犬訓練士などの指導を受けながら，ハンドラーへの服従，マングース探索の動機付け，野外での実際の探索，アマミノクロウサギなどの非標的種の忌避などの訓練を進めてきた．当初，探索犬の使用目的は「探索によってマングースが根絶したかどうかを確認する」ことに主眼が置かれており，副次的に「探索によってマングースを発見することでわなによる捕獲効率の向

図 16.5　奄美マングースバスターズの探索犬と探索犬ハンドラー(2015 年).

上に貢献する」ことが想定されていた．後者は上述のピンポイント捕獲への貢献を念頭に置いたものである．すなわち，探索犬が発見したマングースをその場で捕獲する，というのは当初想定されていなかった．しかし，探索犬の訓練が進むにつれ，発見したマングースを追尾し，木の洞や地中の穴などにマングースを追い詰めるといったケースが見られるようになった．実際にテリア系の探索犬がマングースを追い詰めていくさまを目の当たりにすると，その躍動ぶりに驚かされる．吠えかけながら全力で藪の中を駆け上がり，延々とマングースを追い続ける．ときにはマングースを追って 3 m ほどの木に登ってしまう．運よくマングースを追い詰めたときには探索犬の興奮はピークに達し，穴を掘りながらハンドラーを呼ぶために吠え続ける．そのように追い詰めたマングースを見れば，ハンドラーのトラッパーとしての本能がうずく．穴を掘り広げたり，蜂取り用の煙幕を焚いたり，さまざまな方法を使ってマングースを手捕りすることができるようになった．2008 年度に初めて捕獲されてからその数は徐々に増加し，2014 年度には探索犬によるマングース捕獲は 32 頭に達した（環境省那覇自然環境事務所・一般財団法人自然環境研究センター，2015）．これは同年度のわなでの捕獲数（39 頭）に匹敵し，実働わずか 3 名のハンドラーが，その 10 倍以上のわな捕獲作業員とほぼ同数のマングースを捕まえたことになる．しかもハンドラーが捕獲したマングースは繁殖中のメス個体を含んでおり，かつわなではほとんど捕獲されていない低密度地域での捕獲事例もある．捕獲作業員たちの膨大な労力によって低密度化が達成された地域において，探索犬はマングースを地域的に根絶していく過程でのスイーパー（掃除屋）として機能している．

また当初の目的に沿い，マングースの根絶を確認するための作業にも，探索犬が貢献している．とくに現在育成中のジャーマンシェパードの探索犬は，糞の探索に特化して訓練を進めている．テリア系犬種に比べ運動能力や猟欲に劣る一方，命令に対して高度に従順なジャーマンシェパードは，糞の探索作業に適している．今後，マングースが捕獲されなくなった地域での根絶の確認において，重要な役割を果たすことが期待される．また，すでに探索作業に使われているポインター１頭は，テリア系犬種同様に生体の捕獲も含めた総合的な探索作業に従事することが可能である．今後，犬種ごとの特性に応じた育成，稼働を進め，根絶達成の切り札として活躍していくことだろう．

5. マングース根絶の可能性と在来種への防除効果

マングース防除事業の特筆すべき点の一つに，マングース捕獲数や捕獲努力量，そして在来種やマングースに関係する他の外来種のモニタリングデータを系統的に収集し，蓄積する体制が確立していることがあげられる．捕獲記録については，いつ，どこで，どれだけの捕獲努力量をかけ，その結果どれだけのマングースが捕獲されたかを過去にさかのぼって参照することが可能であるし，探索犬も同様である．わなによる混獲数も記録されており，同一わな種での混獲記録は比較可能な個体群動態のモニタリングデータとして利用可能である．また，自動撮影カメラを用いたモニタリングにより，マングースやそれ以外の在来脊椎動物の出現頻度も場所・時間で比較可能な形で記録されている．自動撮影カメラでモニタリングできない両生類・爬虫類については目視調査が実施されている．防除事業も世界最大規模なら，それに関連して得られるこれらのモニタリングデータも世界最大規模である．

防除が進行するのと同時にこれらのデータが蓄積されていくことは，マングース防除の推進に向けた戦略立案や，事業の必要性と成果を社会に向けて発信する上で非常に有用である．一般に，外来生物防除は情報不足との戦いである．とくにマングースのように直接観察しづらい動物の場合はそれが顕著で，現在それがどこにどの程度存在するかを直観的に把握することは困難である．また，回復を図るべき在来種も，外来生物の負の影響を受けて防除の初期段階ではほとんど観察できないくらいまでに減少している場合が多い．そのような中で効果的な防除戦略を構築し，事業継続の必要性について社会の理解を得るためには，捕獲の動向やモニタリングデータを根拠として現状を推測しながら，将来の防除シナリオに対して期待される将来の成果を示すことが重要である．先に述べた通り，防除事業の進展によりマングースの密度が飛躍的に低下したことはCPUEの変化から見てとれるが，さらに先進的な分析として，蓄積されたデータをもとに将来の根絶可能性や，在来種の回復を定量的に評価する取り組みがなされている．

その一つは，マングースの初期導入数，捕獲数・捕獲努力量（わな日）の年変化から導入時から現在までの個体数変化と，任意の捕獲努力量に対する将来の根絶成功確率を評価する試みである（Fukasawa et al., 2013a）．先に述べた通り，マングースは1979年に30頭が導入された．導入後は繁殖を繰り返して個体数が増加し，捕獲開始後はその努力量に応じて個体が捕獲されて，自然増加と捕獲のせめぎ合いの中で現在に至るまでの個体数変化が起こったと考えることができる．そして，私たちはそこにいる個体数を直接知ることはできないが，捕獲数を知ることはできる．このようなマングースの個体数変化と，それと関連する捕獲数を人間が観測するというメカニズムに基づいて，初期導入数・捕獲数・捕獲努力量の組み合わせに対して「もっともらしい」個体数の範囲，平均的な自然増加率，および捕獲効率を推定する手法を開発した（詳しくは，深澤（2015）を参照）．

2010年までの捕獲数データを用いて推定した結果，マングースの個体数は，2000年には95％信用区間（95％の確率で生息数が含まれる範囲）が5,415〜6,817頭であったが，2011年には48〜408頭まで減少したと推定された（図16.6A）．生息数に対する捕獲数の比率（捕獲率）は年々増加傾向にあり（図16.6B），これは有害鳥獣捕獲，環境省マングース防除事業，AMB結成とその規模の拡大というマングース防除の歴史に沿った捕獲圧の高まりを示している．さらに，推定された現在の個体数，自然増加率，捕獲効率の情報を用いて，コンピューターシミュレーションにより将来の根絶達成確率を推定した結果，2010年と同様の捕獲圧をかけ続けた場合，2023年における根絶達成確率は90％を超えることが明らかとなった（図16.7）．

なお，この手法では捕獲数を推定に用いているため，事業の進行とともに蓄積されていく新たなデータを追加して推定値をアップデートすることが可能であり，実際に2011年以降も，防除事業において随時推定が行われている．このような性質は，事業の進行が蓄積されたデータを介して将来予測の信頼性を向上し，それによって事業計画をブラッシュアップするという正のフィード

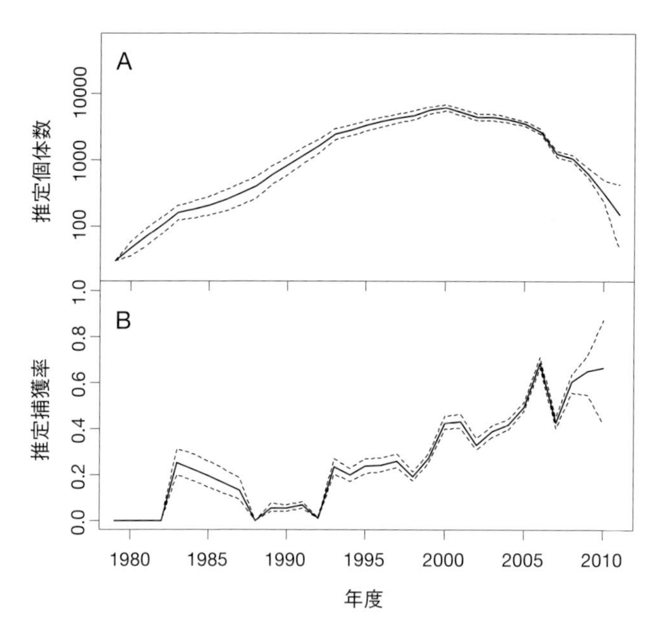

図 16.6　マングースの（A）推定個体数，および（B）捕獲率（捕獲数 / 生息数）の時間変化．実線は平均値，破線は 95%信用区間（個体数が 95%の確率で含まれる範囲）．Fukasawa et al. (2013a) を一部改変．

バックを実現する上で有効であろう．今後は，探索犬や自動撮影カメラ等他のモニタリングツールも組み込んでより信頼性を向上するとともに，最終的にマングースが確認されなくなってからどのくらい経過すれば根絶達成と言えるかといった評価に応用していくことを予定している．

また，外来種防除の究極的な目標は在来種の回復であるため，そのモニタリングデータは事業の意義を社会に発信する上で非常に重要である．先に述べた通り，混獲数の増加は，対処すべき問題として延長筒式わなの開発に繋がったが，同時に混獲数をしっかりと記録してきたことで，アマミトゲネズミやケナガネズミの回復を示す貴重なデータとなった．図 16.8 は，生け捕りわなで得られたマングースおよび混獲されたネズミ類の CPUE の変化を示している．在来ネズミ 2 種の目覚ましい回復が確認されているが，これは同時に，別の懸念を想起させる．それは，外来種であるクマネズミ *Rattus rattus* の動向である．クマネズミは世界的に悪名高い外来生物であり，植物だけでなく鳥類などのさまざまな在来動物に深刻な捕食圧を与えることが知られている．また，よく知

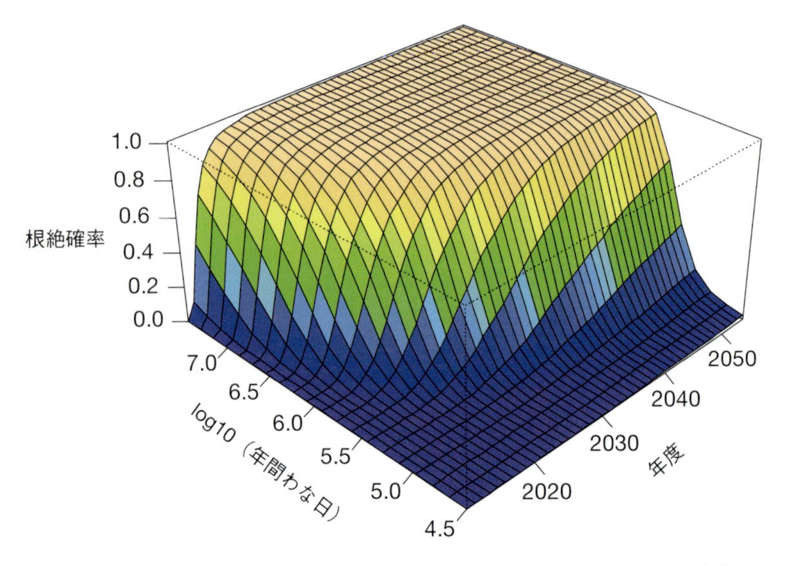

図 16.7 シミュレーションによって予測された年間捕獲努力量（わな日）を変化させたときの根絶達成確率の時間変化．Fukasawa et al.（2013a）を一部改変．

られているように，人間の生活環境に出現し公衆衛生上の問題も生じうる．しかも，海外ではノネコ等の外来捕食者の駆除により，クマネズミが大発生して在来種に対するさらなる悪影響をおよぼした事例も知られている．過去に行われたマングースの胃内容分析（阿部，1992）から，クマネズミはマングースの餌資源であることが明らかとなっており，事業開始以来マングースが減ることでクマネズミが増えてしまうのではないかという懸念は関係者を悩ませていた．しかし，モニタリングデータはその不安を払しょくするような結果を示していた．図 16.8 には，クマネズミの混獲 CPUE の動向も示しているが，在来ネズミ類と異なり明確な増加パターンは見てとれなかった．

では，このような在来種とクマネズミの動向の違いはなぜ生じたのだろうか？　そのメカニズムを明らかにしないと，現在見ているクマネズミの動向が偶然の産物である可能性を否定できず，さらにマングースが減ったときにクマネズミが増えないという保証もない．考えられる仮説は 2 つある：①クマネズミはそもそもマングースの捕食圧をそれほど受けていなかった，②クマネズミは在来ネズミ類に比べて餌資源の制約が大きく，密度がそれで決まっていた．仮説①は，クマネズミがマングースの胃内容物から検出されることと矛盾する

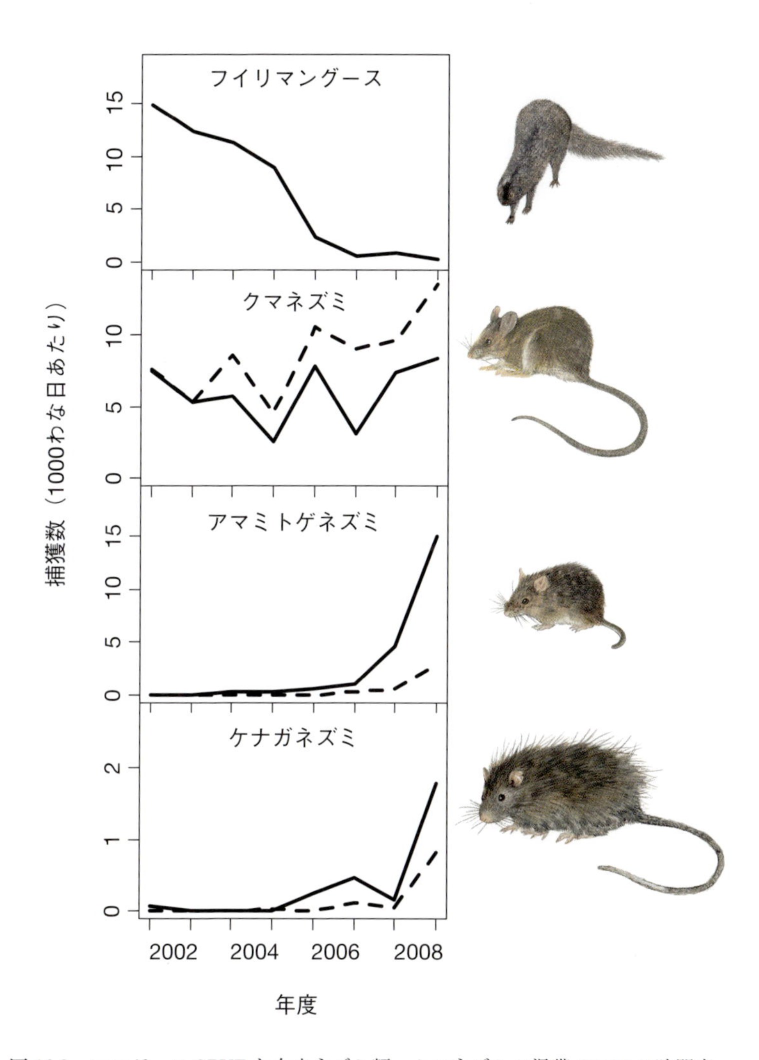

図 16.8　マングース CPUE と在来ネズミ類，クマネズミの混獲 CPUE の時間変化．ネズミについては，実線が人為改変の小さい地域，破線が人為改変の大きな地域の集計値を示す． Fukasawa et al. (2013b) を一部改変．

ように見えるかもしれない．しかし，胃内容物の量は利用可能な資源量と利用効率の積で決まるため，資源量自体の効果で観察しやすいという説明が可能である．これらの仮説を検証するため，蓄積された混獲情報を使って，その時間・場所での変化をマングースの捕食圧や，場所ごとの環境要因で説明する統計解析を行った．

それに際しては，まず奄美大島を約 2 km 四方のグリッドに分割し，メッシュごと年ごとの捕獲努力量とネズミ類（クマネズミ，アマミトゲネズミ，ケナガネズミ）の混獲数を集計した．捕獲努力量あたりの混獲数は，その場所におけるネズミの密度の相対値におおよそ相当する．相対値からは実際にネズミが何頭いるかはわからないが，1 年後に何倍（または何分の 1）になったか，すなわち個体群増加率はわかる．その個体群増加率に対する，マングース密度，餌資源に関係する環境指標（人為的土地改変，スダジイの豊凶）の効果を推定した．なお，混獲の発生は偶然性を伴い，実際の個体密度の相対値とはずれが生じる．そのまま個体群増加率を計算すると誤差が大きくなってしまうので，この解析の際にはその影響を緩和する統計手法である，「一般化状態空間モデル」という手法を応用した（詳しくは，深澤，2015；Fukasawa et al., 2013b を参照）．

その結果，マングースの捕食圧はアマミトゲネズミの個体群増加率に対しては負の効果があることが，データからも検証された．これはマングース防除が，アマミトゲネズミの回復に直接的に寄与したことの強い証拠である．これは一見当たり前の結果ではあるが，野外で得られたデータから捕食圧を定量的に示し，外来生物防除が在来種回復に寄与したことを示した例はじつは世界的に見てもとても稀である．その理由として，捕食者－被食者の動態は不確実性が大きく，検証には捕食者の密度を操作しながら長期間のモニタリングに基づく大規模なデータが必要となることがあげられる．マングース防除事業において緻密にデータを蓄積してきたことが，根拠に基づく信頼性の高い事業評価に繋がったと言える．一方，クマネズミについてはマングースの捕食圧の効果が 0 に近いという結果が得られた．すなわち，先の仮説①を支持する結果が得られたということになる．マングースは昆虫・爬虫類・両生類・哺乳類など幅広い餌資源を利用する機会的捕食者であり，クマネズミに対して在来ネズミ類に対するほどのインパクトを与えることはなかったのだろう．

また，人為的土地改変の効果については興味深い結果が得られた．在来ネズ

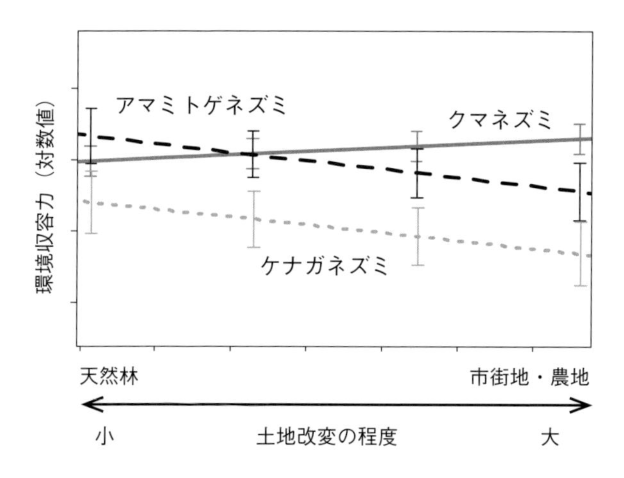

図 16.9　アマミトゲネズミ（破線），ケナガネズミ（点線），クマネズミ（実線）の環境許容力（＝ある環境条件の下での最大生息可能密度）推定値．エラーバーは標準誤差．Fukasawa et al. (2013b) を一部改変．

ミ類は土地改変の高い場所で増加率が低下するのに対し，クマネズミでは逆に人為改変度合の低い場所，すなわち自然林においてむしろ増加率が低いことがわかった．そして，マングースの捕食圧から解放されれば，自然林内では最終的にアマミトゲネズミのほうがクマネズミより多く確認されるようになることを示唆する結果も得られた（図 16.9）．餌資源を直接見ている訳ではないので間接的ではあるが，この結果は仮説②の関与を示唆する結果である．この結果は，在来ネズミ類の保全とクマネズミの抑制を図るうえで，マングース防除だけでなく自然度の高い森林の保全も重要ということを意味している．現在，世界自然遺産登録に向けた保護担保措置として，奄美大島の中で国立公園区域の指定に向けて準備が進められている．このことは在来ネズミ類の保全にとってプラスに作用することが期待できる．

これらの結果から，マングース防除事業によってマングースが順調に減少し，それによって在来ネズミの回復が図られ，さらにクマネズミの増加には寄与しなかったという，非常に望ましいシナリオであることを確認することができた．

6. 世界最大規模の外来食肉獣の根絶へ

奄美大島からのマングースの根絶へ，いよいよあと一歩というところまでやってきた．前節で示したように，数理的な解析からも根絶には十分なリアリティーがあることが示されており，現にアマミトゲネズミなどの在来種の回復が進んでいる．何より，現場で防除に関わっているAMB，研究者，行政などの関係者は，近い将来に根絶が達成できることを確信している．

2005年に初めてマングースの根絶を目指すことを示した「奄美大島におけるジャワマングース防除実施計画」を策定した当時は，マングースは広範囲に膨大な数が生息し，防除を始めたばかりの状況で，根絶に至る具体的な過程を思い描くことは難しかった．しかし，AMBによる精力的な防除と，その過程を克明に記録したデータによって，いかにしてマングースの生息密度を低下させるのか，地域的な根絶を達成するのか，そして根絶の達成を確認するのかといった，一つひとつの段階に関する具体的な方法論が確立してきた．そうした経験知をベースとして，2013年には「第2期奄美大島におけるジャワマングース防除実施計画」が策定された．同計画では奄美大島全島を13のエリアに区分し，エリアごとの地域的な根絶を島の北部から南へと順次達成していくことにより，2022年度までに全島からの根絶を達成する方針を示している．これは経験に基づいた，実現可能な計画である．

マングースは世界の各地で導入され，生態系に対して悪影響をおよぼしてきた．多くの場所で防除が試みられたものの，これまでに根絶を達成した島の数はわずかに7例であり，その最大面積は4 km^{2}である（池田・山田，2011）．奄美大島の面積ははるかに広く712 km^{2}であり，しかも亜熱帯の高木林を含む複雑な生態系を持っている．これほどの大面積かつ豊かな生態系を持つ島から外来食肉獣を根絶した事例はない．もし，奄美大島のマングースを根絶することができたなら，世界中に驚きを与える快挙となるだろう．同時に，カリブ海地域やハワイ，東ヨーロッパなどで，今もマングースの存在に悩む人々に，大きな勇気を与えることとなるだろう．

繰り返すが，奄美大島のマングース防除に関わる多くの人たちは，すでに近い将来に根絶が達成できることを確信している．無論，過信は禁物であるが，かつて阿部愼太郎氏がAMBに繰り返し言ったように，根絶できることを信じなければそれを成し遂げることはできない．これから根絶を達成するまでの過程でも，いくつかの困難が待ち受けるだろうが，すでに多くの困難に打ち勝ってきたAMBには，それを克服しうる組織力がある．世界に類のない規模で進められたこのプロジェクトを成功裏に終わらせることに対する，強い使命感を保ちながら，一日も早い根絶の達成を目指していく．そして，根絶達成の瞬間には，奄美大島の皆さんと島をあげて快哉を叫ぶことができるよう，マングースが根絶できるという予感と，在来種が間違いなく回復しているという喜びを，多くの方と共有していきたい．

引用文献

阿部愼太郎（1992）マングースたちは奄美でなにを食べているのか？ チリモス，3: 1-18.

阿部愼太郎（1993）奄美大島および沖縄島に定着したマングースの分類学的検討．チリモス，4: 59-71.

エルトン CS（1971）侵略の生態学（川那部浩哉訳）．思索社．東京．

深澤圭太（2015）予測と時間—生物多様性保全におけるモニタリング．（宮下直，西廣淳 編）保全生態学の挑戦：空間と時間のとらえ方，214-231．東京大学出版会，東京．

Fukasawa K, Hashimoto T, Tatara M, Abe S (2013a) Reconstruction and prediction of invasive mongoose population dynamics from history of introduction and management: a Bayesian state-space modelling approach. Journal of Applied Ecology, 50(2): 469-478（導入と管理の歴史に基づく侵略的外来生物マングースの個体群動態の復元と予測：ベイズ状態空間モデルによるアプローチ）．

Fukasawa K, Miyashita T, Hashimoto T, Tatara M, Abe S (2013b) Differential population responses of native and alien rodents to an invasive predator, habitat alteration, and plant masting. Proceedings of Royal Society B: Biological Sciences, 280: 20132075（在来および外来ネズミ類の侵略的外来捕食者・ハビタット改変・堅果の豊凶に対する異なる反応）．

Gilchrist JS, Jennigs AP, Veron G, Cavallini P (2009) Family Herpestidae (mongoose). In: Willson DE, Mittermeir RA (eds), Handbook of the mammals of the world. Vol. 1. Carnivores, 262-328. Lynx Editions, Barcelona（マングース科（マングース）：ウィルソン DE，ミッターメラー R.A（編）世界哺乳類ハンドブック 1 巻）．

半田ゆかり（1992）マングースによる被害調査—総括—．チリモス，2: 28-34.

池田透，山田文雄（2011）海外の外来哺乳類対策 先進国に学ぶ．（山田文雄，池田透，小倉 剛 編）日本の外来哺乳類，59-101．東京大学出版会，東京．

哺乳類保護管理専門委員会（1999）移入哺乳類への緊急対策に関する大会決議．哺乳類科学，39(1): 115-129.

環境省那覇自然環境事務所，一般財団法人自然環境研究センター（2015）平成 26 年度奄美大島におけるフイリマングース防除事業報告書．一般財団法人自然環境研究センター，東京．

環境省那覇自然環境事務所，財団法人自然環境研究センター（2010）平成 21 年度奄美大島におけるジャワマングース防除事業報告書．財団法人自然環境研究センター，東京．

環境庁，鹿児島県（2000）平成 11 年度島しょ地域の移入種駆除・制御モデル事業（奄美大島・マングース）調査報告書．財団法人自然環境研究センター，東京．

Lewis DS, Veen RV, Wilson BS (2011) Conservation implications of small Indian mongoose (*Herpestes auropunctatus*) predation in a hotspot within a hotspot: the Hellshire Hills,

Jamaica. Biological Invasions, 13: 25-33（フイリマングースの捕食がホットスポット内のホットスポット（ジャマイカ・ヘルシャーヒルズ）で及ぼす保全上の影響）.
Long LJ (2003) Introduced Mammals of the world: Their History, Distribution and Influence. CABI Publishing, Wallingford（世界の外来哺乳類：その歴史，分布，そして影響）.
Lowe S, Browne M, Boudjelas S, De Poorter M (2000) 100 of the World's Worst Invasive Alien Species A selection from the Global Invasive Species Database. IUCN Invasive Species Specialist Group (ISSG)（世界的侵略的外来種データベースから選出された世界の侵略的外来種ワースト 100）.
南海日日新聞（1983）赤崎でマングース暗躍 ハブの巣も撃退．1983 年 1 月 19 日付記事.
Nellis DW, Everard COR (1983) The Biology of the Mongoose in the Caribbean. Studies on the fauna of Curacao and other Caribbean Islands. 195. Curacao, West inddies（カリブ海諸島におけるマングースの生物学．キュラソーとその他のカリブ海諸島の動物相に関する研究）.
小倉剛，山田文雄（2011）フイリマングース 日本の最優先対策種．（山田文雄，池田透，小倉剛 編）日本の外来哺乳類，105-137．東京大学出版会，東京.
大島新聞（1983）危険なマングース繁殖．1983 年 2 月 4 日付記事.
山田文雄，阿部愼太郎，半田ゆかり（1998）奄美大島の希少種生息地における移入マングースの影響．日本哺乳類学会 1998 年度大会講演要旨集，p.70.
財団法人自然環境研究センター（2002）平成 13 年度移入種（マングース）駆除業務事業報告書．財団法人自然環境研究センター，東京.
財団法人自然環境研究センター（2004）平成 15 年度移入種（マングース）駆除業務事業報告書．財団法人自然環境研究センター，東京.
財団法人自然環境研究センター（2007）平成 18 年度奄美大島におけるジャワマングース防除事業報告書．財団法人自然環境研究センター，東京.
財団法人自然環境研究センター（2009）平成 20 年度奄美大島におけるジャワマングース防除事業報告書．財団法人自然環境研究センター，東京.

第17章

外来哺乳類の脅威

強いインパクトはなぜ生じるか?

亘　悠哉

外来哺乳類が引き起こすインパクトは，奄美大島の生物多様性の最大の脅威の一つとなっており，その対策の成否が将来の奄美大島の自然環境を大きく左右すると言っても過言ではない．本章では，奄美大島で問題化しているフイリマングース，ノイヌ，ノヤギについてとりあげ，それぞれの外来種の特徴と強いインパクトが生じる仕組み，現在の対策の現状や得られた成果について概説する．それをもとに，今後の外来種対策の課題と方向性について議論したい．

1. はじめに

2013年のほぼ同時期に，奄美大島の在来種に関する2本の論文が国際科学雑誌に発表された．1本は，アマミノクロウサギ *Pentalagus furnessi*，アマミイシカワガエル *Odorrana splendida*，オットンガエル *Babina subaspera*，アマミハナサキガエル *Odorrana amamiensis* の4種が（Watari et al., 2013），もう1本は，アマミトゲネズミ *Tokudaia osimensis* とケナガネズミ *Diplothrix legata* の2種が（Fukasawa et al., 2013b），外来種フイリマングース *Herpestes auropunctatus*（以下，マングース，図17.1）対策の効果により衰退から回復に転じたという内容だ．いずれの種も奄美大島や南西諸島の固有種で，国や県の天然記念物に指定され，環境省のレッドリストに掲載されている．いわば，奄美大島らしい自然のアイデンティティーとして，最上級の保全の優先度が置かれているものばかりである．このマングース対策の成果は，第10回生物多様性条約締約国会議（COP10）で合意された愛知ターゲットの進捗を評価したCOP12の主要レポート GBO-4 Technical Series 78 において（Leadley et al., 2014），生態系復元の成果として唯一引用された事例となっており，日本の取り組みの国際的な評価の上昇にも一役買っている．

このように，複数の在来種が大幅に回復してきたことは非常に喜ばしい成果

図 17.1　フイリマングース（環境省奄美野生生物保護センター提供）.

ではあるが，裏を返せば，マングースのインパクトがいかに甚大であるかを示すものでもあった．今あげたマングースをはじめ，奄美の生物多様性の脅威となっている外来生物は他にも数多い．このような侵略的な外来種は，島という特殊な生態系の中で，個体数を異常に増加させたり，あるいは脆弱な在来種をターゲットとすることで大きなインパクトを与えている．これにより，島の生態系のバランスが大きく改変されているのだ．その中でもとくに外来哺乳類が引き起こすインパクトは甚大で，その対策の成否が奄美地域の将来の生物多様性を左右するといっても過言ではない．本章では，私がこれまでに調査研究で関わってきたマングース，ノイヌ *Canis lupus familiaris*，ノヤギ *Capra hircus* 問題について，生態系への影響に着目して概説する．それとともに，影響が生じる仕組みの理解をベースに，これからの対策における課題を抽出し今後の方向性について提案していく．なお，本章では取り上げなかったが，奄美大島や徳之島において大きな脅威になっているノネコ *Felis silvestris catus* については，本書の第 15 章に侵略の実態が詳しく紹介されている．また，マングース問題における対策の詳細については第 16 章に紹介されているので，奄美地域の外来種問題をテーマとしたセットとして合わせて参考にしていただきたい．

2. 最大の脅威：マングース

(1) マングース研究のスタート

私の奄美での研究は，修士論文研究のテーマとして，当時の指導教官から「奄美でやってみないか」との魅力的な誘いがあり，「やります！」と即決したところから始まった．正直なところ，当時は自然を守る研究がしたいとの思いだけが強かっただけで，奄美については，アマミノクロウサギの存在を知っていたくらいの知識しか持ち合わせてなかった．奄美と聞いて興奮はしたものの，行ったことのない島の具体的なイメージはまったくつかめずにいた．どうやら，ハブ *Protobothrops flavoviridis* 対策のために放したマングースが増殖してしまい，アマミノクロウサギなどの希少種が追いやられている．島では，捕獲されたマングースの標本がたくさん保管されているので，消化管内容物を調べてマングースが希少種を食べていることがわかれば，影響がわかるのではないか．そんな話から，まずはマングースの食性分析を進めることが，奄美研究の最初の一歩に決まったのだ．そして，2002 年から奄美の研究生活が始まった．とはいえ，最初に大きくつまずいたのを思い出した．初めての現地調査は，お台場からフェリーで奄美大島に向かう予定だったのだが，乗船場で，生まれて初めて財布を盗まれてしまったのだ．初めてのフェリーで，記念すべき第 1 回目の現地調査に向かうという状況．相当浮ついて，隙だらけだったのだろうと思う．その財布にはすべてが入っており，やむなく仕切り直しをせざるを得なかった．いろいろな方にサポートをいただき，ようやく 2 週間後，同じ乗船場から再出発し研究のスタートとなったが，これからの研究生活に暗雲が立ち込めていた．

話はそれたが，この 2002 年という年からマングース研究に関われたのは，その後のマングースのインパクト研究を進めていく上で，今思えばぎりぎりいいタイミングであった．奄美大島にマングースが導入されたのは 1979 年前後である．公園周辺のハブの駆除のために 30 頭ほどが放獣されたのだ．その後，個体数が増加し，生息域も希少種の棲む森林域まで広く拡大し，アマミノクロウサギなどの希少種への影響が懸念されるようになった（亘，2015）．それに対して，環境省によるマングース防除事業が開始されたのが 2000 年である．1 年に 4000 頭近く捕獲されるような時代であり，研究に使用するサンプルも十分に確保できる時期であった．また，後の計算によって，2000 年は，マングース個体数のピークであった年と推定されており（Fukasawa et al., 2013a），在

表 17.1　奄美大島の捕獲マングース 1511 個体の消化管内容物の分析結果（亘，2009）

捕食個体数

順位	餌動物	捕食個体数の割合
1	オオゲジ	17.1 %
2	カマドウマ科の一種	9.5 %
3	マダラコオロギ	8.3 %
54	アマミトゲネズミ	0.1 %
63	アマミノクロウサギ	0.04 %

捕食重量

順位	餌動物	捕食重量の割合
1	クマネズミ（外来種）	15.4 %
2	オオゲジ	10.2 %
3	シロハラ（冬鳥）	8.4 %
21	アマミトゲネズミ	0.5 %
29	アマミノクロウサギ	0.2 %

来種の衰退がもっとも深刻であった時期であったとも考えられる．一方で，2005 年には，すでに在来種の回復段階に入ってきたことを考えると（Watari et al., 2013），マングースの影響の深刻さを評価できるぎりぎりの時期に運よく研究を開始することができた．

(2) 意外と普通なマングースの食性

こうして，奄美大島に滞在するたびに，毎日捕獲個体を解剖して，消化管内容物のサンプルを集める作業が始まった．そして，サンプルを大学に持ち帰り，来る日も来る日も内容物の同定作業を行った．どれだけアマミノクロウサギが出てくるのだろう，他の希少種もたくさん食べられているのか，と想定をしながら続けていた作業であった．ところが，なかなか希少種は出てこないのである．出たとしても，全体のサンプルのうちのほんのわずか．出てくるのは，カマドウマやオオゲジの足やクマネズミの毛など普通の種ばかり（表 17.1）．そんな状況もいつの間にか 5 年ほど続き，最終的にはおよそ 1500 個体分のサンプルを分析するにいたった．その間，出てきた餌の数ではなく，重さで計算すれば，比較的大型である希少種の値が大きくなるのではないかとも考え，節足動物の消化されにくいキバや爪などの断片から，餌動物の体重を逆算するアロメトリー式をつくったり，マングースの1回の採食の最大量を実験したりと(Watari et al., 2009)，いろいろな試行錯誤を繰り返した．しかし，どのようにデータを集計しても，マングースの主食は普通な種ばかりという結果以上のものを得ることはできなかった（表17.1）．やがて，この作業の意義もよくわからなくなり，モチベーションをどう維持するか，悩ましい日々を過ごしていた．

(3) わかってきた大きなインパクト

一方で，野外で見られる状況は，やはりマングースの甚大な影響を示していた．私はマングースの食性分析と並行して，奄美大島の在来種の生息状況を調査し，マングースの多い場所と少ない場所で比較することにより，影響を明らかにする研究も進めていた．とにかくマングースはさまざまなものを食べるため，最初は調査対象を絞らず，昆虫から哺乳類まで，あらゆる手法を使って調査を行った．日中は，昆虫のトラップや巣箱，センサーカメラの見回り，森を歩き回ってのトカゲやヘビ類のラインセンサス，夜間はアマミノクロウサギやカエル類など夜行性の動物を調べるためのライトセンサスを実施した．夏の調査は暑さが厳しくたいへんで，日中の調査が終了すると，日没を眺めながらきれいな海で体温を下げ，リフレッシュしたのちに夜の調査に森に向かうという日課をこなしていた．また，奄美の山は，とにかく生き物が濃い．ハブは言うまでもなく，ハチ，ダニなどもたくさんいて，調査では一瞬たりとも気を抜けない．あまりにもハチの巣に遭遇し，痛い目にあうので，ハチの巣との遭遇頻度をデータとしてまとめたことがあるくらいだ（亘，2006）．

こうして出てきた在来生物の生息状況のデータは驚くべきものであった．マングースが長期間定着している地域では，アマミノクロウサギをはじめ，ほとんどの地上性の脊椎動物が姿を消してしまっていたのだ．マングースによる衰退が明らかになった種を具体的にあげると，アマミノクロウサギ，アマミヤマシギ *Scolopax mira*，アマミイシカワガエル，オットンガエル，アマミハナサキガエル，アカマタ *Dinodon semicarinatum*，ヘリグロヒメトカゲ *Ateuchosaurus pellopleurus* の7種にも上る（Watari et al., 2008）．もちろんこれら以外にも影響を受けている種はいたであろう．たとえば，アマミトゲネズミやケナガネズミなどは，のちの研究でマングース対策に伴う回復が示され，結果的に強い影響が生じていたことも判明したが（Fukasawa et al., 2013b），本調査を進めていた時期は，そもそも数が少なすぎてデータすらとれない状況であったのだ．こうして調査を重ねていき，そのたびにマングースが在来種の生息域を追いやっている事実を目の当たりにする．このままマングースが分布を全島に広げたら，確実に絶滅が起きるだろうというのは，当時の関係者の多くが抱いていた実感である．最悪のシナリオではあるが，当時はかなりの現実味を帯びていた．

(4) 影響が強い理由：食性分析結果の正しい見方

勘が鋭い方なら，おやっと思ったのではないだろうか．そう，マングースの定着域では，アマミノクロウサギなどの希少種がすでに駆逐され，食べたくても食べようがないのである．どうりで，いくらマングースの食性を分析しても希少種はあまり出てこない訳である．私の中で，ようやく食性分析の結果とマングースの影響がリンクしてきた瞬間であった．

ここで，少し視点を変えて，マングースのインパクトを考えたい．もし，マングースが，希少種を主食としていたらどうなるのであろうか？　その場合，餌不足でマングースも減少し，いずれは一度減少した希少種も回復するはずである．しかし，実際には，マングースは希少種が姿を消した地域でも，いっこうに困らずに，高い密度を維持し続けていた．では，なぜ高い密度を維持できるのか？　この問いが，マングースのインパクトを考えるのに重要だったのだ．表 17.1 で示したように，マングースは，節足動物やクマネズミ，冬鳥シロハラ *Turdus pallidus* などを主食にしている．これらはもともと個体数も多く高い増加率も持っている．また，渡り鳥はいくら捕食されても毎冬新たな個体が大陸から供給される．つまり，これらの餌は食べても食べても“減らない餌”なのである．この減らない餌がマングースの高い密度を支える役割を果たし，その結果，増加率が低く，かつ警戒心もあまりない希少種が食べ尽くされてしまう，これがマングースのインパクトが強い仕組みの一つなのである．

以上の話は，外来種問題特有の仕組みという訳ではない．私たちの身近な食糧資源の減少なども同様の仕組みで説明することができる（亘，2009）．たとえば，私はウニが好物だが，「あなたは昨日何を食べましたか？」と聞かれてウニと答える人は少ないはずである．一方で，禁漁期間を設定しないかぎりウニ資源は少なくとも日本近海では枯渇してしまうだろう．要するに，主食はほかにあるからこそ減ってしまう訳で，その仕組みは，主食である米（＝減らない餌）によって，人間の数（＝マングース個体数）が高いレベルに維持され，その結果ウニ（＝クロウサギなど）が強いインパクトを受けているということなのだ．

(5) マングース対策：根絶に向けた最後の正念場

このように，奄美大島はマングース問題により在来種の局所的な消失という非常事態を経験してきたが，2005年に結成された奄美マングースバスターズの活躍を契機に，マングース対策においてさまざまなブレイクスルーを成し遂げてきた．そしてマングースは大幅に減少し，今では極低密度状態に至らしめている（亘，2015，第16章も参照）．それに伴い，アマミノクロウサギをはじめとする奄美の在来種が回復してきており，喜ばしい一成果が得られてきた（Fukasawa et al., 2013b；Watari et al., 2013）．

そして今は，極低密度から根絶への，新たなフェーズを迎えている．低密度状態からさらに減らすためには，ただ単に捕獲圧を上げるのでは低密度管理の域からは脱せない．今うまくいっている成果が，そのまま根絶までの成果を保証する訳ではないのだ．ここからは，すべての残存個体を捕獲リスクにさらさせることが必要となり，戦略的には別物だと考えてもよい（亘，2011b）．現在，奄美大島のマングース対策では，新たなフェーズにおける取り組みとして，探索犬による残存個体の検出や，マングース検出情報のすばやい共有体制，地域根絶エリアの防衛・拡大など，新しい手法や考え方をどんどん取り入れている（第16章参照）．これらの取り組みが，いかに効果を発揮し，根絶の実現可能性に寄与するのか，ここからの一つひとつの成果が，マングース対策の成否のみならず，あらゆる外来種対策のモデルとなりうるものである．

3. 主食は天然記念物：ノイヌ

(1) ついでに始めたノイヌ研究

このように，奄美大島の全域を調査しながらマングースの強いインパクトがわかってきた訳であるが，その過程で思わぬ副産物，それも衝撃的な事実がわかってきた．森林に生息するペットや猟犬由来のノイヌの驚くべき捕食生態である．その捕食の実態を垣間見る手がかりが，林道などに落ちているノイヌの糞から得られるのである．私が奄美大島で調査を開始してから，初めてノイヌの糞を林道で見つけた際に，糞がアマミノクロウサギの獣毛や骨，歯，爪からなる塊でできていたことは今でも鮮明に記憶している．一度糞を見つけると，つぎつぎと目につくようになるもので，その後も，見つけるたびに持ち帰って内容物の分析を行ってきた．そして，最終的には，ノイヌの糞と判断された135個の内容物の分析を行ったところ，ノイヌによる希少種捕食の驚くべき実態がわかってきたのだ．61個（45.2%）の糞にアマミノクロウサギ，32個（23.7%）の糞にアマミトゲネズミ，27個（20%）の糞にケナガネズミの獣毛や骨，爪が入っていたのである（亘ほか，2007）．中には，一つの糞の中に，アマミノクロウサギとケナガネズミなど，複数の希少種が含まれている例も見られ，一晩で複数の希少種を捕食していることも想像された．糞分析では，直接捕食を観察している訳ではないので，ノイヌがおもに交通事故個体を捕食している可能性もあるが，交通事故がほとんどない未舗装林道で採集された糞の内容物を別に集計しても，同程度の割合で希少種が検出されていた（亘ほか，2007）．このことは，日常的にノイヌが生きた希少種を捕獲して主食としていることを示している．

この糞分析の他にも，衝撃的な事例が報告されている．2007年の11月に，奄美大島の南部の林道において，一度に合計11個体もの大量のアマミノクロウサギの死体が発見されたのだ（図17.2a）．解剖の結果，内臓に大きな損傷はなく，頸部や腹部等にイヌの犬歯によるものと考えられる深い傷があり（図17.2b），少なくとも8体については犬による咬傷が原因で死亡した可能性が高いという結論が環境省那覇自然環境事務所より発表されている．

発見された糞にしても，死体にしても，私たちが目にしているものは，島全体で起きていることのほんの一部分にすぎないはずである．それでもこれだけの希少動物への被害が見られるということは，全体として計り知れない影響が生じていることは容易に想像される．では，なぜノイヌの影響は強いのか，次からは考えうる三つの理由について概説したい．

(2) ノイヌのインパクトが強い理由

① 優れた餌探索能力＋食べずとも捕殺する性質

皮肉なことに，私がアマミトゲネズミとケナガネズミをもっとも多く確認した場所は，ノイヌの糞の中である．奄美大島での調査経験がある方ならわかると思うが，アマミトゲネズミとケナガネズミはめったに会えない，いわば幻の動物といったステータスとなっている．私も十数年動物調査をしてきたが，これらの希少種に出会えたのは片手で数えるほどしかない．一方で初めて奄美大島の山に動物観察に行った人が，観察できたりもする．そんな話を聞いてうらやましく思ったりもするのだが，要するに，あまりにも希少なため，観察できるかできないかは，ほぼ運に左右されるような動物たちである．そんな幻の動物たちをつぎつぎと見つけ捕食するほどノイヌは優れた餌探索能力を有しているのである．

これに加えて，奄美大島の南部の林道において発見されたアマミノクロウサギの大量死の事例から，糞分析ではわからないさらなるノイヌの脅威が読み取れる．つまり，ノイヌは個体によって食べずとも殺す性質を持つ捕食者ということである．夜間林道を徘徊するノイヌは，出会ったアマミノクロウサギに対して，空腹であれば食べるだろうし，満腹でも反射的に咬みつくこともあるであろう．生態学の通常の理論では，捕食者の代謝などから算出されるエネルギーの必要量から，捕食される餌動物の数を推定することがある．しかし，食事の目的以外でも餌動物を咬み殺すとなると，生態学で想定されるよりはるかに多い数の餌動物が死ぬことになる．このように，1頭でも強いインパクトを引き起こす点がノイヌの特徴となっており，すでに述べた数で甚大なインパクトを引き起こすマングースとは対照的なタイプの捕食者だと言える．

② 林道がエコロジカルトラップになっている可能性

アマミノクロウサギは開けた環境が好きなようで，夜間，調査やナイトツアーなどで，林道上を走行していると，林道に出て草を食べたり，糞をしたり，休憩したりする姿が観察できる（図 17.3）．林道は，両脇に草が生い茂り，森林内に比べて餌が豊富にあることと，見晴らしがよく唯一の在来の捕食者であるハブの存在を安心して確認しながら過ごせることで，アマミノクロウサギが好んで利用する場所になっていると言われている．このように，林道の存在だけを考えれば，アマミノクロウサギにとって適度に餌場や安心できる場所を提供していると考えることができる．ところが，林道はアマミノクロウサギだけが利用している訳ではない．人間が利用し交通事故の危険があるのに加えて，ノイヌも頻繁に利用する場所となっているのだ．アマミノクロウサギにとって待ち伏せ型のハブに対する警戒には役立つ林道の機能も，ハンター型のノイヌにはむしろ見つかりやすくなってしまう．要するに，進化の過程でハブに適応してきた習性が，新たな外来種のノイヌには通用しないどころか，自ら進んでノイヌの目の前に身を捧げている形になってしまっているのだ．そして，奄美

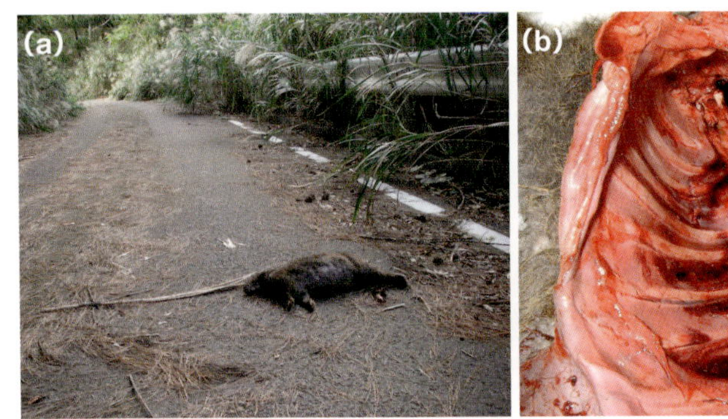

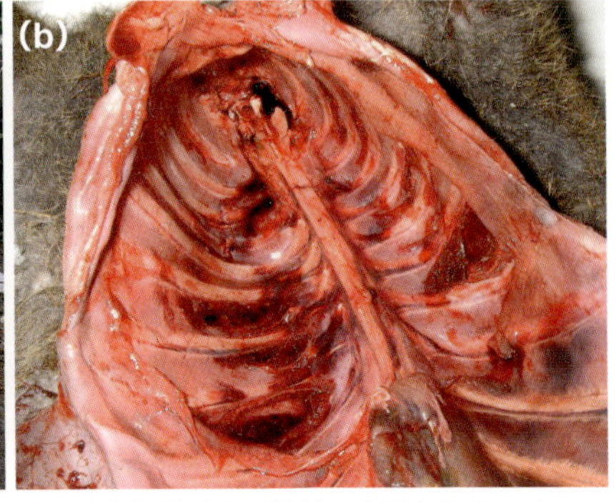

図 17.2 ノイヌの咬傷によるアマミノクロウサギの死亡個体 (a)，解剖で確認されたノイヌの犬歯と思われる深い傷 (b)（環境省奄美野生生物保護センター提供）

大島南部の林道で生じたような大量死にも繋がってしまうと考えられる．このような，ある動物が捕食などリスクの高い環境を好んでしまうという現象は，自然界の罠という意味合いでエコロジカルトラップ（ecological trap）と呼ばれており，生物の絶滅を引き起こす主要な仕組みとして近年注目されている（Battin, 2004）．環境改変や外来種の侵入によって大きく変化した環境下では，もはやアマミノクロウサギの生息地選択の能力は機能せず，逆に自らの生存率を低下させてしまうこともありうるのだ．

③　大きな供給源

このように在来希少種に対して大きな影響が懸念されるノイヌであるが，じつは森林などの自然環境においては現在まで繁殖は確認されていない．おそらく，アマミノクロウサギなど数が少ない種を主食とせざるを得ないため，繁殖するほどに十分な栄養が取れないのであろうと考えられる（亘ほか，2007）．実際に山でノイヌに出くわすと，痩せこけて飢えた個体が多く，希少種を食べてようやく生きながらえているような印象を受ける．前述したように，節足動物などを主食として，個体数を爆発的に増加させることができるマングースとはまったく逆のタイプである．一方で，奄美大島では，捨て犬があとを絶たず，放し飼いも多い．そのため，森林に生息するノイヌの個体数は，ほぼ人間社会からの供給で維持されていると考えられる．奄美大島全体を管轄とする保健所のイヌの受け入れ頭数の統計を見ると，年間 600～800 頭程度（2000～2004 年度）で，鹿児島県においてもつねに 1，2 位を争う規模となっている（亘ほか，

図 17.3　林道でたたずむアマミノクロウサギ.

2007). このように数多くのノイヌ予備軍が絶え間なく供給されていることが, ノイヌ問題が生じる根本的な原因となっているのだ.

(3) ノイヌ対策

以上でわかるように, ノイヌの供給源となっている捨て犬や放し飼いなどを完全に管理できれば, 原理的にいずれは森林からノイヌはいなくなるはずである. つまり人間側の管理の成否がノイヌ問題の解決のキーとなるのだ. そのためにも, ペットや猟犬の管理に関わる現行法や罰則の周知, 適切な法の運用, マイクロチップ装着の普及, 飼い主のモラルの向上のための普及啓発などが積極的に進められることが望まれる. ただし, イヌは1頭でも短期間で大量の希少種を捕殺するため, 生息情報が得られた際には, 迅速に捕獲ができるシステムを構築しておくことも重要である. 近年では, 一時期に比べて, 森林でのノイヌの目撃が減ってきたとも言われている. 地元団体や行政の地道な普及啓発活動の効果が, 世界自然遺産登録への機運の高まりに相まって状況を改善させている可能性がある. こうした成果が一過性で終わらず, 持続することが期待される.

4. 景観の破壊者：ノヤギ

(1) 気になり始めたノヤギ問題

ノヤギ問題といえば，小笠原諸島のことを思い浮かべる人は多いであろう．小笠原諸島では，ノヤギの採食と踏みつけによる植生や海鳥の繁殖への影響，さらに，著しい土壌流出と海に流れ込んだ土砂によるサンゴの埋没が確認され，1990年代以降，本格的な根絶事業が展開されている．その結果，事業開始時にノヤギが定着していた7島のうち6島において根絶が達成され，現在は諸島の中で最大の父島を残すのみという大きな成果に至っている（常田・滝口，2011）．一方で，南西諸島で生じているノヤギ問題については，知っている人はあまりいないのではないだろうか．南西諸島では，ヤギ食文化が発達し，伝統的に各地で盛んに家畜として飼育が行われてきた．ところが，近年のヤギ食文化の衰退，さらには高齢化や過疎化も相まって，飼育されていたヤギの管理が放棄され，各地で繁殖と野生化が進行してしまったのだ．今では，ノヤギの生息する島が，奄美大島も含め南西諸島の北から南まで広範囲に点在し，植生破壊と土壌流亡が生じている地域も多い（自然環境研究センター，1998；横畑，2003；奄美哺乳類研究会，2009）．

マングース研究で奄美大島においてフィールドワークを始めていた私も，ノヤギ問題を知らずにいたうちの一人であったが，2006年にノヤギの食害が引き金となり発生した奄美大島西端の曽津高埼（そっこうざき）灯台付近の崩落とそれによる海上保安庁のヘリポートの使用中止が大きなニュースになり，そこで初めて奄美大島のノヤギ問題を知ることとなった．その後，気になって被害の現場を見に行くと，岬の急傾斜地は，ほぼ一面ノヤギの食害で裸地化し，至る所で土砂が流れ出ていた．絶壁の中腹につくられた灯台に向かう歩道には，ノヤギの糞が散乱し，獣臭が一面に漂っている．灯台周辺には，ノヤギが群れをつくり，わずかに残された草本類を採餌しているのが観察された．驚いたことに，ノヤギの被害はここだけではなかったのだ．灯台までいくと，奄美大島西部の海岸線が一望できる場所となっている．そこからは，見渡す限りの衰退した植生と表土の流出が確認でき，不自然な景観が広がっていた．ショックと同時に，他の場所はどうなっているのだろうか，と不安がよぎったのがそのときの印象である．これをきっかけとして，地元の多くの協力者とともに，2008年にノヤギ調査を開始することにした．

(2) 船からノヤギをカウントする

調査に当たっては，まずは全体としてノヤギの生息状況と被害の状況を把握する必要があった．調査の方法は，船に乗り込み，海岸線に沿って航行し，目撃したノヤギのカウントと目撃地点の記録，植生や土壌への影響の把握というものであった．ヤギの原種はもともと乾燥地の崖地などに生息していたことから，奄美大島でも見晴らしのきく傾斜地が形成される海岸沿いの崖地をおもな生息地としている．そのため，これらの個体をカウントするためには，海から観察をする必要がある．調査では，奄美大島と隣接する離島をのべ8日間かけて船で周り，揺れる海上での調査に備えて，手振れ防止機能付きの双眼鏡やカメラを携えて状況の把握を行った．風が強い日は波をかぶってずぶ濡れになり，外洋にでると大きなうねりで船酔いをなんとかこらえるという，普段陸上で調査をしているメンバーにとってはなれない仕事であったが，なんとか無事に終えることができた．そして調査の結果，合計で116群れ，419頭の野生化ヤギがカウントされた．奄美大島以外にも，枝手久島，江仁屋離島，加計呂麻島，与路島，ハンミャ島，請島，トビラ岩の合計8つの島や岩礁で確認され，ノヤギ問題は奄美群島全体の問題であることが明らかになった（図17.4）．ノヤギがよく見られた場所の共通する特徴としては，やはり海岸域の急傾斜が広がる場所や，外洋に突き出た岬となっていた．人間にとっては危険とも思える環境の中で，ヤギは悠然と移動や採餌をしていたのが印象的であった（図17.5a）．

植生や土壌の被害は一目瞭然であった．ノヤギが生息している場所では，ほぼすべての場所で森林が消失し，裸地化と土壌流出が進行していた．被害の規模がもっともひどい地域は，視界一面が裸地化し崩落箇所も連続して広がっていた（図17.5b）．一方でノヤギが生息していない地域では，多くの場合海岸線まで密に木が茂っており，ノヤギの有無で非常に対照的な景観となっていた．

(3) GPS首輪でノヤギの動きを追う

船上調査は，そのときに見られたノヤギのみを記録するため，ノヤギの生息状況の断片を見ているに過ぎない．そこで，船上調査に加えて，ヤギの行動を把握するために，GPSを搭載した首輪をノヤギに装着し位置情報を継続して記録した（奄美哺乳類研究会，2009）．メス2頭，オス1頭に装着して行動を追った結果，共通する動きの特徴は以下のようであった．ノヤギは森林の内部にはほとんど入らずに，自らのインパクトで植生が衰退した海岸線沿いの急傾

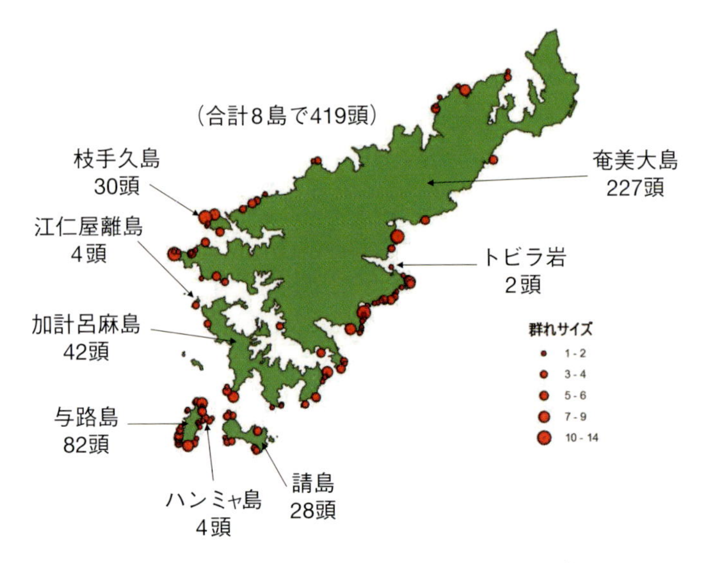

図 17.4 島ごとのノヤギ確認頭数(奄美哺乳類研究会, 2009).

斜地を好んで利用していた．これは，船上調査において，急傾斜地にノヤギが頻繁に観察された結果とも一致していた．おそらく，森林や林は，短期的にはノヤギの移動のバリアーとして機能する可能性があるため，駆除単位を設定する際には植生や地形を参考に決めるとよいであろう．しかしながら，長期的には森林はヤギに食べられて消失し，バリアー機能も消失してしまう．対策はできるだけ早い時期から開始すべきである．

日周活動も明らかになった．夜は海岸線付近をねぐらとし，日中は採餌しながら林縁付近まで崖を登って行き，また夕方ねぐらに戻るという縦方向の日周移動のパターンが判明したのだ．ノヤギは朝方によく見かけると地元ではよく言われるが，朝方にノヤギは海に近いねぐらから活動を開始するために，船から見つけやすい時間帯となっていると解釈するとつじつまがあう．銃による駆除を実施する場合には，朝方の時間帯を選んで作業を行うことで，ノヤギに遭遇しやすくなり，駆除の効率は高まるであろう．

さらに，同じエリアに長い間滞在する傾向も明らかになった．メス個体の1頭は2週間の間，放獣場所付近の800 m ほどの範囲に定着していた．オス個体も一度1 km ほどの移動を行ったが，移動先では同じ場所にとどまっており，長距離移動の頻度はそれほど高くないと考えられた．同じ場所で採餌圧をかけ

図 17.5 ノヤギによる土壌流出 (a) と急傾斜地で行動するノヤギ (b).

続けることが，影響が甚大になる理由の一つなのであろう．

(4) 悪循環のフィードバック：止まらないノヤギの影響

土壌の流出が起きてしまうほどの状況に至っては，たとえノヤギを完全に排除しても植生の回復は期待できないか，少なくとも回復にかなりの時間が必要となることが予想される（亘，2011a）．では，なぜノヤギがここまで甚大な影響を引き起こしてしまうのであろうか．上記の生息調査と行動調査からその仕組みを垣間見ることができる．前述したように，ノヤギはそもそも開けた急傾斜地を好む習性を持っている．外洋に面した岬の急傾斜地などは，もともと攪乱が強く，開けたパッチが多少なりとも存在していたであろう．そこにノヤギが入り込み，徐々に周囲の森林を後退させ，開けた急傾斜地が拡大していく．つまり，自らのインパクトによってつくり出した環境は，結果として自らの好む環境となっており，個体数が増加することで，さらにインパクトが増大してしまうのだ．つまり悪循環のフィードバックが生じている可能性があるのだ（図 17.6）．また，植生の衰退が進み土壌が流れ出すと，それ自体が植生の衰退を加速させ，さらにそれが土壌の流出を引き起こすというもう一つの悪循環のフィードバックも生じているはずである（図 17.6）．このように，開けた急傾斜地を好むという習性がキーとなって，悪循環のフィードバックがダブルで作用し，そして止まらない影響が進行する．このノヤギの影響の特徴により，日本のみならず世界的にもその侵入が脅威とされているのである．

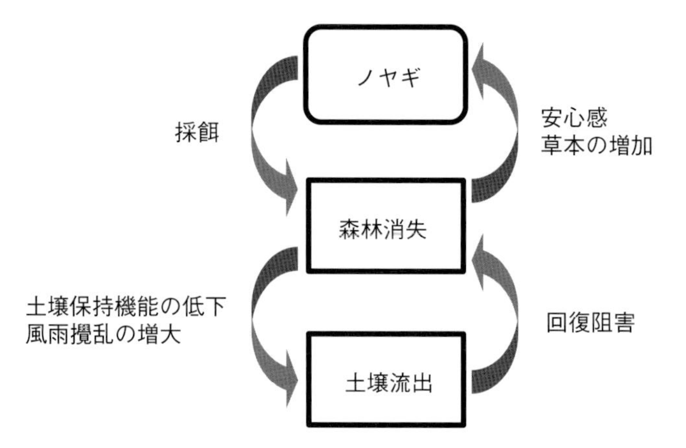

図 17.6 ノヤギの影響のプロセスで考えられる 2 つの悪循環のフィードバック.

(5) ノヤギ対策と法の解釈の壁

ノヤギ対策の成功例である小笠原の事例に学べば，対策の成功には，対策初期の大量捕獲技術，そして低密度化した段階での銃の使用が不可欠であることがレビューされている（常田・滝口，2011）．しかし，奄美大島では，ヤギの法的な位置づけが障壁となり，ヤギ対策の推進が阻害されている状況にある．以下に詳しく説明する．ヤギは「ノヤギ」として鳥獣保護管理法の有害捕獲の対象にあげられていて，許可申請のもと駆除が可能となっている．一方でヤギは「山羊」としてと畜場法と化製場等に関する法律において「獣畜」，つまり家畜としても指定されている．と畜場法では，食用とする獣畜のと畜場以外での殺処分・解体を禁止しており，化製場等に関する法律では，食用に限らず化製場以外での死体の処分を禁止している．と畜場や化製場がない一部の地域では，例外が認められていて，小笠原はそれに該当するのであるが，奄美大島はこの例外には含まれていない．つまり，「ノヤギ」＝「山羊」としてノヤギが獣畜と解釈されてしまうと，奄美大島では，この二つの法律が適用されてしまい生け捕りのみに手法が限定されてしまうのだ．すでに述べたように，ノヤギのほとんどは人間がアクセスできない地域に生息しているため，これらの個体を生け捕りにすることは不可能である．したがって，ノヤギ対策の有効な手法はないに等しいといえる．野生化し人間の管理から離れているヤギを家畜と見なすことには明らかに矛盾があり，当時は行政との話し合いにおいても，獣畜ではなく外来種としての扱いを散々訴えたが，明確な返答は得ることはかなわなかった.

一方で，別の方向から，状況を少しでも改善するための取り組みが徐々に進んできた．一つは，2008〜2009年に奄美大島の各市町村で施行された「ヤギ放し飼い禁止条例」である．これは，ヤギの管理者の責任を明確化し，新たなヤギの野生化を抑制するとともに，ノヤギに対する中途半端な所有権の主張を封じることによって，管理者のいないノヤギであることを明確にし，防除を進めやすくしようとした措置である（常田・滝口，2011）.

また，これに関連して2010年には，奄美市が構造改革特区域に指定されノヤギを狩猟獣として扱える区域（通称ノヤギ特区）に指定されることになった．放し飼い禁止条例によって，飼育下と野生状態の区別がつけられるという保証が得られたことが，ノヤギ特区の指定に繋がったのである．ただし，特区に指定されたのにもかかわらず，狩猟によるノヤギの捕獲は微々たる数にとどまっている現状がある．理由として，狩猟期には猟師はイノシシ猟のほうに魅力を感じること，そしてやはりと畜場法の制約を受けるということがあげられる.

このように少しずつ取り組みが始まったものの，たとえば，人間がアプローチできないような崖地においての駆除などはまだまだ現行の制度ではサポートされておらず，有効な対策はいまだに実現されていない．2014年には鹿児島県事業によって，2008年に私たちが実施した船上調査と同じ手法でのノヤギのモニタリングが行われた．その結果は，ノヤギの確認頭数が477頭となっており，419頭が確認された2008年と状況が同程度かやや悪化していることが明らかになっている（自然環境研究センター，2015）．世界自然遺産登録を目指す過程で，生態系保全や外来種対策に根差した新たな枠組みが構築され，有効な対策がいち早く開始されることが強く望まれる.

5. 見えないインパクト

本章では，奄美大島の自然環境に侵入したマングース，ノイヌ，ノヤギについて，強いインパクトが生じる仕組みについて述べてきた．それぞれの外来種が持つ特性により，影響が生じる仕組みも異なり，対策の手法もさまざまである．このような三者三様の外来種問題ではあるが，共通するのは，見えないところで影響が生じているという点だ．奄美大島の金作原（きんさくばる）原生林は，亜熱帯特有の森林景観を楽しめる人気のエコツアースポットとなっている一方で，ここはかつてたくさん見られたアマミノクロウサギやアマミイシカワガエルなどが,マングースの捕食によって消滅してしまった死の森という側面も持っている．私たちが確認したノイヌやノネコによるアマミノクロウサギの捕食は，全体のほんの一部を見ているにすぎないはずである．ノヤギのインパクトは，陸上からは見えない海岸の崖地で起こっているのだ．このように，私たちの認識と実際のインパクトとの間には，つねに大きなギャップがあるはずであるということを肝に銘じておく必要がある．対策が実施されないケースの原因として，脅威の現状が過小評価されてしまっているという場合も多いであろう．必要な対策を実施していくためにも，見えないインパクトを記録し，このギャップを埋め続ける努力がこれからも欠かせない．

引用文献

奄美哺乳類研究会（2009）奄美大島の野生化ヤギに関する基礎的研究．2008 年度期　WWF ジャパン・エコパートナーズ事業最終報告書．

Battin J (2004) When good animals love bad habitats: Ecological traps and the conservation of animal populations. Conservation Biology, 18: 1482-1491（動物の適切な判断が質の悪い生息地を選択してしまうとき：エコロジカルトラップと動物個体群の保全）．

Fukasawa K, Hashimoto T, Tatara M, Abe S (2013a) Reconstruction and prediction of invasive mongoose population dynamics from history of introduction and management: a Bayesian state-space modelling approach. Journal of Applied Ecology, 50: 469-478（導入と管理の歴史に基づく侵略的外来生物マングースの個体群動態の復元と予測：ベイズ状態空間モデルによるアプローチ）．

Fukasawa K, Miyashita T, Hashimoto T, Tatara M, Abe S (2013b) Differential population responses of native and alien rodents to an invasive predator, habitat alteration and plant masting. Proceedings of the Royal Society B-Biological Sciences, 280: 20132075（在来および外来ネズミ類の侵略的外来捕食者・ハビタット改変・堅果の豊凶に対する異なる反応）．

Leadley PW, Krug CB, Alkemade R, Pereira HM, Sumaila UR, Walpole M, Marques A, Newbold T, Teh LSL, van Kolck J, Bellard C, Januchowski-Hartley SR, Mumby PJ (2014) Progress towards the Aichi Biodiversity Targets: An Assessment of Biodiversity Trends, Policy Scenarios and Key Actions. Secretariat of the Convention on Biological Diversity, Montreal（愛知ターゲットに向けた進捗：生物多様性の推移，および政策シナリオ，重点取り組みの評価）．

自然環境研究センター（1998）野生化哺乳類実態調査報告書．自然環境研究センター，東京．

自然環境研究センター（2015）平成 26 年度希少野生生物保護対策業務報告書．自然環境研究センター，東京．

常田邦彦，滝口正明（2011）ノヤギ：日本の状況と島嶼における防除戦略．（山田文雄，池田透，小倉剛 編）日本の外来哺乳類―管理戦略と生態系保全，317-349．東京大学出版会，東京．
亘悠哉（2006）アシナガバチの巣との遭遇頻度．あまみやましぎ，68: 6-7.
亘悠哉（2009）マングースは何を食べているのか？―外来生物の食性分析の正しい見方．森林技術，803: 30-31.
亘悠哉（2011a）外来種を減らせても生態系が回復しないとき：意図せぬ結果に潜むプロセスと対処法を整理する．哺乳類科学，51: 27-38.
亘悠哉（2011b）失敗の活用―外来種を減らせない場合の解決策．（山田文雄，池田透，小倉剛 編）日本の外来哺乳類―管理戦略と生態系保全，379-400．東京大学出版会，東京．
亘悠哉（2015）外来生物対策と時間―マングース対策と在来種の回復．（宮下直，西廣淳 編）保全生態学の挑戦―空間と時間のとらえ方，150-169．東京大学出版会，東京．
亘悠哉，永井弓子，山田文雄，迫田拓，倉石武，阿部愼太郎，里村兆美（2007）奄美大島の森林におけるイヌの食性：特に希少種に対する捕食について．保全生態学研究，12: 28-35.
Watari Y, Takatsuki S, Miyashita T (2008) Effects of exotic mongoose (*Herpestes javanicus*) on the native fauna of Amami-Oshima Island, southern Japan, estimated by distribution patterns along the historical gradient of mongoose invasion. Biological Invasions, 10: 7-17（外来マングースが奄美大島の在来動物相に及ぼす影響：侵入勾配に沿った在来種の分布パターンからの推定）.
Watari Y, Yamada I, Watanabe T (2009) Single-meal maximum ingestion of the invasive mongoose (*Herpestes javanicus*) for evaluating food consumption in the field. New Zealand Journal of Zoology, 36: 417-421（マングースの1回の捕食における最大摂取量：野外における餌消費量推定のために）.
Watari Y, Nishijima S, Fukasawa M, Yamada F, Abe S, Miyashita T (2013) Evaluating the "recovery level" of endangered species without prior information before alien invasion. Ecology and Evolution, 3: 4711-4721（外来種侵入以前の情報がなくても絶滅危惧種の回復度を評価する）.
横畑泰志（2003）尖閣諸島魚釣島の野生化ヤギ問題とその対策を求める要望書について．保全生態学研究，8: 87-96.

第18章

奄美大島の生態系における微量元素（重金属類を含む）レベルと分布

渡邉　泉

おもに奄美大島の生態系における微量元素の分布と動態の把握を，表層土壌や野生植物にくわえ，無脊椎動物と各種脊椎動物の分析から試みた．

奄美大島の土壌は，アンチモン，鉛とヒ素といった元素が高濃度でみられ，さらに生物への移行のしやすさもうかがえた．植物を用いたモニタリングでは，これら元素が南部に高濃度で存在する傾向が示唆された．くわえて，野生動物では，マングースで水銀の特異濃縮が認められ，ほかにも肉食性の強い鳥類や爬虫類で，食物網を通じた水銀濃縮が起きている可能性が明らかとなった．

1. 微量元素（重金属類）とは

この世界を構成している化学物質の単位の一つが“元素”である．たとえば，水をつくる「水素」や「酸素」，骨や歯をつくる「カルシウム」，重金属の一つである「鉄」といったものが“元素”であり，宇宙で約100種類の存在が知られている．付記すれば，あわせて耳にすることも多い“原子（アトム）”は元素の実体といえ，陽子と中性子，電子の3種類の物質でできている．さらに原子をつくる3種類の物質は素粒子からできており，この素粒子が物質を構成する最小単位である．

近年問題となっている地球環境を汚染する化学物質は，大きく有機化合物と無機化合物に分けられる．このときの“有機”とは元素の一つである「炭素」を含む化学物質のことで，もう少し詳しく定義すれば，二酸化炭素や一酸化炭素など少数の簡単な構造のものを除くすべての「炭素」化合物となる．無機物質とは，有機化合物以外のものと定義されるが，簡単にイメージすれば生物に由来しない水や空気や金属を指す．つまり，本章でふれる微量元素や重金属は無機汚染物質ということができる．

さらに少し定義について説明すると，微量元素とはヒトの体中にごく微量で存在する無機元素のことで，重金属とは比較的重い金属のことである．本章の中で，この2つの物質グループはひとまとめで扱うが，これには歴史的な経緯がある．つまり，生態系の中で微量元素とか重金属といった物質がどのように分布し，また動いていく（これを動態という）か？　という研究分野は水俣病に始まる環境汚染の解明が大きく影響している．つまり，有害汚染物質として研究が始まった「水銀」や「カドミウム」「鉛」といった元素は重金属であったが，この直後に注目されたヒ素など類似の汚染元素が重金属ではなかったため，これらまとめてふれる場合「微量元素（重金属類を含む）」というグルーピングをしなくてはならない．

しかし，本章で取り上げる微量元素はかならずしも有毒な汚染元素ばかりではない．ここが「微量元素（重金属類を含む）」の難しいところでもあり，興味深いところでもある．つまり，生命の生存に不可欠な「鉄」や「銅」「亜鉛」「セレン」といった微量金属も含まれ，これらは必須元素と呼ばれる．そして，必須元素もまた，有害汚染元素と同様に，生態系の中で特徴的な分布を示し，独特の動態を示す．さらに，微量元素の中には「ルビジウム」や「バリウム」「ストロンチウム」など，生体にとって強烈な毒でもなく必須性も確認されていない元素も存在し，これらが生態系の繊細なバランスの中で，特徴的な挙動を示す．このような背景から，微量元素を包括的に分析することは意外な野生動物の謎（何を食べているか？　や，どのように移動するか？　といった課題）に迫れることもある．

私たちの研究チームは，ある地域における汚染の実態を解明したいという目的からスタートしたが，生態系や野生生物の中で重金属を含む微量元素が非常に興味深い動態を示すという特徴に行き当たり，自然自体の“謎”に迫る研究へも手を伸ばす事態がしばしば生じる．本章でも，奄美大島を中心とした南西諸島の特徴的な生態系における微量元素汚染の実態解明からスタートし，生態系・野生動物の“謎（ここでは食物網）”に迫る事例までを紹介したい．

2. 奄美大島での微量元素（重金属類を含む）の分布

ある化学物質が環境中にあったとして，野生生物やヒトに障害をおよぼすには，いくつかの条件が必要となる．たとえば，その物質自身の毒性が高いことや，環境中（または食べ物の中）での濃度が高いこと，さらには環境中で分解されにくく残留性が高いことなどが必要となるが，もっとも重要な要因の一つに“生物利用能”の高さがある．生物利用能とは，化学物質が消化管や肺（または皮膚）で飲み込んだり吸入したりといった，一見，体内に取り込まれたような状態より進んで，実際に生体膜を突破し，“本当に”体内に吸収される割合を指す（より狭義には，自分の体を構成する成分となった割合を指す）．ほとんどの重金属は，食べ物からの経口摂取によって暴露されると考えられているが，多くの重金属の吸収率は数パーセントから十数パーセントと低い（Goyer and Clarkson, 2004；渡邉，2012）．つまり，どのように強烈な毒性を有した化学物質でも，体内に取り込まれない限り，障害はもたらさない．そのため，吸収される部位（消化管や肺，植物の根など）に直接ふれる化学物質の濃度が高いことは重要な要素となる．

以上の観点から，ある環境，もしくは生態系における微量元素のリスクを解明したい場合，物質自体が環境中でどの程度の濃度か？　というレベルの把握と，生物利用能を把握することが求められる．私たちは，後述する背景から，2009〜2011年に奄美大島において表層土壌の分析を行い，まず，奄美大島全体の微量元素レベルの把握を行った．さらに，土壌中から生物に利用される微量元素のレベルの把握のため，同地点よりキク科のコセンダングサ *Bidens pilosa* を採取し，微量元素分析を行った．

背景は2001年まで遡る．ひょんな機会から，私たちの研究チームは奄美大島の侵略的外来種マングース（現在の分類ではフイリマングース *Herpestes auropunctatus*）の重金属分析を行う機会を得た．分析の結果，彼らがきわめて高濃度の水銀を体内に蓄積していることを発見し，その濃縮機構および水銀耐性メカニズムが巨大な謎として立ち現れた．ちょうど時期を同じくして，隣国・中国は劇的な経済成長を加速させ，膨大な化石燃料を使用し始めたことから，有害化学物質の越境汚染が懸念され始めていた．南西諸島は，その最前線ととらえられ，奄美大島における微量元素レベルのモニタリングが必要と判断された．なお，コセンダングサを用いた理由は，私たちが別の研究で行っていたファイトレメディエーション（植物を用いた環境浄化）に適する植物としてアブラナ科やイネ科，クワ科などとともにキク科植物に注目しており，奄美大島でどこでも入手できるキク科植物として本種を選択した経緯がある．このとき，同様にススキやクワなども採取していたが，コセンダングサがもっとも高感度（高濃度）で重金属類を蓄積していた．のちに，台湾の研究者Sunら（Sun et al., 2009a, b）が本種をファイトレメディエーションの候補植物として取り上げ，良好な試験結果を報告し，私たちは驚くことになる．

結果を紹介する前に，地質学的な奄美大島の特徴に関して簡単にまとめたい（遅沢ほか，1983；竹内，1994 など）．奄美大島の基盤地質は大きく島の南西部を占める“秩父帯”と，その他の島の大部分を占める“四万十帯”に属している．両者の境は，北は大和村の大棚からほぼ真南に瀬戸内町の古仁屋を通り，加計呂麻島のほぼ中央，呑之浦トンネルを横切り，さらに請島を請阿室と池地を分けて貫いている．このときの西部に位置する秩父帯はとくに湯湾ユニットと呼ばれ，チャートや玄武岩，石灰岩，砂岩の岩塊と泥岩基質からなっている．

島の北部，南東部を占める四万十帯は，和野層，名瀬ユニット，役勝ユニット，新小勝ユニットなどからなり，大島北部の空港付近のみに四万十台北帯である和野層が分布し，他は南北に名瀬ユニット，役勝ユニット，新小勝ユニットといったように帯状に分布している．和野層は砂岩，頁岩，礫岩を基質とし，名瀬ユニットは泥質岩を主体に玄武岩，粘土岩，砂岩，赤色凝灰質頁岩をおもな基質としている．

奄美大島の成立はユーラシア・プレートとフィリピン海プレートの境界で隆起・沈降を繰り返すことで行われ，170 万年前以降は海水面の変化と連動したサンゴ礁由来の石灰岩の堆積と，マグマ由来の玄武岩が噴出することによって形成されている．また，付記として，奄美大島の住人における足の爪のヒ素が高濃度であることが報告されているが（平均 0.41 mg/kg DW: Tabata et al., 2006），四万十帯は地質的に高濃度ヒ素地域とおおむね合致することが知られている（輿水・小林，2004）．

いわゆる“地面”を構成する物質のうち，生物に利用される可能性が高いものは，上述した母材となる各種岩石が風化したものと，生物の作用によって堆積した有機物の両者が混合する“表層土壌”と呼ばれる部分である．この土壌と呼ばれる層は地球化学的にも非常に薄く，地表面のきわめて浅い部分のみに分布している．とくに草本植物が栄養源として利用可能な深度は 30 cm 程度と非常に浅い．くわえて，気温の高い熱帯・亜熱帯では，微生物の活動が活発で，有機物が速やかに分解されるため，表層土壌の厚さはさらに薄くなる．この現象こそ，豊かな生態系を有する熱帯・亜熱帯の生態系が，ひとたび自然破壊にさらされると驚くほど脆弱で，一度失われるときわめて回復が困難になる原因となっている．

奄美大島のほぼ全域から約 10 km 間隔で 19 地点（図 18.1）から表層土壌を採取し，2 mm の篩を通し，微量元素分析に供した．ここで，土壌をすべて分解することで得られる濃度を「全量」とし，同時に環境省の土壌汚染対策法に準じた2種類の抽出で得られる濃度（含有量と溶出量）を分析することで，生物利用可能な“画分”を検討した．つまり，動物の胃の中を想定した1 mol/Lの塩酸を用いた抽出と，降雨による溶け出しを想定した（もっとも生物に利用される画分となる）純水による抽出である．

微量元素として選択したものは，リチウム（Li），マグネシウム（Mg），バナジウム（V），クロム（Cr），マンガン（Mn），鉄（Fe），コバルト（Co），ニッケル（Ni），銅（Cu），亜鉛（Zn），ヒ素（As），セレン（Se），ルビジウム（Rb），ストロンチウム（Sr），カドミウム（Cd），アンチモン（Sb），セシウム（Cs），バリウム（Ba），水銀（Hg），タリウム（Tl），鉛（Pb）といった約20元素である．これらの中には水銀や鉛，カドミウム，ヒ素といった強毒性の汚染元素にくわえ，同じく強い毒性が問題となっているレアメタルであるタリウムやアンチモン，クロム，ニッケル，バナジウム，セレンなどが含まれる．一方で生物の生存に必要不可欠な必須元素であるマグネシウム，バナジウム，クロム，マンガン，鉄，コバルト，ニッケル，銅，亜鉛，セレンなども含まれている．産業的にも重要で環境を汚染する可能性の高いクロムやマンガン，セレンなどが，生物に不可欠な必須元素として重複している点は注意していただきたい．この二面性こそが微量元素（重金属）の特徴といえ，水銀やヒ素，鉛とともに越境大気汚染に由来した日本への負荷が懸念されているバナジウムやニッケルもまた，生物の必須元素である．

測定された微量元素のうち，銅，亜鉛，ヒ素，アンチモンは，土壌中の全量濃度における最大が，それぞれ60，640，60，4.1 mg/kg 乾燥重量あたり（以下DW）で，平均値はそれぞれ39，230，17，2.1 mg/kg DWであった（尾崎ほか，2012）．このレベルは，浅見（2010）によって示された非汚染の土壌濃度と比較して，最大値が銅（図中「Cu」以下同じ）おいて約3倍，ヒ素（As）において約9倍，亜鉛（Zn）とアンチモン（Sb）において約10倍という高いものであった．平均値でも銅（Cu）において約2倍，ヒ素（As）において2.5倍，亜鉛（Zn）において約4倍，アンチモン（Sb）において約6倍に達した（図18.2）．つまり，これら4元素は島内で比較的高い濃度で分布することが明らかとなった．また，水銀（Hg）とタリウム（Tl），鉛（Pb）も平均濃度が0.1，0.5，29 mg/kg DWと，非汚染レベルに対して約2倍であり，比較的高い濃度といえた．くわえてマンガン（Mn）とカドミウム（Cd）も最大値が，非汚染

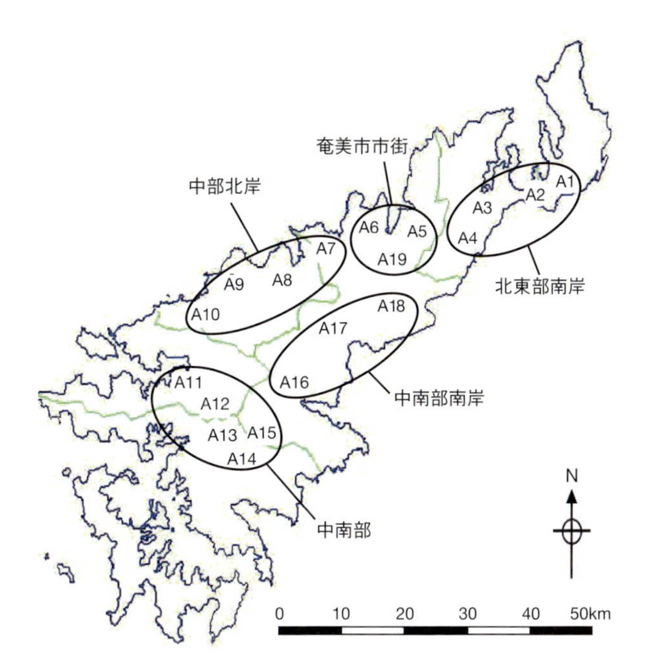

図 18.1 表層土壌およびキク科植物コセンダングサの採取地点 19 地点（コセンダングサは中南部の南西沿岸に試料採取地点を増やしている）.

レベルの約 2 倍に達していた.

島内における位置や地形，さらに市街地や集落との距離を考慮し，試料が採取された 19 地点を，「北東部南岸」（A1，A2，A3，A4），「奄美市市街」（A5，A6，A19），「中部北岸」（A7，A8，A9，A10），「中南部」（A11，A12，A13，A14，A15），「中南部南岸」（A16，A17，A18）の 5 地区に分類した（図 18.1）.

「奄美市市街」とした 3 地点は，とくに人間活動の影響が強いと考えられ，A6 ではアンチモンが 3.4 mg/kg DW，A19 では亜鉛が 640 mg/kg DW であり，それぞれ浅見（2010）による非汚染土壌の平均値に対して 9 倍および 11 倍であった．他の市街地 2 地点でもアンチモンは非汚染値の 2 ～ 3 倍，亜鉛は 2 ～ 5 倍が認められた．一方で，人為影響が少ないと考えられる「中部北岸」は A9 で亜鉛が 580 mg/kg DW（約 10 倍），A10 でアンチモンが 4.1 mg/kg DW（11 倍）であった．つまり，「中部北岸」や「中南部」では，元素によって高濃度地点が散在する傾向といえた．銅や，亜鉛，ヒ素，鉛の 4 元素で非汚染値（浅見，2010）の 2 倍以上だった地点は，北東部南岸の A3，奄美市市街の A6，

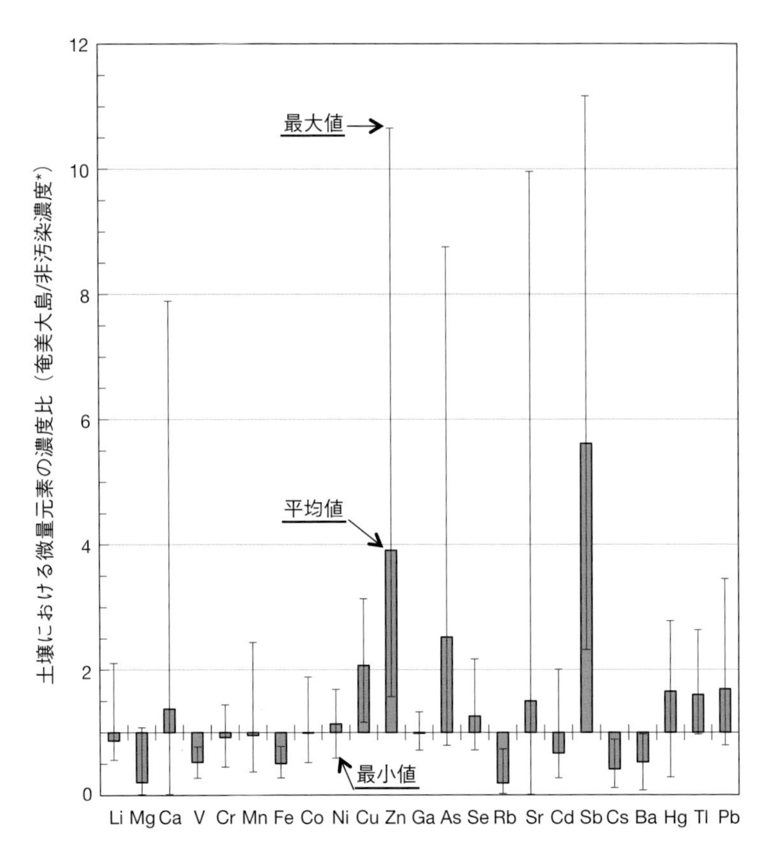

図 18.2　奄美大島の土壌における微量元素の平均濃度と非汚染地レベル（* 浅見，2010 より引用）の比．1 より大きい場合，非汚染レベルより高濃度であることを示している．

中部北岸の A7 と A10，中南部の A13 と A14，中南部南岸の A16 の A17 と，山間部を含めた島内の全域に渡っており（図 18.3），人口や交通量（国土交通省による 2006 年のデータ）などで代表される人為影響とは異なる別の要因が寄与している可能性が考えられた．

ヒ素は島の西部で約 10 mg / kg DW と比較的低い濃度が見られた一方で，中部から東部で約 15 mg / kg DW の濃度が検出された．上述したように，奄美大島は中部から東部で四万十帯白亜層が露出するという地質的特徴を有しており（遅沢ほか，1983；坂井，2010），四万十層は高濃度ヒ素分布地域とおおむね合致する．そのことから，奄美大島で認められた住民のヒ素蓄積は地質的な因子

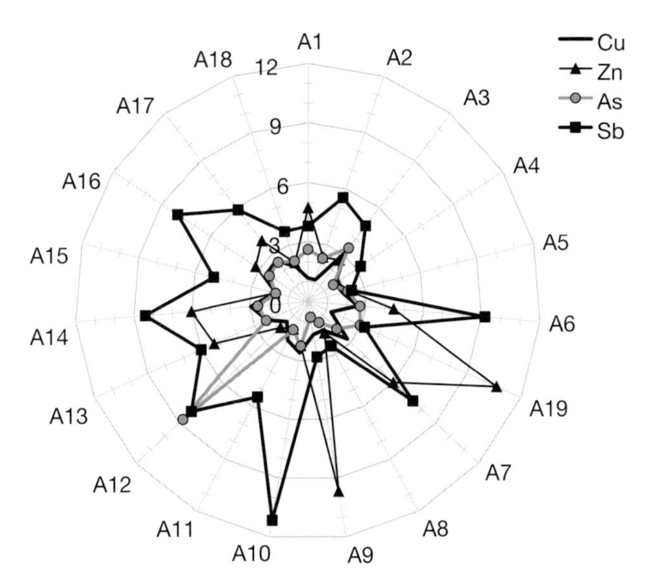

図 18.3　奄美大島の各地点で採取された土壌の微量元素（銅 Cu，亜鉛 Zn，ヒ素 As とアンチモン Sb）と非汚染地（浅見，2010）の濃度比．

に由来する可能性も推測された．ここで，土壌の中における微量元素の分布で，とくに奄美大島の特徴と結論されたヒ素と鉛は，塩酸および純水で抽出される画分（胃で溶け出る「含有量」と地下水汚染しやすい「溶出量」）で高い割合が認められた（図 18.4）．このことは，高い生態毒性を有する両元素が，比較的生態系に移行しやすい可能性を示唆している．

土壌の中の生物に利用されやすい画分に存在する微量元素が，つぎに微生物や植物に実際に利用されることで，生態系に到達する．この生物利用能の評価に，重金属類を吸収する能力が優れていると指摘されている（Sun et al., 2009a, b）キク科のコセンダングサを用い，奄美大島での分布を確認した（鈴木ほか，2011）．コセンダングサは，とくに汚染元素の蓄積において，ヒ素（As）やアンチモン（Sb），鉛（Pb）を根に，カドミウム（Cd），水銀（Hg）を地上部（茎と葉）に蓄積しやすいことが明らかとなり（図 18.5），葉を用いたモニタリングではヒ素（As），カドミウム（Cd），アンチモン（Sb）は，おもに中南部で高濃度を示す傾向が見られた（図 18.6 の上部）．一方で，水銀（Hg）と鉛（Pb）の濃度は全島でおしなべて高レベルであったが，中南部の沿岸は特徴的な低濃度を示す分布が認められた（図 18.6 の下部）．このことは，とくに

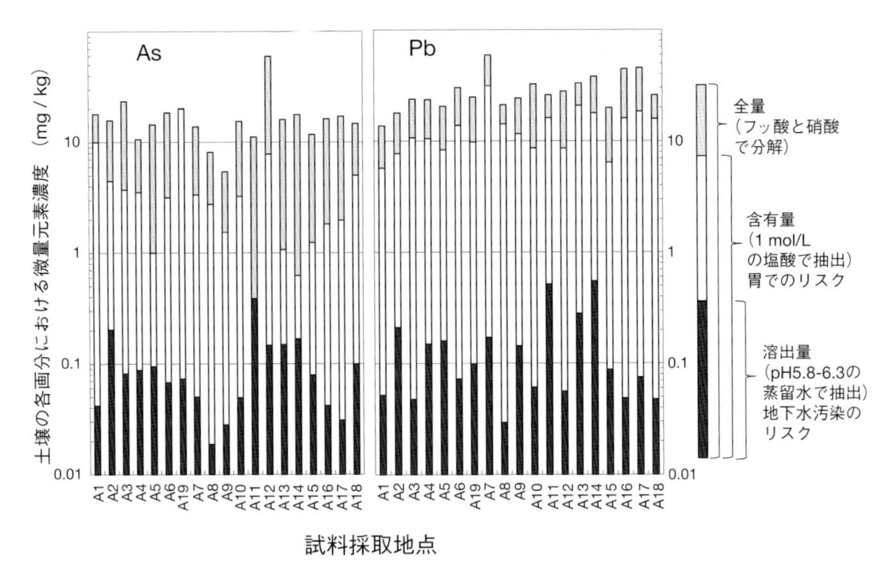

図 18. 4 奄美大島の各地点で採取された土壌の各画分におけるヒ素 As と鉛 Pb の濃度.

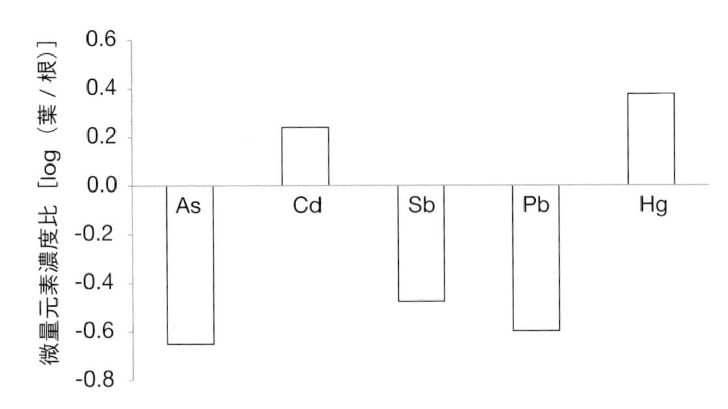

図 18. 5 奄美大島のコセンダングサにおける微量元素の濃度比（葉の濃度／根の濃度. Y 軸の数字が 0 より大きければ葉のほうが濃度が高く，葉を食べる動物へ濃縮する可能性がある）.

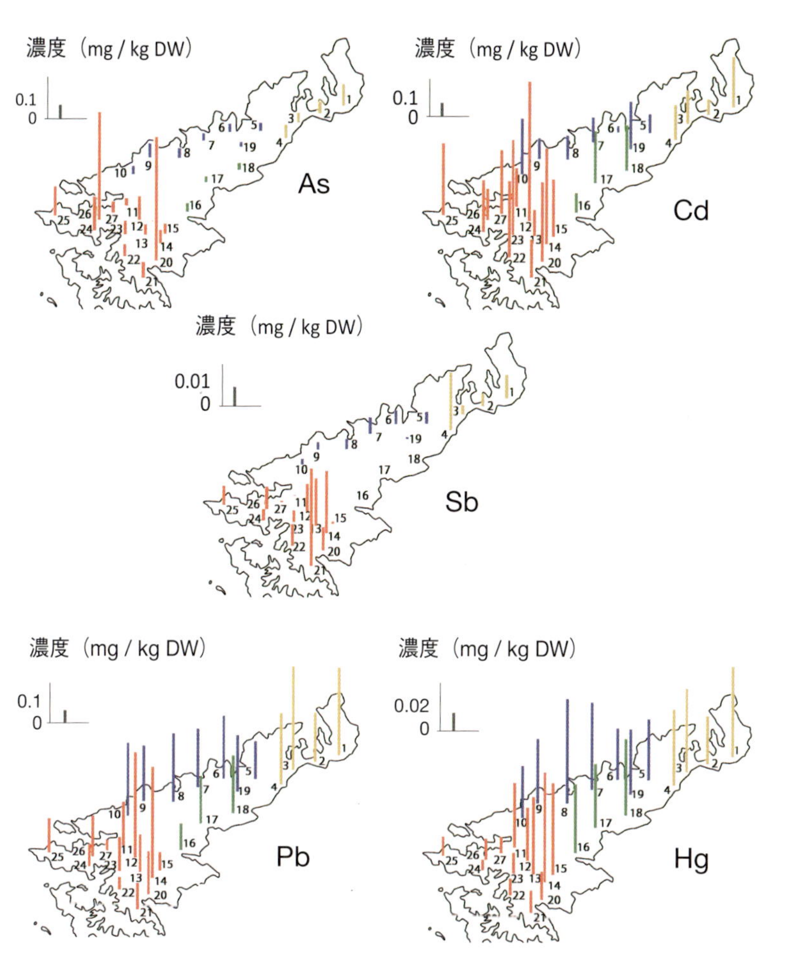

図 18. 6　奄美大島で採取されたキク科植物コセンダングサの葉部の濃度を用いた微量元素の分布マップ.

山が険しく，豊かな生態系を残す中南部周辺において，カドミウムなど汚染元素の生物蓄積が懸念される一方，その沿岸部では独特の元素蓄積が起きる可能性も考えられ，微量元素の分布に関してはさらなる究明が必要と結論された.

3. 奄美大島を含む南西諸島の生態系における微量元素の分布

奄美大島を含む南西諸島は，アマミノクロウサギ *Pentalagus furnessi* やケナガネズミ *Diplothrix legata*，ルリカケス *Garrulus lidthi*，オットンガエル

Babina subaspera など多くの固有種を含む貴重な野生動物が分布している．私たちの研究チームは2001年に奄美大島のマングースの肝臓からきわめて高濃度の水銀を検出して以来，南西諸島の生態系における微量元素汚染に着目して研究を続けてきた（Horai et al., 2008；Horai et al., 2014）．余談になるが，一番最初にマングースから高濃度の水銀を検出したとき，私たちはこれまでの環境化学的知見（経験）から「魚介類を食べているのだろう」と単純に考えた．ところが，最初に現地を訪問したとき，環境省奄美野生生物保護センターの阿部愼太郎氏と琉球大学の小倉剛先生に「それはありえない」と言下に否定され，にわかには信じられなかった．その後，実際に捕獲が始まった現場をつぶさに見せていただき「これはたいへんな発見をした」と驚きを新たにした．つまり，これまで野生動物で水銀の高濃縮種は海生の哺乳類か鳥類しか知られておらず，その原因は餌となる魚介類の高濃度と特異な濃縮メカニズムで説明されていた．しかし，比較的水銀レベルが"低い"と考えられる陸上生態系で水銀を濃縮することは，これまで"ありえない現象"といえ，奄美大島が極度の汚染にさらされているか，生物として特異な濃縮機構をマングースが持っている可能性が考えられたのである．

水銀は化石燃料の燃焼に伴う放出量が，世界的に無視できないとされ（UNEP, 2002；Potera, 2009），あわせて近隣の国々の急速な経済発展が膨大な化石燃料の使用増を引き起こしていることから，越境大気汚染の影響が懸念されている．化石燃料の燃焼は，水銀や二酸化炭素，有害有機化合物（多環芳香族炭化水素PAHsなど）以外に，バナジウムやヒ素，鉛といった重金属の環境負荷ももたらすことから，野生動物での蓄積状況の把握は急務と考えられた（渡邉ほか, 2011）．そこで，奄美大島とあわせ，比較的距離の近い沖縄島北部の森林地帯（やんばる）からも以下の動物たちを採取し，分析・比較した．つまり，無脊椎動物を9種（ヤマナメクジ類 *Meghimatium* spp.，ヤンバルマイマイ *Satsuma mercatoria atrata*，陸生腹足類 Clausliidae，サワガニ類 *Geothelphusa* spp.，オオムカデ類 Chilopoda，クモ類 Araneae，マダラコオロギ *Cardiodactylus novaeguineae*，ナナホシキンカメムシ *Calliphara nobilis*，カブトムシ類 *Trypoxylus* spp.），両生類を5種（シロアゴガエル *Polypedates leucomystax*，ハナサキガエル *Odorrana narina*，リュウキュウアカガエル *Rana ulma*，リュウキュウカジカガエル *Buergeria japonica* とイボイモリ *Echinotriton andersoni*），爬虫類を7種（ホオグロヤモリ *Hemidactylus frenatus*，ミシシッピアカミミガ

メ *Trachemys scripta elegans*，アカマタ *Dinodon semicarinatum*，ガラスヒバァ *Hebius pryeri*，リュウキュウアオヘビ *Cyclophiops semicarinatus*，ヒメハブ *Ovophis okinavensis* とハイ *Sinomicrurus japonicus boettgeri*），鳥類を26種（渡り鳥を含む：オオミズナギドリ *Calonectris leucomelas*，ササゴイ *Butorides striata*，アマサギ *Bubulcus ibis*，ゴイサギ *Nycticorax nycticorax*，ヤマシギ *Scolopax rusticola*，アマミヤマシギ *S. mira*，ヒクイナ *Porzana fusca*，シロハラクイナ *Amaurornis phoenicurus*，バン *Gallinula chloropus*，カラスバト *Columba janthina*，リュウキュウコノハズク *Otus elegans*，オオコノハズク *O. lempiji*，アオバズク *Ninox scutulata*，アカショウビン *Halcyon coromanda*，カワセミ *Alcedo atthis*，コゲラ *Dendrocopos kizuki*，ツバメ *Hirundo rustica*，シロガシラ *Pycnonotus sinensis*，シロハラ *Turdus pallidus*，ウグイス *Cettia diphone*，メジロ *Zosterops japonicus*，ヒヨドリ *Hypsipetes amaurotis*，ヤンバルクイナ *Gallirallus okinawae*，ノグチゲラ *Sapheopipo noguchii*，アカヒゲ *Luscinia komadori*，ハシブトガラス *Corvus macrorhynchos*），哺乳類を8種（アマミノクロウサギ，アマミトゲネズミ *Tokudaia osimensis*，オリイオオコウモリ *Pteropus dasymallus inopinatus*，オキナワコキクガシラコウモリ *Rhinolophus pumilus*，ケナガネズミ，ワタセジネズミ *Crocidura watasei*，クマネズミ *Rattus rattus* とマングース）らの動物たちである．また，参考として，島嶼から流れ出す微量元素の"行き先（アウトプット）"として沿岸海域を仮定し，魚類4種（ゴマアイゴ *Siganus guttatus*，イソフエフキ *Lethrinus atkinsoni*，ナンヨウブダイ *Chlorurus microrhinos*，マグロ類 *Thunnus* spp.）も供試した．

まず，水銀に注目すると，最高濃度はマングースの肝臓から検出され，その濃度は300μg/g DWを超えた．また，アマミノクロウサギやケナガネズミなどの濃度は低かった．一方で，肉食の強い猛禽類などの鳥類や爬虫類（ヒメハブ）からも高濃度の水銀が検出され，奄美大島を含む南西諸島の生態系で高次の捕食者ほど水銀が濃縮される生物増幅（食物連鎖に伴って濃度が上昇する現象）が明らかとなった．

このような食物網と関係した濃度上昇を示す水銀と，挙動が類似した元素をクラスター分析などを用い検討した．この検討の目的は，顕著な生物蓄積性（生物増幅も含む）有する水銀と類似の動態を示す元素を南西諸島の生態系内で特定することで，水銀と同様の汚染源を持つ可能性や，水銀と類似の汚染リ

表 18.1　南西諸島の生態系構成生物の体内において水銀濃度と同クラスターを形成する元素．◎は肉食哺乳類においてマングースとニホンイタチ両種で関係が認められた場合．

		Li	Ni	Co	Ag	Ba	Pb	V	Cu	Rb	Mo	Mn	Sr	Cr	Cd	Se
	無脊椎 _ 個体	○	○	○	○		○	○			○				○	
低次	両生類 _ 筋肉					○			○			○	○	○		○
↑	両生類 _ 肝臓		○	○	○		○	○			○				○	
	イモリ _ 筋肉	○		○	○		○	○			○					
	イモリ _ 肝臓		○	○	○		○	○		○	○			○	○	
	爬虫類 _ 筋肉					○		○	○	○		○	○	○		○
	爬虫類 _ 肝臓					○		○					○			
	鳥類（雑食）筋肉							○				○	○	○		○
	鳥類（雑食）肝臓							○			○		○	○	○	
	鳥類（肉食）筋肉							○				○	○	○		○
↓	鳥類（肉食）肝臓							○					○	○	○	
高次	哺乳類（肉食）筋肉								◎	○		◎	◎	◎		◎
	哺乳類（肉食）肝臓						○		◎	◎	○	◎	○	○	○	◎
	（見られた個数）	2	3	4	4	3	5	10	4	4	6	6	9	9	6	6

スクを有する元素をピックアップしようとするものである．解析の結果，鉛（Pb）やカドミウム（Cd）といった汚染元素にくわえ，セレン（Se）やクロム（Cr），バナジウム（V），ニッケル（Ni），コバルト（Co）といった元素がそれに該当した（表 18.1）．後者の元素は，生物の必須元素であるが，同時に産業活動でも多用されている金属でもあり，生態系内では水銀と連動した動態を示す可能性が示唆された（水銀と同様に石炭燃焼に伴う排出が考えられているヒ素（As）は，沿岸生魚類で高濃度が認められ，アマミノクロウサギでは水銀との間に有意な相関もみられた）．もう少し詳しく読み解けば，水銀の解毒に関与するとされるセレン（Se）や，汚染元素であるカドミウム（Cd），クロム（Cr），さらにストロンチウム（Sr）は高次の動物になるほど水銀と類似した蓄積を示し，反対に鉛（Pb）やコバルト（Co），ニッケル（Ni）などは低次の生物で水銀と類似の蓄積傾向を示した．ここで，化石燃料からの放出が指摘されるバナジウム（V）は，低次生物から高次の動物まで一貫して水銀と強い相関関係を示した（いずれも Spearman の順位相関検定およびクラスター分析による）．

ここからは再度，水銀に注目し，生態系の構成種における分布を見てみると（図 18.7），奄美大島を含めた南西諸島の生態系においてマングースが水銀の最高濃縮種であり，最高次の捕食者であることが支持された．くわえて，肉食であるヒメハブ，アカマタ，ガラスヒバァといったヘビ類や，オオコノハズクリュウキュウコノハズクといった猛禽類，ハシブトガラスといった肉食性が強い鳥類も，栄養段階に関係した水銀蓄積がみられた．一方で，これら捕食者に効率的に水銀を供給する可能性のある動物として，無脊椎動物のムカデ類，両生類のイボイモリ，リュウキュウアカガエル，シロアゴガエル，鳥類のヤマシギ，アマミヤマシギ，ノグチゲラ，ヤンバルクイナ，アカヒゲ，シロハラ，ツバメ，さらに哺乳類ではクマネズミが考えられた．

対照的に，両生類ではハナサキガエルやリュウキュウカジカガエル，鳥類ではメジロやヒヨドリ，シロガシラなど，哺乳類ではアマミノクロウサギ，ケナガネズミ，アマミトゲネズミ，ワタセジネズミ，コウモリ類は水銀濃度が低く，低栄養（草食嗜好）の種であることにくわえ，マングースの水銀供給源としては機能していない可能性が考えられた．

以上の水銀レベルと，各種の生態情報を考えあわせると，奄美大島を含む南西諸島の生態系には，①大きくマングースをトップにした食物網，②魚食性鳥類をトップにした水界生態系をベースとした食物網，③猛禽類など肉食性鳥類をトップとする食物網，④ハブなど肉食性爬虫類をトップとした食物網が考えられた（図 18.7）．ここで，私たちは九州本土（鹿児島市喜入）および沖縄島の市街地周辺に生息するマングースの分析も行った（渡邉ほか，2010）．その結果，両者の水銀レベルは低く，この低蓄積はおもに「両地域のマングースが昆虫を捕食する」という，単純な食物網が原因と考えられた．このことから，奄美大島ややんばるのマングースで起きている水銀の高蓄積は，複雑かつ長い食物網による生物増幅が原因であり，両生態系における大きな特徴を示していると考えられた．つまり，「南西諸島の深い山林における，豊かな生態系に依存した食物網で，水銀が高濃縮する」という点である．私たちの分析から，森林に生息する大型のムカデ類や両生類からも比較的高い水銀濃度が認められ，このような低次動物ですでに，水銀レベルが底上げされた生態系が奄美大島ややんばるの生態系における特徴と考えられた．さらに基部には，土壌－植物系，植物－無脊椎動物間の水銀移行が考えられ，今後は，どの生物グループが水銀を高レベルで蓄積し始めるのか特定することが課題となろう．カタツムリ類やナメクジ類など腹足類の水銀レベルも比較的高かったが，鳥類や爬虫類，両生類が嗜好するミミズなど環形動物などの水銀レベルの把握も求められる．

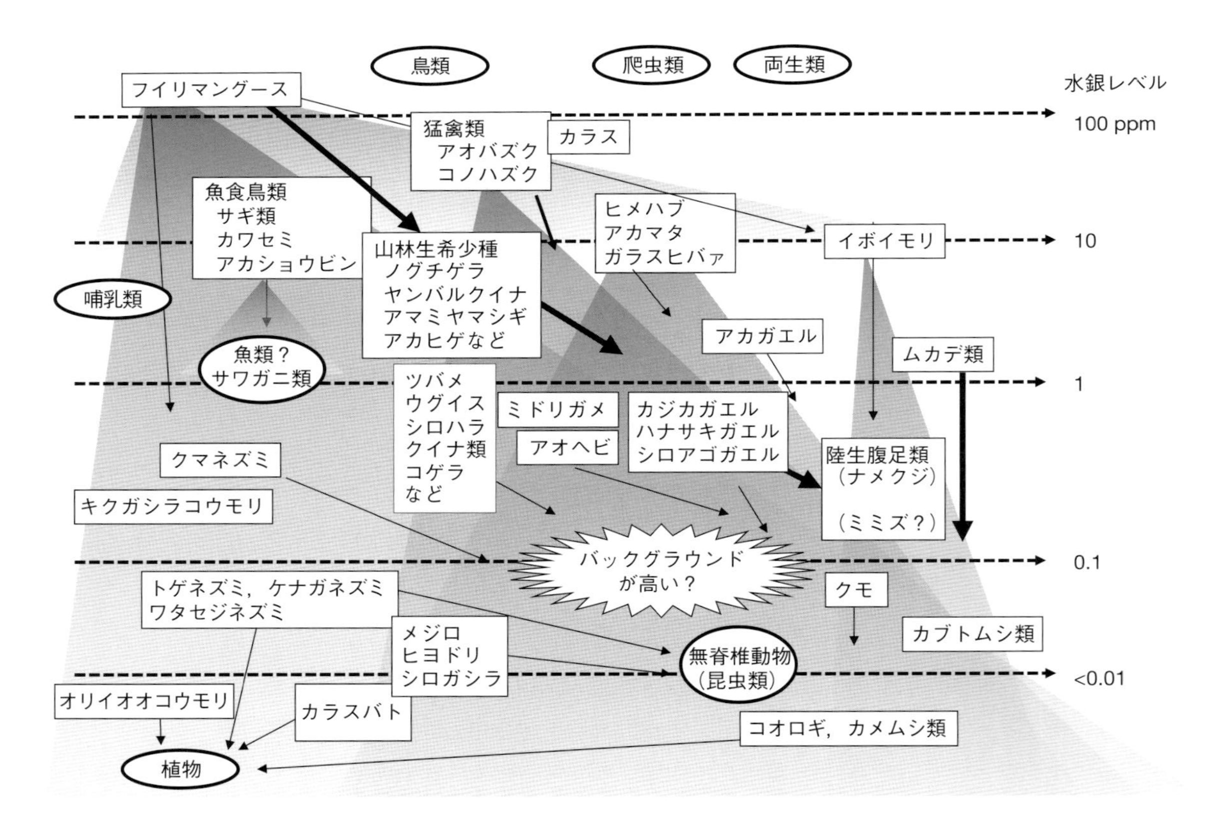

図 18.7　南西諸島の生態系における水銀分布と生物増幅の概念図.

4. アマミノクロウサギなど奄美固有の哺乳類の微量元素蓄積

奄美大島に生息する固有な哺乳類3種（アマミノクロウサギ，ケナガネズミとアマミトゲネズミ）にくわえ，外来種であるクマネズミの筋肉，肝臓および腎臓における微量元素濃度を比較した．固有種3種の水銀濃度は低かったことを上にふれたが，組織間の分布では水銀を含む多くの元素で，筋肉と肝臓より腎臓において，高い濃度が認められた．とくにアマミノクロウサギでは汚染元素である水銀，鉛，カドミウムとヒ素はいずれも腎臓でもっとも高濃度であり，成長に伴う濃度上昇もみられた．

腎臓における元素濃度を比較するとクマネズミはヒ素，カドミウムなど汚染元素をもっとも高濃度蓄積しており，アマミトゲネズミも鉛，スズとニッケルを高濃度で蓄積していた．一方で，アマミノクロウサギはカルシウム，ストロンチウムといったアルカリ土類元素にくわえ，マンガンで最高濃度を示した．アマミノクロウサギ，アマミトゲネズミとケナガネズミは草食嗜好種であり，クマネズミだけが植物以外に無脊椎動物も食餌とする雑食である．よって，クマネズミでみられたヒ素とカドミウムの高濃度も，水銀同様，食性の違いが影響していると考えられた．ここで，カドミウムに関しては，植物食であるアマミノクロウサギが，雑食性であるクマネズミと同程度であり，アマミノクロウサギの特徴かもしれない．今後は，餌である植物の分析も求められる．

親生物元素である窒素の安定同位体比（$\delta^{15}N$）は栄養段階を示す指標であることが知られており，栄養段階が高くなると値は大きくなる．これまで述べてきた水銀も栄養段階との関係が明らかであり，両者の関係をみると，奄美大島に生息する哺乳類は草食嗜好性種と雑食種で明確に分類できた（図18.8）．同様に，奄美大島の哺乳類において窒素安定同位体比とヒ素（As）濃度にも正の関係がみられ，明確な類似食性グループの分類ができた（図18.8）．ヒ素は土壌や植物，ヒトの爪の分析から，奄美大島の元素レベルを特徴付ける元素である可能性があり，今後は生態系での挙動にも着目した詳細なモニタリングが必要と考えられた．

5. おわりに

奄美大島など南西諸島には，貴重な固有種を有する豊かな生態系が存在する．しかし，経済発展が優先される世界において，それらの包括的保全は困難を伴

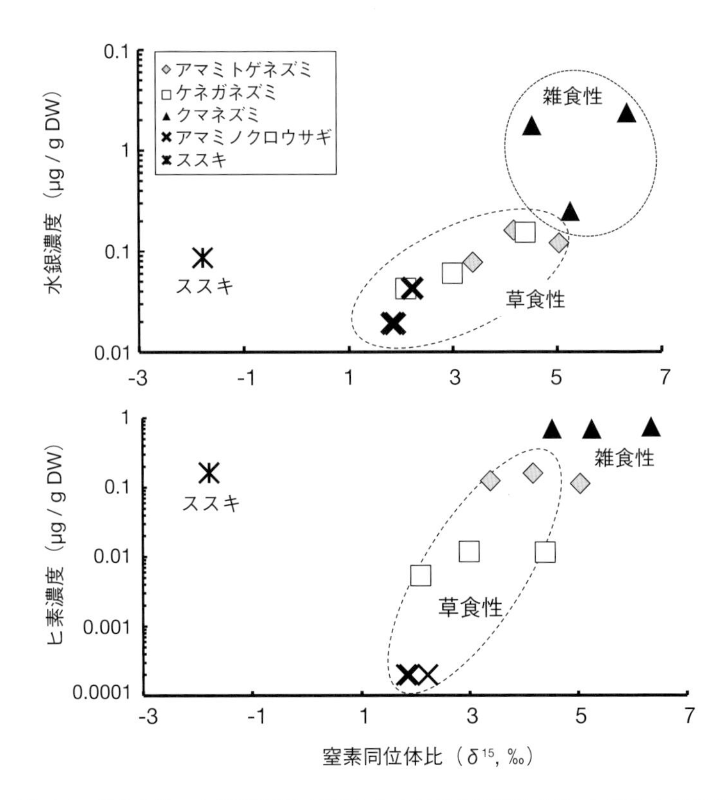

図 18.8　奄美大島の小型哺乳類（筋肉）における窒素同位体比（δ^{15}N）と微量元素濃度との関係.

い，我が国だけにとどまらない人類的な課題となっている．島嶼における生態系は，独自の進化を遂げることから，その構成生物が環境に応じたユニークな形態的，生理的特徴を獲得する可能性がある．野生生物の微量元素蓄積においても，このような島嶼生態系での特徴解析は“進化の理解”に繋がる可能性を秘めた興味深いテーマである．一方で，限定された環境で適応進化を遂げた野生生物は，外部からのアクションに脆弱である可能性が，元素代謝の面からも懸念され，保全においては包括的な対策が求められる．

近年，中国を代表とするアジア諸国の急激な経済発展は，さまざまな環境汚染を引き起こす事態を招いている．とくに，膨大な化石燃料の使用は，ついに，太平洋の海水における水銀濃度を上昇させ（Sunderland et al., 2009），ハワイ沖のキハダマグロ *Thunnus albacares* など高次捕食者である魚類の体内レベルを引き上げている現象が報告されるようになった．奄美大島を含む南西諸島は，このようなアジア諸国からの越境大気汚染を間近で被る可能性があり，生態汚染の現出には厳重な監視を行う必要がある．とくに，水銀やヒ素に代表される微量元素汚染は，PAHs など有機化合物の汚染と異なり，けっして分解されることなく残留し，長期に渡る影響をもたらす．奄美大島で報告されているヒトの爪における高濃度ヒ素や，一部野生動物での水銀蓄積，さらには特徴的な土壌の元素組成などは，もともとの地質に由来した特徴かもしれないが，越境汚染など人為活動による影響も否定できない．今後は，住民の健康や野生生物の包括的な保全のためにも，より詳細な微量元素動態の究明が求められよう．

最後に，本研究の実施にあたり，試料採取にご協力いただいた歴代の環境省奄美野生生物保護センターのみなさま，やんばる野生生物保護センターのみなさま，琉球大学の故小倉剛先生および研究室のみなさまに心からお礼申し上げます．

引用文献

浅見輝男（2010）改訂増補版 データで示す 日本土壌の有害金属汚染．アグネ技術センター，東京．

Goyer RA, Clarkson TW (2004) Toxic effects of metals. In: Klaassen, CD (ed), Casarett & Doull' s Toxicology 6th ed.（金属の毒性影響：クラッセン CD（編）キャサレット & ドール トキシコロジー，仮屋，佐藤，高橋，野口訳）927-992．サイエンティスト社，東京．

Horai S, Furukawa T, Ando T, Akiba S, Takeda Y, Yamada K, Kuno K, Abe S, Watanabe I (2008) Subcellular distribution and potential detoxification mechanisms of mercury in the liver of the Javan mongoose (*Herpestes javanicus*) in Amamioshima Island, Japan. Environmental Toxicology and Chemistry, 27: 1354-1360（奄美大島のマングース肝臓における水銀の細胞内分布と解毒メカニズムの潜在能力）．

Horai S, Yanagi K, Kaname T, Yamamoto M, Watanabe I, Ogura G, Abe S, Tanabe S, Furukawa T (2014) Establishment of a primary hepatocyte culture from the small Indian mongoose (*Herpestes auropunctatus*) and distribution of mercury in liver tissue. Ecotoxicology, 23: 1681-1689（マングースの肝臓細胞における初期培養の確立と水銀分布）．

輿水達司，小林浩（2004）甲府盆地およびその周辺域における地下水中のヒ素濃度分布とその起源．環境地質学シンポジウム論文集，14: 141-146．

遅沢壮一，相田吉昭，中森亨，新部明郎，蟹沢聰史，中川久夫（1983）奄美大島の地質，とくに重力滑動と崩壊による地質の構成について．地質学論集，22: 39-56．

尾崎宏和，油谷有紀，鈴木大輔，渡邉泉（2012）奄美大島表層土壌における高レベル有害元素濃度および生物可給リスク．地球化学，46: 63-76．

Potera C (2009) Ocean Currents Key to Methylmercury in North Pacific. Environmental Health Perspectives, 117: A345（太平洋のメチル水銀における海洋海流の鍵）.
坂井卓（2010）琉球列島の四万十帯白亜紀付加体.（日本地質学会 編）日本地方地質誌 8 九州・沖縄地方，218-222. 朝倉書店，東京.
Sunderland EM, Krabbenhoft DP, Moreau JW, Strode SA, Landing WM (2009) Mercury sources, distribution, and bioavailability in the North Pacific Ocean: Insights from data and models. A Global Biogeochemical Cycles, 23: GB2010（北部太平洋における水銀の起源，分布，生物利用能）.
Sun YB, Zhou QX, Liu W, Wang L (2009a) Cadmium tolerance and accumulation characteristics of *Bidens pilosa* L. as a potential Cd-hyperaccumulator, Journal of Hazardous Materials, 161: 808-814（コセンダングサの超蓄積種としての，カドミウム耐性と蓄積特性）.
Sun YB, Zhou QX, Liu TW, An J, Xu ZQ, Wang L (2009b) Joint effects of arsenic and cadmium on plant growth and metal bioaccumulation: A potential Cd-hyperaccumulator and As-excluder *Bidens pilosa* L.. Journal of Hazardous Materials, 165: 1023-1028（ヒ素とカドミウムの同時暴露がコセンダングサの成長に与える影響と金属の生物蓄積：カドミウムの超蓄積種，ヒ素の排除種としての潜在能力）.
鈴木大輔，尾崎宏和，渡邉泉（2011）コセンダングサ *Bidens pilosa* を指標生物として用いた沖縄島における微量元素分布．人間と環境，37: 72-85.
Tabata H, Anwar M, Horai S, Ando T, Nakano A, Wakamiya J, Koriyama C, Nakagawa M, Yamada K, Akiba S (2006) Toenail arsenic levels among residents in Amami-Oshima Island, Japan. Environmental Sciciences, 13: 149-160（奄美大島の住民における爪のヒ素レベル）.
竹内誠（1994）20 万分の 1 地質図幅「奄美大島」，地質調査所，つくば.
United Nations Environmental Program Chemicals (2002) UNEP Global Mercury Assessment Summary of the Report.（国連環境計画による水銀アセスメントに関する報告の要約）.
渡邉泉（2012）重金属のはなし．中央公論新社，東京.
渡邉泉，秋山太一，佐野翔一（2011）沖縄島北部やんばる地域の生態系における水銀分布と他元素との関係．地球化学，45: 29-42.
渡邉泉，宝来佐和子，小川大輔，中島周三，船越公威，平野昂規，小倉剛（2010）沖縄県恩納村南部，鹿児島市喜入およびやんばるで捕獲されたマングース *Herpestes auropunctatus* の微量元素蓄積．人間と環境，36: 208-220.

第19章

与論島の両生類と陸生爬虫類
残された骨が物語るその多様性の背景

中村泰之

与論島の陸生脊椎動物相は，種数が少ないことと固有要素がないことで知られてきた．ところがこの島の近世以降のものと推定される遺構から，現在では生息が確認されない両生類1種と陸生爬虫類４種の骨が発見され，そのうちトカゲモドキ（ヤモリの仲間）はこの島固有の亜種であったことがわかった．これら５種がこの島から消えた原因は，人間の行為にあると考えられる．この事例は，私たちがこの地域の生態系に与えてきた影響の規模について，私たち自身がまだ十分に認識できていないことを示すものである．

1. はじめに

奄美群島の最南端に位置する与論島は，上空から見下ろすと円く，また海上のフェリーや近隣の沖縄島から望むととても平たく見える（図19.1）．この島は奄美の有人島中でもっとも海抜が低く（97.1 m），また与路島と請島に次いで面積が小さい（20.5 km^2）．そのうえ樹林地が少なく開けた景観の広がることもあってか，以下に紹介するこの地域の両生類と陸生爬虫類（ウミガメやウミヘビ以外の爬虫類）の研究史からもうかがえるように，陸生生物の研究者から見過ごされがちであった．

本章の主役である両生類と陸生爬虫類は，奄美を含む琉球列島では非飛翔性の（つまり鳥類やコウモリ類以外の）陸生脊椎動物のうちで，その種数と個体数の多さから存在感を発揮している．中琉球（奄美群島と沖縄諸島）におけるその研究史は，ペリー率いる黒船を含む米国の艦隊が奄美大島と加計呂麻島・沖縄島・慶良間諸島でアカマタ *Dinodon semicarinatum* やハブ *Protobothrops flavoviridis* などを採集し，それらが1860年前後に欧米の研究者らによって相次いで新種として報告されたことに始まる．そして19世紀の終わり頃になると，未発見の種を求めて多くの採集人や研究者が奄美大島や沖縄島を訪れた（岡田，1938）．その一方で，与論島の両生類と陸生爬虫類についての資料にそ

図 19.1　上空から見た与論島．図の上側が西，右側が北の方角である．起伏の少ない地形と樹林地（濃い緑色の部分）の面積の少なさがわかる．元画像は「与論島」のタイトルでユーザー名 rch850 によって写真共有サイト Flickr に投稿されたものであり（https://www.flickr.com/photos/rch850/9214526561），Creative Commons Attribution 2.0 Generic の下でライセンスされている（詳細は https://creativecommons.org/licenses/by/2.0/ を参照）．中村がトリミングと明度の変更を行った．

う古いものはなく，岡田彌一郎による与論島産のハロウェルアマガエル *Hyla hallowellii* とリュウキュウカジカガエル *Buergeria japonica*・オキナワアオガエル *Rhacophorus viridis* への一連の言及（Okada, 1927；岡田，1930）がおそらく最古のものである．そのうちの一部に付随する記述から，これらは 1922 年にこの島を訪れた折居彪二郎（鳥類・哺乳類学者の黒田長禮が派遣した採集人）が，鳥の標本を集めるかたわらに採集したものらしい．

この折居による採集以後，与論島における両生類と陸生爬虫類の調査は，1958 年にこの島を訪れた上野俊一らが採集とミナミヤモリ *Gekko hokouensis* の報告を行ったこと（Nakamura and Uéno, 1959；Ota and Endo, 1999）を例外として，実質的に 1980 年代以降に持ち越されることとなる．ところが与論島以外の奄美の有人島は，1950 年代に高良鉄夫と木場一夫がそれぞれ独自に行った両生類と陸生爬虫類の調査の過程で，少なくともどちらかが直接訪れているのである．ただし，高良のもとには与論島で採集されたヘビ類の標本が届けられ（高良，1962），木場も同様にして得た与論島産のヘビとトカゲの標本に言

図 19.2　与論島に現生する在来の両生類（1〜3）と陸生爬虫類（4〜9）．1，ハロウェルアマガエル；2，リュウキュウカジカガエル；3，ヒメアマガエル；4，リュウキュウアオヘビ；5，アカマタ；6，オキナワキノボリトカゲ；7，オキナワトカゲ；8，アオカナヘビ；9，ミナミヤモリ．撮影地は 1・2・8 が与論島で，その他は伊平屋島（4・6）と沖縄島（3・5・7・9）である．

及している（木場，1956）．また 1960 年代後半に教師として与論島に赴任していた森田忠義がのちにまとめたこの島の陸生動物についての資料では，両生類と陸生爬虫類が彼の見聞を交えて紹介されている（森田，1988）．だが後述するように，1950 年代は与論島の両生類と陸生爬虫類にとって，大きな変化が訪れた時期であったらしい．たとえば上野らの採集の結果，今ではこの島に生息しないオキナワアオガエルが，国立科学博物館の保管する標本として残された（Ota and Endo, 1999）．そのため，もし高良や木場が与論島で直接踏査を行っていたら，同様に現在ではこの島で見ることができなくなった種が採集され，標本として後世に残されたかもしれないのである（高良の標本は琉球大学博物館［風樹館］に，そして木場の標本は大阪市立自然史博物館に，それぞれの大部分が保管されている）．おそらくその結果として，与論島の両生類と陸生爬虫類の多様性についての私たちの認識や関心は，だいぶ異なる経緯をたどっていたであろう．

2. 与論島の両生類と陸生爬虫類：在来種の生息種数はなぜ少ない?

与論島に生息する在来の両生類と陸生爬虫類の種数は少ない．その構成は両生類3種（ハロウェルアマガエル・リュウキュウカジカガエル・ヒメアマガエル *Microhyla okinavensis*）と陸生爬虫類6種（リュウキュウアオヘビ *Cyclophiops semicarinatus*・アカマタ・オキナワキノボリトカゲ *Japalura polygonata polygonata*・オキナワトカゲ *Plestiodon marginatus*・アオカナヘビ *Takydromus smaragdinus*・ミナミヤモリ）であり（図19.2），このうちアカマタとオキナワキノボリトカゲはごく最近になってこの島での生息が確認された（本章第9節参照）．在来種の生息種数で比較すると，この島の陸生爬虫類は奄美の有人島中で喜界島と共にもっとも少なく，両生類は沖永良部島（2種）に次いで少ないことになる．そしてこれら与論島に生息する種にこの島固有のものはおらず，いずれも周辺の島々でも普通に見られるものばかりなのである．また以上に加え，ホオグロヤモリ *Hemidactylus frenatus* やブラーミニメクラヘビ *Indotyphlops braminus*，そして最近この島に侵入していたことが発見されたシロアゴガエル *Polypedates leucomystax* のような，外来種の生息が知られている．

以上の種は，現存する標本などにより与論島におけるその生息が確かめられているものである．その他にも，与論島産の標本が現存しているものの，現在ではこの島に生息しないオキナワアオガエルが知られている（後述）．さらにヌマガエル *Fejervarya kawamurai*・ヘビの1種のガラスヒバァ *Hebius pryeri*・外来種のオンナダケヤモリ *Gehyra mutilata* がこの島に生息するとされたことがある．しかしながら，たとえば Okada（1927）と岡田（1930）はヌマガエルがこの島に生息するとしているものの，表中でそう示しているのみで他では言及していない．そしてガラスヒバァについては，高良（1962）が（おそらくは推測に基づいて）この島に生息するとしているだけである．したがってこれらの種の与論島からの記録は，疑わしいと考えられる．

それではなぜ与論島ではこのように両生類と陸生爬虫類の生息種数が少ないのだろうか？　これらの動物の多くは程度の差はあれども樹林地をすみかとして利用していることから，この島が樹林地に乏しいことがその理由かもしれない．鹿児島県の「平成26年度鹿児島県森林・林業統計」によれば，与論島の「森林」の面積はわずか 0.88 km^2 で，島の総面積の 4.3%にすぎない（ただし島内にはこのカテゴリーに含まれない灌木林や屋敷林もあるはずなので，この値は島内の樹林地の面積見積もりとしては過小であろう）．しかも奄美で同様に「森林」に乏しい喜界島（森林面積は 8.94 km^2）や沖永良部島（同 9.29 km^2）と比べても，その 1/10 にも達しないことになるのである．

同じことは，この島の地史的背景により説明することもできる．奄美で同様に在来の陸生脊椎動物の種数が乏しいことで知られているのは喜界島と沖永良部島であり，これら 3 島は陸域の大部分が更新世の石灰岩（琉球石灰岩）で構成されているという共通点がある．この石灰岩層の主要部分は前期更新世末から中期更新世にかけてのある時期（与論島では 95〜41 万年前の範囲に含まれるとされ，喜界島ではより新しい時期とされる）にサンゴ礁の堆積物として形成された（たとえば井龍・松田，2010）．つまり，これらの島の陸地の大部分は，比較的最近に形成された「新しい」土地と言える．そこで与論島のような「新しい」土地がほぼ全域を占める島では，その陸生動物（とくに渡海能力を持たないもの）は，島の陸地化後に近隣の「古い」基盤岩を主体とする島々（たとえば奄美大島や徳之島・沖縄島）などとの陸地接続の際に移り住んできたものに起源しているはずである（他にも偶然流れ着いたものや，サンゴ礁の核となった陸地にもともと生息していたものが含まれるかもしれない）．したがってこれらおもに琉球石灰岩からなる島の陸生動物相は，おおむね非石灰岩の「古い」島のそれのサブセットにならざるを得ず，種数はより少ない傾向があると考えられるのである．ただし，以上で述べた与論島に生息する在来の両生類と陸生爬虫類の種数がなぜ少ないのかについては，本章の後半でも再び取り上げて考察したい．

3. 岩陰の骨

与論島には，島を東西に横切る断層により形成された石灰岩の崖がある．2007 年の初冬，当時琉球大学に所属していた髙橋亮雄（現在は岡山理科大学）は，この崖で陸生脊椎動物の化石を探していた．石灰岩地では土壌中の炭酸カルシウムの濃度が高いため，動物の骨や陸貝類の殻が，雨水等による溶食から守られて保存されやすい．実際に，この崖の一角からは，陸貝類の化石が報告されていた．ところが彼が見つけたのは，崖の下にある家畜の骨や魚骨・海産貝類などの堆積であった（図 19.3）．この堆積が住民の捨てた食料残渣（つまり生ゴミ）に由来することは一見してわかった．しかし，そこに在来の陸生脊椎動物の骨が含まれていることも見て取れたのである．

図 19.3　石灰岩の岩陰での採集風景（2007 年 11 月）.

当時大学で同じ研究室に所属していた私は，その発見の連絡をもらった翌日から，この崖の下で数日間に渡って土砂をふるいにかける作業を行うことになった．その作業の合間にも，ハリセンボン類（奄美や沖縄では食用にされる）のトゲや他の海産魚の骨・住家性ネズミ類の骨などに混じって，両生類や陸生爬虫類の骨が目についた．この堆積に含まれる両生類と陸生爬虫類の骨の数はかならずしも豊富と言えるほどではなかったものの，飽きない程度に少しづつ，ふるった土の中から骨が出てくるのであった．

研究室では持ち帰った骨混じりの土砂をあらためて目の細かいふるいにかけ，トレーの上にひろげて細かい動物の骨をえり分けた．そして個々の骨を水が張られたシャーレの中で洗い，乾燥させる．そして実体顕微鏡のもとでこの地域に生息する両生類と爬虫類の骨標本と見比べていくことで，個々の骨の種の帰属と部位を判定していった．その結果，両生類（カエル類）4 種と爬虫類 11 種（ヘビ類 4 種と［ヤモリ類を含む］トカゲ類 7 種）の骨を見つけ出すことができた．しかもそのいくつかは，今ではこの島で見られない種のものだったのである．

両生類の骨はすべてカエル類のものであり，現在この島で見られる小型種 3 種（ハロウェルアマガエル・リュウキュウカジカガエル・ヒメアマガエル）が含まれていた．しかしそれらに加えて，より大型のカエルの上腕骨（前肢の構

図 19.4　与論島で発見されたこの島には現在生息しない両生類と陸生爬虫類（ヨロントカゲモドキを除く）の骨．参考に，他の島で撮影された同種ないしその可能性のある種の生体写真も示した．1，オキナワアオガエル（右の上腕骨［a］，左の腸骨［b］，生体［c］）；2，ガラスヒバァ（脊椎骨［胴椎］の前方［a］・左側面［b］・後面［c］・背面［d］，生体［e］）；3，ヘリグロヒメトカゲ（前頭骨の背面［a］と腹面［b］，生体［c］）；4，ヤモリ属不明種（右の上顎骨の内側［a］，左の歯骨の内側［b］），アマミヤモリの生体（c），オキナワヤモリの生体（d）．1c と 2e は沖縄島で，3c は沖永良部島で，4d は伊平屋島でそれぞれ撮影されたものであり，4c は与路島産の個体を撮影したものである．

成骨）と腸骨（腰の部分を構成する骨）が 1 個ずつ見つかった（図 19.4 の 1）．その正体は，中型の樹上性種であるオキナワアオガエルであった（Nakamura et al., 2009）．このカエルは上述のように折居がこの島で採集していたらしく，また上野らによって採集された標本が現存している．しかし，その後の記録がまったくないことから，この島からの本種の記録は真偽の疑わしいものとされていたのである．ところがこれらの骨は，本種がかつてこの島に生息していたことを裏付けるものであった．この発見は私にとって，この島で現在みられる陸生脊椎動物相について，従来とは違った見方をしなければいけないことに気付くきっかけともなった.

爬虫類の種組成は，さらに興味深いものであった．陸生のヘビ類で確認できたのは，リュウキュウアオヘビ・アカマタ・ガラスヒバァの3種である．このうちガラスヒバァ（図19.4の2）は上述の高良（1962）による根拠の疑わしい生息認定を除けば与論島において目撃記録もないが，かつてはこの島に生息していたのである．さらになぜかウミヘビ類，しかも食用にされるエラブウミヘビ *Laticauda semifasciata* やその近縁種のものではなく，陸地に上陸しないことで「真のウミヘビ」と称されるグループのものらしい脊椎骨も1個だけ見つかった．この骨は中琉球で見られるいくつかのウミヘビ類の骨と比べてみたものの，いずれとも異なっていた（Nakamura et al., 2013）.

ヤモリ類以外のトカゲ類は，4種が確認できた．そのうちもっとも多かったのは6個体分の骨があったオキナワキノボリトカゲで，5個体分の骨が得られたオキナワトカゲがそれに次いだ．アオカナヘビの歯骨（下顎の構成骨），そしてヘリグロヒメトカゲ *Ateuchosaurus pellopleurus* の後縁に孔のある特徴的な前頭骨（頭部の構成骨）（図19.4の3）も見つかった（Nakamura et al., 2013）．これらのトカゲ類のうち，ヘリグロヒメトカゲはこの島からの記録がない．そこでこの前頭骨は，この島にかつてヘリグロヒメトカゲが生息していたことの唯一の証拠である．そしてオキナワキノボリトカゲについても，私が与論島における本種の骨の発見を報告（Nakamura et al., 2013）した時点では，与論島に生息しないと考えられていた．つまり，本種は1955年の採集記録（木場，1956）以降に島から消えてしまったか，もしくはもともと生息せず，過去に記録されたのはたまたま他の島から持ち込まれた個体かもしれないとされていたのである．たとえば1984年にこの島を訪れた太田英利は，自身の野外調査と住民への聞き込み調査（各種の写真を示して見たことがあるかを尋ねる調査）の結果，本種はこの島に生息していない可能性が高いと結論している（Ota, 1986）．1990年にはこの島で本種を目撃したという報告（鮫島，1991）がなされたものの，私自身を含むその後の調査者は，誰もその確認ができなかった．ところが2015年になって本種が1個体採集され，この島における生息が確かめられることとなったのである（本章第9節参照）.

与論島に現生する在来のヤモリ類は，ミナミヤモリ1種だけである．しかし得られたヤモリ類の骨には3種が含まれていた．そのうち2種はヤモリ属 *Gekko* のもので大小の2タイプがあり，小さいほうがミナミヤモリと一致する大きさであった．ヤモリ属のより大きいほう（すなわちこの島に現生しないほう）は，その大きさから奄美群島のいくつかの島に生息するアマミヤモリ *G. vertebralis* か沖縄諸島から知られる未記載種のオキナワヤモリ *Gekko* sp. と考えられた（図 19.4 の 4）．両種はともにごく最近になって認識された種であり，長くミナミヤモリと混同されていた．与論島の陸生動物はどちらかといえば沖縄諸島に類縁性を持つことから，この消えてしまった「ヤモリ属のより大きいほう」は，オキナワヤモリであっただろうと私は考えている．

ヤモリ類の残りの 1 種はさらに大型のものであり，きわめて特徴的な形態を持っていた．たとえば上顎骨（頭部の構成骨）や歯骨には，キノコのような先端部がふくらんだ歯が並んでいるのである（図 19.5 の 1〜4）．そして歯の咬合（噛み合わせ）面には，3〜4 列の湾曲した畝のような構造が見られる（図 19.5 の 5）．これらはトカゲモドキ属 *Goniurosaurus* の一部の種だけが持つ特異な形質である．

4. 固有亜種ヨロントカゲモドキ

トカゲモドキ属は，祖先的な形質（たとえばまぶた）を残す原始的なヤモリである．この属は国内では奄美群島と沖縄諸島の限られた島々にのみ生息し，国外では中国の南東部からベトナム北部にかけての地域と周辺の島嶼（海南島など）に分布している．琉球列島の陸生爬虫類の中でこの属はきわだって多様化していて，最新の研究（Honda et al., 2014）によれば徳之島固有のオビトカゲモドキ *Go. splendens* と沖縄諸島の種クロイワトカゲモドキ *Go. kuroiwae* の 2 種に分けられる．そして種クロイワトカゲモドキには 4 亜種が認められており，それぞれは伊平屋島のイヘヤトカゲモドキ *Go. k. toyamai*，久米島のクメトカゲモドキ *Go. k. yamashinae*，沖縄島とその付属島嶼（伊江島・瀬底島・古宇利島・屋我地島）の亜種クロイワトカゲモドキ *Go. k. kuroiwae*，そして渡嘉敷島・阿嘉島・渡名喜島のマダラトカゲモドキ *Go. k. orientalis* とされている（図 19.6）．ただし，亜種クロイワトカゲモドキとマダラトカゲモドキとされているものの中には，今後独立の亜種などとして認められるべきいくつかの個体群が含まれることがわかっている．与論島ではトカゲモドキは記録されたことはなく，似た動物の目撃例すらもないことから，おそらく現生していない．しかも与論島は既知のトカゲモドキ属の種や亜種が生息するいずれの島からも距離があるうえ深い海で隔てられているので，この島のトカゲモドキは未記載の種ないし亜

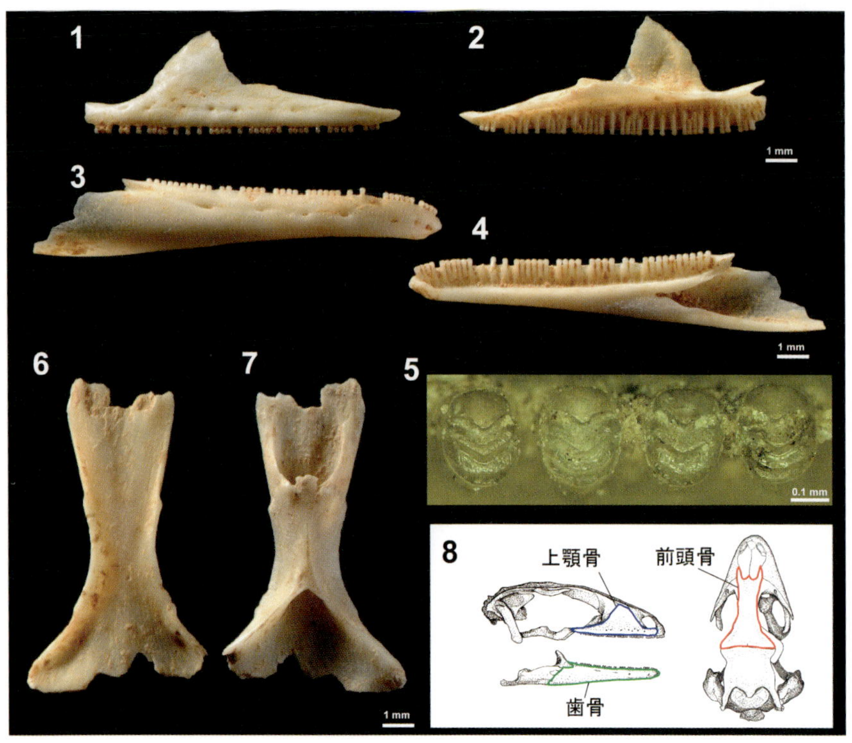

図 19.5 ヨロントカゲモドキの骨（1〜7）と各骨の位置を示す模式図（8）．1と2，左の上顎骨（完模式標本）の外側（1）と内側（2）；3と4，右の歯骨の外側（3）と内側（4）；5，歯骨（3・4とは別標本）の歯の咬合（噛み合わせ）面の拡大写真（髙橋亮雄氏提供）；6と7，前頭骨の背面（6）と腹面（7）；8，マダラトカゲモドキの頭骨（いくつかの骨は脱落している）の右側面図（左）と背面図（右）．5では図の上が外側（頬側），下が内側（舌側）である．

種である可能性が考えられた．

この与論島のトカゲモドキが何者なのかを調べる際にもっとも困ったことは，解剖して骨の形態を調べられる琉球列島産トカゲモドキ類の標本がほとんどなかったことであった．しかもこれらのトカゲモドキ類は絶滅が危惧されており，すべて県指定の天然記念物として保護されているので（2015年から国内希少野生動植物種に指定され，種の保存法によっても保護されることになった），採集などで標本を増やすことは容易にはできないのである．中でもイヘヤトカゲモドキとクメトカゲモドキの標本は，どちらもこの世に10数個しかない貴重なものである．幸運なことに，大阪市立自然史博物館の波戸岡清峰と琉球大学博物館（風樹館）の佐々木健志の両氏のおかげで，これらの亜種の標本を解

図 19.6　琉球列島（奄美群島と沖縄諸島）におけるトカゲモドキ属（オビトカゲモドキ［1］と種クロイワトカゲモドキ［2～6］）の多様性と分布．1，オビトカゲモドキ；2，イヘヤトカゲモドキ；3，クメトカゲモドキ；4，マダラトカゲモドキ；5，亜種クロイワトカゲモドキ；6，ヨロントカゲモドキ（左の上顎骨［上］と右の歯骨［下］）．地図中の島名は一部のみを示した．オビトカゲモドキとイヘヤトカゲモドキ・マダラトカゲモドキの写真は田原義太慶氏の提供である．

剖させていただくことができた．その結果，この与論島のトカゲモドキは当時知られていた種クロイワトカゲモドキの5亜種（2014年まではオビトカゲモドキも種クロイワトカゲモドキの1亜種とされていた）とは違う独自の形態的特徴を持つことを確認でき，新しい亜種としての報告を行うことができたのである．

この与論島のトカゲモドキは，与論島の別名である「ゆんぬ」にちなんで *Goniurosaurus kuroiwae yunnu* と命名した（Nakamura et al., 2014）．この亜種名の拠りどころとなるホロタイプ（holotype；完模式標本ないし正基準標本などとも言う）は左側の上顎骨（図19.5の1と2）で，その他の部位の骨とともに，琉球大学博物館（風樹館）に保管されている．この「ヨロントカゲモドキ」は，おもに上顎骨と前頭骨（図19.5の6と7）の形態に特徴がある．またその歯骨の形態は，沖縄島とその周辺に分布する亜種クロイワトカゲモドキに似ている点もある．詳しい解析は行えていないものの，上記の最新の研究（Honda et al., 2014）による琉球列島産トカゲモドキ類の分類に基づくと，ヨロントカゲモドキは種クロイワトカゲモドキの亜種とされるのが適当であると私は考えている．そしてなぜかはわからないが，ヨロントカゲモドキは小柄であったらしい．各部の骨（4個体分）から推定されたその頭胴長（尾を除いた体長）は66.6～84.2 mmで，これは種クロイワトカゲモドキの亜種の中でもっとも小さく，トカゲモドキ属で最小の種であるオビトカゲモドキに匹敵する値である．

ヨロントカゲモドキがこの島から消えたことは，オキナワアオガエルやガラスヒバァなどがこの島からいなくなったこととはその意味するところが異なっている．後2種の場合は他の島に同種や同亜種が生息しているので，分類学的単位で見た場合，その一部が失われただけとも言える（ただし本章第8節も参照）．しかしヨロントカゲモドキと呼べる動物は，そのすべてが失われてしまったことになるのである．

食料残渣の堆積から発見されたヨロントカゲモドキは，人間（現生人類）と同時代に生息していたことは間違いなさそうである．そして人間の存在下で起きた絶滅は，（大規模な気候変動が伴った更新世に起きたものを除いて）おおむね人間の行為がその原因となっている．そこでヨロントカゲモドキは，人間によって分類学的単位（この場合亜種）で絶滅させられた爬虫類の，国内ではじめての例であろうと考えられる．なお，琉球列島では人間の到達以後に陸生・淡水生のカメ類数種が絶滅しているものの，その絶滅の原因については（推定される絶滅時期が更新世を含むことから）結論が出ていない（第1章参照）．国内では，ニホンカワウソ *Lutra nippon* やニホンアシカ *Zalophus japonicus*・リュウキュウカラスバト *Columba jouyi*・ダイトウミソサザイ *Troglodytes troglodytes orii* といった，おもに明治以降の狩猟や土地開発などにより絶滅に追いやられた哺乳類や鳥類の種・亜種が知られている．後述するように，ヨロントカゲモドキもその範疇に入る可能性がある．そして島嶼に生息するトカゲやヤモリの種・亜種が人間により絶滅させられた例は，南太平洋やインド洋・カリブ海の島々などで知られており，かならずしも珍しいことではないのである．

5. 岩陰の堆積はいつ，どのように形成された?

これらかつての与論島に生息していた陸生爬虫類4種（ガラスヒバァ・ヘリグロヒメトカゲ・ヤモリ属不明種［おそらくオキナワヤモリ］・ヨロントカゲ

モドキ）と1958年にはまだこの島で見られたオキナワアオガエルは，なぜ今ではこの島に生息していないのだろうか．その謎に迫る手始めとして，この岩陰の堆積がいつ頃形成され，またなぜそこに在来の両生類と陸生爬虫類の骨が数多く含まれていたのかを検討してみた．

まず，これらの両生類と陸生爬虫類は，その大部分が食料残渣やそこから発生する昆虫類などに誘引されてこの場所に集まってきたものであろうと私は考えている．つまり，餌につられて来た際になんらかの理由で死んだものの骨が，この場所に集積されたという訳である．たとえば沖縄島では，夜間にこうした場所にオキナワアオガエルやヤモリ類などが張っているのを見かけることがある．そしてこの場所から骨が多数発見されている外来の住家性ネズミ類（ドブネズミ *Rattus norvegicus*・クマネズミ *R. rattus*・ハツカネズミ *Mus musculus*）も，同じ理由でその骨が集積したのだろう．また，奄美では人々がヘビ類（とくにアカマタ）を忌み嫌い，見つけ次第殺す習慣があったらしい．そのためヘビ類に関しては，人に殺されたものが打ち捨てられたのかもしれない．そして1個だけ見つかった謎のウミヘビの骨は，台風などで海岸に打ち上げられたウミヘビが拾われ，食用ないし薬用としての用途に用いられた結果ではないだろうかと想像している．

そして発見された人工物から見て，この堆積はおおむね近世（すなわち江戸時代）以降に形成されたものであるらしい．私は当初，ガラス瓶の破片が含まれることをもとに，この堆積の形成年代を明治時代以降と推定していた（Nakamura et al., 2013, 2014）．しかし，得られていた陶磁器片を専門家に見ていただいたところ，その一部は近世にさかのぼるものであること，さらに15世紀後半から16世紀前半（奄美では琉球王国［第二尚氏］の時代・本土では室町時代）の青磁碗（中国製のもの）のかけら一つが含まれていることがわかった（片桐千亜紀氏［沖縄県立博物館・美術館］，私信）．ただし人工物で多数を占めたのは，近世後期以降のものであった．いずれにせよ，この堆積およびそこに含まれる動物の骨が，上記の年代以上に古いものである証拠はない．そして出土した陸生脊椎動物の骨がきわめて保存状態がよいことからも，これらが相当に最近のものであることは確からしい．

6. 伐採・水田の消失・外来の捕食者

それでは近世以後にオキナワアオガエルと陸生爬虫類4種がこの島から消え

た原因として，何が考えられるだろうか．時代の新しさから見て，人間の行為が関係したことは間違いなさそうである．そこでまず，これらの動物がおおむね樹林地をすみかとしていること，そして与論島の樹林地の面積が少ないことから，開発や木材資源の利用などによる樹林地の消失がその原因であった可能性が考えられる．両生類や陸生爬虫類の骨と同年代のものかは不明だが，同じ場所からヨロンヤマタカマイマイ *Satsuma yoronjimana* やヨロンジママイマイ *Nesiohelix irrediviva yoronjimaensis* といった絶滅した陸貝類の殻が発見されている．これらの陸貝類が樹林地に生息していたらしいことは，この「生息地消失仮説」の傍証となりそうである．この仮説は，とくに樹林地への依存度が高いと考えられるヘリグロヒメトカゲやヤモリ属不明種（オキナワヤモリと思われるもの）にあてはまるであろう．ただし与論島より樹林地に乏しい島でもこれらの種が生息していることがあるので，この仮説が与論島におけるこれらの両生類と陸生爬虫類の消滅を十分に説明するとは言えない．そしてこの仮説の別の難点として，オキナワアオガエルが1958年以後にこの島から姿を消したことを説明できないこともあげられる（この時期前後にこの島で樹林地の消失が進んだという証拠は見つけられなかった）．そこで私は，1960年代までに与論島で水田稲作が行われなくなったことで，この島のオキナワアオガエルは繁殖や幼生の生育に必要な陸水環境を失って消滅したのかもしれないと考察したこともあった（Nakamura et al., 2009）．しかしながら，このカエルは実際には水田を繁殖地としてあまり利用したがらないらしい．このようにあれこれ考えたあげく，私はオキナワアオガエルと陸生爬虫類4種もが近世以降にこの島から消えてしまった原因について，今のところ以下のような推定をしている．その消滅年代の不明な種のうち一部は，近世以後の生息地（樹林地）の消失に伴ってこの島から消えた可能性がある．しかし次節で紹介するように，1950年代にこの島に導入された外来の肉食性哺乳類によって，在来の陸生脊椎動物の少なくとも一部がその影響を受けた可能性が高い．そのうちオキナワアオガエル（そしておそらく他のいくつかの種）については，このことがその消滅の直接の契機になったであろうと考えられるのである．

7．ニホンイタチの導入

奄美では，農作物に危害を与えるドブネズミとクマネズミの駆除を目的に（奄美大島などではハブ対策としての側面もあったという），1940年代から1970年代にかけて，九州などから多数のニホンイタチ *Mustela itatsi* が持ち込まれて放された．その嚆矢は喜界島で，1942・43 年に種子島と九州で捕獲されたニホンイタチが持ち込まれて定着した．そして 1950 年代以降，他の有人島すべてと枝手久島（奄美大島の属島で，無人島だが畑があり，またハブが多いことで知られていた）でもニホンイタチが放され，そのうち沖永良部島と与論島に定着したのである．

ニホンイタチには，島嶼に放たれた際に陸生動物を消滅もしくは個体数の大幅な減少に追い込んできた前科がある．たとえばトカラ列島の悪石島と平島では，大正末から昭和初年頃（年代については諸説ある）にニホンイタチが導入されたあと，在来のトカゲ属 *Plestiodon* のトカゲ（ニホントカゲ *P. japonicus* とされることがあるが，実際の種の帰属は不明）は，これら両島から姿を消してしまった（たとえば Hikida et al., 1992）．そして三宅島（伊豆諸島）のオカダトカゲ *P. latiscutatus* は生息密度が高いことで知られていたが，1982 年頃にニホンイタチが私的に導入（1975 年から行政主導で雄のみの試験的導入が行われていた）されて以降，数年でその目撃頻度をそれまでの 1/1000 以下にまで減少させたのである（Hasegawa, 1999）．こうした札付きのニホンイタチが奄美で在来の陸生動物たちに与えた影響について，わかっていることは何もない．しかし，その影響をうかがわせる状況証拠は，以下で述べるようにいくつか存在しているのである．

与論島のニホンイタチは，1953 年に喜界島から持ち込まれた 13 頭と 1955 年に九州から持ち込まれた 60 頭の子孫である（森田，1988）．その導入が 1950 年代なかばであることは，興味深い点と言える．すなわち，この島に 1958 年までは生息していたオキナワアオガエルは，導入されたニホンイタチと数年共存した後に，その姿を消したことになるのである．そしてこの敏捷な哺乳類による捕食に直面したことで，この島の他の在来陸生動物も大きな影響を受けたであろうと考えられる．たとえば 1955 年に記録されたこの島のアカマタとオキナワキノボリトカゲがその後ほとんど見られなくなったことは，その例かもしれない．さらに言えば，与論島で比較的普通に見られる在来の陸生爬虫類（リュウキュウアオヘビ・ミナミヤモリ・オキナワトカゲ・アオカナヘビ）がミナミヤモリを除いて昼行性であるのは，偶然ではないかもしれない．なぜなら夜行性のニホンイタチに襲われやすいのは，同じ夜行性の動物たちであったはずだからである．なお，与論島ではニホンイタチが定着しているにもかかわらず，トカゲ属のオキナワトカゲは比較的普通に見られる．このことは，トカラ列島や三宅島で同属のトカゲがニホンイタチによって散々な目にあったこととは，一見矛盾しているように見える．ところがトカゲ属のトカゲは，非飛翔性で在来の陸生脊椎動物として，悪石島や平島ではもっとも体が大きく，三宅島では体の大きさでアカネズミ *Apodemus speciosus* に次ぐ存在なのである．そのため，これらの島のニホンイタチにとって，トカゲ属のトカゲが非在来の住家性ネズミ類（三宅島ではそれに加えてアカネズミ）に次いで魅力的な餌であったことは，想像に難くない．それに対し，与論島ではより大きな体を持つトカゲやヘビ類が生息している．そのため，この島のオキナワトカゲはニホンイタチにとって，さほど魅力的ではないのだろう．

そして与論島と同様にニホンイタチが定着している喜界島と沖永良部島においても，在来の陸生爬虫類のうち比較的大型のもの（とくにヘビ類）の姿が見られなくなっている．どうやら与論島だけでなくこれら両島でも，ニホンイタチはその実力を発揮しているらしいのである．たとえば喜界島における在来の陸生ヘビ類の記録は，1955 年に採集されたガラスヒバァ 1 個体だけである（木場，1956）．最近になってこの島でリュウキュウアオヘビとガラスヒバァの目撃情報がいくつか得られているものの，こうしたヘビ類の記録の少なさは，中琉球の有人島では異例である．そして 1952 年にニホンイタチが導入された沖永良部島では，過去 50 年間に記録された在来の陸生ヘビ類は，1984 年に採集された 1 匹のリュウキュウアオヘビ（Ota, 1986）だけである．ところがこの島はもともとヘビ類が多かったらしく，1953 年にガラスヒバァ 3 匹とリュウキュウアオヘビ 7 匹・アカマタ 1 匹が採集され（高良，1962），1955 年から 56 年にかけてガラスヒバァ 3 匹とリュウキュウアオヘビ 1 匹が記録されている（木場，1956, 1958）．高良が沖永良部島で得た標本はすべて現存していることから，これらの種は研究者の知見上，この島に生息することになっている．しかし実際のところ，リュウキュウアオヘビ以外の在来の陸生ヘビ類については，この島に生息している証拠がもう半世紀以上に渡って得られていないのである．

8. 生物多様性とその背景にある歴史

人間活動に伴う生物多様性の低下に対しては，近年ではさまざまな媒体において懸念が表明されているのを見聞きする機会がある．しかし，以上で見てきた与論島における両生類と陸生爬虫類の事例は，私たちはそもそも，自分たちがこの地域の生物多様性に与えてきた影響の大きさについて，まだ十分に認識できていないことを示すものである．すなわち，与論島では近世以降に在来の両生類4種中1種と陸生爬虫類10種中4種が人間の行為により消えてしまったものの，私たちはそのことを何も知らなかったのである．とくに奄美のような島嶼域の陸上生態系は，人間活動の影響を受けやすいことで知られている．したがってその成り立ちを理解するためには，背景にある歴史についての探求や洞察も必要なのである．

たとえば以上で述べてきた与論島における在来の陸生脊椎動物5種の消滅は，その推定される要因から，この島だけの特異な事例ではないであろう．とくに与論島と同じく琉球石灰岩を主体とする喜界島や沖永良部島は，そろって樹林地に乏しく，しかもその陸生動物相の調査が行われる以前から外来のニホンイタチが定着している．したがってこれらの島々における在来の両生類と陸生爬虫類の生息種数はこの地域の他の島々よりも「少ない」ものの（本章第2節参照），それは人間による行為の結果（とくに開発やニホンイタチの導入）かもしれないのである．

このような歴史の重要性は，当然ながら上記の文脈だけにとどまるものではない．たとえば島の在来生物は，それなりの歴史的経緯があってその島に存在しているものである．そして第2章と第4章からもわかるように，彼らは島の歴史を遺伝情報として持っている．したがって島の在来生物を一つ失うことは，島の歴史をたどるための手掛かりを一つ失うことにつながってしまうのである．そして島の歴史という点では，奄美でも与論島ほどその陸生生物相の起源に謎を秘めた島はないと言っていい．たとえば与論島を構成する石灰岩層の推定される形成時期や堆積相をもとに，この島が中期更新世の一時期に完全に海中に没していたと地質学者は考えている（小田原・井龍，1999）．したがってこの島在来の陸生生物のうち渡海能力を持たないものは，島の陸地化後に近隣の島との陸地接続を通じて渡ってきたものと見なさざるを得ない．しかし，現在では近隣の島から400 m を超える深さの海で隔てられているこの島が（しかも地質学的時間スケールでつい最近ともいえる中期更新世以降に），どのようなイベントによって他の島と陸地で繋がることができたかについては何もわかっていない．そのうえ今回この島で発見された両生類と陸生爬虫類の骨により，もともとこの島にはこうした地史的背景を持つ島にしては多様な陸生脊椎動物が生息していたことがあきらかとなった．しかも固有のトカゲモドキの存在は，推定されているこの島の陸地としての新しさとは相容れない可能性もあるのである．しかしながら，こうした謎を解くための手がかりとなったであろういくつかの種は，すでにこの島から失われてしまったのである．

9. アカマタとオキナワキノボリトカゲ：約60年ぶりの生息確認

与論島では2014年になってアカマタの轢死体が相次いで発見され（Ike et al., 2015），2015年には1匹のオキナワキノボリトカゲが採集された（太田英利氏［兵庫県立大学］，私信）．両種はこの島において1955年の採集記録（木場，1956）といくつかの目撃談しかなく，しかもかつて採集された標本は行方不明となっている．それがおよそ60年ぶりに「再発見」され，生息の証拠である標本が後世に残されることとなった．その生息が確認されたとはいえ，与論島におけるこれらの種の個体数は，きわめて少ないことがうかがわれる．すみかとなる樹林地に乏しく，またニホンイタチの定着しているこの島における彼らの前途は，明るいと言える状況ではないようである．

引用文献

Hasegawa M (1999) Impacts of the introduced weasel on the insular food webs. In: Ota H (ed), Tropical Island Herpetofauna: Origin, Current Diversity, and Conservation, 129-154. Elsevier Science B.V., Amsterdam（移入されたイタチによる島嶼食物網へのインパクト）.

Hikida T, Ota H, Toyama M (1992) Herpetofauna of an encounter zone of Oriental and Palearctic elements: Amphibians and reptiles of the Tokara Group and adjacent islands in the Northern Ryukyus, Japan. Biological Magazine Okinawa, 30: 29-43（東洋区系要素と旧北区系要素の出遭うところ，トカラ諸島とその周辺の島々の爬虫・両生類相）.

Honda M, Kurita T, Toda M, Ota H (2014) Phylogenetic relationships, genetic divergence, historical biogeography and conservation of an endangered gecko, *Goniurosaurus kuroiwae* (Squamata: Eublepharidae), from the Central Ryukyus, Japan. Zoological Science, 31: 309-320（中部琉球の絶滅危惧のヤモリ *Goniurosaurus kuroiwae*［有鱗目トカゲモドキ科］の系統関係・遺伝的分化・歴史生物地理・保全）.

Ike T, Take M, Ota H (2015) Discovery of road-killed Akamata *Dinodon semicarinatum* (Cope, 1860) (Reptilia: Colubridae) from Yoronjima Island, Kagoshima Prefecture, Japan: Evidence for survival of this snake on the disturbed islet. Bulletin of the Kagoshima Prefectural Museum, 34: 65-67（与論島におけるアカマタ *Dinodon semicarinatum* [Cope, 1860]［有鱗目ナミヘビ科］の轢死体の発見—かく乱された島における生存の証拠）.

井龍康文，松田博貴（2010）新第三系・第四系．（日本地質学会編）日本列島地質誌8，九州・沖縄地方，149-154．朝倉書店，東京．

木場一夫（1956）奄美群島の爬虫・両棲類相（I）．熊本大学教育学部紀要，4: 148–164，plates I，II.
木場一夫（1958）奄美群島の爬虫・両棲類相（II）．熊本大学教育学部紀要，6: 173–185，plate II.
森田忠義（1988）陸の動物．（与論町誌編集委員会編）与論町誌，36–49．与論町教育委員会，与論.
Nakamura K, Uéno S (1959) The geckos found in the limestone caves of the Ryu-kyu Islands. Memoirs of the College of Science, University of Kyoto, Series B, 26: 45–52, plate 1（琉球列島の石灰岩洞窟で発見されたヤモリ類）.
Nakamura Y, Takahashi A, Ota H (2009) Evidence for the recent disappearance of the Okinawan tree frog *Rhacophorus viridis* on Yoronjima Island of the Ryukyu Archipelago, Japan. Current Herpetology, 28: 29–33（琉球列島与論島のオキナワアオガエル *Rhacophorus viridis* が最近消滅した証拠）.
Nakamura Y, Takahashi A, Ota H (2013) Recent cryptic extinction of squamate reptiles on Yoronjima Island of the Ryukyu Archipelago, Japan, inferred from garbage dump remains. Acta Herpetologica, 8: 43–58（ゴミ捨て場の遺骸が明かす琉球列島与論島における有鱗爬虫類の最近の知られざる消滅）.
Nakamura Y, Takahashi A, Ota H (2014) A new, recently extinct subspecies of the Kuroiwa's Leopard Gecko, *Goniurosaurus kuroiwae* (Squamata: Eublepharidae), from Yoronjima Island of the Ryukyu Archipelago, Japan. Acta Herpetologica, 9: 61–73（琉球列島与論島からのクロイワトカゲモドキ *Goniurosaurus kuroiwae*［有鱗目トカゲモドキ科］の最近絶滅した新亜種）.
小田原啓，井龍康文（1999）鹿児島県与論島の第四系サンゴ礁堆積物（琉球層群）．地質学雑誌，105: 273–288.
Okada Y (1927) A study on the distribution of tailless batrachians of Japan. Annotationes Zoologicae Japonenses, 11: 137–144（日本産無尾両生類の分布の研究）.
岡田彌一郎（1930）日本産蛙總説．岩波書店，東京.
岡田彌一郎（1938）沖縄島の概況．Biogeographica: Transaction of the Biogeographical Society of Japan, 3(1): 1–64.
Ota H (1986) A review of reptiles and amphibians of the Amami Group, Ryukyu Archipelago. Memoirs of the Faculty of Science, Kyoto University, Series of biology, 11: 57–71（琉球列島奄美群島の両生類と爬虫類の総説）.
Ota H, Endo H (1999) A Catalogue of Amphibian and Reptile Specimens from the East Asian Islands Deposited in the National Science Museum, Tokyo. National Science Museum, Tokyo（国立科学博物館所蔵の東アジア島嶼産両生・爬虫類標本目録）.
鮫島正道（1991）与論島の動物．南日本文化，24: 71–84.
高良鉄夫（1962）琉球列島における陸棲蛇類の研究．琉球大学農家政工学部学術報告，9: 1–202, plates 1–22.

編者あとがき

アマミノクロウサギとルリカケスが国の天然記念物に指定されたのは大正10（1921）年のことだそうだ．今から100年近くも前に，奄美に珍しい動物がいることはすでに認知されていたのである．それはそれですばらしいことだが，しかし奄美の自然の魅力は，単に珍しい動物がいる，ということだけではない．アマミノクロウサギやルリカケスも含めた多様な生物が存在すること，すなわち生物多様性の豊かさこそが，奄美の自然の最大の特徴であるといえるだろう．

そしてここ20年ほどの間に，その奄美の生物多様性に対する私たちの理解は急速に深まりつつある．それは，いうまでもなく本書の執筆者たちをはじめとする研究者が精力的に研究を開始したためである．どのような研究が行われてきたのかは本書をお読みいただければ明らかであるが，それらの研究を力強く後押ししたと思われる重要な出来事について，ここでは触れておきたい．その出来事とは，2000年に環境省奄美野生生物保護センターが奄美大島の大和村に開設されたことである．奄美群島の希少種保全や外来種の駆除，普及啓発活動などを総合的に行うことを目的としたこの施設は，2000年代初頭，奄美の生物に関する情報が集まるほとんど唯一の場所であった．そのため，本書の執筆者を含む研究者の多くがこのセンターに吸い寄せられるように集まり，研究の拠点として利用し始めた．奄美野生生物保護センターは，文字通り野生生物の調査を行う研究者の「中心」として機能してきたのである．したがって，近年の奄美群島での（なかんずく奄美大島での）自然史研究の進展に，当センターが果たしてきた役割はけっして小さくなかったと言えるだろう．研究者を快く迎え入れ，便宜を図り，調査への助力を惜しまなかった歴代自然保護官および職員の方々に，この場を借りてお礼を申し上げる．編者は2006年から当センターに勤務しているため，このようにお礼を述べるのは身びいきのようで少々後ろめたいが，これはセンターを利用した人々の共通の思いなので，とくに書き留めておきたい．

本書の執筆には総勢23名の研究者が参加しているが，奄美で生物の研究を行っている研究者は当然これだけではない．それこそ奄美野生生物保護センターができる前から奄美に入り，苦労を重ねながら研究を続けてきた研究者も少なくない．そのようなベテランの研究者がいなければ，この地域の生物に関する情報はもっと限られていただろう．たとえば外来生物フイリマングースの防除に向けた取り組みなども，ずっと立ち後れていたに違いない．その功績は奄美の自然史研究において大変重要であり，けっして軽んじられるべきものではないが，しかし今回はあえてそのようなベテランの研究者ではなく，中堅から若手の研究者に声をかけて本書を編集することにした．それは，ベテラン研究者の完成された話よりも，不完全であっても勢いのある若い研究者の現在進行形の話にページを割く方が，世界自然遺産登録を目指すこの地域の現在の“熱さ”のようなものをうまく伝えられるのではないか，という編者の勝手な思いがあったからだ．このことで気を悪くするベテラン研究者はいないとは思うが，編者にそういう意図があったことは明記しておきたい．それに加えて，奄美では今まさに生物の研究を行っているさらに若い世代の研究者や学生がたくさんいることも忘れてはならない．本書に続編があるとするならば，その本は間違いなく彼ら，彼女らによって書かれることになるだろう．奄美の生物多様性は一冊の本で語り尽くせるようなものではない．この地域の自然史に関する書籍が今後も続々と出版されることを，編者としてはおおいに期待したいところである．

本書の表紙イラストは，本文中に登場する生物を消しゴムはんこで表現したものである．消しゴムはんこの作者である井上祐子氏には，度重なる修正要求（はんこの修正は多くの場合“一から彫り直し”を意味する）にも根気強く応えて正確かつ美しい印影を作っていただいた．この正確さと美しさは，自身も両生類の研究者である井上氏の鋭い観察眼のたまものであろう．奄美の生物多様性の一端を垣間見ることのできるすばらしい表紙になっているのではないかと，執筆者一同自負している．

奄美・琉球の世界自然遺産登録が眼前の目標として定められた今，奄美の自然に対する人々の関心は確実に高まってきているし，その自然を紹介することは，今後ますます重要になってくるに違いない．そういう意味で，本書を世に送り出すのは十分に価値があり，意義深いことであると考えられる．このような意義をくみ取り，出版の決断をしてくださった東海大学出版部の稲英史氏に，心から感謝申し上げたい．

2015 年 11 月 13 日
水田　拓

事項索引

あ行

か行

さ行

た行

な行

は行

ま行

や行

ら行

わ行

和名索引

カ

キ

ク

ケ

コ

サ

シ

ス

セ

ソ

タ

チ

ツ

テ

ト

ナ

ニ

ヌ

ネ

ノ

ハ

ヒ

ラ

リ

ル

ワ

学名索引

D

E

F

G

H

I

J

L

著者紹介

荒谷邦雄（あらや・くにお）

京都大学大学院理学研究科博士後期課程修了．博士（理学）．九州大学大学院比較社会文化研究院教授．おもな著書として，『日本産コガネムシ上科標準図鑑』（監修・分担執筆，学習研究社），『集団生物学』（分担執筆，共立出版）など．国内外のフィールドとラボワークの両面からクワガタムシ類をはじめとする甲虫類の自然史学的研究を進めている．

岩井紀子（いわい・のりこ）

東京大学大学院農学生命科学研究科博士課程修了．博士（農学）．東京農工大学特任准教授．おもな著書として，『にぎやかな田んぼ』（分担執筆，京都通信社）．カエル・オタマジャクシの生態を専門とし，奄美大島のカエル調査を続けている．

皆藤琢磨（かいとう・たくま）

琉球大学大学院理工学研究科博士後期課程在学中．日本爬虫両棲類学会員および沖縄両生爬虫類研究会員．琉球列島に分布する爬虫類，とくにヘビ類の系統分類学的研究に日夜励んでいる．

亀田勇一（かめだ・ゆういち）

京都大学大学院人間・環境学研究科博士後期課程修了．博士（人間・環境学）．国立科学博物館分子生物多様性研究資料センター特定非常勤研究員．陸産貝類を中心とした貝類の分類や生殖隔離機構，系統地理について研究している．

川北　篤（かわきた・あつし）

京都大学大学院人間・環境学研究科博士後期課程修了．博士（人間・環境学）．京都大学生態学研究センター准教授．おもな著書として，『共進化の生態学』（分担執筆，文一総合出版）．花の多様性の由来を送粉者との関係に着目して研究している．

苅部治紀（かるべ・はるき）

東京農業大学大学院農学研究科博士前期課程修了．修士（農学）．神奈川県立生命の星・地球博物館主任学芸員．おもな著書として，『日本の昆虫の衰亡と保護』（分担執筆，北隆館）．東南アジアのトンボ類の系統分類，国内ではトンボ類，水生甲虫を中心とした保全に邁進している．

北野　忠（きたの・ただし）

東海大学大学院海洋学研究科博士課程後期修了．博士（水産学）．東海大学教養学部人間環境学科教授．おもな著書として，『環境省編レッドデータブック2014 昆虫類』（分担執筆・おもに水生甲虫の概要，ぎょうせい），『静岡県田んぼの生きもの図鑑』（分担執筆，静岡新聞社）．ゲンゴロウなどの水生昆虫をはじめとした希少な陸水生物の保全に携わっている．

小高信彦（こたか・のぶひこ）

北海道大学大学院地球環境科学研究科博士後期課程修了．博士（地球環境）．国立研究開発法人森林総合研究所九州支所森林動物研究グループ主任研究員．おもな著書として，『森の野鳥に学ぶ101のヒント』（分担執筆，日本林業技術協会）．沖縄島と奄美大島に固有のキツツキ類に関する基礎研究をはじめ，中琉球に固有の森林動物の保全に関する研究を行っている．

後藤龍太郎（ごとう・りゅうたろう）

京都大学大学院人間・環境学研究科博士後期課程修了．博士（人間・環境学）．ミシガン大学生態学・進化生物学部，日本学術振興会海外特別研究員．共生二枚貝類やユムシ類などの海産無脊椎動物の進化，生態，分類の研究に携わっている．

塩野﨑和美（しおのさき・かずみ）

京都大学大学院地球環境学舎後期博士課程在籍中．著書として，『景観の生態史観―攪乱が再生する豊かな大地』（分担執筆，京都通信社）．奄美大島のみならず島嶼における外来種としてのイエネコ問題解決のための活動に真剣に取り組んでいる．

城ヶ原貴通（じょうがはら・たかみち）

名古屋大学大学院生命農学研究科博士後期課程修了．博士（農学）．岡山理科大学理学部動物学科講師．おもな著書として，『スンクスの生物学』（分担執筆，学会出版センター）．奄美大島・徳之島・沖縄島における稀少哺乳類の保全ならびに外来種防除に携わっている．

戸田　守（とだ・まもる）

京都大学大学院理学研究科博士後期課程修了．博士（理学）．琉球大学熱帯生物圏研究センター准教授．おもな著書として,『これからの両生類学』(分担執筆, 裳華房),『日本の動物はいつどこからきたのか』(分担執筆, 岩波書店). おもに爬虫両生類を対象に琉球列島の生物相の成り立ちや進化について研究している.

中村泰之（なかむら・やすゆき）

琉球大学大学院理工学研究科博士後期課程修了．博士（理学）．琉球大学博物館（風樹館）協力研究員．著書として，『南西諸島の生物多様性，その成立と保全』（分担執筆，南方新社）．化石や遺跡出土遺体をもとに，両生類や爬虫類などの分布および形態の変遷過程とその原因の解明に取り組んでいる．

橋本琢磨（はしもと・たくま）

新潟大学大学院自然科学研究科博士後期課程修了．博士（農学）．一般財団法人自然環境研究センター上席研究員．おもな著書として，『日本の外来哺乳類』（分担執筆，東京大学出版会）．奄美大島でのマングース，小笠原諸島でのネズミ類など，外来哺乳類防除のプロジェクトに携わっている．

馬場友希（ばば・ゆうき）

東京大学大学院農学生命科学研究科博士課程修了．博士（農学）．国立研究開発法人農業環境技術研究所研究員．おもな著書として，『環境Eco選書11 クモの科学最前線―進化から環境まで―』（分担執筆，北隆館），『クモハンドブック』（共著，文一総合出版）など．クモの生態的な役割や多様性について研究を行っている．

平野尚浩（ひらの・たかひろ）

東北大学大学院生命科学研究科博士後期課程在学中．日本学術振興会特別研究員．おもに東アジア産陸産貝類の種分化や生殖隔離，系統地理，分類について研究している．

深澤圭太（ふかさわ・けいた）

横浜国立大学大学院環境情報学府博士後期課程修了．博士（学術）．国立環境研究所研究員．おもな著書として，『保全生態学の挑戦』（分担執筆，東京大学出版会）．奄美大島において，外来生物防除と在来種再生の評価に関する統計学的手法の研究をしている．

細谷忠嗣（ほそや・ただつぐ）

京都大学大学院理学研究科博士後期課程修了．博士（理学）．九州大学持続可能な社会のための決断科学センター准教授．おもな著書として，『外来生物の生態学（進化する脅威とその対策）』（分担執筆，文一総合出版），『集団生物学』（分担執筆，共立出版）など．琉球列島のコガネムシ上科甲虫の生物地理などを研究している．

水田　拓（みずた・たく）

別記

宮本旬子（みやもと・じゅんこ）

千葉大学大学院自然科学研究科博士課程修了．博士（理学）．鹿児島大学大学院理工学研究科准教授．おもな著書として，『新しい植物分類学I』（分担執筆，講談社），『生物汎用図録集』（共同執筆，南方新社）など．奄美群島の野生植物の進化と絶滅の機構を研究している．

諸澤崇裕（もろさわ・たかひろ）

筑波大学大学院生命環境科学研究科後期博士課程修了．博士（農学）．一般財団法人自然環境研究センター主任研究員．鳥獣保護管理や外来種管理ならびに淡水魚の保全に関する業務や研究に携わっている．

渡邉　泉（わたなべ・いずみ）

愛媛大学大学院連合農学研究科博士課程修了．博士（農学）．東京農工大学大学院農学研究院准教授．おもな著書として，『重金属のはなし』（中央公論新社），『いのちと重金属』（筑摩書房）など．生態系における微量元素や放射性元素による汚染の研究を行っている．

亘　悠哉（わたり・ゆうや）

東京大学大学院農学生命科学研究科博士課程修了．博士（農学）．国立研究開発法人森林総合研究所主任研究員．おもな著書として，『日本の外来哺乳類』（分担執筆，東京大学出版会），『保全生態学の挑戦』（分担執筆，東京大学出版会）など．奄美大島における外来哺乳類のインパクトと希少種の保全に関する研究を行う．

編著者紹介

水田　拓（みずた・たく）

京都大学大学院理学研究科博士後期課程修了．博士（理学）．日本学術振興会特別研究員（PD）を経て，現在は環境省奄美野生生物保護センターにて自然保護専門員を務める．おもな著書として，『アカオオハシモズの社会』（分担執筆，京都大学学術出版会）．奄美大島に在住し，そこに生息するオオトラツグミやアマミヤマシギといった希少鳥類の保全に向けた調査研究を行っている．

奄美群島の自然史学（あまみぐんとうのしぜんしがく）
亜熱帯島嶼の生物多様性（あねったいとうしょのせいぶつたようせい）

2016年2月20日　第1版第1刷発行

編著者　水田　拓
発行者　橋本敏明
発行所　東海大学出版部
〒259-1292　神奈川県平塚市北金目4-1-1
TEL 0463-58-7811　FAX 0463-58-7833
URL http://www.press.tokai.ac.jp/
振替　00100-5-46614
印刷所　港北出版印刷株式会社
製本所　誠製本株式会社

© Taku MIZUTA, 2016
ISBN978-4-486-02088-2

R〈日本複製権センター委託出版物〉
本書の全部または一部を無断で複写複製（コピー）することは，著作権法上の例外を除き，禁じられています．本書から複写複製する場合は日本複製権センターへご連絡の上，許諾を得てください．日本複製権センター（電話03-3401-2382）